凝煉知識品味閱讀

OPTO 光電系列
Optoelectronic Series

五南出版

機電工程概論

Introduction and Lab of Mechatronics

莊水發　修芳仲　丁一能　廖志偉 著

本書特色

- ★ 本書為教育部顧問室「半導體與光電產業先進設備人才培育計畫」之成果
- ★ 針對自動化光學檢測技術領域進行教材編撰，以半導體與光電產業之AOI設備中所需之光、機、電、軟等四項關鍵技術分章介紹
- ★ 可作為大專院校專業課程教材，適用於光電、電機、機械、機電、自動化等理工科系之教科書，亦適合一般想瞭解機電工程(自動光學檢測)知識的大家閱讀

五南圖書出版公司 印行

序 言

半導體與光電是我國目前ICT科技產業的要角，而且半導體生產設備不論在產值、附加價值與利潤率，在機械產業中總是名列前茅，該產業對於設備的需求不論量與質都非常龐大，為健全對於設備的研發與競爭力，培育半導體與光電產業設備的研發人才對於臺灣ICT產業不僅有直接加成作用，亦間接促成機械、電機、資訊、自動化等跨領域交流，為培育整合型人才提供良好的起始點。

近年來，教育部為提升我國半導體與光電產業設備專業素質與競爭力，推動「產業先進設備人才培育計畫」。本中心（國立臺灣科技大學 光機電技術研發中心）過去曾執行教育部「光機電技術研發中心人才培育計畫」、「自動化光學檢測產業設備系統設計人才培育計畫」，成果斐然，深獲各界肯定。2009年再次獲教育部選定，執行「半導體及光電AOI設備與教具教學資源中心計畫」，結合國立臺灣大學、國立虎尾科技大學、國立臺灣師範大學、逢甲大學、中華大學與聖約翰科技大學等六校之機械系、自控系等系組成教學與研究團隊，共同規劃開設實務性課程與「半導體及光電設備學程」，並建立共同教學實驗室。為實現培育實務型的半導體與光電產業設備研發人才之目的，本中心特成立「半導體及光電設備AOI課程教材編輯委員會」，制訂課程教材之發展以大學部教學為基礎分別向上與向下延伸，將高中職、大學、研究所各階段之教學內容做系統化之整合，並以專書形式出版。本書《機電工程概論》即是以半導體與光電AOI設備中所需的自動化機構設計、感測器與馬達應用、簡易工業配電、影像處理與分析辨識、資料處理與分析、圖控式程式設計等內容為主軸進行編撰，希冀有志投入於自動化設備研發之學生於此書中習得基礎概念，最重要的是能照著此書所提供的實務範例進行練習，相信必定收穫良多。

本書內容共有十章，其中第一章為自動化機構與零件設計，係以自動化設備中最常見的「雙軸運動平台」為例，進行各項零件的計算選用與設計；第二章為感測器應用，介紹「溫度感測器」、「光電開關」、「近接開關」、「極限開關」、「編碼器」與「光學尺」等常用的感測元件的原理與使用方法；第三章為馬達應用，馬達的種類與應用相當多，在本書中僅說明「步進馬達」的使用與基本原理，供初學學生練習；第四章為簡易工業配電，在自動化設備中，機構要能完整而正確的作動，必須有感測器、運動模組（馬達、驅動器、控制器）與配電系統，本章即是以「自動化設備」所需的基礎配電為主的內容；第五章為機器視覺應用，內容包含機器視覺系統的硬體組成、原理以及常見的影像處理、分析及辨識等方法的原理與應用；第六章為數位影像概論，說明數位影像的基本原理、名詞介紹與其應用；第七章為資料擷取與分析，介紹常見的類比／數位訊號的輸出入原理與應用，並搭配第二章的部分感測元件進行實務說明；第八章為圖控式程式，以知名圖控式程式 LabVIEW 的入門教學為主；第九章為機電系統專案應用實例，內容以本中心的成功研發實例為主軸，將放入各章節的應用狀況，讓學生得以清楚知道各種元件與技術的應用方法。最後，第十章為綜合實習，將各章的基礎與應用實例，搭配本中心所設計開發之教具，設計多項實習教案，供學生進行實務操作。雖然圖控式程式於本書中屬於後面的章節，但是在實務教學現場，教師可將程式的教學放在課程最前頭，並在前述第一章到第九章原理講授完畢後，參照第十章的綜合實習，進行實務演練。

本書的編撰，累積了多年的大學部教學經驗與大學部學生需求而成，內容除了務求簡單易懂、實務與應用面廣以外，特別邀請臺北市南港高工電機科丁一能主任擔任編輯，將其高職經驗，尤其針對工業配電部分撰寫成相關章節，以落實 3+4 課程向下延伸的教學理念。

半導體及光電 AOI 設備技術日益精進，限於篇幅與時間，本書僅從中挑選常用元件與應用進行編撰成具臺灣科大光機電技術研發中心特色的機電工程概論。內文雖經編輯群多次校閱仍恐有疏漏，尚祈各先進見諒，不吝指正。

筆者在此要特別感謝「半導體與光電產業先進設備人才培教學資源中心」的支持與指導；感謝國立臺灣科技大學機械系 修芳仲 教授、鄧昭瑞 教授與臺北市南港高工電機科 丁一能 主任對於本書的編撰與指導；感謝國立臺灣科技大學機械系研究生盧奕佑、黃梓閔、高浩翔、吳瑞源和邱羿誠的協助蒐集資料、協助打字、製圖與校稿；也要感謝美商國家儀器臺灣分公司 孫基康 總經理對於 LabVIEW 程式相關內容與圖片的授權使用，有了 LabVIEW ，本書才得以完整；最後感謝五南出版社大力配合，使本書順利出版。

莊水發
國立臺灣科技大學機械工程系

目　錄

第一章 自動化機構與零件設計

1-1 自動化機械設計（以自動化精密平台為例）

1-2 零件工程圖

1-1 自動化機械設計（以自動化精密平台為例）

以機械動力取代人力與物力是自動化的基礎概念，在自動化光學檢測設備要有準確的運動控制系統，才能讓檢測物精準地定位至光源與檢測鏡頭工作範圍內以完成檢測動作。在工業生產線上，物件定位是一項相當重要之製程動作，自動化的定位作業可幫助廠商減少人事費用支出，並提升生產速度，高精準度則可提升製程良率，減少錯誤的發生，降低製造成本。因此精密平台是自動化光學檢測系統中不可或缺的關鍵性載台，而精密平台必須要有馬達驅動才能移動，以馬達驅動精密平台是產業及學術研究經常應用的自動化機械設計方法之一，如圖 1.1 所示。因此本章節挑選精密運動平台來進行自動化機械實例設計，以產業的實際需求情境來進行完整的精密平台設計教學。

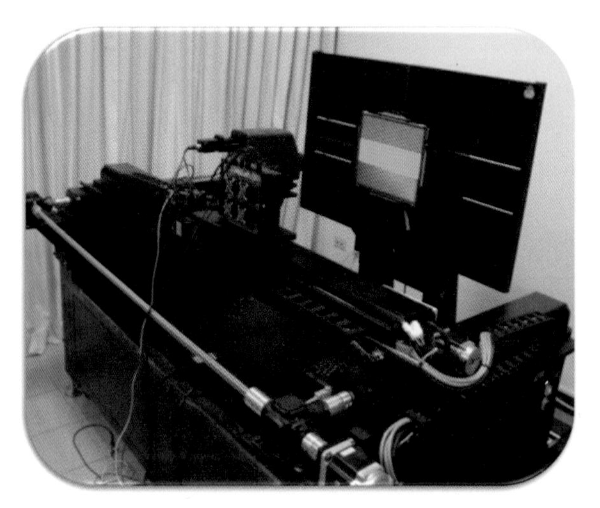

圖 1.1　背光板均勻度量測系統

1-1-1 自動化機械設計流程

自動化機械設計是自動光學檢測開發中重要的一環，設備的性能、安全性、擴充性等皆在此設計過程中決定，其自動化機械設計流程，如圖 1.2 所示。

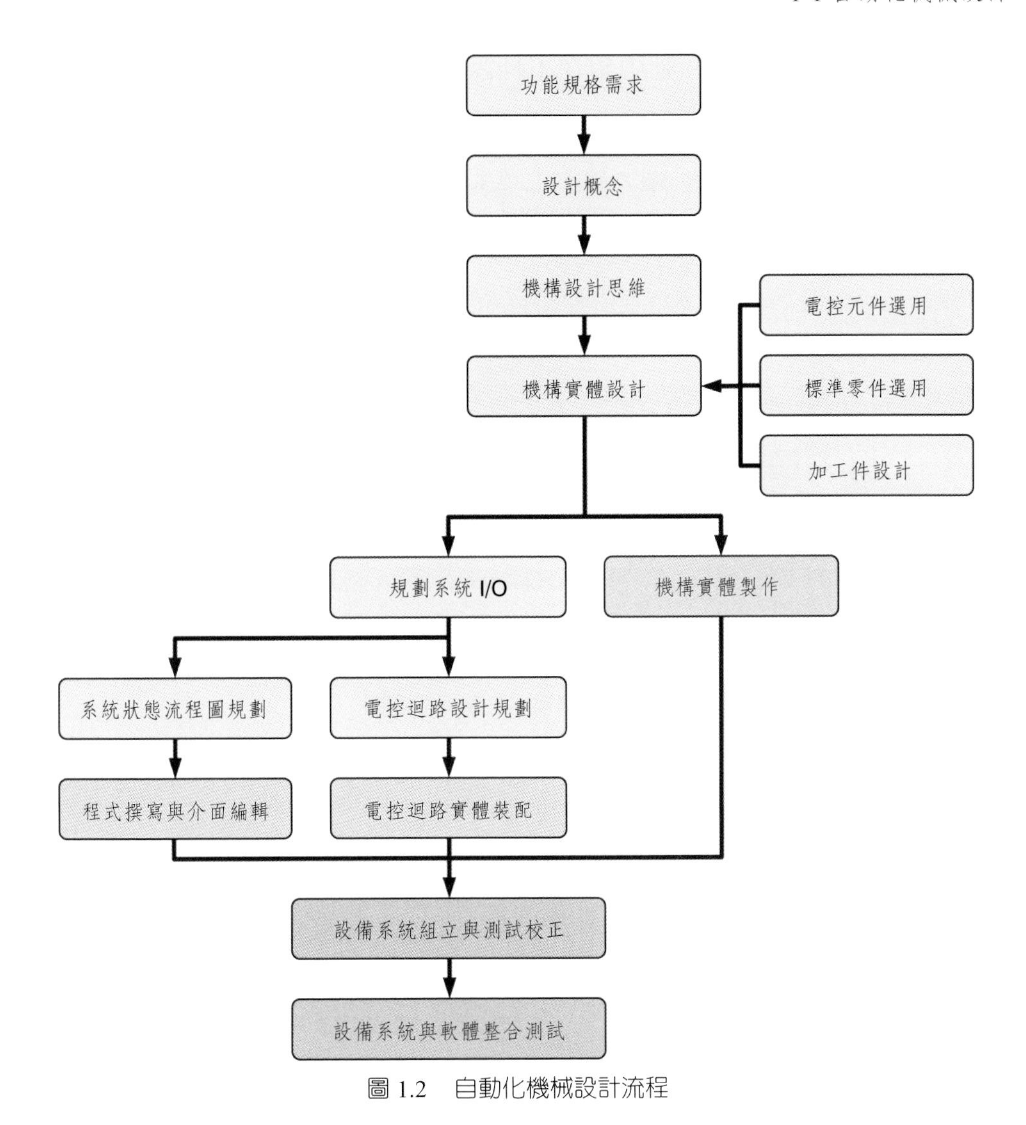

圖 1.2　自動化機械設計流程

在瞭解自動化機械設計流程後，下列我們選用了產業界之自動化機械應用中常見的運動平台，進行自動化機械設計的實例解說：

1-1-2 功能需求

客戶要求訂製一自動平台，示意圖如圖 1.3 所示，移動的載台爲 300mm～300mm 厚度是 20mm 的鑄鐵。平台放置檢測物爲 2.86kg ，移動行程爲

300mm，在 100mm 的移動中須在 1 秒內完成，運行誤差為 0.01mm，動力源為台達 ASDA-A 伺服馬達，以半閉迴路控制。此自動平台之壽命，滑台為 500000km、螺桿為 8×10^9 轉。請依上述要求進行設計。

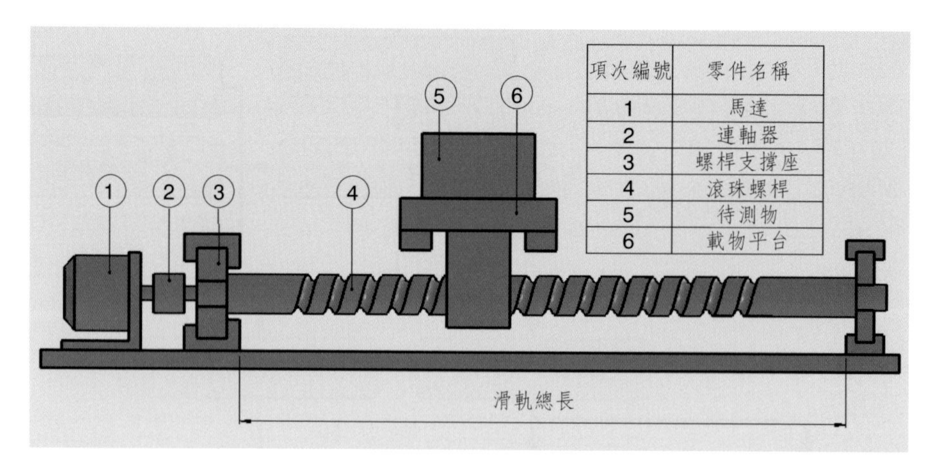

項次編號
零件名稱
1
馬達
2
連軸器
3
螺桿支撐座
4
滾珠螺桿
5
待測物
6
載物平台
滑軌總長

圖 1.3　精密平台載物示意圖

1-1-3 線性滑軌選用（額定荷重、壽命計算）

首先我們先進行線性滑軌的設計，第一步是先計算載台的外型尺寸與移動行程，以挑選所需線性滑軌之型號。

300mm（載物平台長度）+ 300mm（移動長度）= 600mm（滑軌總長）

由下表 1-1 我們可以挑選到線性滑軌 SE2BMLZ16-600 是符合系統所需。

表1-1　線性滑軌規格表[1]

Type	H	指定尺寸L（指定單位1mm）	NT$單價 1~3 pcs 組合品 SEBMLZ	SSEBMLZ	SE2BMLZ	SSE2BMLZ	軌道 STZLF	SZLF
（附1個滑塊）SEBMLZ SSEBMLZ	8	41~ 55	1,130	1,350	—	—	569	601
	8	56(66)~ 70	1,192	1,418	1,861	2,228	767	860
	8	71~ 85	1,249	1,494	1,922	2,300	824	929
	8	86~100	1,307	1,562	1,976	2,369	875	994
	8	101~115	1,364	1,631	2,038	2,441	940	1,073
	8	116~129	1,422	1,699	2,095	2,509	994	1,141
	10	56~ 75	1,364	1,624	—	—	803	900
	10	76(88)~ 95	1,429	1,699	2,210	2,639	868	983
	10	96~115	1,508	1,793	2,290	2,732	947	1,080
	10	116~135	1,577	1,879	2,358	2,822	1,019	1,170
	10	136~155	1,652	1,969	2,437	2,912	1,094	1,264
	10	156~175	1,742	2,077	2,524	3,017	1,184	1,372
	10	176~195	1,836	2,189	2,617	3,128	1,278	1,490
	10	196~215	1,930	2,300	2,711	3,244	1,382	1,620
	10	216~235	2,030	2,426	2,812	3,370	1,476	1,739
	10	236~255	2,138	2,552	2,920	3,496	1,598	1,890
	10	256~274	2,246	2,686	3,024	3,625	1,696	2,009
（附2個滑塊）SE2BMLZ SSE2BMLZ	13	71~ 95	1,555	1,843	—	—	929	1,058
	13	96~120	1,638	1,940	—	—	1,004	1,156
	13	121~145	1,717	2,038	2,567	3,060	1,087	1,253
	13	146~170	1,793	2,131	2,642	3,154	1,163	1,346
	13	171~195	1,879	2,232	2,729	3,258	1,253	1,458
	13	196~220	1,966	2,336	2,815	3,359	1,336	1,562
	13	221~245	2,052	2,444	2,905	3,467	1,433	1,681
	13	246~270	2,153	2,567	3,002	3,589	1,530	1,804
	13	271~295	2,254	2,689	3,103	3,712	1,631	1,926
	13	296~320	2,369	2,826	3,218	3,848	1,746	2,070
	13	321~345	2,480	2,959	3,330	3,985	1,861	2,214
	13	346~370	2,639	3,150	3,488	4,172	2,020	2,408
	13	371~395	2,765	3,305	3,614	4,324	2,146	2,563
	13	396~420	2,916	3,481	3,762	4,504	2,297	2,750
	13	421~445	3,056	3,654	3,906	4,676	2,441	2,930
	13	446~469	3,179	3,802	4,032	4,828	2,567	3,038
（軌道）STZLF SZLF	16	111~150	1,908	2,257	—	—	1,184	1,332
	16	151~190	2,012	2,387	2,970	3,542	1,314	1,487
	16	191~230	2,135	2,534	3,096	3,694	1,444	1,645
	16	231~270	2,297	2,729	3,258	3,888	1,616	1,850
	16	271~310	2,498	2,970	3,456	4,126	1,822	2,102
	16	311~350	2,650	3,157	3,618	4,320	1,994	2,304
	16	351~390	2,783	3,319	3,744	4,475	2,131	2,470
	16	391~430	2,948	3,510	3,910	4,669	2,304	2,678
	16	431~470	3,143	3,748	4,108	4,907	2,509	2,930
	16	471~510	3,326	3,967	4,280	5,123	2,700	3,157
	16	511~550	3,517	4,201	4,478	5,357	2,909	3,409
	16	551~590	3,776	4,511	4,738	5,674	3,182	3,560
	16	591~630	4,018	4,802	4,979	5,965	3,434	3,805
	16	631~669	4,262	5,101	5,224	6,257	3,697	4,050

在初步挑選完線性滑軌後，需進行滑軌容許荷重的驗證計算。

首先先進行平台支點受力的計算，其計算方式如圖 1.4 所示。

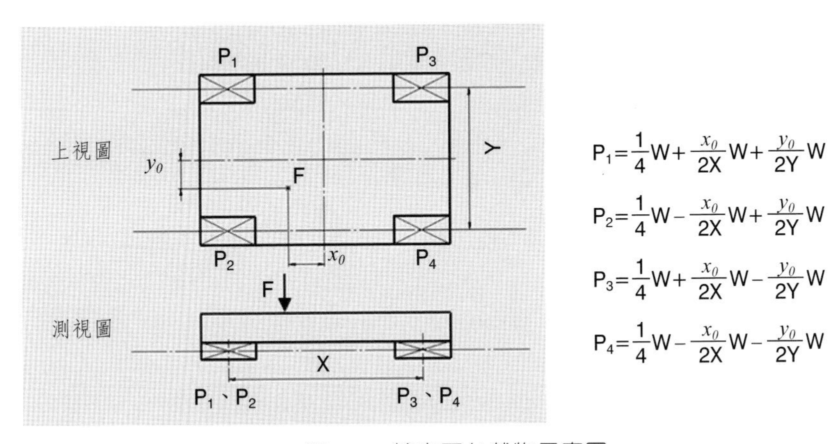

圖 1.4　精密平台載物示意圖

由於檢測物將置於平台的正中央，所以與均爲零，因此 P_1、P_2、P_3、及 P_4 均等於 $\frac{1}{4}$ W。※ 鑄鐵的比重爲 0.0073kg/cm^3。

而載物平台 W = 平台重量 + 檢測物重量

= [30cm×30cm×2cm×0.0073] + 2.86

= 13.14 + 2.86

= 16 kg

所以 $P_1 = P_2 = P_3 = P_4 = \frac{1}{4}$ W = $\frac{1}{4}$ ×16 kg = 4kg 或 39.2N。

由表 1-2 得知，

表1-2　靜的安全係數表[2]

靜的安全係數（fs的下限）

使用條件	fs的下限
在普通運轉條件下	1～2
當運轉平順為必須時	2～4
當遭遇震動及衝擊時	3～5

容許荷重（N）≦ $\frac{Co}{fs}$

fs：靜的安全係數　Co：基本靜定格荷重（N）

在此系統運動需求下，我們選用 fs = 3。

由表 1-3 查表得知，線性滑軌 SE2BMLZ16－600 之 Co 値爲 5.4kN。

表1-3　滑軌規格之基本靜額定荷重對照表[3]

H	基本額定荷重		容許靜力矩			質量	
	C(動) kN	Co(靜) kN	M_1 N·m	M_2 N·m	M_3 N·m	滑塊 kg	軌道 kg/m
6	0.3	0.6	0.8	0.8	1.5	0.004	0.13
8	0.9	1.5	4.1	4.1	5.2	0.01	0.19
10	1.5	2.5	5.1	5.1	10.2	0.02	0.31
13	2.2	3.3	8.8	9.5	16.1	0.04	0.61
16	3.6	5.4	21.6	23.4	39.6	0.06	1.02
20	5.2	8.5	48.4	48.4	86.4	0.12	1.65

因此，Co = 5.4kN 、靜的安全係數 = 3

容許荷重= $\frac{5.4\text{kN (基本靜額定荷重)}}{3\text{ (靜的安全係數)}}$ = 1.46kN

而此載物平台的荷重爲 39.2N，是遠小於此滑軌的容許荷重 1.46kN，故此滑軌的基本靜定額荷重與容許荷重均符合系統需求的。

在完成滑軌基本靜定額荷重與容許荷重的驗證後，緊接著要進行滑軌基本動定格荷重與使用壽命的驗證計算。

由公式（1.1）之滑軌線性襯套壽命計算

$$L=\left(\frac{f_H\times f_T\times f_C}{f_W}\times\frac{C}{P}\right)^3\times 50 \quad (1.1)$$

L：定格壽命（km）

C：基本動定格荷重（N）

P：作用荷重（N）

f_W：荷重係數（參照表 2.5）

f_H：硬度係數（參照圖 1.5）

f_T：溫度係數（參照圖 1.6）

f_C：接觸係數（參照表 1.7）

由表 1-4 查表得知，線性滑軌 SE2BMLZ16－600 的基本動定格荷重爲 3.6 kN，

表1-4　滑軌規格之基本動額定荷重對照表[4]

H	基本額定荷重		容許靜力矩			質量	
	C(動) kN	Co(靜) kN	M_1 N·m	M_2 N·m	M_3 N·m	滑塊 kg	軌道 kg/m
6	0.3	0.6	0.8	0.8	1.5	0.004	0.13
8	0.9	1.5	4.1	4.1	5.2	0.01	0.19
10	1.5	2.5	5.1	5.1	10.2	0.02	0.31
13	2.2	3.3	8.8	9.5	16.1	0.04	0.61
16	3.6	5.4	21.6	23.4	39.6	0.06	1.02
20	5.2	8.5	48.4	48.4	86.4	0.12	1.65

而載物平台之作用荷重爲 39.2N。

由表 1-5 查表得知，

表1-5　滑軌運動狀態之荷重係數表[5]

荷重係數

使用條件	fw
沒有外部衝擊又在低速作用時 15mm/min以下	1.0～1.5
沒有外力衝擊又震盪的中速使用時 60m/min以下	1.5～2.0
有外部衝擊又在震盪的高速使用時 超過60m/min	2.5～2.5

在此系統運動需求下，荷重係數可得約爲 1。

由表 1-6 查表得知，所選用的線性滑軌 SE2BL16-600 的軌道面硬度爲 58HRC。

表1-6　滑軌規格之材料性質查詢表[6]

[M]材質 [H]硬度	Type			L尺寸	滑塊數
	輕預壓	互換微小間隙			
	高級	一般級			
	組合品	組合品	滑塊		
碳鋼 (SCM等合金鋼) 58HRC～	SEBM	SEBMZ	SZMB	固定尺寸	1
	SE2BM	SE2BMZ			2
	SEBML	SEBMLZ		指定尺寸	1
	SE2BML	SE2BMLZ			2
不銹鋼 (相當於SUS440C的材質) 56HRC～	SSEBM	SSEBMZ	SSZMB	固定尺寸	1
	SSE2BM	SSE2BMZ			2
	SSEBML	SSEBMLZ		指定尺寸	1
	SSE2BML	SSE2BMLZ			2

耐熱溫度：−20～80℃

由圖 1.5 可得知，所選用的滑軌之硬度係數約為 0.8。

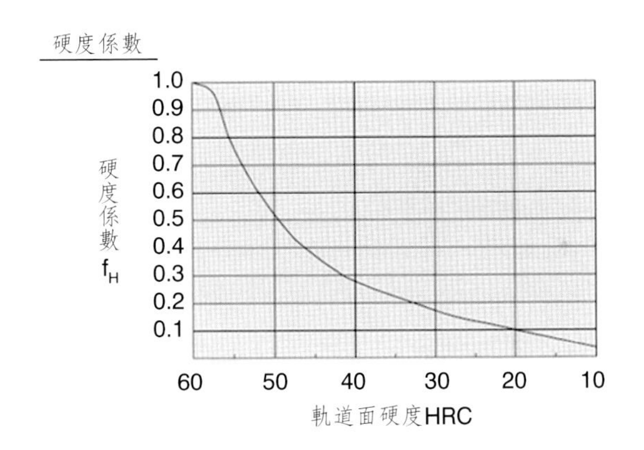

圖 1.5　軌道面硬度 - 硬度係數關係圖 [7]

由圖 1.6 可得知，所選用的滑軌之溫度係數約為 1（假設線性系統溫度為 100 度）。

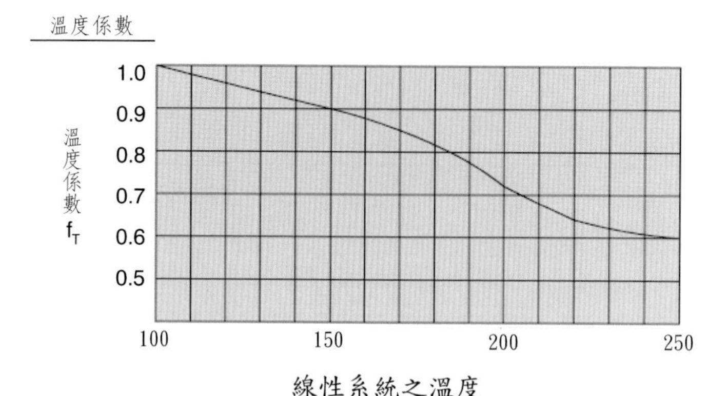

圖 1.6　線性系統之溫度 - 溫度係數關係圖 [8]

由表 1-7 可得知，此系統之滑軌每軸有兩個軸承數，因此相對應的接觸係數爲 0.81。

表1-7　滑軌每軸不同軸承數之相對的接觸係數查詢表[9]

接觸係數

每軸之軸承數	接觸係數fc
1	1.00
2	0.81
3	0.72
4	0.66
5	0.61

根據公式（1.2），

$$L=\left[\frac{f_H \times f_T \times f_C}{f_W}\times\frac{C}{P}\right]^3\times 50 \qquad (1.2)$$

經由上述求得

$f_H = 0.8$　　$f_T = 1$　　$f_C = 0.81$

$f_W = 1$　　$C = 3600N$　　$P = 39.2N$

因此，定格壽命 $L = \left(\frac{0.8 \times 1 \times 0.81}{1} \times \frac{3600}{39.2} \right)^3 \times 50$

$= 11{,}939{,}950\ (\text{km})$

故此線性滑軌的基本動定格荷重與使用壽命是符合此系統需求的。

1-1-4 平台與滑軌設計（3D實體繪圖）

根據平台尺寸與線性滑軌型號進行設計圖繪製，如圖 1.7 所示。

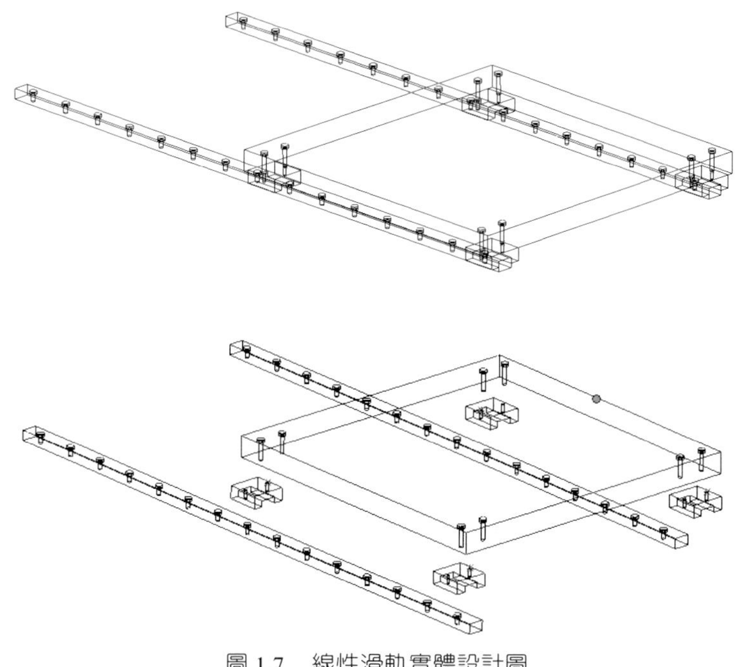

圖 1.7　線性滑軌實體設計圖

1-1-5 滾珠螺桿選用（精密等級選定、導程計算、軸徑計算、危險速度計算、壽命計算）

在完成平台與線性滑軌的設計後，緊接著要進行螺桿的選用計算。首先是螺桿導程與精度計算，由於 100mm 的移動中運行誤差為 0.01mm，動力源指定為台達 ASDA-A 伺服馬達，所以我們可以進行下列計算。

定位精度 = 導程／編碼器回授解析數 + 螺桿精度

由表 1-8 得知編碼器回授解析數為 10,000ppr（每一轉會送出 10,000pulse），

表1-8　伺服驅動器標準規格[10]

機型 ASD-A□□□□□□		01	02	04	07	10	15	20	30
電源	相數/電壓	三相或單相 220VAC						三相 220VAC	
	容許電壓變動率	三相：170～255VAC 單相：200～255VAC						170～255VAC	
	頻率及容許電壓頻率變動率	50/60Hz ±5%							
冷卻方式		自然冷卻			風扇冷卻				
編碼器解析數/回授解析數		2500ppr/10000ppr							

而本系統可容許的運行誤差為 0.01mm

$$0.01（mm）\geq 導程／10000$$

$$0.01（mm）\geq 螺桿精度$$

由上式可知螺桿的導程需小於 100mm，工業標準上常用的 2mm、5mm、10mm、15mm、20mm、25mm、32mm⋯⋯等皆可選用。

螺桿精度由表 1-9 得知，

表1-9　精密滾珠螺桿精度等級之規格[11]

導程精度（容許值）　　單位: μm

		精密滾珠螺桿										轉造滾珠螺桿		
精度等級		C0		C1		C2		C3		C5		C7	C8	C10
螺紋有效長度 以上	以下	代表運行距離誤差	變動	代表運行距離誤差	變動	代表運行距離誤差	變動	代表運行距離誤差	變動	代表運行距離誤差	變動	運行距離誤差	運行距離誤差	運行距離誤差
—	100	3	3	3.5	5	5	7	8	8	18	18	±50/300mm	±100/300mm	±210/300mm
100	200	3.5	3	4.5	5	7	7	10	8	20	18			
200	315	4	3.5	6	5	8	7	12	8	23	18			
315	400	5	3.5	7	5	9	7	13	10	25	20			
400	500	6	4	8	5	10	7	15	10	27	20			
500	630	6	4	9	6	11	8	16	12	30	23			

C10 等級的運行誤差為 0.21mm/300mm 約等於 0.07mm/100mm

C7 等級的運行誤差為 0.05mm/300mm 約等於 0.0017mm/100mm

C5 等級的運行誤差為 0.03mm/300mm 約等於 0.01mm/100mm

由上述導程及運行誤差計算並根據系統所需，我們可選擇小於 C5 等級與小於 100mm 導程的螺桿。

計算軸向負荷以挑選軸徑尺寸

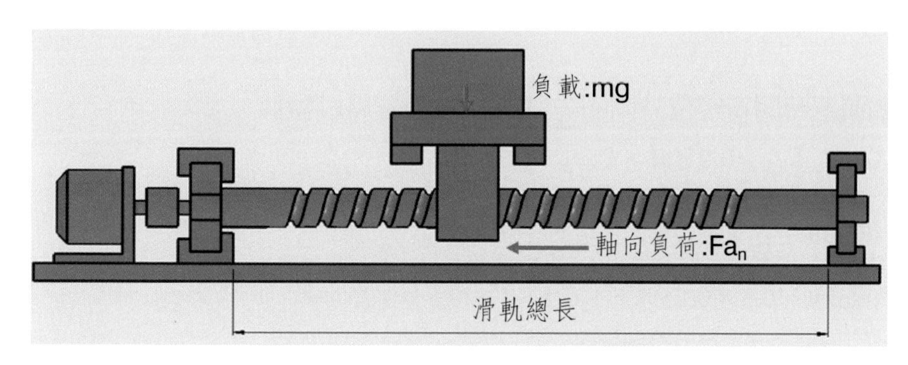

圖 1.8　軸向負荷影響系統之示意圖

去路加速時的軸向負荷　$Fa_1 = \mu \times mg + m\alpha$　（1.3）

去路等速時的軸向負荷　$Fa_2 = \mu \times mg$

去路減速時的軸向負荷　$Fa_3 = \mu \times mg - m\alpha$

V_{max}：最大速度（m/s）　m：運送質量（kg）

t_1：加速時間（s）　μ：導面上的摩擦係數

加速度 $\alpha = \frac{V_{max}}{t_1}(m/s^2)$

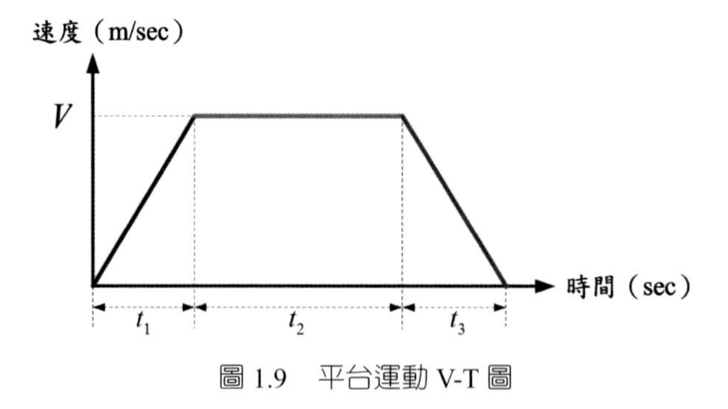

圖 1.9　平台運動 V-T 圖

加減速時間爲定位時間的$\frac{1}{4}$（註：技術資料經驗值）

因此 $t_1 = t_3 = 0.25(s)$，故 $t_2 = 0.5(s)$

$$100mm = \frac{1}{2}\ V \times t_1 + V \times t_2 + \frac{1}{2}\ V \times t_3$$

$$100mm = 0.5 \times 0.25 \times V + 0.5 \times V + 0.5 \times 0.25 \times V$$

$$V = 133.33mm/s = 0.13333m/s$$

$$a = 133.33/0.25 = 533.33 = 0.53333m/s^2$$

線性滑軌爲點接觸的滾珠或線接觸的滾柱兩種型式，因爲不是面接觸，線性滑軌鋼珠與滑道摩擦係數 μ 約爲 0.001（註：上銀工作機械概要提及）。但需考慮防塵片及刮油片摩擦效應，因此整體摩擦係數約爲 0.02。

去路加速時的軸向負荷

$$Fa_1 = 0.02 \times 16 \times 9.8 + 16 \times 0.53333 = 3.136 + 8.5332 = 11.6692\ (N)$$

去路等速時的軸向負荷

$$Fa_2 = 0.02 \times 16 \times 9.8 = 3.136\ (N)$$

去路減速時的軸向負荷

$$Fa_3 = 0.02 \times 16 \times 9.8 - 16 \times 0.53333 = 3.136 - 8.5332 = -5.3972\ (N)$$

由上述軸向負荷力之計算可以得知，在加速時的軸向負荷力是最大的。

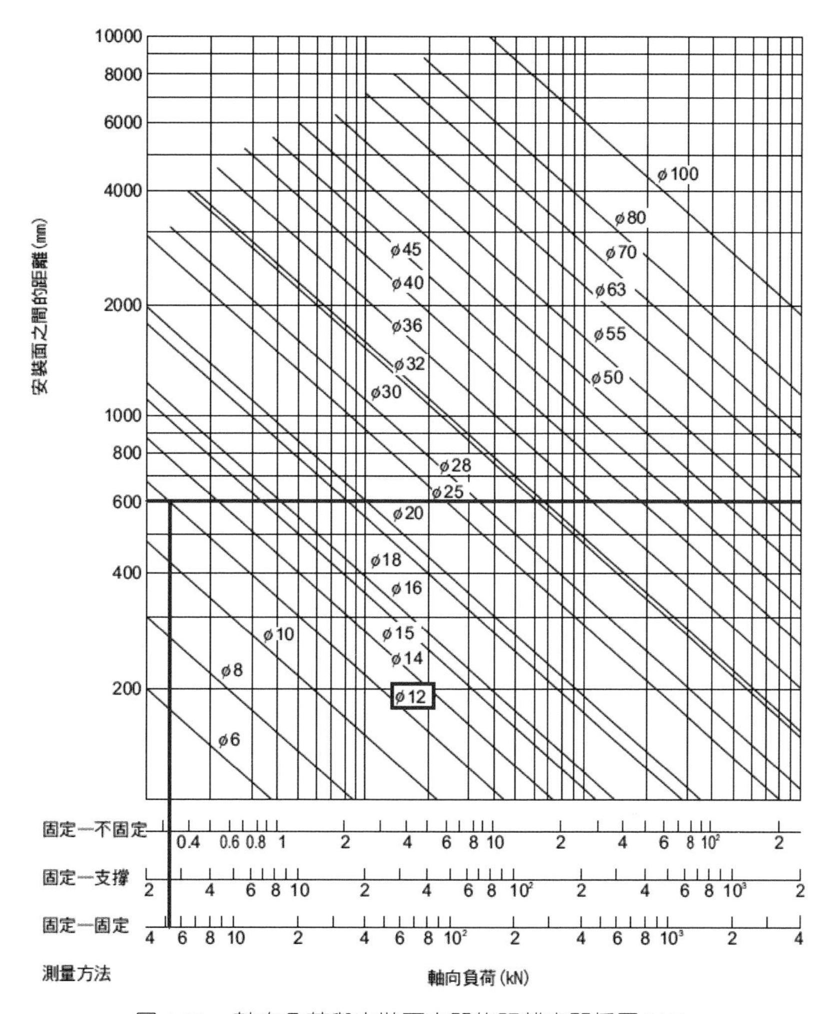

圖 1.10　軸向負荷與安裝面之間的距離之關係圖 [12]

我們可以由圖 1.10 得知在固定 - 固定的軸向負荷最低是 4000（N），遠大於我們的計算值，因此只需選擇在安裝距離 600 mm 的最小軸徑 12mm。

依據上述條件，我們可以透過型錄進行滾珠螺桿的型號選定，如圖 1.11 所示。

PRECISION BALL SCREWS −SHAFT DIA.12,LEAD2·5·10−

精密滾珠螺桿

—軸徑12，導程2・5・10—精密度等級C3・C5・C7　　◉ CAD資料夾名稱：Ball_Screws

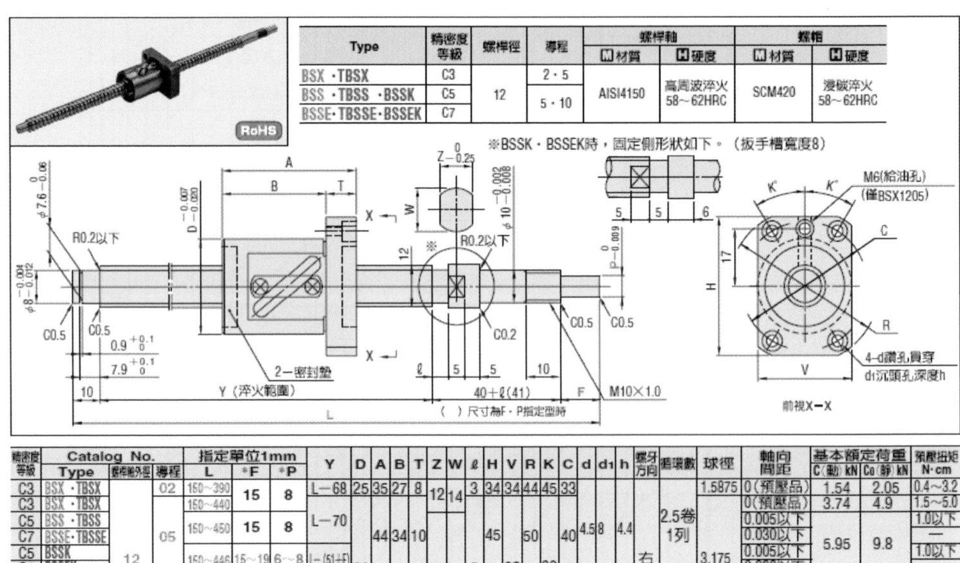

Type	精密度等級	螺桿徑	導程	螺桿軸 M材質	螺桿軸 H硬度	螺帽 M材質	螺帽 H硬度
BSX・TBSX	C3	12	2・5	AISI4150	高周波淬火 58~62HRC	SCM420	滲碳淬火 58~62HRC
BSS・TBSS・BSSK	C5		5・10				
BSSE・TBSSE・BSSEK	C7						

精密度等級	Catalog No. Type	螺桿軸外徑	導程	指定單位1mm L	*F	*P	Y	D	A	B	T	Z	W	ℓ	H	V	R	K	C	d	d1	h	螺牙方向	循環數	球徑	軸向間距	基本額定荷重 C(動) kN	Co(靜) kN	預壓扭矩 N·cm
C3	BSX・TBSX	12	02	150~390	15	8	L−68	25	35	27	8	12	14	3	34	34	44	45	33	4.5	8	4.4	右	2.5卷1列	1.5875	0(預壓品)	1.54	2.05	0.4~3.2
C3	BSX・TBSX		05	150~440			L−70	30	44	34	10			5	45	32	50	30	40						3.175	0(預壓品)	3.74	4.9	1.5~5.0
C5	BSS・TBSS			150~450	15	8						10	12													0.005以下	5.95	9.8	1.0以下
C7	BSSE・TBSSE																									0.030以下			—
C5	BSSK			150~446	15~19	6~8	L−(51+F)																			0.005以下			1.0以下
C7	BSSEK																									0.030以下			—
C5	BSS・TBSS		10	200~600	15	8	L−70		49	37	12				48		54		41	5.5	9.5	5.4		1.5卷1列		0.005以下	3.85	5.9	2.0以下
C7	BSSE・TBSSE																									0.030以下			—
C5	BSSK			200~596	15~19	6~8	L−(51+F)																			0.005以下			2.0以下
C7	BSSEK																									0.030以下			—

圖 1.11　軸徑 12／導程 10／精密度 C5 之滾珠螺桿型錄資料 [13]

選定後發現軸徑 12 mm 的滾珠螺桿螺紋部分不足 600 mm，故我們需選用軸徑 15 mm 的滾珠螺桿，如圖 1.11 所示。

PRECISION BALL SCREWS –SHAFT DIA.15,LEAD5·10·20–

精密滾珠螺桿

—軸徑15，導程5·10·20—精密度等級C3·C5·C7

◉ CAD資料夾名稱：Ball_Screws

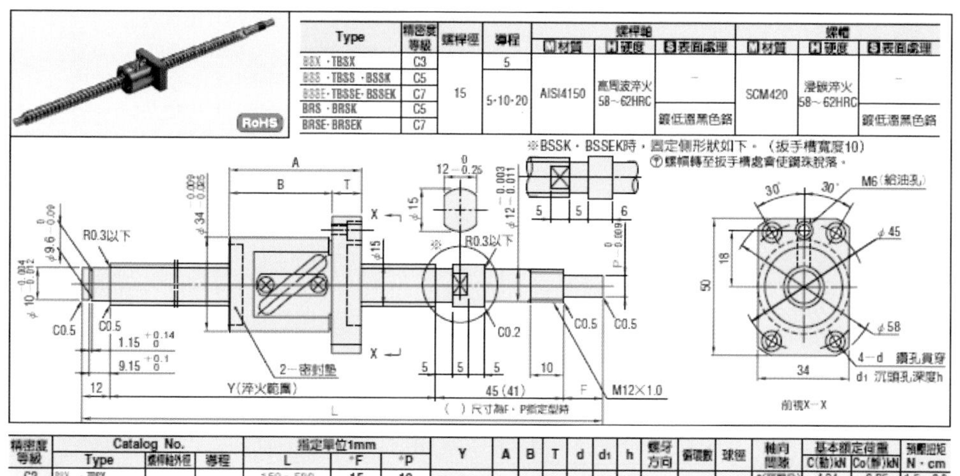

Type	精密度等級	螺桿徑	導程	螺桿軸 M材質	螺桿軸 H硬度	螺桿軸 S表面處理	螺帽 M材質	螺帽 H硬度	螺帽 S表面處理
BSX·TBSX	C3	15	5	AISI4150	高周波淬火 58~62HRC	–	SCM420	滲碳淬火 58~62HRC	–
BSS·TBSS·BSSK	C5		5·10·20						
BSSE·TBSSE·BSSEK	C7								
BRS·BRSK	C5					鍍低溫黑色鉻			鍍低溫黑色鉻
BRSE·BRSEK	C7								

精密度等級	Catalog No. Type	螺桿軸外徑	導程	指定單位1mm L	*F	*P	Y	A	B	T	d	d1	h	螺牙方向	循環數	球徑	軸向間隙	基本額定荷重 C(動)kN	Co(靜)kN	預壓扭矩 N·cm
C3	BSX - TBSX	15	05	150~590	15	10	L−72	44	34	10	5.5	9.5	5.4	右	2.5圈1列	3.175	0(預壓品)	4.34	6.25	1.5~6.0
C5	BSS - TBSS - BRS			150~1096	15	10											0.005以下	6.9	12.5	2.0以下
C7	BSSE - TBSSE - BRSE																0.030以下			—
C5	BSSK - BRSK			150~1094	15~19	8~10	L−(53+F)										0.005以下			2.0以下
C7	BSSEK - BRSEK																0.030以下			—
C5	BSS - TBSS - BRS		10	200~1096	15	10	L−72	52	40	12	6		6		1.5圈1列		0.005以下	4.4	7.9	3.0以下
C7	BSSE - TBSSE - BRSE																0.030以下			—
C5	BSSK - BRSK			200~1094	15~19	8~10	L−(53+F)										0.005以下			3.0以下
C7	BSSEK - BRSEK																0.030以下			—
C5	BSS - TBSS - BRS		20	230~1096	15	10	L−72	62	50								0.005以下			3.0以下
C7	BSSE - TBSSE - BRSE																0.030以下			—
C5	BSSK - BRSK			230~1094	15~19	8~10	L−(53+F)										0.005以下			3.0以下
C7	BSSEK - BRSEK																0.030以下			—

＊鍍低溫黑色鉻製品的L尺寸最大值到1000為止。 F·P僅限BSSK,BSSEK,BRSK,BRSEK可指定。ⓉF≦P×3 Ⓣ鍍低溫黑色鉻的特長 P.450 kgf=N×0.101972

圖 1.12 軸徑 15 / 導程 20 / 精密度等級 C5 之滾珠螺桿型錄資料 [14]

螺桿總長 = 螺紋長度 + 螺紋支撐部份的長度 = 600 + 72 = 672 mm

滾珠螺桿的型號選定後，我們需再根據系統運動條件與滾珠螺桿進行壽命與危險速度的驗證。

$$額定壽命（總轉數）L=\left(\frac{Ca}{fw\times Fa}\right)^3\times 10^6 \quad (1.4)$$

L：額定壽命（總轉數）（rev）

Ca：基本動額定負荷（N）

Fa：軸向負荷（N）

fw：負荷係數

表1-10　不同等級之滾珠螺桿基本動額定負荷查詢表[15]

精密度等級	Catalog No.			指定單位1mm			Y	A	B	T	d	d1	h	螺牙方向	循環數	球徑	軸向間隙	基本額定荷重		預壓扭矩
	Type	螺桿軸外徑	導程	L	*F	*P												C(動)kN	Co(靜)kN	N・cm
C3	BSX・TBSX	15	05	150～590	15	10	L−72	44	34	10	5.5	9.5	5.4	右	2.5卷1列	3.175	0(預壓品)	4.34	6.25	1.5～6.0
C5	BSS・TBSS・BRS			150～1098	15	10											0.005以下	6.9	12.5	2.0以下
C7	BSSE・TBSSE・BRSE																0.030以下			—
C5	BSSK・BRSK			150～1094	15～19	8～10	L−(53+F)										0.005以下			2.0以下
C7	BSSEK・BRSEK																0.030以下			—
C5	BSS・TBSS・BRS		10	200～1098	15	10	L−72	52	40	12	6		6		1.5卷1列		0.005以下	4.4	7.9	3.0以下
C7	BSSE・TBSSE・BRSE																0.030以下			—
C5	BSSK・BRSK			200～1094	15～19	8～10	L−(53+F)										0.005以下			3.0以下
C7	BSSEK・BRSEK																0.030以下			—
C5	BSS・TBSS・BRS		20	230～1098	15	10	L−72	62	50								0.005以下			3.0以下
C7	BSSE・TBSSE・BRSE																0.030以下			—
C5	BSSK・BRSK			230～1094	15～19	8～10	L−(53+F)										0.005以下			3.0以下
C7	BSSEK・BRSEK																0.030以下			—

*鍍低溫黑色鉻製品的L尺寸最大僅到1000為止。　F・P僅限BSSK,BSSEK,BRSK,BRSEK可指定。Ⓣ F≦P×3　Ⓣ鍍低溫黑色鉻的特長 P.450　kgf=N×0.101972

表1-11　不同應用情況之負荷係數[16]

震動／衝擊	速度（V）	f_w
微小	微速時 V≦0.25m/s	1～1.2
小	低速時 0.25<V≦1m/s	1.2～1.5
中	中速時 1<V≦2m/s	1.5～2
大	高速時 V>2m/s	2～3.5

由表 1-10 及 1-11 可得知，所選用的滾珠螺桿之基本動額定負荷爲 4400（N）、軸向負荷爲 8.69（N）以及負荷係數爲 1.2。

因此根據公式（1.4），該滾珠螺桿的額定壽命爲（rev）

$$=\left(\frac{400}{1.2\times 8.69}\right)^3\times 10^6=7.51\times 10^{13}\ (\text{rev})$$

故此滾珠螺桿線性滑軌的動額定負荷與使用壽命驗證計算是符合此系統需求的。

然而，隨著滾珠螺桿轉速的提高，逐漸接近螺桿軸的固有振動頻率，會發生共振而不能繼續轉動的問題。因此，一定要在共振點（危險速度）以下使用。圖 1.13 即是螺桿軸徑與危險速度的關係圖。

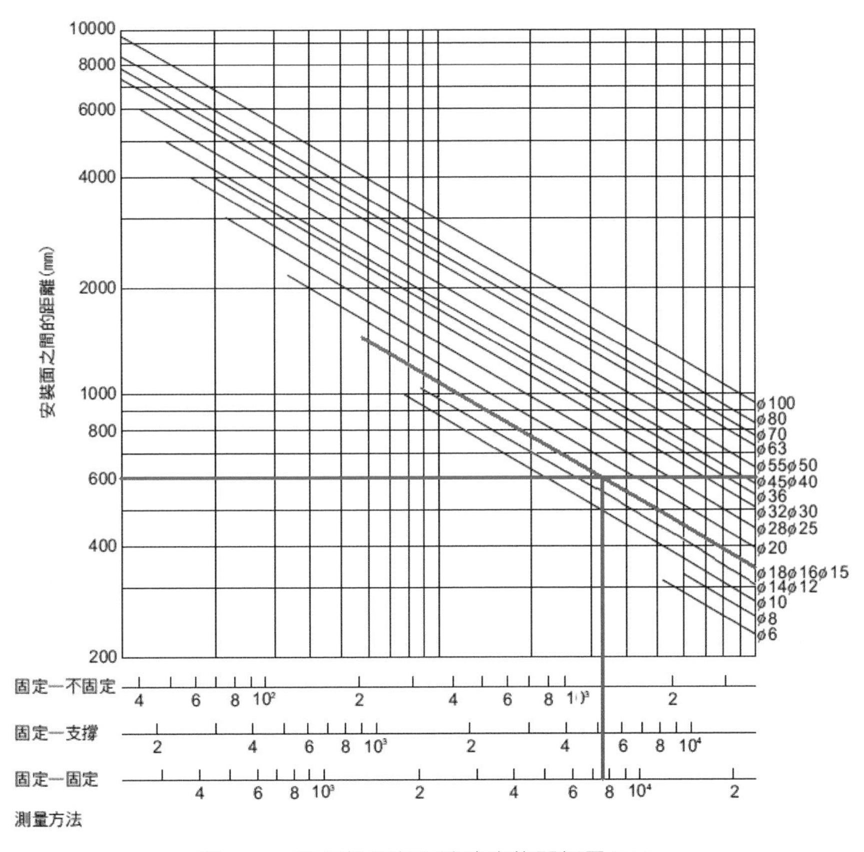

圖 1.13　螺桿軸徑與危險速度的關係圖 [17]

螺桿轉速 = 平台速度 / 導程

螺桿轉速 = 133.33/20 = 6.6665r/s = 400r/min

由上圖可知外徑 15mm 的螺桿危險速度約為 7500 r/min

此螺桿的轉速小於危險速度，故此螺桿危險速度驗證計算是符合此系統需求的。

1-1-6 螺桿支撐座選用

根據型錄上螺桿尺寸挑選螺桿支撐座，如圖 1.14 所示。

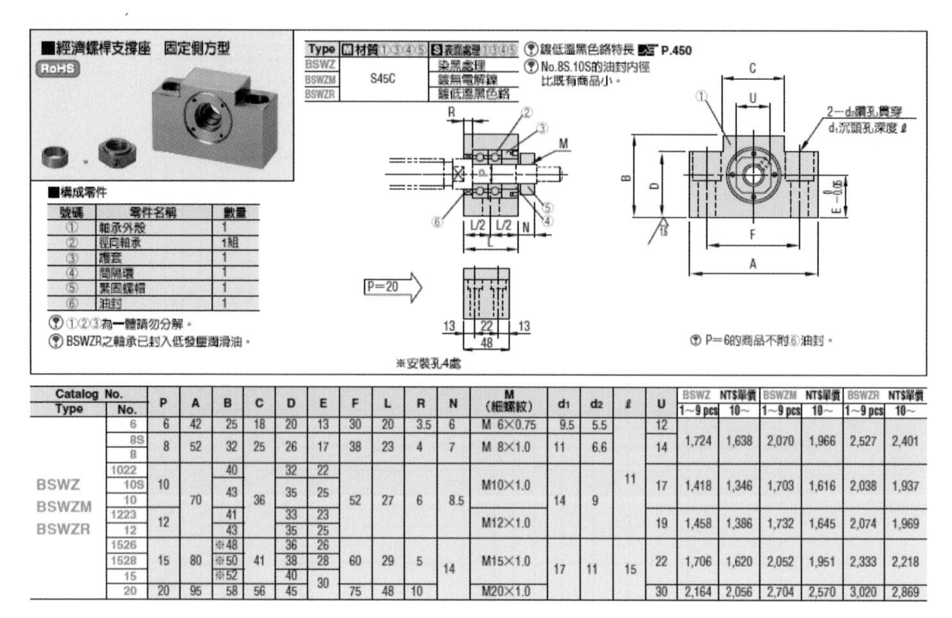

Type	M材質①③④⑤	S表面處理①③④⑤
BSWZ	S45C	染黑處理
BSWZM		鍍無電解鎳
BSWZR		鍍低溫黑色鉻

鍍低溫黑色鉻特長 P.450
No.8S.10S的油封內徑比既有商品小。

號碼	零件名稱	數量
①	軸承外殼	1
②	徑向軸承	1組
③	護套	1
④	間隔環	1
⑤	緊固螺帽	1
⑥	油封	1

①②③為一體請勿分解。
BSWZR之軸承已封入低發塵潤滑油。

Type	No.	P	A	B	C	D	E	F	L	R	N	M（細螺紋）	d1	d2	ℓ	U	BSWZ NT$單價 1~9 pcs	BSWZ NT$單價 10~	BSWZM NT$單價 1~9 pcs	BSWZM NT$單價 10~	BSWZR NT$單價 1~9 pcs	BSWZR NT$單價 10~
BSWZ BSWZM BSWZR	6	6	42	25	18	20	13	30	20	3.5	6	M 6×0.75	9.5	5.5	11	12	1,724	1,638	2,070	1,966	2,527	2,401
	8S	8	52	32	25	26	17	38	23	4	7	M 8×1.0	11	6.6		14						
	8																					
	1022	10	70	40	36	32	22	52	27	6	8.5	M10×1.0	14	9		17	1,418	1,346	1,703	1,616	2,038	1,937
	10S			43		35	25															
	10																					
	1223	12		41		33	23					M12×1.0				19	1,458	1,386	1,732	1,645	2,074	1,969
	12			43		35	25															
	1526	15	80	※48	41	36	26	60	29	5	14	M15×1.0	17	11	15	22	1,706	1,620	2,052	1,951	2,333	2,218
	1528			※50		38	28															
	15			※52		40	30															
	20	20	95	58	56	45		75	48	10		M20×1.0				30	2,164	2,056	2,704	2,570	3,020	2,869

圖 1.14　螺桿支撐座之型錄資料 [18]

1-1-7 螺桿與螺桿支撐座設計（3D實體繪圖）

根據型錄上螺桿尺寸與螺桿支撐座進行設計，並與平台滑軌組立，如圖 1.15 所示。

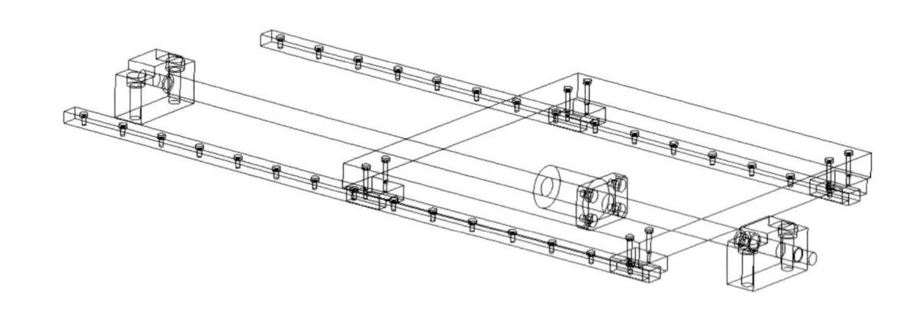

圖 1.15　螺桿、螺桿支撐座及平台滑軌實體設計組立圖

1-1-8 伺服馬達選用（額定轉速計算、額定扭矩計算、瓦數選定）[3][4]

在完成平台運動主體後，緊接著我們要計算動力源的規格。我們可以由額定轉速與額定扭矩來選用馬達。

首先我們先進行額定轉速的計算

$$N_M = \frac{V \times 1000 \times 60}{Ph} \tag{1.5}$$

N_M：馬達所需轉速（min^{-1}）

V：進給速度（m/s）

Ph：滾珠螺桿的導程（mm）

馬達的額定轉速必須等於或大於上述計算值（N_M）

$N_M \leq N_R$

N_R：馬達所需轉速（min^{-1}）

因此根據公式（1.5）

$$N_M = \frac{0.13333 \times 1000 \times 60}{20} = 400\ (\text{min}^{-1})$$

由上述運算結果得知馬達額定轉速需要大於 400rpm。

接下來我們再進行額定扭矩的計算。作用於馬達上的大扭矩必須等於或小於馬達的瞬間最大扭矩值爲計算原則，如下列公式所示。

$$T_1 = \frac{Fa \times Ph}{2\pi \times \eta} \tag{1.6}$$

T_1：由外部負荷引起的摩擦扭矩（N−mm）

Fa：軸向負荷（N）

Ph：滾珠螺桿的導程（mm）

η：滾珠螺桿效率（0.9～0.95）

$$T_2 = T_\mathrm{d} \qquad (1.7)$$

T_2：滾珠螺桿的預壓扭矩（N−mm）

T_d：滾珠螺桿的預壓扭矩（N−mm）

$$T_3 = J \times \omega' \times 10^3 \qquad (1.8)$$

T_3：加速時需要的扭矩（N−mm）

J：慣性力矩（$\mathrm{kg/m^2}$）

ω'：角加速度（$\mathrm{rad/s^2}$）

$$J = m\left(\frac{Ph}{2\pi}\right)^2 \times 10^{-6} + Js \qquad (1.9)$$

m：運送質量（kg）

Ph：滾珠螺桿的導程（mm）

Js：螺桿軸的慣性力矩（$\mathrm{kg/m^2}$）

（記載在各型號的尺寸表中）

$$\omega' = \frac{2\pi \times N_m}{60t} \qquad (1.10)$$

N_m：馬達每分鐘轉數（$\mathrm{min^{-1}}$）

t：加速時間（s）

首先我們先進行螺桿的慣性力矩 Js 的計算。

螺桿材質爲 AISI4150 爲美規合金鋼材料密度約爲 $0.00785\mathrm{kg/cm^3}$

螺桿品質 $= L \times A \times$ 密度

$$= \frac{67.2 \times \pi \times 1.5^2}{4}$$

$$= 0.93\ \mathrm{kg}$$

螺桿的慣性力矩 $Js = \left(\dfrac{0.93\times 15^2}{8\times 10^6}\right)$

$= 2.62\times 10^{-6}\ \mathrm{kg/m^2}$

慣性力矩 $J = 16\times\left(\dfrac{20}{2\pi}\right)^2\times 10^{-6} + 2.62\times 10^{-6}$

$= 164.73\times 10^{-6}\ \mathrm{kg/m^2}$

角加速度 $\omega = \dfrac{2\times\pi\times 4000}{60\times 0.25} = 167.55\ \ \mathrm{rad/s^2}$

加速時的力矩 $T_3 = 164.73\times 10^{-6}\times 167.55\times 10^3$

$= 27.6\ \mathrm{N-mm}$

滾珠螺桿的預壓扭矩 $T_2 = 3\mathrm{N-cm}$

$= 30\ \mathrm{N-mm}$

外部摩擦扭矩 $T_1 = \dfrac{11.6692\times 20}{2\pi\times 0.9}$

$= 41.29\ \mathrm{N-mm}$

有效扭矩值 $T_{ms} = \mathrm{T_1 + T_2 + T_3}$

$T_{ms} = 41.29 + 30 + 27.6$

$T_{ms} = 98.89\ \ \mathrm{N-mm}$

$T_{ms} = 0.09889\ \ \mathrm{N-m}$

由上述運算結果得知馬達額定扭矩需要大於 0.09889 N−m。

機型 ASMT□□L250□□		100W	200W	400W	750W	1kW	2kW	3kW
		01	02	04	07	10	20	30
伺服馬達特性	額定功率 (kW)	0.1	0.2	0.4	0.75	1.0	2.0	3.0
	額定扭矩 (N.m)	0.318	0.64	1.27	2.39	3.3	6.8	9.5
	瞬間最大扭矩 (N.m)	0.95	1.91	3.82	7.16	9.9	19.2	31.5
	額定轉數 (rpm)	3000						
	瞬間最高轉數 (rpm)	5000					4500	
	額定電流 (A)	1.1	1.7	3.3	5.0	6.8	13.4	17.5
	瞬時最大電流(A)	3.0	4.9	9.3	14.1	18.7	38.4	55
	每秒最大功率 (KW/s)	34.5	23.0	48.7	51.3	42	98	95.1
	轉子慣量 (Kg.m^2)	0.03E-4	0.18E-4	0.34E-4	1.08E-4	2.6E-4	4.7E-4	11.6E-4
	機械常數 (ms)	0.6	0.9	0.7	0.6	1.7	1.2	1.5
	軸摩擦扭矩 (N.m)	0.02	0.04	0.04	0.08	0.49	0.49	0.49
	扭矩常數-KT (N.m/A)	0.32	0.39	0.4	0.5	0.56	0.54	0.581
	電壓常數-KE (V/rpm)	33.7E-3	41.0E-3	41.6E-3	52.2E-3	58.4E-3	57.0E-3	60.9E-3
	電機阻抗 (Ohm)	20.3	7.5	3.1	1.3	2.052	0.765	0.32
	電機感抗 (mH)	32	24	11	6.3	8.4	3.45	2.63
	電氣常數 (ms)	1.6	3.2	3.2	4.8	4.1	4.5	8.2

圖 1.16　ASMT 伺服馬達規格資料 [19]

因此，如圖 1.17 所示，我們可以選定馬達爲功率 100W 的伺服馬達。

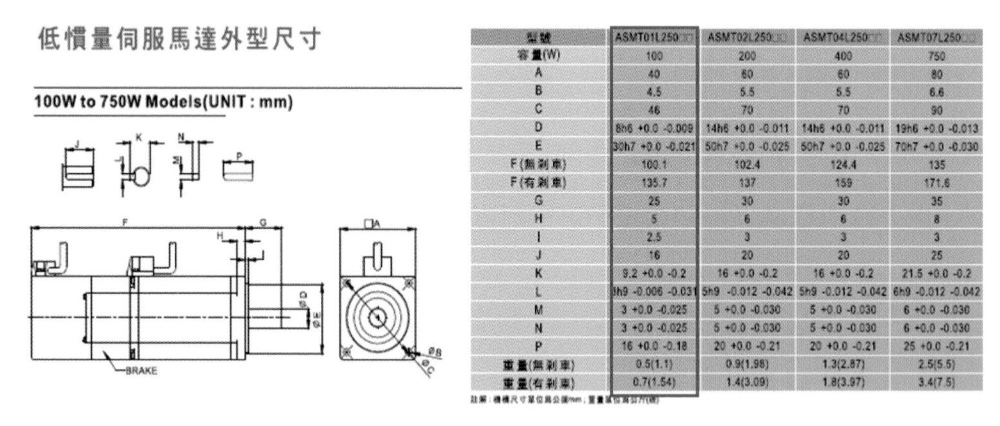

型號	ASMT01L250□□	ASMT02L250□□	ASMT04L250□□	ASMT07L250□□
容量(W)	100	200	400	750
A	40	60	60	80
B	4.5	5.5	5.5	6.6
C	46	70	70	90
D	8h6 +0.0 -0.009	14h6 +0.0 -0.011	14h6 +0.0 -0.011	19h6 +0.0 -0.013
E	30h7 +0.0 -0.021	50h7 +0.0 -0.025	50h7 +0.0 -0.025	70h7 +0.0 -0.030
F(無剎車)	100.1	102.4	124.4	135
F(有剎車)	135.7	137	159	171.6
G	25	30	30	35
H	5	6	6	8
I	2.5	3	3	3
J	16	20	20	25
K	9.2 +0.0 -0.2	16 +0.0 -0.2	16 +0.0 -0.2	21.5 +0.0 -0.2
L	3h9 -0.006 -0.031	5h9 -0.012 -0.042	5h9 -0.012 -0.042	6h9 -0.012 -0.042
M	3 +0.0 -0.025	5 +0.0 -0.030	5 +0.0 -0.030	6 +0.0 -0.030
N	3 +0.0 -0.025	5 +0.0 -0.030	5 +0.0 -0.030	6 +0.0 -0.030
P	16 +0.0 -0.18	20 +0.0 -0.21	20 +0.0 -0.21	25 +0.0 -0.21
重量(無剎車)	0.5(1.1)	0.9(1.98)	1.3(2.87)	2.5(5.5)
重量(有剎車)	0.7(1.54)	1.4(3.09)	1.8(3.97)	3.4(7.5)

圖 1.17　ASMT 功率為 100W 的伺服馬達規格資料 [20]

1-1-9 其他配合零組件設計與選用（馬達固定座、連軸器、底板、滑軌墊高塊）

根據型錄上馬達外型尺寸、馬達固定座、連軸器、底板與滑軌墊高塊進行設計，並與平台螺桿組立，如圖 1.18 所示。

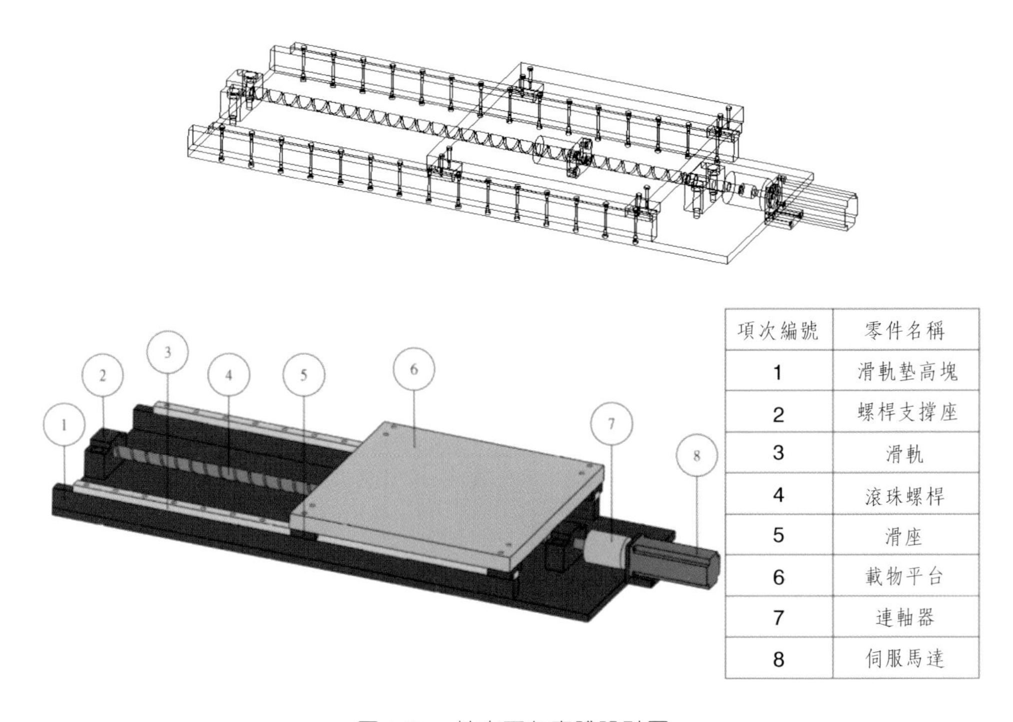

項次編號	零件名稱
1	滑軌墊高塊
2	螺桿支撐座
3	滑軌
4	滾珠螺桿
5	滑座
6	載物平台
7	連軸器
8	伺服馬達

圖 1.18　精密平台實體設計圖

1-2 零件工程圖

滑軌

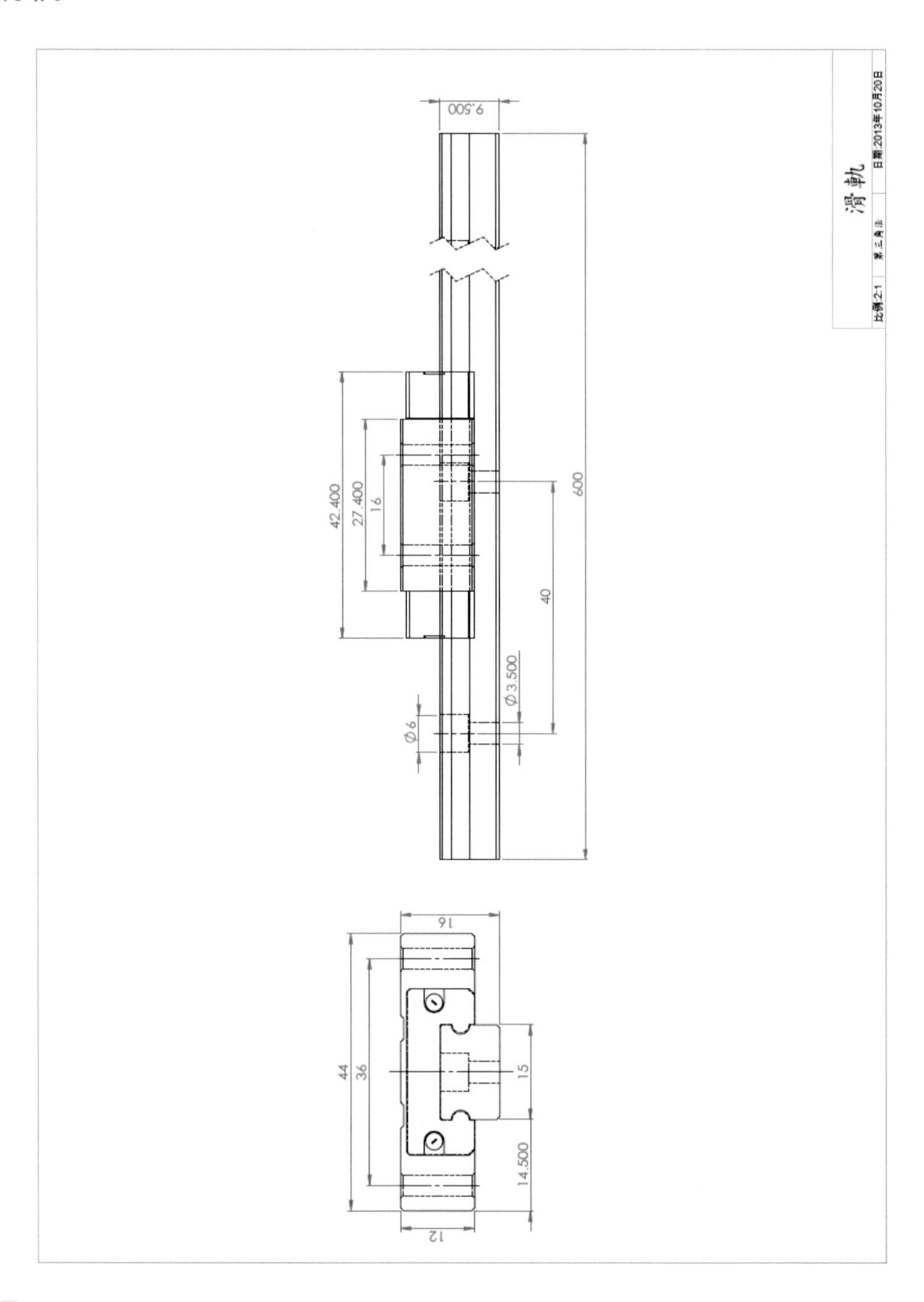

滑軌
比例:2:1
第三角法
日期:2013年10月20日
9.500
600
42.400
27.400
16
40
Ø3.500
Ø6
16
44
36
15
14.500
12

第二章 感測器應用

2-1 近接感測器

2-2 光學旋轉編碼器

2-3 光學尺

2-4 極限開關

2-5 溫度感測器

2-1 近接感測器

近接感測器原理，是利用待測物與感測器之間相隔一段距離，沒有接觸的近接作用使感測器偵測而產生訊號，由於近接感測器沒有與待測物進行接觸的動作因此沒有機械故障、磨耗、響應不足以及接觸不良等缺點。近接感測器通常由下列三種方式達到感測功能。

由感測器不斷發出訊號，當感測到物體時立即反射回來，再由接受器偵測其訊號，如光電開關及超音波元件等。

會改變空間之某種物理特性的物件，且能由感測器感測得知，如發出熱、超音波以及產生磁場等，可由感測元件感測產生訊號。

利用永久磁鐵在空間中產生磁場，並安裝霍爾感應元件，當物體靠近時會改變磁通量使霍爾元件輸出訊號。

近接感測器可分爲下列幾種種類，電磁、光學、光電、超音波跟霍爾感測器。

2-1-1 電磁近接感測器

由於電磁近接感測器（inductive proximity sensor）僅能感測金屬物體且感測距離有限一般在 50mm 以內，因此通常用來感測金屬物體的有或無、物體位置、週期的檢測以及作爲脈波產生器的用途。

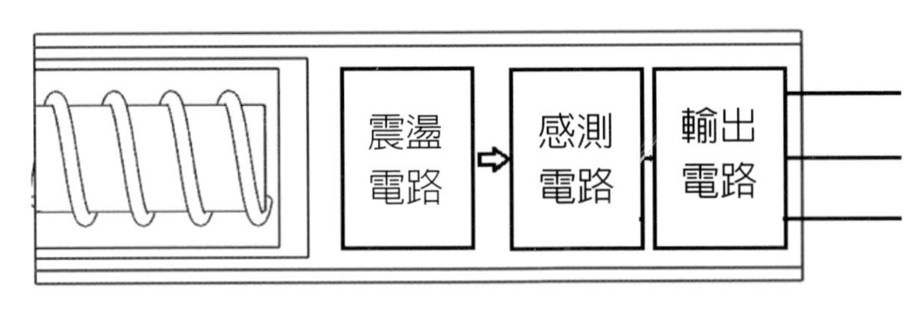

圖 2.1 電磁進階感測器

感測器的內部包含了線圈、震盪器、偵測電路以及輸出電路，如圖 2.1 所示，利用感測器裡的線圈產生高頻磁場，當金屬檢測物接近至磁場內時會產生電磁感應現象，金屬物體內部會產生渦電流，部分磁場能量消失使得震盪線圈電阻變大，而降低或停止震盪信號的振幅，此震盪變化送入偵測電路變成直流信號電壓，輸出電路再降低電壓輸出。

並非所有的待測物感應的距離都相同，不同材質及大小的待測物被感測出來的距離也不相同，以同大小的物體而言感測磁性物體的距離較非磁性物體遠，較耗能材質的物體能在較遠的距離感測出來，例如鐵，而銅以及鋁等較不耗能的物體則感測距離較短，需較靠近感測器才能被感測出來。

2-1-2 光學近接感測器

光學近接感測器（optical proximity sensor）有時又稱光遮斷感測器，由一個發光源與一個光感測器所組成，發光源又可分可見光以及不可見光兩種，不可見光可使用紅外線發射二極體，通常光源可在為調變過的光源，可在數千赫茲的頻率下進行切換，光感測器通常使用具有可接收可見光以及不可見光的光電晶體或是紅外線接收二極體，包含下列幾種類型：光二極體、光敏電阻、光電晶體和光電池，光感測器的接受器經過調整只接收與發光源同頻率的光線，使其不受任意光線影響。

而接受器是使用具有可接收光學的近接感測器，可分為下列幾種形式，相對式、反射式、擴散近接式、收斂近接式以及槽孔耦合器。如圖 2.2 所示。

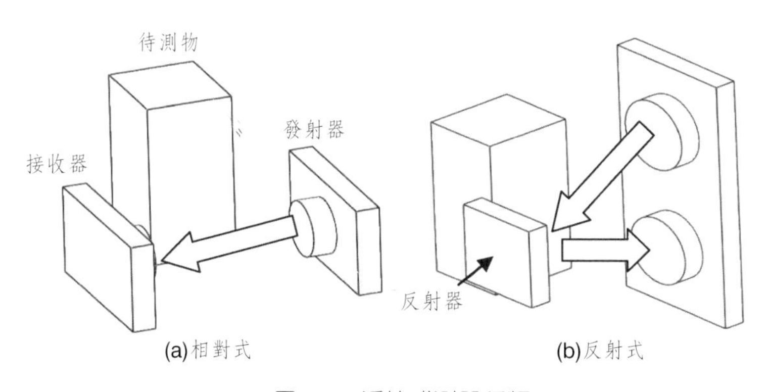

圖 2.2　近接感測器種類

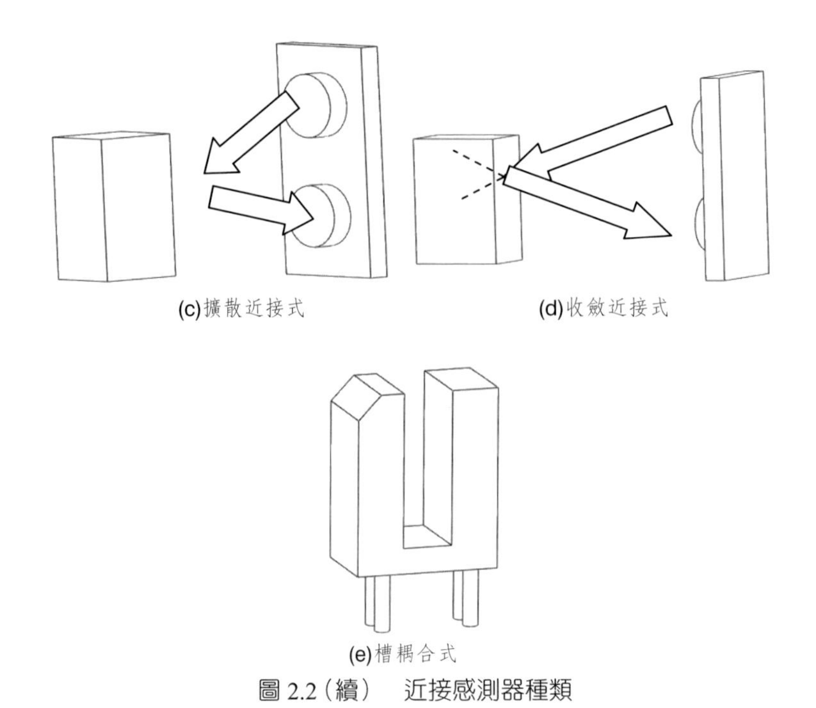

圖 2.2（續）　近接感測器種類

最初光學近接感測器是使用相對式（opposed），發光源以及光感測器分別在裝置的兩側，由發光源向光感測器發出光線，當有物體在發光源及光感測器中間阻擋光源時，感測器可偵測出有物體存在，在此感測模式下待測物體必須爲不透光物件或是夠大足以遮斷所有發光源所發出的光線，否則接收器還是能夠接受到光線，導致沒有偵測到物體。

反射式（retroreflective）：發光源與接受器在同一側，發光源發射的光線經由反射器反射至接收器，大多數的反射器是由塑膠所製成，表面有著許多微小的菱鏡陣列能使光線平行反射，感測方式同樣是依靠待測物體通過偵測區將光線遮斷來進行感測。

擴散近接式（diffuse proxmity）：感測器的發光源以及光感測器如同反射式一樣，在近接感測器的同一側但是缺少了反射器，感測原理是利用待測物出現在感測區時，光線聚焦在物體上再反射至接收器，接收器接受到光源後產生訊號，此感測方式會受待測物表面的反射性所影響，如鏡子等表面過於光滑的物體，會因不易將光線反射回接收器而不易感測出來。

收斂近接式（convergent proximity）：近接感測器的光源發射器與接收器皆固定在相同的地方且聚焦在同一點上，此種感測器感測距離短，需有精確的感測距離且只有在此距離內的的物體才可被感測出來，而在感測距離之外的物體皆不會被感測出來。

槽孔耦合器（slotted coupler）：又稱爲光遮斷器（optointerrupter），此感測器包含一組光源以及檢波器。當物體進入槽孔內將光線擋住時，感測器將輸出電壓訊號。光遮遮斷器常被用來當作機台的極限開關來使用。

2-1-3 超音波近接感測器

超音波近接感測器（ultrasonic proximity sensor）內部由發射器及感測器所組成，發射器利用壓電效應將電器訊號轉換成壓力訊號，接收器則是將壓力訊號傳換成電器訊號。依配置方式的不同可分爲三類，對稱式、獨立反射式以及兼具反射式，對稱式主要用於遙控物體的感測，另外兩種反射式皆用於物體距離的感測。如圖 2.3 所示。

超音波感測器可分爲下列三種型式：電磁感應式震盪器、磁伸縮震盪器以及壓電震盪器。電磁感應式震盪器作動方式如同喇叭一樣，利用磁場的方式來達到發射以及感測超音波的目的，此種方式優點是不受共振影響，但是頻率選擇性差且易接收雜音。磁伸縮震盪器是使用由矽、鐵等金屬氧化物的混合粉末在高溫高壓下壓縮成型並加以纏繞線圈，當電流經過線圈時材料會因爲磁場的變化發生共振而形成超音波，此種超音波元件常被用於工業上。壓電震盪器是由石英、鈦酸鋇、鈦酸鉛等構成。

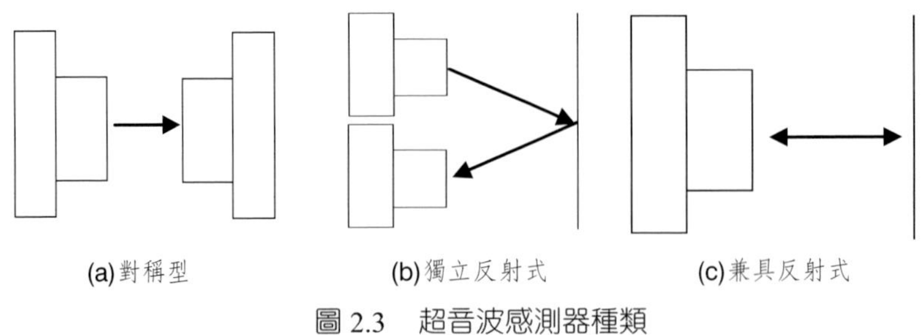

圖 2.3　超音波感測器種類

超音波近接感測器通常利用數十 kHz 的音波來進行感測，當有物體進入感測區時，音波撞擊物件反射部分音波回感測器，由此感測是否有物體存在。超音波感測器的輸出訊號可爲開關式（on-off）或是類比訊號，通常爲 0~10v ，在開關輸出模式下感測器只會在特定小範圍內進行偵測，當有偵測到物體時才輸出訊號，在類比模式下則是依感測範圍內待測物與感測器不同的距離來輸出不同的電壓。

超音波近接感測器相較於其他近接感測器具有下列優勢，可感測出物體與感測器間的距離，可偵測金屬及非金屬、透明或非透明、表面具高反射性或低反射性以及任意顏色的物體。但是不易偵測如海綿等不易反射音波的物體，且超音波會因距離、溫度、溼度等因素造成音波的衰減，雖然此現象可藉由較複雜的電子電路設計來克服，但是此種方法有成本昂貴以及維護不易等缺點。目前超音波感測器廣泛的應用在醫學、工業、國防以及日常生活之中。

2-1-4 霍爾效應近接感測器

霍爾效應是指導體與半導體材料在磁場內會產生一個電壓的效應。當磁場增加超出一個值時霍爾感測器會輸出電壓，可利用磁鐵的移動或是磁場的改變來達成。霍爾近接感測器常被用於機器內的感應器、電腦鍵盤以及轉速表上。

2-2 光學旋轉編碼器

光學旋轉編碼器為旋轉角度檢測元件，用於檢測轉角、轉速、直線位移等，輸出訊號為數位訊號具高解析度及高抗雜訊干擾能力。旋轉式編碼器的基本構造是由透光光柵轉盤、固定光柵、發光模組、受光模組、旋轉軸承及外殼所組成。運作原理為在透光光柵旋轉盤兩側安裝一組發光模組及受光模組，當透光光柵旋轉時會不斷遮斷光束產生一連串脈衝，藉由計算此脈衝可得知轉動角度，如圖2.4所示。旋轉編碼器有兩種，分別為增量型編碼器以及絕對型編碼器。

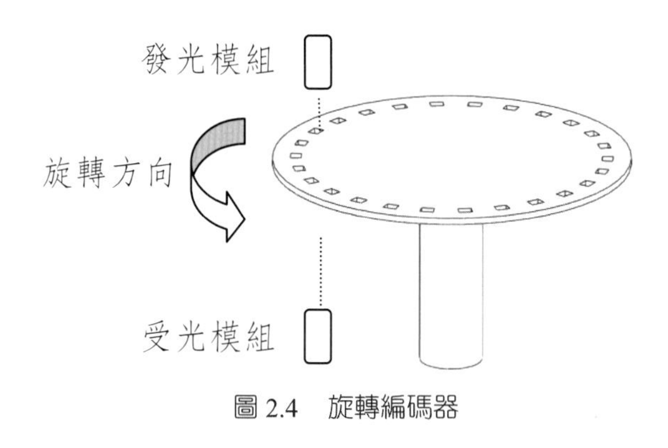

圖 2.4　旋轉編碼器

增量型光學編碼器輸出的訊號為相對位置，較易達到高解析度，斷電後資料會消失，輸出的訊號有 A 、B 、Z 三相，當順時針旋轉時 A 相會比 B 相先輸出，相較於增量型編碼器輸出相對位置，絕對型編碼器輸出為絕對位置且斷電後資料不會消失，但是需準確安裝多組光接收器因此造價昂貴。

2-3 光學尺

光學尺又稱直線式光學編碼器，用於直線位移及速度的量測，輸出訊號與旋轉編碼器相同，為具高解析度及高抗雜訊干擾能力數位訊號，此元件廣泛應用於自動化機械設備做為高精度定位回授使用。光學尺由 LED 光源、聚焦鏡、主尺、副尺及受光元件所組成。依類型可分為增量型以及絕對型光學尺，依構造又可分成穿透式以及反射式光學尺。穿透式的光學尺其光源及受光元件分別在主尺的兩側，主尺上有可透光光柵，反射式光學尺其發光源及受光元件在同一側，主尺爲不透光型，如圖 2.5 所示。光學尺運作原理與旋轉編碼器相同，也同樣分爲增量型以及絕對型的光學尺。

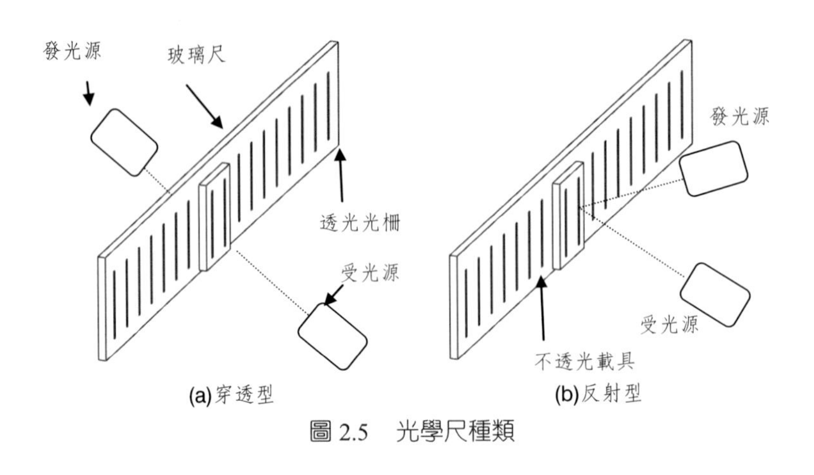

圖 2.5　光學尺種類

2-4 極限開關

極限開關爲一種可讓移動的物體作物理性觸發的裝置，通常於移動平台的前後極限上都會裝設此種開關，此開關通常爲短行程的微動開關，微動開關具有下列型式：直接型、槓桿型以及滾子型，如圖 2.6 所示。除了接觸式的微動開關外，非接觸式的光遮斷開關也常被拿來當作極限開關使用。

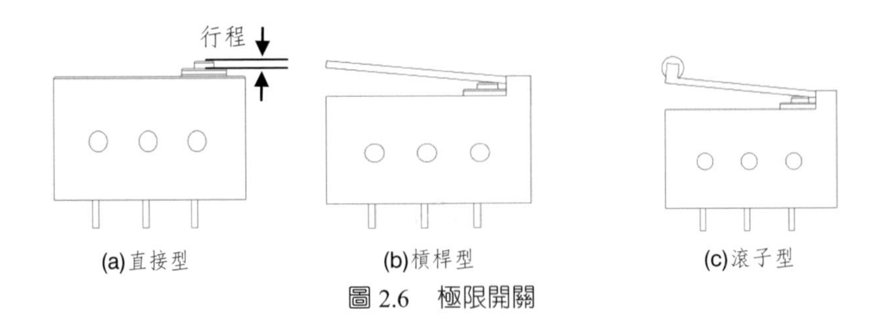

圖 2.6　極限開關

2-5 溫度感測器

常見的溫度感測器有電阻式、熱敏電阻、熱電偶、雙金屬溫度感測器以及積體電路溫度感測器。大多數的溫度感測器具有正溫度特性，其輸出與溫度成正比，溫度提高時輸出也提高，但也有少部分感測器爲負溫度特性，輸出與溫度成反比。

2-5-1 電阻溫度感測器

電阻溫度感測器（resistance temperature dector，簡稱 RTD），通常使用純金屬材料，如：鉑、銅或鎳等材料所製造而成，這些材料在特定溫度範圍內具有溫度與電阻成正比的特性，如圖 2.7 所示，最常見的感測元件爲由鉑所製成且在 0℃ 時電阻值爲 100 歐姆，也就是俗稱的 Pt100 它的溫度係數爲 0.39Ω/℃，Pt100 的構造爲一條細長的鉑白金導線繞在玻璃、電木或是陶瓷等絕緣的圓柱上，加上保護殼後它具有圓柱狀的外型，若無附加保護殼時其反應速度快，但是適用的量測範圍會變小。

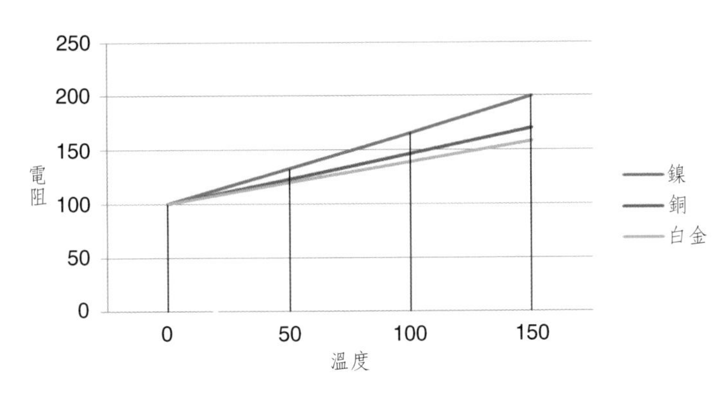

圖 2.7　電阻溫度

Pt100 的量測結果會因待測物或是所連接的電路有不同的電阻溫度係數而造成數 ℃ 的誤差，爲了減少量測時的誤差，其量測方式有三種：二線式測定法、三線式測定法以及四線式測定法。

二線式測定法：此測定法為定電壓驅動，優點為配線便宜且接線簡單，缺點為量測誤差較大，適合使用於距離較短的場合。

三線式測定法：可為定電壓或是定電流驅動，此種測定法必須確定銅線的材質、長度及電阻值必須相同，不然仍然會有誤差的產生。此方法適合用於距離較長的場合。

四線式測定法：此方法為定電流驅動，可避免三線式需要確定銅線材質、長度及電阻值的問題。

2-5-2 熱敏電阻

熱敏電阻感測器：熱敏電阻（thermistor）有正溫度係數型以及負溫度係數型，電阻值會隨著溫度的改變而改變，其改變為非線性，因此不用來取得真正的溫度變化，但其輸出的電壓值為線性變化，熱敏電阻是由半導體氧化物材料所製造，可為各種大小及形狀，熱敏電阻有著高敏感性，在小溫度變化下能產生大的電阻變化，及電阻範圍廣（從數 Ω 到 1MΩ）的特性，通常電阻值較高的類型會用在高溫的環境。

2-5-3 熱電偶

熱電偶（thermocouple）利用席貝克（Seeback）效應，電壓與溫度差成正比的現象。其電壓的產生是由一組包含兩條不同材質的金屬線電路其金屬線接點所產生，與探測頭相接的那端稱為熱接點，另一端與已知溫度相接的接點稱為冷接點，熱接點電壓減去冷接點的電壓即為所輸出的電壓，如圖 2.8 所示。

熱電偶優點為構造相當的簡單、可靠、穩定以及線性，但是需要額外的電路來解決其冷接點以及敏感度的問題。熱電偶廣泛的用於高溫環境，如火爐或是烤箱等。

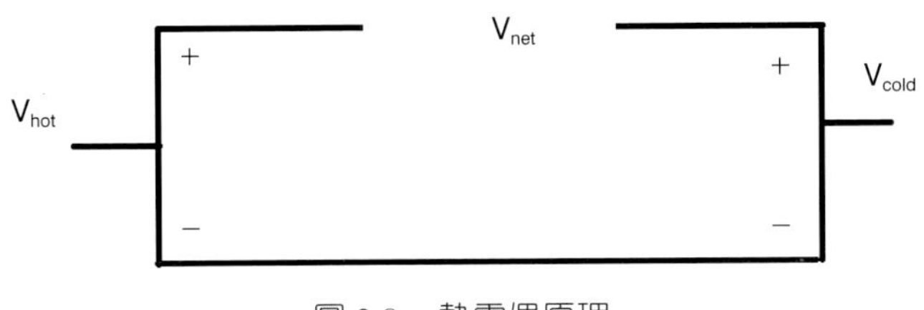

圖 2.8　熱電偶原理

2-5-4 雙金屬溫度感測器

雙金屬溫度感測器（bimetallica temperature sensor）是由兩條具有不同熱膨脹係數的金屬條捲繞成螺旋狀在一起所構成，當溫度改變時會因內部與外部金屬的熱膨脹係數不同，使螺旋往外或往內變形，此種感測器通常會接上水銀開關當成溫度開關來作為恆溫器使用，如圖 2.9 所示，但因環境的關係現在較少使用水銀開關，取而代之的是接觸型開關。

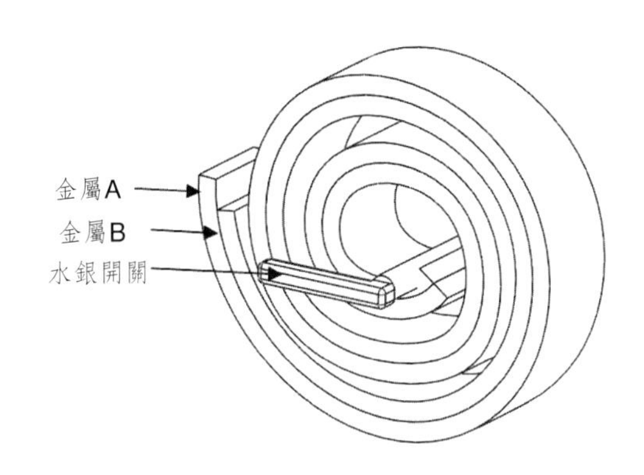

圖 2.9　雙金屬溫度感測器

2-5-5 積體電路感測器

積體電路感測器有相當多種，如常見的 LM34、LM35 系列等，LM34、

LM35的輸出電壓皆與溫度成正比，以LM35爲例，攝氏溫度每增加一度其電壓輸出即增加10mV ，LM35接腳圖如圖2.10，如美商國家儀器公司所生產的DAQ Signal accessory教學設備中溫度感測器就是使用LM35。另一種溫度感測元件AD7414，它爲一個完整的溫度量測系統，

圖2.10　LM35接腳

第三章 馬達應用

3-1 運動控制簡介

3-2 步進控制系統

3-1 運動控制簡介

舉凡對機械系統進行可規劃及控制其運動行進軌跡或作用力爲目的的研究及技術開發領域皆可廣義地視爲運動控制的範疇。運動控制系統與機電整合技術密不可分，機電整合乃泛指因應精密機構運動之控制系統，亦即整合機構運動學、驅動器、致動器、感測器以及電腦（微電腦）控制器等機械、電子與電機之整合技術。運動控制會利用一些軟體及硬體像是步進馬達、伺服馬達、放大器、控制器等，在本書中將配合 LabVIEW 軟體來建立運動控制系統、也可建立回饋控制迴圈。它有各種移動的型態，應用它們來建立更複雜的移動，可在應用程式中做到整合運動控制。大多數的製造業，像工具機、機台及設備皆會發現運動控制的蹤跡。由此得知運動控制的運用是多麼重要。現今，由於半導體與光電產業所需的高速、多軸與高精度的要求，精確的時程控制是必需的。

3-1-1 運動控制的5種軌跡

1. 點對點運動（point to point）

一種單軸運用的方式，用運動控制卡指令，來控制單軸使原在 A 點處能移動到 B 點。

2. 補間運動（interpolation）

可分爲線性補間及圓弧補間運動，線性由兩軸以上構成，與圓弧補間運動由兩軸構成有所不同，而形成一維或二維運動的軌跡，可用於連續軌跡的運動控制。由補間運動解析能決定軌跡運動的控制精度。

3. 螺線型運動

乃二維圓弧運動與垂直軸的線性運動組合而成的，常應用於工具機。

4. 多軸同時運動或同時停止

控制兩個以上的運動軸來做 PTP 同時運動或停止。

5. 同步運動控制

藉由運動控制卡的同步性，可使多軸運動依照時間的順序做準確的控制，也可藉著條件的設定使軸與軸間可相互關係的運動。常用串列式的運動控制器、串列控制器與馬達驅動器有特定通信協定方式，根據彼此間的時脈來做出運動控制。

3-1-2 實際運動的驅動模式

開始送電流到步進馬達前，先了解什麼是 PPS（Pulse Per Second）？

在步進馬達的控制中，PPS 代表的是每隔多少秒改變一下電流信號的步驟。有定速啓動與加減速啓動兩種最常用的驅動模式：

1.定速啓動

從一開始啓動到停止馬達轉動，都使用固定的轉速（相同的 PPS 值）。純粹靠馬達本身的轉矩克服慣量轉矩而達到啓動馬達的條件。這啓動模式通常用在低轉速或小負載的系統中，可用較簡易的驅動電路達成此目的。時間軸和轉速的關係圖如圖 3.1 所示。

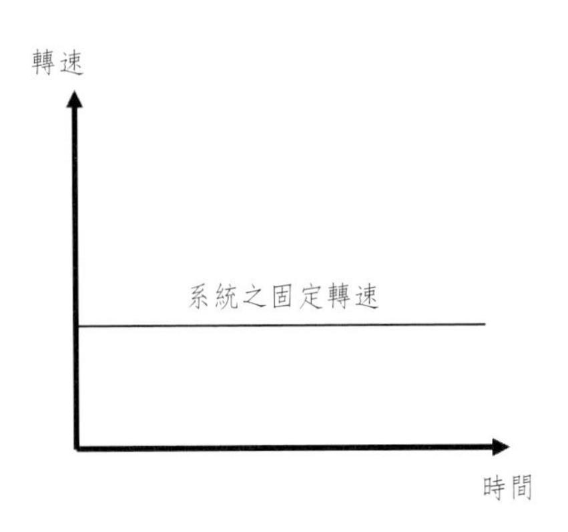

圖 3.1　時間軸與轉速之關係圖

2.加減速啓動

在到達定速轉動前，先使用低轉速再逐步增加轉速（PPS 値），利用每次增加少量轉速來增加克服慣量轉矩的能力。便可達到使用小轉矩的馬達來拖動大轉矩的負載系統。在停止轉動前，則使用減速的方式來完成。時間軸與轉速關係圖如下：

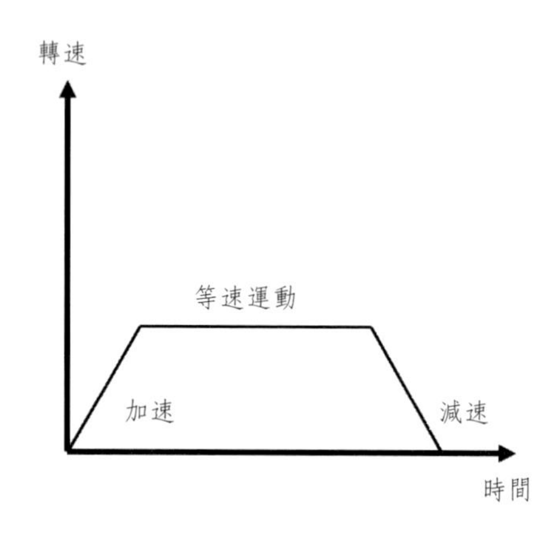

圖 3.2　時間軸與轉速之關係圖

RPM（Revolution Per Minute），意指爲物體在每分鐘內旋轉次數，是轉動性物體在轉動速度上的一種衡量單位，以數學定義來敘述則爲旋轉 360 度。

許多可運轉的機器常使用 RPM 作爲轉速的標準單位，如馬達、引擎等等，假如馬達規格顯示其轉速具有 7200RPM ，表示該馬達每分鐘可以轉 7200 圈，也就是每秒鐘約轉 120 圈。此外，此單位亦被用在轉速限制上，若機器之運轉速度上限爲 4200RPM ，一旦該機器運轉速度超出此上限值，就會被稱爲「超轉現象」，此現象具有一定危險性，像是機器溫度提升、部分零件損壞，甚至可能傷害周邊人事物。

但近年來精密機械興起，其作爲輸送動力來源之精密馬達日趨增加，發現若以 RPM 作爲其運轉單位已不符合，如今逐漸地改以每秒爲單位的運轉圈數作爲標準單位（RPS）。

3-2 步進控制系統

步進馬達是一種將電壓脈波轉成機械運動的裝置，當脈波輸入至步進馬達時，將依照所輸入之脈波數目作一固定角度的轉動，也就是輸入脈波與轉動角度成正比，所以只要適當的控制輸入脈波數，即可達到控制步進馬達轉動角度的目的。另外由於旋轉速度之大小隨輸入之脈波頻率而變，故其速度控制亦非常容易。

步進馬達驅動方式簡單，定位準確，所以廣泛地被應用在數位裝置與電腦週邊設備，如印表機、繪圖機等，但是在精密定位相關應用方面，仍有不少缺點，故目前大多採用微步技術（Micro Stepping）來提高解析度，以達到精密定位之目的。

步進馬達之構造包含定子、轉子、線圈、出力軸、接線端、軸承、馬達前後蓋，如圖 3.3 所示 , 其最大的特色在於轉子與定子上有齒型的分割，此分割亦是決定馬達的步級角與定位精度。

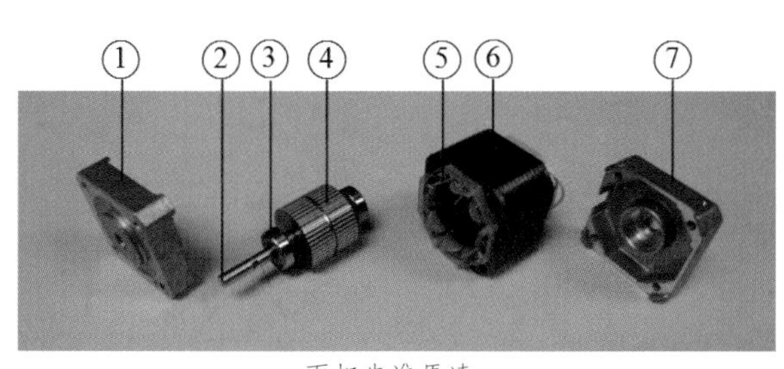

兩相步進馬達

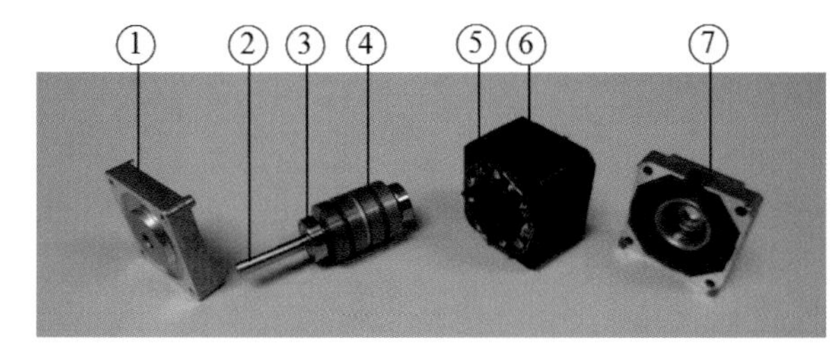

五相步進馬達

項次編號	組件名稱
1	馬達前蓋
2	出力軸
3	子軸承
4	轉子
5	線圈
6	定子
7	馬達後蓋

圖 3.2　步進馬達之構造圖

3-2-1 步進控制方塊圖

以步進馬達所構成的PC-based運動控制架構包括一個pc端的運動控制卡，連接到驅動步進馬達的驅動器，再由驅動器來使馬達運轉，整體架構如下圖所示。

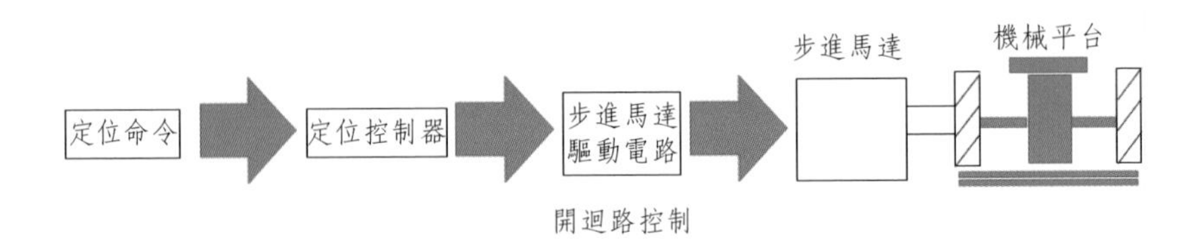

圖 3.3　步進控制方塊圖

3-2-2 步進馬達種類

3-2-2-1 依定子區分

1. 可變磁阻式步進馬達（VR型）

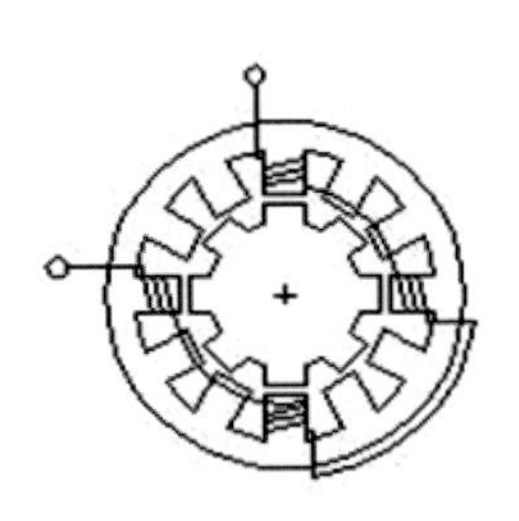

圖 3.4　可變磁阻式步進馬達構造圖

- 轉子：可變磁阻
- 特性：慣性慣量較小、出力較小、響應速度較快。
- 解說：轉子爲非永久磁極，但必須具有與定子相對之適當磁極組態數目，靠磁路的磁阻變化產生推動轉子的轉矩。

2. 永磁式步進馬達（PM型）

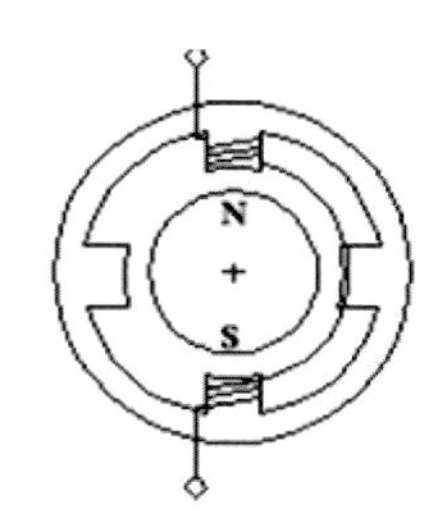

圖 3.5　永磁式步進馬達構造圖

- 轉子：永久磁鐵
- 特性：轉子較大、慣性慣量較大、出力較大、響應速度較慢。
- 解說：轉子是圓滑型，沒有槽齒，利用定子電磁產生磁極與轉子的永磁磁極間的磁力，使轉子轉動。由於轉子是永磁式且不具槽齒，所以較便宜，但轉矩則較小。

3. 混合式步進馬達（HB型）

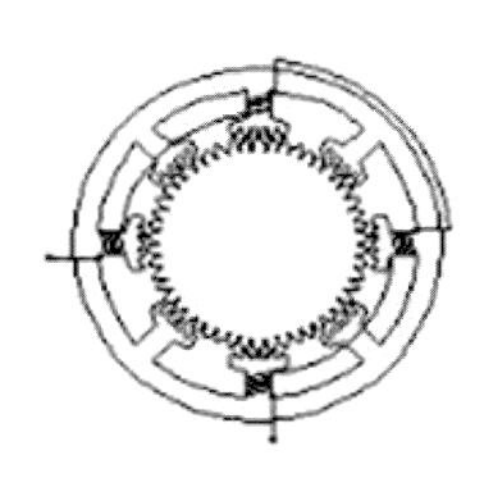

圖 3.6　混合式步進馬達構造圖

- 轉子：軸向磁化的磁鐵
- 特性：結合 PM 及 VR 的優點，解析度更精細，力量也較大。
- 解說：在業界通稱 Hybrid 馬達。轉子具有槽齒，亦爲永久式。其步進角遠較 PM 馬達爲小。5 相的混合式馬達步進角爲 0.72 度 / 全步，2 相的混合式馬達步進角爲 1.8 度 / 全步。步進角愈小，震動愈小、噪音愈小，且具高速、高轉矩的特性，但售價高。在台灣的馬達供應商中，較易取得的是永磁式及混合式步進馬達。

3-2-2-2 依電源區分

步進馬達之分類可由外接電壓類型（AC、DC）與馬達相數（2 相、5 相）區分，依不同的使用場合、扭力、成本選擇適當的步進馬達類型。AC 步進馬達或 DC 步進馬達的適用情形如下：

- 場合：AC 步進馬達的使用場合，必須提供足夠的電源插座（或電力），因馬達驅動器會直接接 AC 電源；DC 步進馬達的使用場合通常設置在有提供 DC 電源之設備內 。
- 扭力：一般來說在相同的轉數下 AC 馬達的轉矩會高於 DC 馬達的轉矩，故選用 AC 或 DC 馬達時轉矩大小是考慮因素。

3-2-2-3 依相數區分

步進馬達依照定子線圈數分爲 2 相、3 相、4 相、5 相，小型步進馬達以 4 相式較爲普遍，高速型步進馬達以 5 相式爲主。

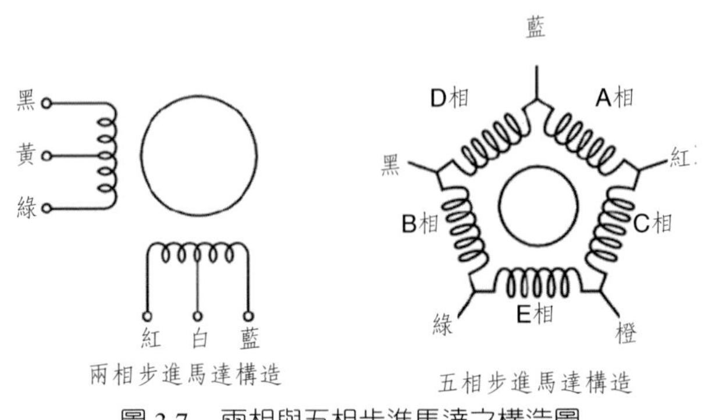

圖 3.7　兩相與五相步進馬達之構造圖

3-2-3 步進控制系統元件

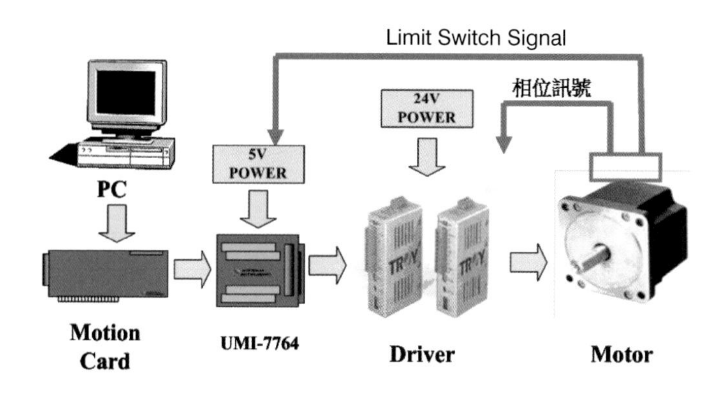

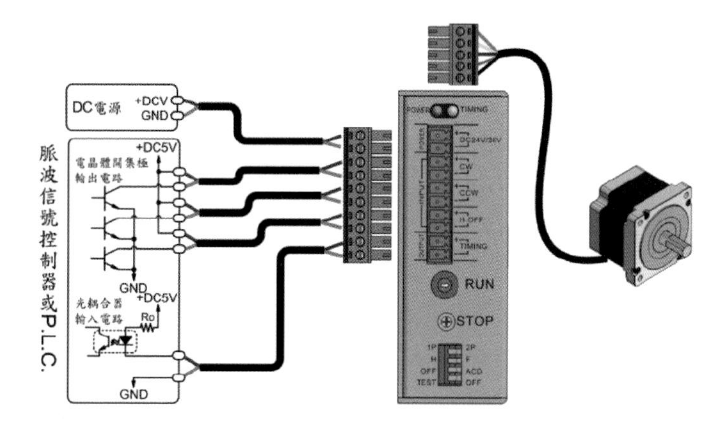

圖 3.8　步進馬達之系統元件圖

- Motion Card：運動控制卡，是能讓電腦與機器溝通的一種介面卡，之類的操作會在往後做介紹。
- UMI-7764：可做運動控制和回饋訊號的接線和接點的端子座。可將訊號分散至每軸或特殊功能的連接線，常與控制器做整合。
- Driver：是一種電路放大器，可將控制器輸入的命令，經過驅動器的電路放大來驅動馬達運動。下表爲本實習所使用之驅動器規格。

驅動器型號		TR515B		TR530B		
適用馬達規格		0.75A/相	1.4A/相	0.75A/相	1.4A/相	2.8A/相
輸入電源		DC24~36V Min.：1.5A以上	DC24~36V Min.：3A以上	DC24~36V Min.：1.5A以上	DC24~36V Min.：3A以上	DC24~36V Min.：6A以上
		[a]瞬間最大電壓為40V，平常使用請勿超過36V，以免造成驅動器損壞。 [b]請依表格內建議，選用規格足夠的電源供應器。				
驅動電流		0.36~1.4A/相		0.75~2.8A/相		
激磁方式		全步進：0.72º 4相激磁 半步進：0.36º 4-5相激磁　（可切換）				
信號輸出入方式		光耦合器（Photo Coupler）輸入介面 電晶體開集極電路（Open Collector）輸出介面				
輸入信號	CW脈波輸入	2pulse時：正轉脈波輸入；1pulse時：運轉脈波輸入				
	CCW脈波輸入	2pulse時：反轉脈波輸入；1pulse時：運轉方向輸入				
	H.OFF輸入	激磁解除輸入（Holding Off）				
輸出信號	TIMING輸出	激磁相原點時輸出 全步進（Full）：每10個脈波輸出一個信號 半步進（Half）：每20個脈波輸出一個信號				
功能		•脈波輸入方式切換（1P/2P）　•自動電流下降（ACD） •步進角切換（H/F）　•自我測試功能（TEST）				
保護功能		•電源逆接保護：輸入電壓極性接反時自動斷流 •過電流保護　：輸入電流超過額定值時自動斷流 •過溫度保護　：當驅動器超過80℃時自動斷流				
		當過溫度保護功能啟動時，電源指示燈會閃爍，馬達不激磁。 （注意馬達若使用在垂直性負載時請做適當防護）。 若要恢復激磁，必須關閉電源並排除過熱原因後再重新啟動電源。				
燈號顯示		POWER、TIMING				
使用溫度範圍		0 ℃~+40 ℃				
外形尺寸（mm）		90（L）× 65（W）× 32.5（H）				
重量（g）		280				

圖 3.9　步進馬達之驅動器規格表 [21]

3-2-4 步進馬達驅動原理

要了解步進馬達的步進原理，首先要先了解電磁鐵的原理。當直流電通過導體時會產生磁場，若導體繞成線圈後通入直流電則會產生具某方向性的磁場其磁場方向。但由於直流電和線圈所構成的磁場不夠集中而導致產生的磁力不足，因此一般的電磁鐵會在線圈的中心加入磁性物質以達到集中磁場的效果。電磁鐵所產生的磁場強度會與直流電的大小、線圈圈數及導磁物材質有關，因此在設計電磁鐵時會以線圈的圈數、導體材質的選用以及直流電的大小來控制磁場強度。

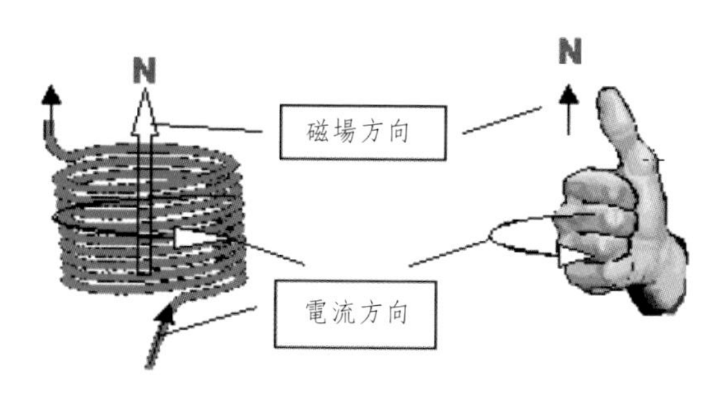

圖 3.10　電流 - 磁場與受力示意圖

步進馬達的原理即是以電磁鐵（定子）與永久磁鐵（轉子）之間的相吸與相斥做爲轉動的動力源，在構造上定子與轉子有做不相等數量的齒型切割、定子上五相激磁線圈之繞線方向互爲相反、轉子上有兩齒型交錯的永久磁鐵分別爲 N 極和 S 極。

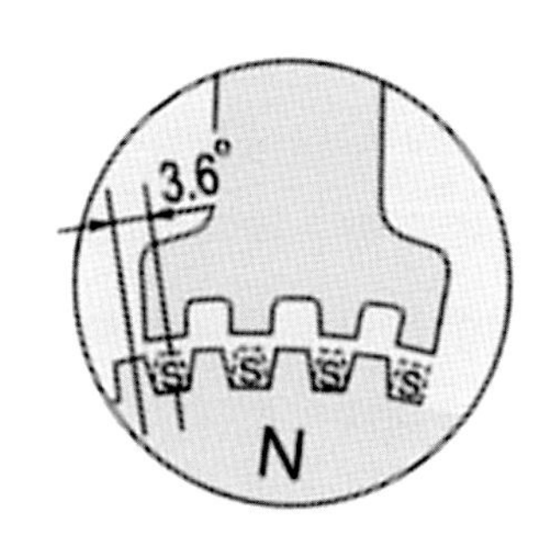

圖 3.11　馬達步級角控制示意圖

假設 A 相激磁時，會使 A 相定子磁極磁化成 S 極，轉子的 N 極會被吸引且與轉子的 S 極相斥平衡（A 相定子與轉子之齒型對齊），由於定子與轉子之不相等數量的齒型切割，B 相定子上之齒型會與轉子上之齒型產生一錯位角 0.72deg；接著，A 相激磁轉換到 B 相激磁時，B 相磁極磁化成 N 極，轉子的 S 極會被吸引且與轉子的 N 極相斥平衡（B 相定子與轉子之齒型對齊），此時轉子旋轉 0.72 deg（即爲步級角），此時，C 相定子上之齒型會與轉子上之齒型產生一錯位角 0.72 deg 以此類推而形成連續旋轉。

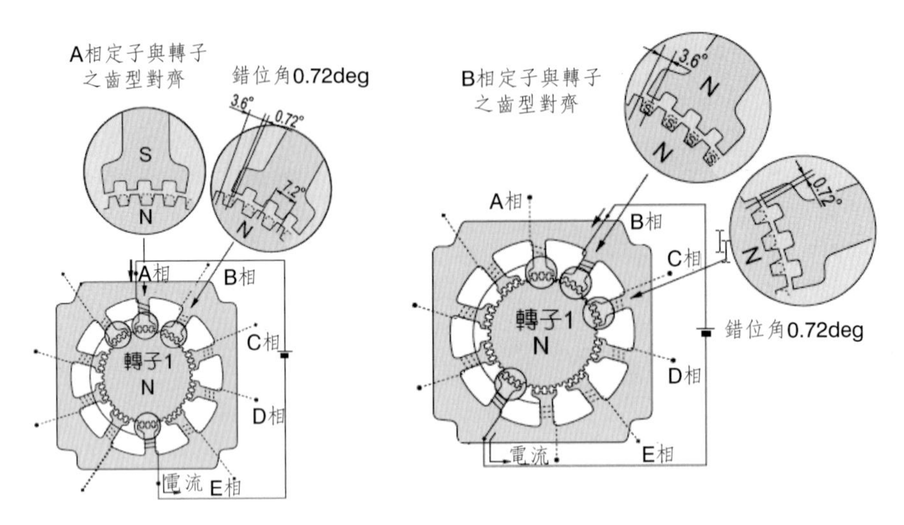

圖 3.12　五相步進馬達步級角控制示意圖

步進馬達是一種將電壓脈波轉成機械運動的裝置，當脈波輸入至步進馬達時，將依照所輸入的脈波數來做固定角度的轉動，輸入的脈波與轉動角度成正比，所以適當的控制輸入脈波數，可達成控制步進馬達轉動目的。另外由於旋轉速度的大小隨輸入的脈波頻率而變，故速度控制也非常的容易。

由於步進馬達驅動方式簡單且定位準確，所以廣泛地被應用在數位裝置與電腦週邊設備，像是印表機、繪圖機、機械人手臂等。但在精密定位方面，仍有不少缺點，對於標準的 4 相混合型步進馬達，其每一步級都相當大，約一轉的 1/200 或 1.82 度，可用微步技術來提高解析度，達到精密定位的目的。

微步技術是用電子的方法，將每一步級角再分割成許多小步級角，如將每轉 200 步（1.8 度）的每一步，分割成 100 小步，因此每轉就成了 20000 步〔0.018 度〕，此時步進馬達的解析度提高，可達精密定位的目的，並可改善震盪及共振的問題。微步之作法，乃是控制兩相（每組定子上線圈稱之爲相）的電流，在某相位電流依比例增加，另一相則依比例減少，此時轉子會依此變化，做微小轉動達到微步的效果。

在自動化過程中馬達是設備的核心，爲適應各種使用環境而發展不同的馬達，有些有要求連續性轉動，有的則是要求速度及定位，在此要討論的是具備穩定速度及高精度的定位系統 - 步進馬達。

整個控制流程中並無利用到任何回饋訊號，因此步進馬達的控制模式為典型的開迴路控制（open loop control）。開迴路控制的優點為控制系統簡潔，無回饋訊號因此不需感測器成本較低，不過正由於步進馬達的控制為開路控制，因此若馬達發生失步或失速的情況時，無法立即利用感測器將位置誤差傳回做修正補償，要解決類似的問題只能從了解步進馬達運轉特性著手。

動作原理：

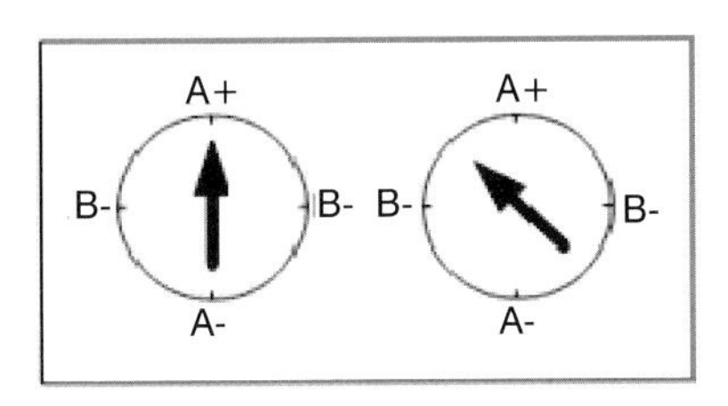

圖 3.13　步進馬達簡化結構圖

把轉子當成指針，磁極當成指南針的東南西北，馬達轉動看成指針的旋轉，就會比較容易理解。

從步進馬達簡化結構圖中可看出轉子在步進馬達中心可順時或逆時針，於是外在負載有前進或後退、正轉或反轉動作。在圖中左邊單純只有 A 相成激磁，而圖中右邊是 A 相和 B 相同時激磁，轉子停在馬達內即如圖中右邊的 A 相和 B 相磁極之間（西北方）。

由於圖中左邊從 A 相激磁走到 B 相激磁的角度（轉到西，轉 90 度）圖中右邊從 A 相走到 AB 相磁極（轉西北，轉 45 度）由此可見左圖旋轉的角度是右圖轉的角度的 2 倍，前項是全步步進角，而後項為半步步進角。

3-2-5 步進激磁方式

- 一相激磁

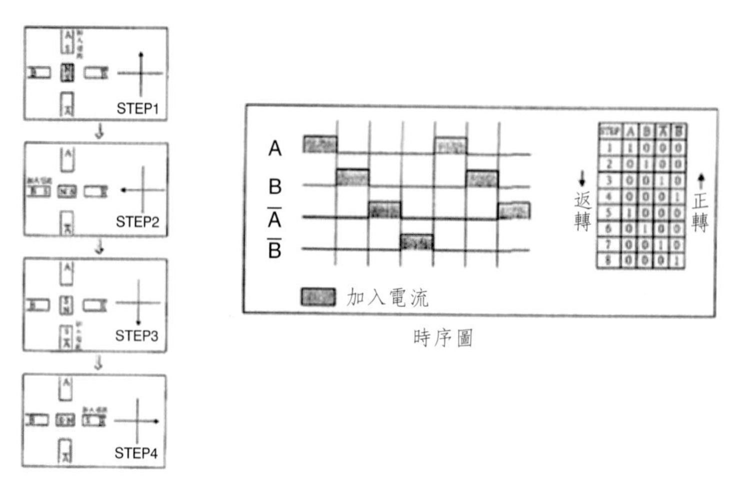

STEP	A	B	$\overline{A}$	$\overline{B}$
1	1	0	0	0
2	0	1	0	0
3	0	0	1	0
4	0	0	0	1
5	1	0	0	0
6	0	1	0	0
7	0	0	1	0
8	0	0	0	1

圖 3.14　步進馬達一相激磁與時序圖

單相全部激磁：起先從 A 磁極（北方）到 B 磁極（西方），再從 B 磁極（西方）走到 A 磁極反磁極（南方），再走到 B 的反向磁極（東方），然後回到 A 磁極（北方），只有單一磁極受到激磁，每步移動 1 個全步步進角。其轉動情形如下圖所示。本型特性：轉矩小、振動較大。

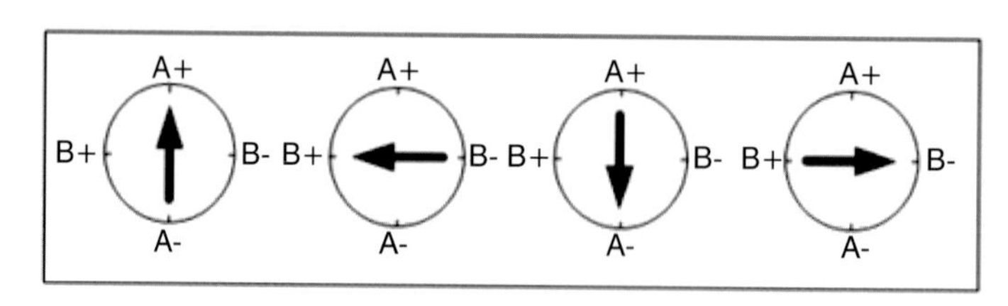

圖 3.15　步進馬達一相激磁與轉動示意圖

二相激磁

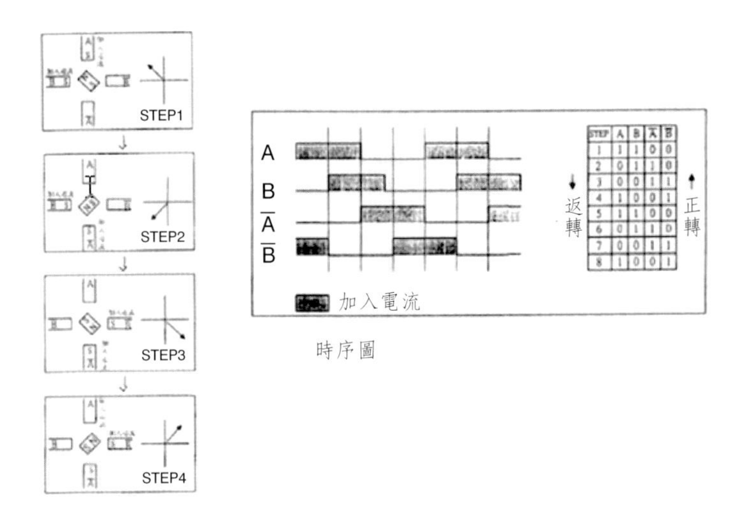

STEP	A	B	$\overline{A}$	$\overline{B}$
1	1	1	0	0
2	0	1	1	0
3	0	0	1	1
4	1	0	0	1
5	1	1	0	0
6	0	1	1	0
7	0	0	1	1
8	1	0	0	1

圖 3.16　步進馬達二相激磁與時序圖

雙相全部激磁：起先從 AB 之間（西北方）走到 B 和 A- 之間（西南方），再走到從 A- 和 B- 之間（東南方）於是再走到 B- 和 A 之間（東北方），最後回到 A 和 B 磁極之間（西北方），每步都有兩相受到激磁，且每步也移動一個步進角。本型特性：轉矩大、振動小。

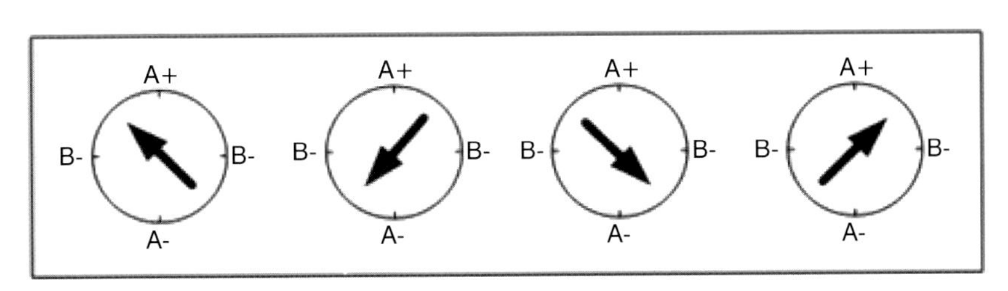

圖 3.17　步進馬達二相激磁與轉動示意圖

• 一二相激磁

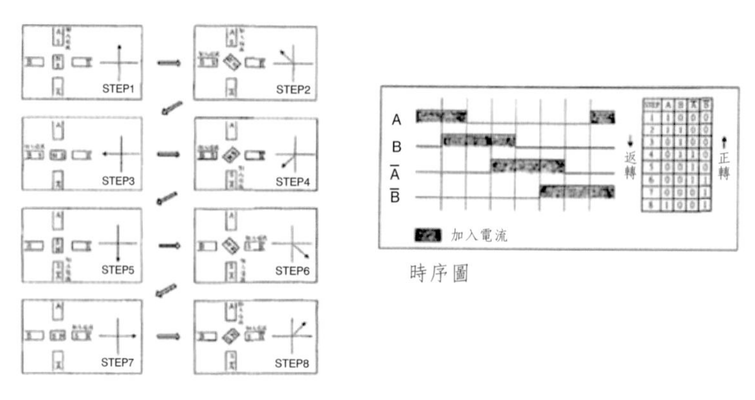

圖 3.18　步進馬達一二相激磁與時序圖

半步驅動模式：每次移動半步步進角移動方式（北→西北→西→西南→南→東南→東→東北→北），本型特性：解析度提高。微步驅動：運動模式較複雜，用在精密控制系統。

3-2-6 步進馬達運轉特性

整個控制流程中並無利用到任何回饋訊號，因此步進馬達的控制模式爲典型的開迴路控制（open loop control）。開迴路控制的優點爲控制系統簡潔，無回饋訊號因此不需感測器，成本較低，不過正由於步進馬達的控制爲迴路控制，因此若馬達發生失步或失速的情況時，無法立即利用感測器將位置誤差傳回做修正補償，要解決類似的問題只能從了解步進馬達運轉特性著手。

1. 失速

所謂失速是指當馬達轉子的旋轉速度無法跟上定子激磁速度時，造成馬達轉子停止轉動。馬達失速的現象各種馬達都有發生的可能，在一般的馬達應用上，發生失速時往往會造成繞組線圈燒毀的後果，不過步進馬達發生失速時只會造成馬達靜止，線圈雖然仍在激磁中，但由於是脈波訊號，因此不會燒毀線圈。

2. 失步

失步的成因則是由於馬達運轉中瞬間提高轉速時，因輸出轉矩與轉速成反比，故轉矩下降無法負荷外界負載，而造成小幅度的滑脫。失步的情況則只有步進馬達會發生，要防止失步可以依照步進馬達的轉速－轉矩曲線圖調配馬達的加速度控制程式。下圖為步進馬達之特性曲線，圖中橫座標的速度是指每秒的脈波數目（pulses per second）。與一般馬達特性曲線最大的不同點是步進馬達有兩條特性曲線，同時步進馬達可以正常操作的範圍僅限於引入轉矩之間。

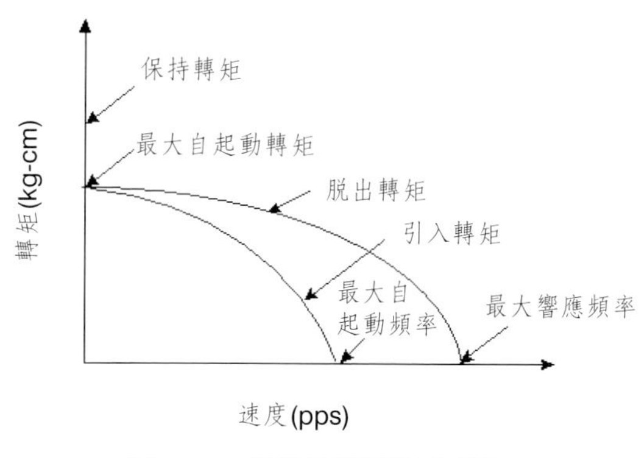

圖 3.19　步進馬達特性曲線圖

3. 引入轉矩（pull-in torque）

引入轉矩是指步進馬達能夠與輸入訊號同步起動、停止時的最大力矩，因此在引入轉矩以下的區域中馬達可以隨著輸入訊號做同步起動、停止以及正反轉，而此區域就稱作自起動區（start-stop region）。

4. 最大自起動轉矩（maximum starting torque）

最大自起動轉矩是指當起動脈波率低於 10pps 時，步進馬達能夠與輸入訊號同步起動、停止的最大力矩。

5. **最大自起動頻率**（maximum starting pulse rate）

最大自起動頻率是指馬達在無負載（輸出轉矩爲零）時最大的輸入脈波率，此時馬達可以瞬間停止、起動。

6. **脫出轉矩**（pull-out torque）

脫出轉矩是指步進馬達能夠與輸入訊號同步運轉，但無法瞬間起動、停止時的最大力矩，因此超過脫出轉矩則馬達無法運轉，同時介於脫出轉矩以下與引入轉矩以上的區域則馬達無法瞬間起動、停止，此區域稱作扭轉區域（slew region），若欲在扭轉區域中起動、停止則必須先將馬達回復到自起動區，否則會有失步現象的發生。

7. **最大響應頻率**（maximum slewing pulse rate）

最大響應頻率是指馬達在無負載（輸出轉矩爲零）時最大的輸入脈波率，此時馬達無法瞬間停止、起動。

8. **保持轉矩**（holding torque）

保持轉矩是指當線圈激磁的情況下，轉子保持不動時，外界負載改變轉子位置時所需施加的最大轉矩。

3-2-7 訊號脈波選用

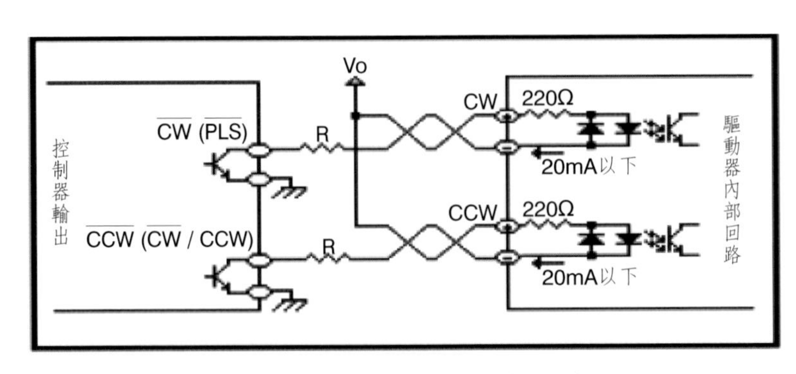

圖 3.20　步進馬達控制器與驅動器訊號圖

1. 2pulse 輸入方式

輸入脈波正轉脈波與逆轉脈，正轉脈波接 -CW ，逆轉脈波接 -CCW 。輸入採用負緣觸發輸入，無脈波信號輸入時，維持「H」準位。輸入脈波在 CW 端加 1 個脈波時，馬達產生 1 個 step 正轉角度。在 CCW 端加 1 個脈波時，馬達產 1 個 step 逆轉角度。

2. 1pulse 輸入方式

輸入脈波只有一個，接 -CW ，另外爲正 / 逆轉控制 : 接 -CCW 。輸入採用負緣觸發輸入，無脈波信號輸入時，維持「H」準位。當脈波信號加 -CW 端時，-CCW 端運轉方向信號：「H」準備時正轉，「L」準位時逆轉。

3. 脈波電壓範圍，「H」準位爲 4～5V ，「L」準位爲 0～0.5V 。

4. 脈波波幅寬渡 5sec 以上，上升、下降時間 2sec 以下。

5. CW/CCW 定義如下圖所示：

(1)CW/CCW command：
two pulse generators
are required.

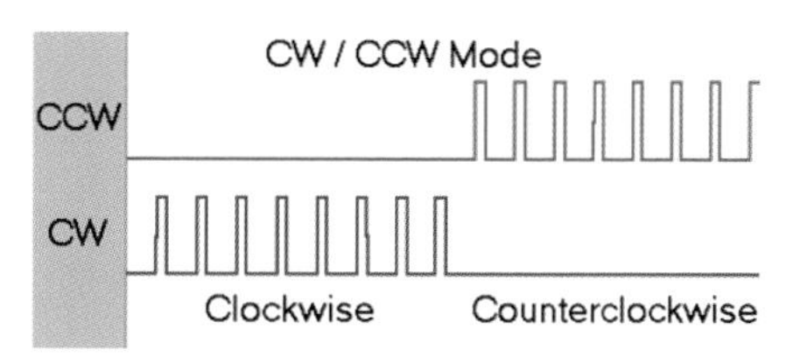

(2)Pulse/Dir command：
one pulse generators
and one Digital
output are required.

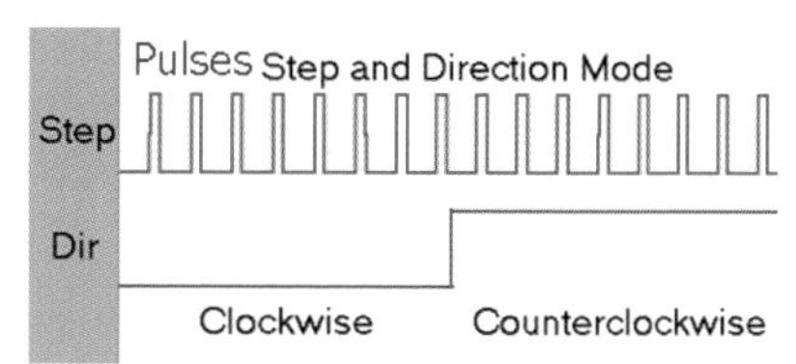

圖 3.21　步進馬達雙脈波（CW/CCW）與單脈波（Pulse/Dir）訊號圖

3-2-8 步進角計算

一般常用步進馬達的相數爲兩相或五相，要了解兩相與五相步進馬達之差異首先要先了解步進角（1 個脈波所驅動的迴轉角）；步進角的公式爲

$\theta = 360°/(m \cdot N)$，m 表示相數，N 表示轉子齒數，由公式可知兩相步進馬達若要獲得較小的步進角，則必須增加轉子上的齒數，但會使得轉子在製造上會增加難度與提高成本，因此在要求較小步進角的場合中，五相步進馬達爲大多數人所接受的，因此選用步進馬達的相數時，步進角是其考慮因素。

基本步進角 = 360° /（相數 × 轉子齒數）

Example：四相 50 齒的基本步進角爲 $360° / (4 \times 50) = 1.8°$

步進馬達之步進角度越小，則其定位解析度越高。

步進馬達在正常運轉時，其步進數與控制脈衝數成正比

每轉步數（ppr）=360/ 步進角度

$360/1.8 = 200$　　$360/0.9 = 400$

$360/0.72 = 500$　　$360/0.36 = 1000$

第四章

工業配線

4-1 按鈕開關（Push Button Switch）

4-2 栓型保險絲（D-Fuse）

4-3 指示燈（Pilot Lamp，PL）

4-4 電源供應器

4-5 配線要領

4-6 繼電器（Relay）

本節所要介紹的主軸爲工業配線用於步進馬達，與實際的工業配線上又有些許的差異，主要是介紹所使用的元件及其功能與電路圖上的圖示，並分別解說按鈕開關、保險絲、指示燈選用及配線要領，與繼電器使用，並於最後實際連接步進馬達。

4-1 按鈕開關（Push Button Switch）

按鈕開關簡稱 PB ，主要用於操作負載元件，而開關又分成可自動復歸型按鈕與非自動復歸型按鈕。一般生活中常見到的主要爲非自動復歸型按鈕，例如室內燈開關、工具機電源開關等都可以歸類爲非自動復歸型，而其所謂自動復歸型的按鈕則是，於內部裝有復歸彈簧，當手按下按鈕開關時，其內部接點狀態同時改變，當手放開時，開關藉由復歸彈簧裝置恢復原狀，故稱爲自動復歸型按鈕開關，如圖 4.1 。

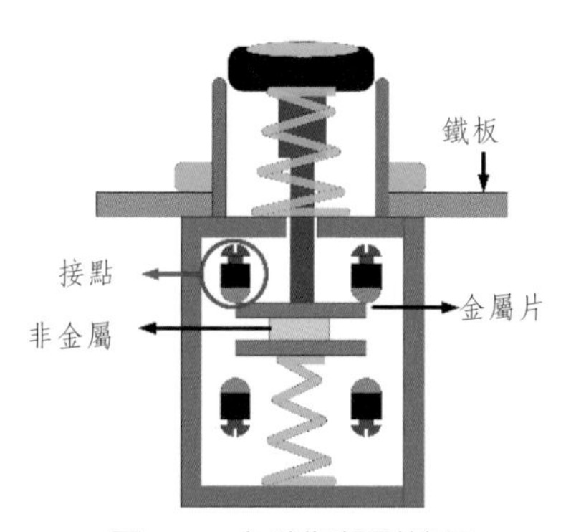

圖 4.1　自動復歸型按鈕

4-1-1 工業型按鈕

按鈕開關依形式可分爲內接式與外接式兩種，其中內接式常用於控制箱、配電箱；有 1a 、1b 、1a1b 兩種，如表 4-1 所示；依形式可分磨菇型、照光型及平頭型三種。而外接式常用於遠端控制，依按鈕數可分爲單按鈕、雙按鈕與三按鈕；依按鈕層數構造分為單層與雙層兩種，如下表 4-1 所示。

表4-1　按鈕於電路上圖示

電路圖上所示按鈕圖案			
種類	1a	1b	1a1b
日規	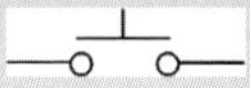		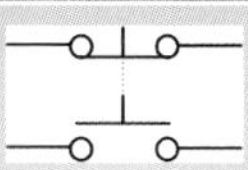
歐規		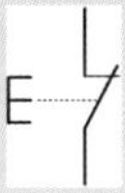	

表4-2　按鈕圖示

實體圖	
內接式	外接式
 磨菇型  照光型  平頭型	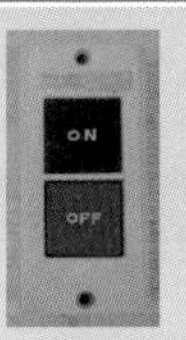 雙按鈕 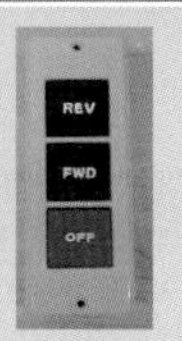 三按鈕

4-1-2 按鈕開關用途區分

按鈕開關依使用場所或功能的不同，通常會以按鈕顏色加以區隔，以避免按錯按鈕引發危險。常用顏色與其使用場合如表 4-3 所示。

表4-3　按鈕開關之顏色與使用場合

按鈕顏色	使用場合	接腳圖
綠色	裝置啓動、閉合開關裝置。	PB NC NO
紅色	停止開關、緊急、切斷	
黃色	介入壓抑不正常之狀況	
藍色	除紅、黃、綠三色外，均可使用	

4-2 栓型保險絲（D-Fuse）

栓型保險絲安裝於控制電路中，一旦控制線路發生短路狀況，以熔斷保險絲的方式切斷電源，保護控制線路內的各項元件。下表 4-4 爲保險絲及保險絲座：

表4-4　保險絲及保險絲座

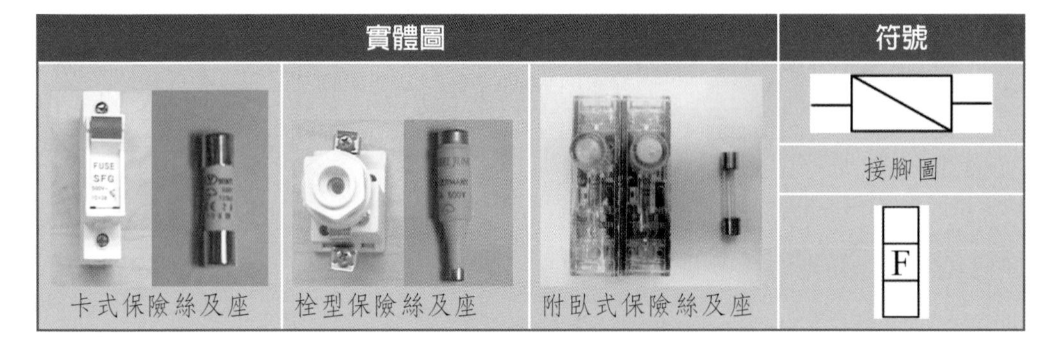

實體圖			符號
卡式保險絲及座	栓型保險絲及座	附臥式保險絲及座	接腳圖 F

栓型保險絲在接線上，需符合低進高出原則，即較低之接點需接至電源側，較高之接點需接至負載側，配線時要特別注意，不可顚倒配線。如圖 4.2 所示

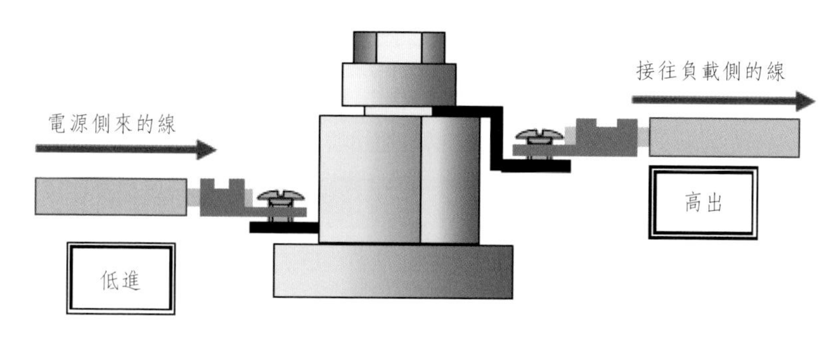

圖 4.2　保險絲接線圖

栓型保險絲在使用時須配合電路需要選定適當電流容量，其容量大小依保險絲頂端套環顏色來辨識，如表 4-5 所示：

表4-5　顏色選擇

顏色	桃	褐	綠	紅	灰	藍	
額定電流	3A	5A	7A	10A	15A	20A	
顏色	紫	黑	銅	銀	紅	黃	
額定電流	30A	40A	60A	75A	100A	125A	熔斷指示片

4-3 指示燈（Pilot Lamp，PL）

指示燈用於配電盤及控制箱中，讓操作人員能清楚了解設備的狀況，例如運轉中、停止或過載等狀態的指示。

4-3-1 指示燈的構造與意義

指示燈分為兩種輸入電源，依傳統型式分別是直接電源型與變壓器型，如表 4-6。直接電源型由電源直接給予電壓操作，無須做任何電壓轉換。而變壓器型得在指示燈內部裝有一變壓器，使用時電源電壓與燈泡的規格須配合才能正確顯示。表 4-7 爲指示燈的顏色與其意義。

表4-6　傳統指示燈

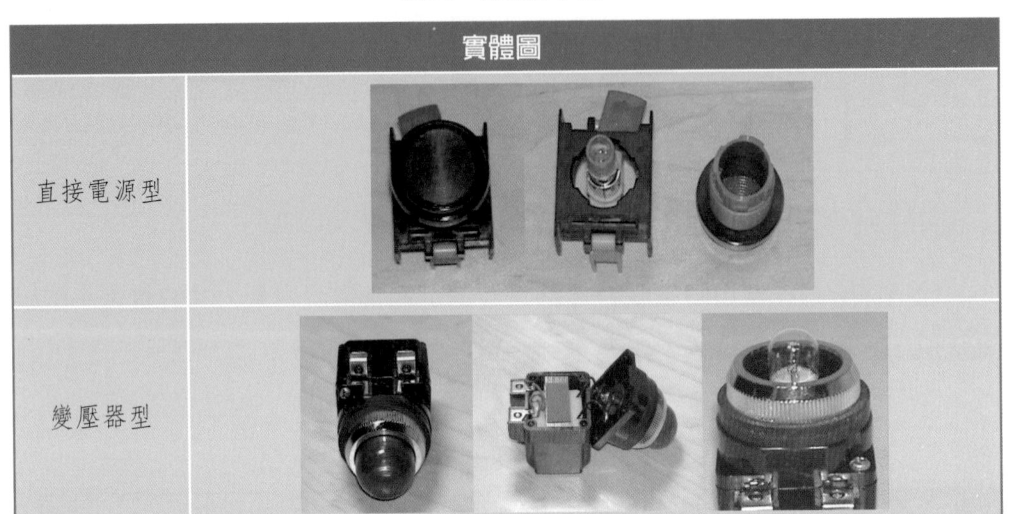

	實體圖
直接電源型	
變壓器型	

表4-7　指示燈的顏色與意義

顏色	意義	符號	接腳圖
綠	安全	GL	PL
黃	注意，狀況改變 過載、異常	YL	
紅	危險、警告	RL	
白	電源指示	WL	

依目前科技的發展，工作指示燈漸漸由傳統的鎢絲燈泡改變成省電的 LED 燈泡，LED 指示燈可利用低壓直流電供應，或是直接使用 110V 交流電壓來使用，如下表 4-8 所示。

表4-8　LED指示燈

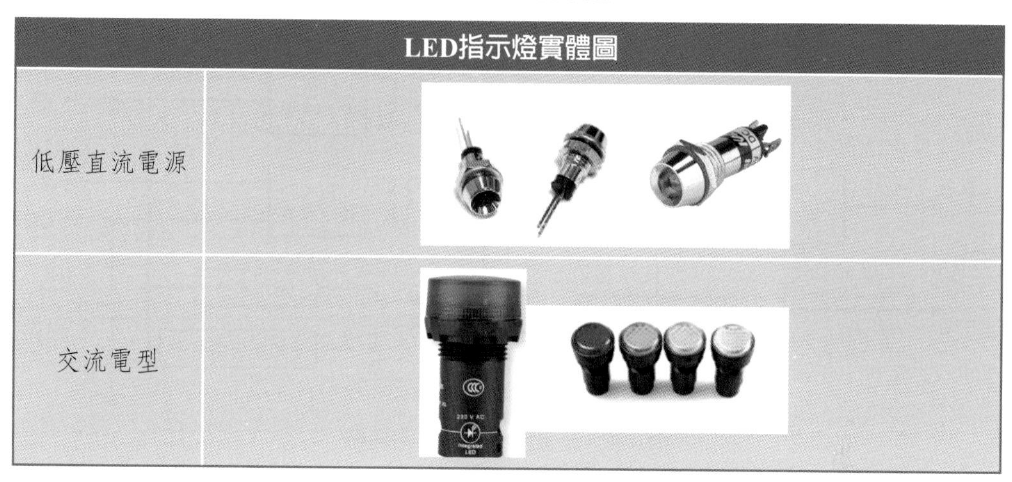

LED指示燈實體圖	
低壓直流電源	
交流電型	

4-4 電源供應器

本書所使用的電源電壓爲低壓直流電，一般台灣電力公司所提供的電壓爲 110V 交流電，因此我們需要一個適當轉換電壓的轉換器，目前市售上有許多的電源供應器，而經由本書中所會利用到的低壓電源分別爲 5V 、12V 、24V 這三種，因此選擇可以提供此三組的電源供應器，如下圖 4.3 所示，此供應器還可以調整輸出電壓的範圍，例如 5V 可以在 4.75V~5.5V 之間做調正，圖 4.4 爲此電源供應器內部的電路方塊圖。

圖 4.3　電源供應器

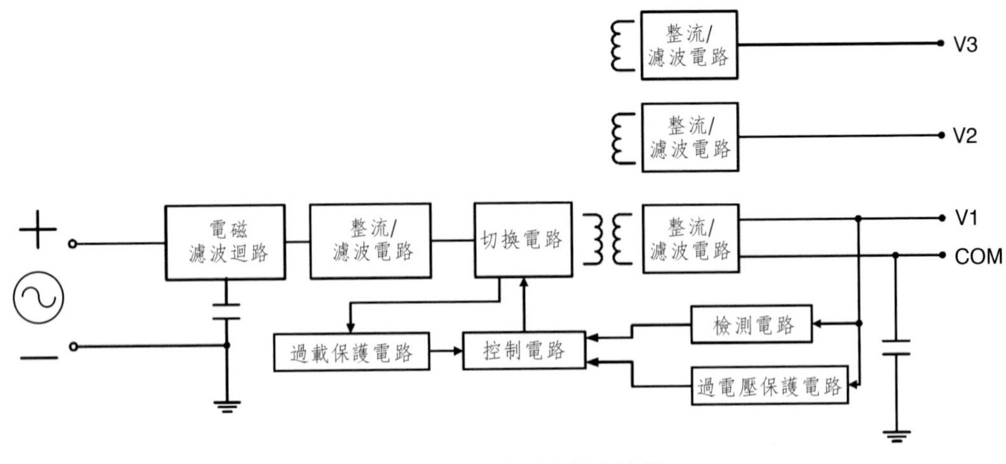

圖 4.4　電源供應器內部方塊圖

4-5 配線要領

4-5-1 導線的選用

導線線徑大小與顏色的選用如表 4-9 所示。並依據美國 AWG 標準線徑規範所規定，如表 4-10 所示，一般用於電路連接上所使用的線徑有所謂的單芯線與多芯線之分別，其主要會影響線徑本身可耐電流的大小。對於多芯線來說，因為是採用多線捲起而成，散熱能力下降導致耐電流值下降，但是除了上敘這點外，耐電流大小還會與線徑本身的截面積有關，截面積越大可耐電流越大，反之越小，除此之外還與線徑絕緣外皮有關，耐溫越高的絕緣外皮相對的耐電流值也越大，所以在選擇線徑上必須特別注意，以防止意外發生。

而依據本書所使用的電器元件額定電流都在 3.5 安培以下，所以選擇使用 AWG 24 的線徑來進行後續的接線說明。

表4-9　工業配線上導線線徑大小與顏色的選用

配線種類		線徑大小	顏色
三相	主電路R相	視負載而定	紅
	主電路S相		白
	主電路T相		黑或藍
單相	火線L		紅
	地線N		白
主電路			黑
直流控制電路		1.25 mm^2	藍
交流控制電路		1.25 mm^2	黃
盤內接地線		2.0 mm^2	綠

表4-10　美國AWG標準線徑規範

American Wire Gauage (AWG #)	直徑公制 (mm) Diameter (mm)	截面積 (mm^2)	電阻值 (Ω/km)	機箱佈線最大安培 (A)	電力傳輸的最大電流 (A)
⋮	⋮	⋮	⋮	⋮	⋮
22	0.64516	0.326	52.9392	7	0.92
23	0.57404	0.258	66.7808	4.7	0.729
24	0.51054	0.205	84.1976	3.5	0.577
25	0.45466	0.162	106.1736	2.7	0.457
⋮	⋮	⋮	⋮	⋮	⋮

4-5-2 導線處理原則

(1) 配線時，應先配置控制線路，再完成主線路。

(2) 所有導線應保持水平或垂直，避免傾斜。

(3) 以線槽配線時，器具與器具間的連接仍須經線槽，不可直接跨接。

(4) 主線路可懸空裝配；控制線路則不可懸空，也不與底板接觸，如圖 4.5。

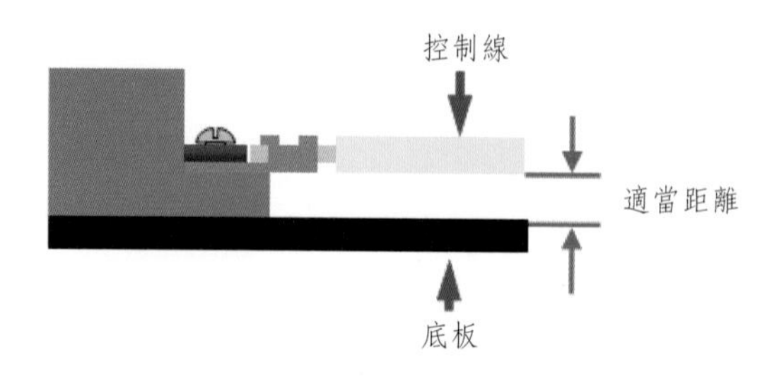

圖 4.5　導線配置（控制線與底板）圖

(5) 每個端子最多固定兩條線；單線時，導線應置於螺絲左側，如圖 4.6 所示。

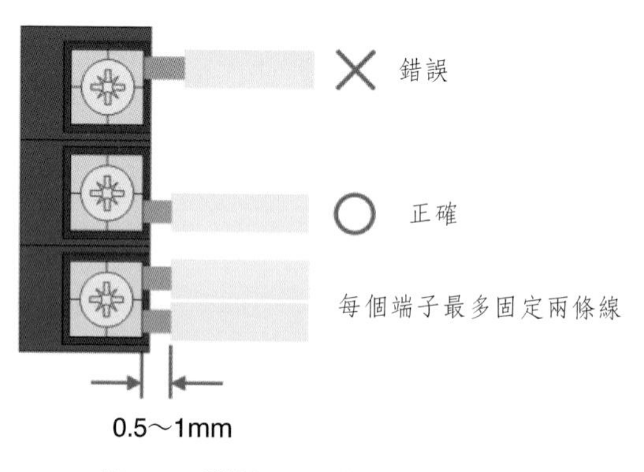

圖 4.6　導線配置（電線與端子座）圖

(6) 器具兩側之導線距離應等距，使其對稱。

(7) 依電工法規規定，主電路及端子台之導線均應使用壓接端子。

4-5-3 接線端子台選用（Terminal Block，TB）

接線端子台簡稱端子台，通常裝設於 (1) 控制線路中爲了方便檢修及接線處；(2) 配電盤主電路末端與控制負載連接處；(3) 配電盤與控制盤之過門線連接處。

端子台的規格可分為電流量及端子數兩種標示；電流量有 10A 、15A 、20A 、30A 、……100A 等；端子台依端子數可分為固定型與組合型兩種，固定型有 3P 、6P 、9P 、12P 、20P 、24P 、36P 及 40P 等，組合型能依所需要的端子數加以組合，如圖 4.7 所示。

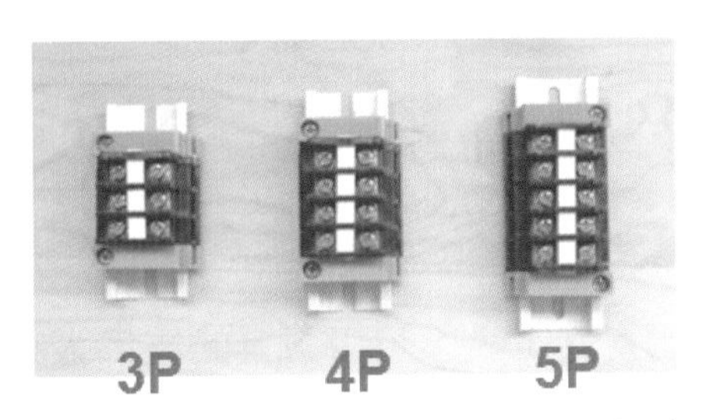

圖 4.7　各種接線端子台（固定型、歐規）

4-5-4 壓接端子的選用

(1) 壓接端子的樣式與種類如表 4-11 所示。

表4-11　壓接端子的樣式與種類

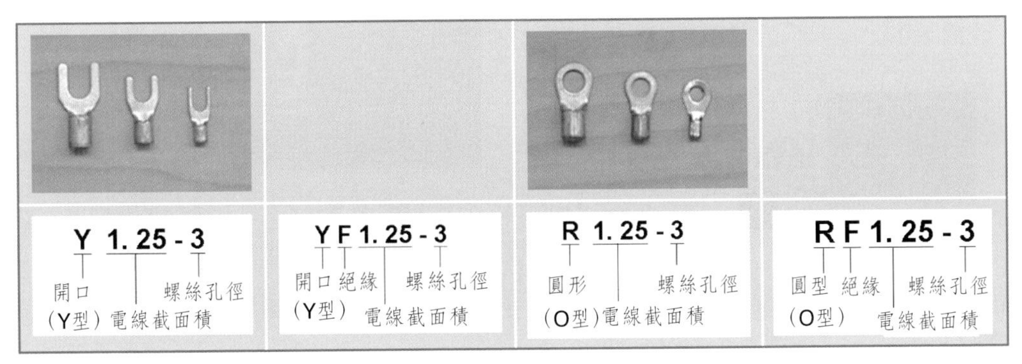

Y 1.25 - 3	YF 1.25 - 3	R 1.25 - 3	RF 1.25 - 3
Y：開口（Y型） 1.25：電線截面積 3：螺絲孔徑	Y：開口（Y型） F：絕緣 1.25：電線截面積 3：螺絲孔徑	R：圓形（O型） 1.25：電線截面積 3：螺絲孔徑	R：圓型（O型） F：絕緣 1.25：電線截面積 3：螺絲孔徑

(2) 正確壓接方式：壓接端子和電線的連接，D 與 d 值均要符合規定一般 D 為 0.5～2mm，d 為 0.5～1mm，如圖 4.8。

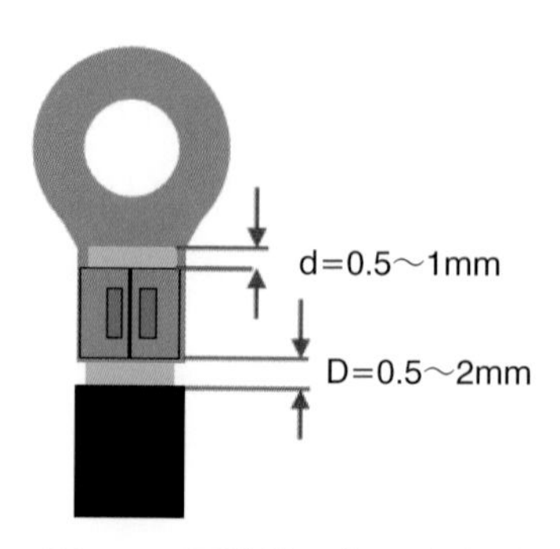

圖 4.8 壓接端子的正確方式

(3) 選擇壓接端子時，端子與導線的粗細需配合。

(4) 壓接時應選用適當之工具，壓接工具的壓模大小和壓接端子的大小需配合，壓接工具的齒口上均有標示出尺寸。

(5) 將工具的齒口對準壓接端子中心處再壓下去，聽到「卡」一聲，才表示壓接完成。

(6) 一個接線端子至多只能接二個壓接端子，且端子應背靠背來固定；控制線路應裝於主線路上方，如圖 4.9 所示。

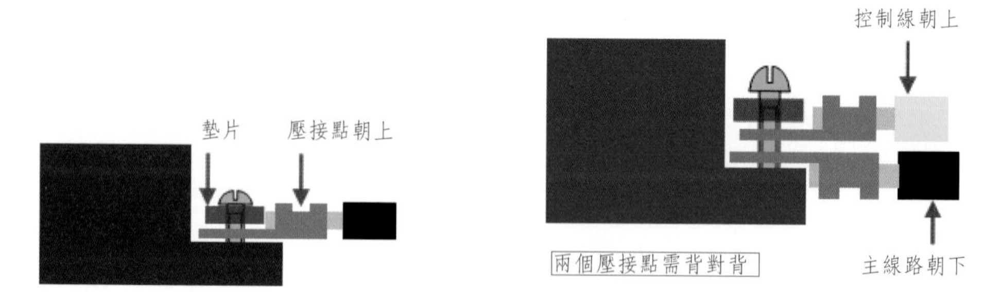

圖 4.9 壓接端子配置圖

4-5-5 步進馬達配電範例

經由上節介紹的流程圖，依照配線方法開始實際接線，依使用到的低壓控制配線元件分成器具盤及控制盤兩部分。器具盤的元件包括無熔絲開關、步進馬達驅動器、電源供應器、UMI 等；控制盤又稱為操作面板，包括各類開關及指示燈等。兩盤之間要連接的導線必須先接到各自的端子台，兩端子台之間再以束狀導線連接，此一束狀導線功能類似通過一道門，因此習慣上稱為「過門線」。

在此介紹由電源供應器連接至 UMI 及步進馬達驅動器與五相步進馬達的相關配線，最後再介紹本書所利用的實驗平台所完成的實際配線。

步驟一

連接電源：將電源供應器上之 5V 的直流電源利用多芯線連接到 UMI-7764 運動控制端子座（詳見第三章）上的 REQUIRED INPUTS。依圖 4.10 接線方式連結。

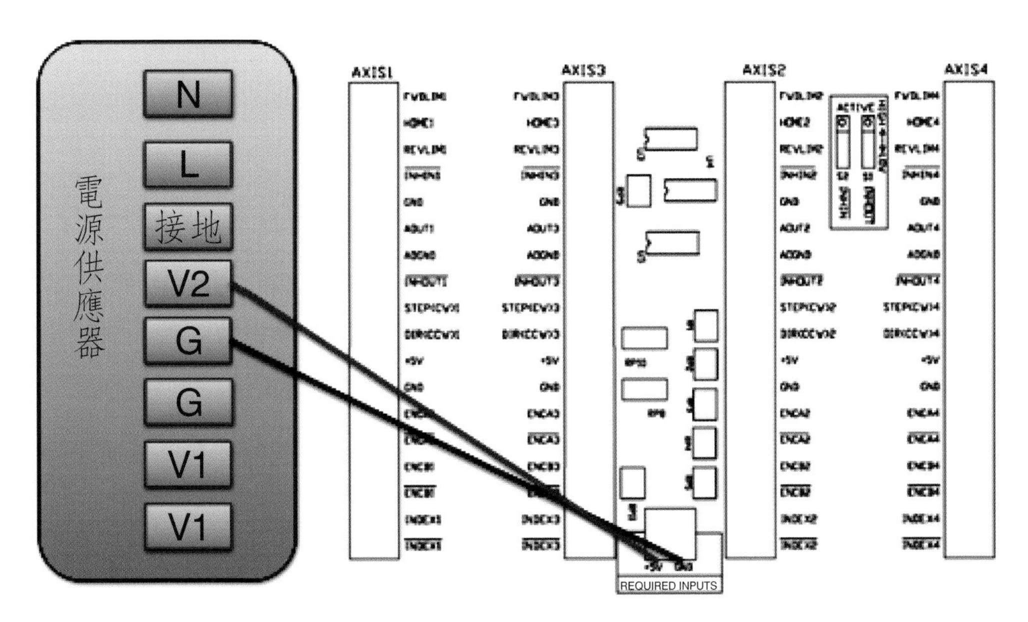

圖 4.10　電源供應器之接線圖

步驟二

連接驅動器與 UMI 接線盒：將 TORY 驅動器用多芯線連接到 UMI-7764 運動控制端子座上，UMI 上的 +5V 接至驅動器上的 +CW 及 +CCW ，UMI 上的 Dir（CCW）接至驅動器上的 -CCW ，以及 UMI 上的 Step（CW）接至驅動器上的 -CW，如圖 4.11 所示。

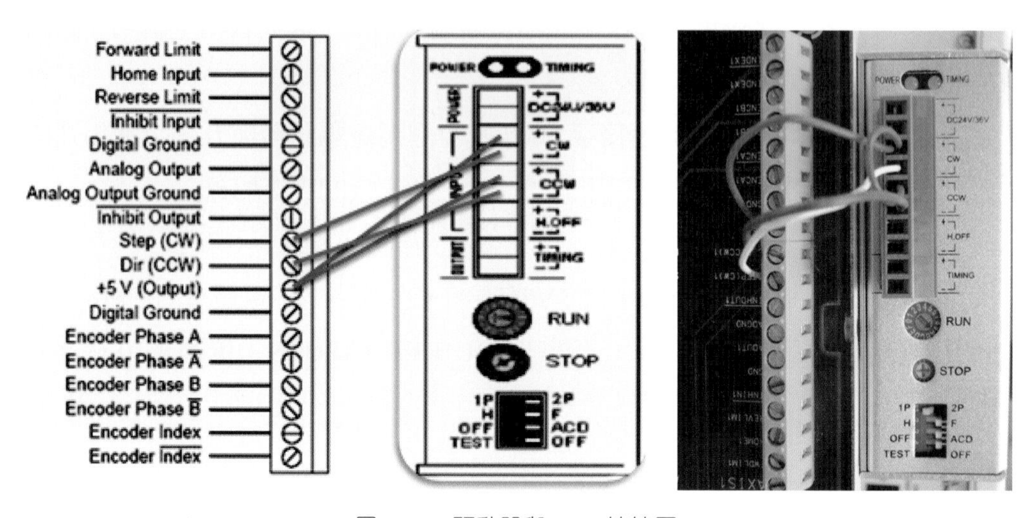

圖 4.11　驅動器與 UMI 接線圖

其中經由電腦提供一個輸出訊號至 Motion Card ，產生 CW/CCW 脈波訊號，而其中 CW/CCW 產生的脈波訊號會影響步進馬達的運轉方向，如下圖 4.12 所示，左圖只有 CW 產生的脈波訊號，藉此可讓步進馬達進行前進的旋轉動作，右圖則由 CCW 輸出脈波訊號，以達到步進馬達進行後退的旋轉動作。

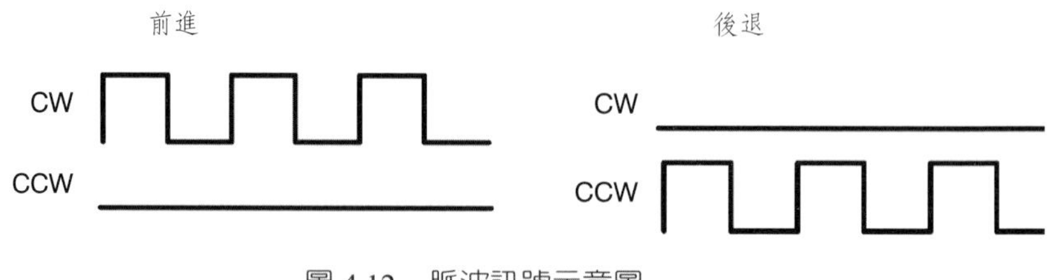

圖 4.12　脈波訊號示意圖

步驟三

驅動器連接電源供應器：將 DC24V 的電源供應器利用多芯線連接到 TORY 驅動器上，如圖 4.13。

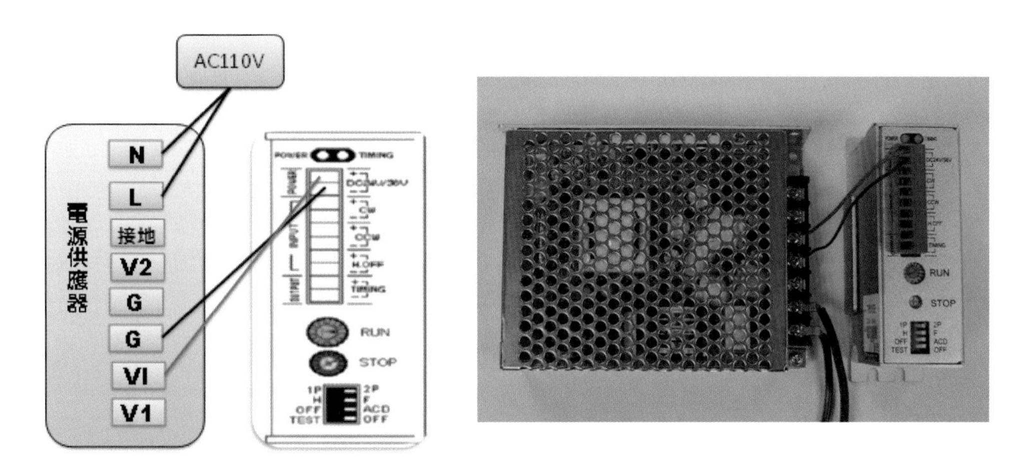

圖 4.13　驅動器連結電源供應器

步驟四

連接步進馬達與驅動器，將各相連接完成後，如圖 4.14，其驅動器透過電腦傳遞的 CW/CCW 之脈波訊號而經由內部的電路迴路進行電流的輸出，利用電流激磁線圈，使線圈產生極性變化，而改變時通常會與轉子之極性相同，這時因同性相斥、異性相吸的原理，使得馬達產生轉動，如下圖 4.15 所示，之所以會有這樣的轉動變化，其在於步進馬達本體的內部設計結構與配合相位激磁電流的改變所完成的運動。

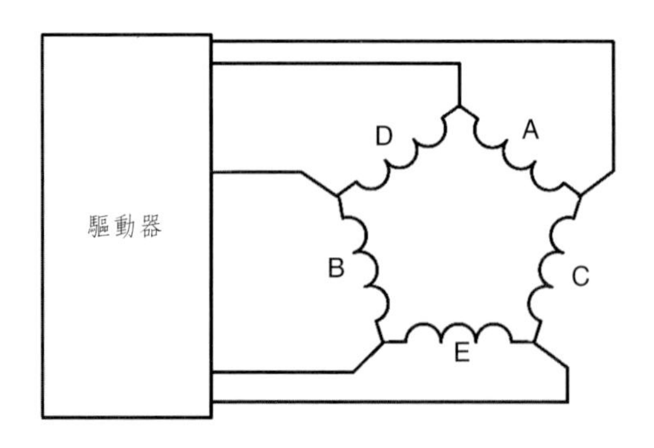

圖 4.14　步進馬達與驅動器之連接

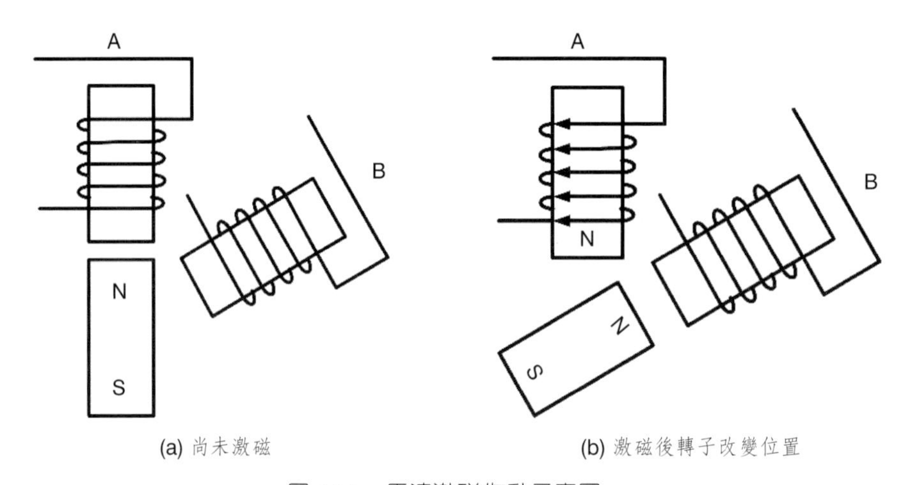

圖 4.15　馬達激磁作動示意圖

4-5-6 實習平台接線圖

如下圖 4.16 所示，上圖為系統電路接線圖，左下圖為將所連接完成的線路連接至控制盤面上，右下圖為整體的設備擺設。

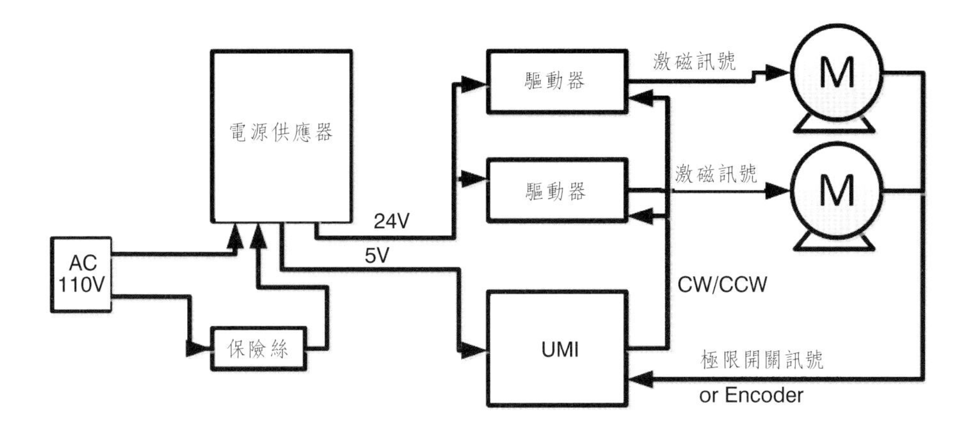

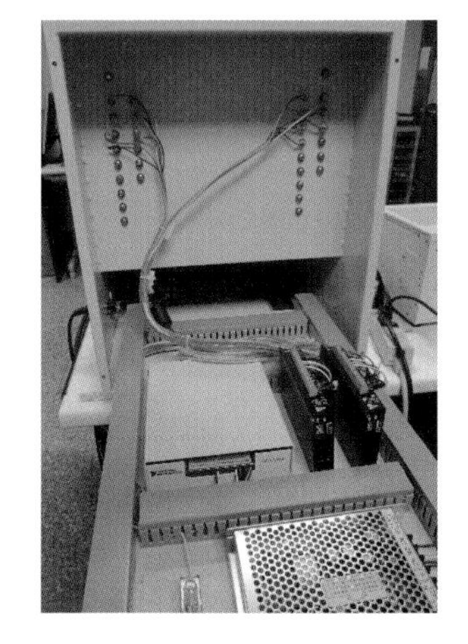

圖 4.16　實習平台接線圖

4-6 繼電器（Relay）

繼電器是一種可以利用小電力控制大電力的電子開關，其種類可分爲電磁繼電器、熱敏乾簧繼電器、固態繼電器 (SSR) 、磁簧繼電器、光繼電器等，以下分別介紹各式原理與特性。

4-6-1 電磁繼電器的工作原理和特性

電磁式繼電器一般由鐵芯、線圈、銜鐵、接點簧片等組成的。只要在線圈兩端加上一定的電壓，線圈中就會流過一定的電流，從而產生電磁效應，銜鐵就會在電磁力吸引的作用下克服返回彈簧的拉力吸向鐵芯，從而帶動銜鐵的動接點與靜接點（常開接點）吸合。當線圈斷電後，電磁的吸力也隨之消失，銜鐵就會在彈簧的反作用力下返回原來的位置，使動接點與原來的靜接點（常閉接點）吸合。這樣吸合、釋放，從而達到了在電路中的導通、切斷的目的。對於繼電器的「常開、常閉」接點，可以這樣來區分：繼電器線圈未通電時處於斷開狀態的靜接點，稱爲「常開接點」；處於接通狀態的靜接點則稱爲「常閉接點」。

4-6-2 熱敏乾簧繼電器的工作原理和特性

熱敏乾簧繼電器是一種利用熱敏磁性材料檢測和控制溫度的新型熱敏開關。它由感溫磁環、恆磁環、乾簧管、導熱安裝片、塑料襯底及其他一些附件組成。熱敏乾簧繼電器不用線圈激磁，而由恆磁環產生的磁力驅動開關動作。恆磁環能否向乾簧管提供磁力是由感溫磁環的溫控特性決定的。

4-6-3 固態繼電器（SSR）的工作原理和特性

固態繼電器（Solid State Relay，SSR）是利用一顆發光二極體（LED）等發光元件與一顆光電晶體等光接收元件作成之光耦合器，觸發矽控整流器（SCR）或雙向矽控整流器（TRIAC），因此可接受低壓（DC或AC）信號輸入，而驅動高壓輸出，具隔離輸出入及控制高功率輸出之效果。優點是開關速度快、工作頻率高、使用壽命長、雜訊低和工作可靠。可使用於取代常規電磁式繼電器，被廣泛用於數位程式控制裝置。

固態繼電器按負載電源類型可分爲交流型和直流型。按開關型式可分爲常開型和常閉型。按隔離型式可分爲混合型、變壓器和光電隔離型，以光電隔離型爲最多。

4-6-4 磁簧繼電器的工作原理和特性

磁簧繼電器是以線圈產生磁場，將磁簧管作動之繼電器，爲一種線圈感測裝置。因此磁簧繼電器之特徵爲：具有小型尺寸、輕量、反應速度快、短跳動時間等特性。

當整塊鐵磁金屬或者其它導磁物質與之靠近的時候，發生動作，開通或者閉合電路。由永久磁鐵和干簧管組成。永久磁鐵、干簧管固定在一個不導磁也不帶有磁性的支架上。以永久磁鐵的南北極的連線爲軸線，這個軸線應該與干簧管的軸線重合或者基本重合。由遠及近的調整永久磁鐵與干簧管之間的距離，當干簧管剛好發生動作（對於常開的干簧管，變爲閉合；對於常閉的干簧管，變爲斷開）時，將磁鐵的位置固定下來。這時，當有整塊導磁材料（例如鐵板同時靠近磁鐵和干簧管時）干簧管會再次發生動作，恢復到沒有磁場作用時的狀態；當該鐵板離開時，干簧管即發生相反方向的動作。磁簧繼電器結構堅固，觸點爲密封狀態，耐用性高，可以作爲機械設備的位置限制開關，也可以用來探測鐵製門、窗等是否在指定位置。

4-6-5 光繼電器的工作原理和特性

光繼電器爲 AC/DC 並用的半導體繼電器，指發光器件和受光器件一體化的器件。輸入側和輸出側電氣性絕緣，但信號可以通過光信號傳輸。其特點是壽命爲半永久性、微小電流驅動信號、高阻抗絕緣耐壓、超小型、光傳輸、無接點……等。主要應用於量測設備、通信設備、保全設備、醫療設備……等。

4-6-6 繼電器實際運用

依據前幾小節所介紹的繼電器，現在實際運用來說明，首先我們選擇使用電子零件行就可以購買到的一般繼電器，它的原理即是電磁繼電器，如圖 4.17 所示。繼電器上所標示的名稱則是說，控制大電流側的接點可以連接 120V 交流電使用或是 24V 直流電，而接點可通過的額定電流爲 5 安培，小電流側則使用 5V 來做驅動。

圖 4.17　繼電器

使用上面所述的這顆繼電器，我們利用它來控制需要 24V 的電動夾爪，如圖 4.18 所示，之所以會需要利用繼電器控制，主要原因爲由電腦輸出的 I/O 埠，電壓無法達到 24V ，以及電流無法輸出到達電動夾爪的工作電流，所以必須利用控制小電流來完成大電流的控制。

圖 4.18　電動夾爪 (24V)

經由圖 4.19 的簡單電路設計，利用控制電晶體的基極來完成開關的作用，這樣的方法，只需考量電壓的準位即可驅動電晶體，一般輸入 5V 至基極即可讓電晶體導通，當電晶體導通後，繼電器的線圈側會產生電磁效應，即會將繼電器的開關側（大電流側）導通，這樣就可以使得圖中所示的負載啓動，而將電動夾爪裝至負載位置上即可完成利用小電力控制大電力。

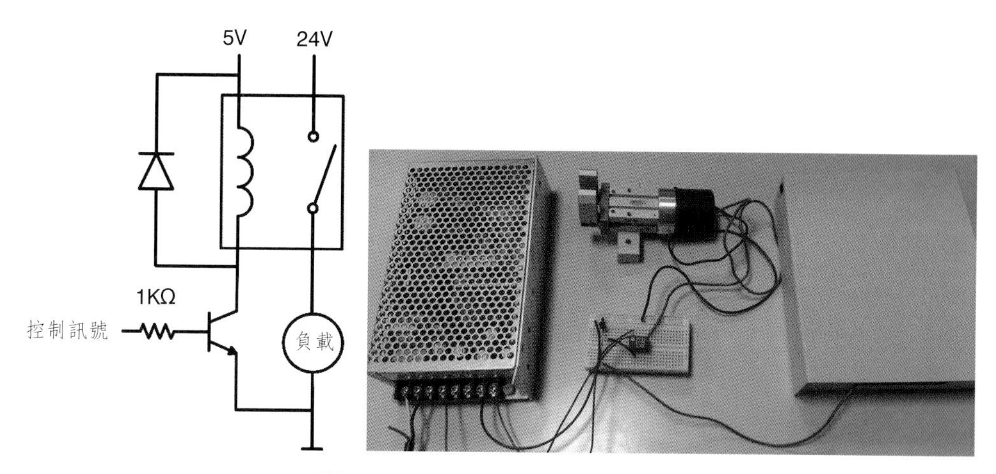

圖 4.19　電路設計與實體接線圖

第五章

機器視覺應用

5-1 何謂機器視覺

5-2 械視覺系統

5-3 光源與照明技術

5-4 攝影機

5-5 鏡頭

5-6 機器視覺系統選用範例

5-1 何謂機器視覺

機器視覺系統是一項集光學、電子、機械及電腦資訊技術整合的科技，它的應用層面包羅萬象，近來科技的發展所產生的機器視覺系統不斷推陳出新，在一切要求自動化的前提之下，機器視覺加上影像處理系統已經在許多工廠自動化量測方面扮演著重要的角色，如礦石粒徑線上檢測系統、銲道追蹤及熔渣監控，生產工件形狀及瑕疵檢測等，在非接觸性的要求下，均可利用機器視覺處理系統來完成，不僅可提高工廠生產效率，更可使產品之品質達到標準，如圖 5.1，爲機器視覺應用範例。

(a)字元辨識

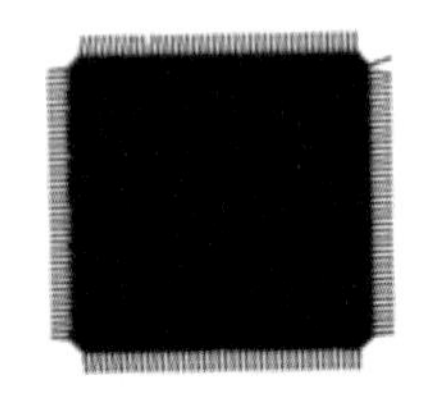
(b) IC 腳位檢測

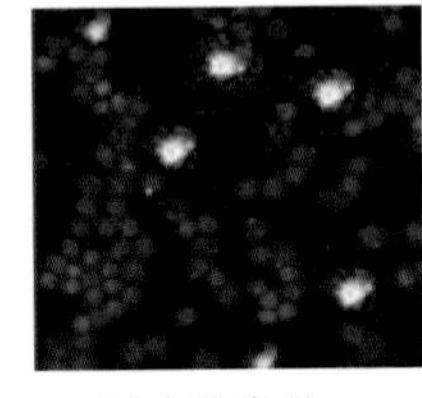
(b)生醫應用

圖 5.1　機器視覺應用之範例

機器視覺的特性就正如同我們人的大腦與雙眼一般，如圖 5.2 所示，以物料之定位而言，雙眼可以擷取影像再經由大腦的處理去判別這一個定位是否有問題，如果有問題，判斷哪一種定位方式才是正確的，再藉由雙眼與雙手去進行定位；而機器視覺系統是先將影像擷取下來經過一連串的影像處理，再藉由電腦判斷是否爲我們所要的結果，然後由週邊及輸出裝置反應出來。

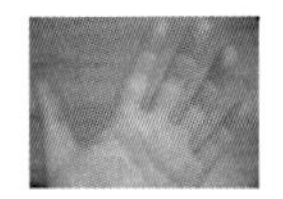

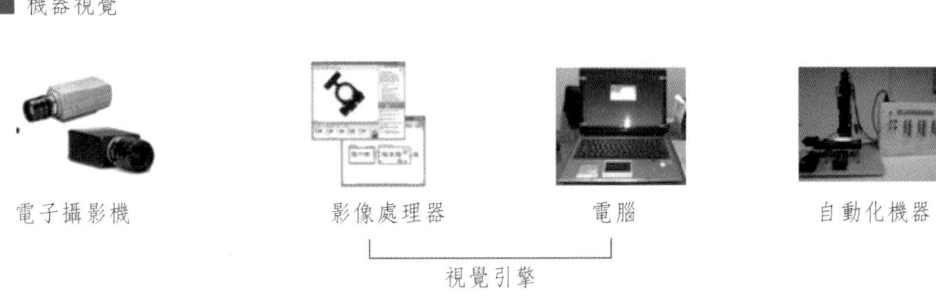

圖 5.2　人類視覺與機器視覺之比照

以拿書爲例：

- 人類拿書的過程：眼睛看到書本→大腦思考、判斷（下達指令）→手做拿書的動作。
- 機器人拿書的過程：電子攝影機取得書本影像→影像處理器及電腦做分析及判斷（下達指令）→機器手臂來撿取書本。

在國內產業一般生產系統中，產品之檢測耗費人力資源，且淘汰劣品而降低生產量，通常與生產單位的目標相衝突，因此業界往往無法進行線上 100% 之產品檢驗，而影像處理系統乃是自動化檢測當中非常經濟有效的方式，其不但具有自動擷取、處理影像之功能，且能與監控功能結合作有效之線上檢測。其中機械視覺系統一般爲結合照明、取像、影像處理設備與個人電腦所組成，應用影像處理技術而形成電腦視覺檢測系統。

5-2 械視覺系統

在系統中機器視覺擷取部分原理，可比喻成人類視覺的形成，由於物體將光反射後，人才會透過眼睛看到各種色彩的物品。人眼中的結構，簡單分成水晶體、眼角膜、虹膜、瞳孔、睫狀肌、視神經束、視網膜……等構成；眼角膜是大家極爲熟悉的部分（常因運動或手揉的動作造成眼睛受傷所指的部位），而虹膜是除了眼白外其它褐色的部分，人眼構造示意圖如下圖 5.3。

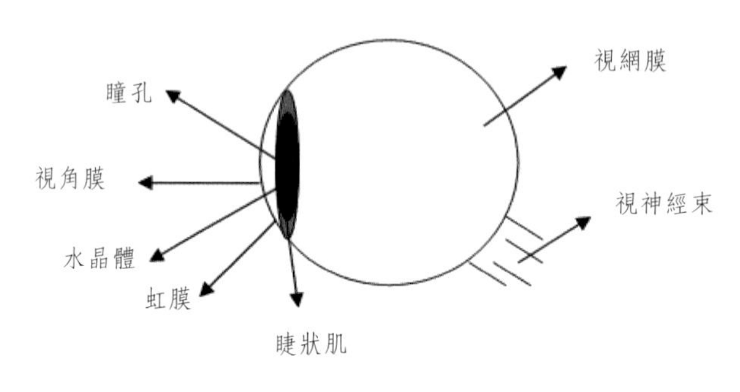

圖 5.3　人眼構造示意圖

水晶體就好比相機的透鏡部分。瞳孔會因光的大小而有所放大縮小，可比擬成相機光圈的部分，瞳孔的縮放讓光通過後，再由睫狀肌的部位來調整焦距大小，使物體能呈現於視網膜上，呈現於視網膜上的影像因受光刺激的程度不同，因此產生不同大小的脈衝訊號，而這些脈衝訊號會透過視神經束的作用傳送到大腦形成圖像，再由大腦視覺處理後，就能對外面事物有所感知。

在視覺取像模組中，其動作原理是，先對待側物投入適當的光線與照明，再經由光學倍率鏡組，將被測物的光線投到感光晶片上，感光感測器受到光的強弱影響形成不同程度的類比影像，由於類比影像本身是繁雜的資訊不同於電腦所能儲存的數位式資料結構，因此透過攝影機傳送過來的影像做取樣及量化之後，將之轉成數位影像才能做儲存或後續的影像處理。如圖 5.4 爲一般機器視覺系統之架構，下節將逐一說明光源、攝影機、鏡頭等原理與應用。

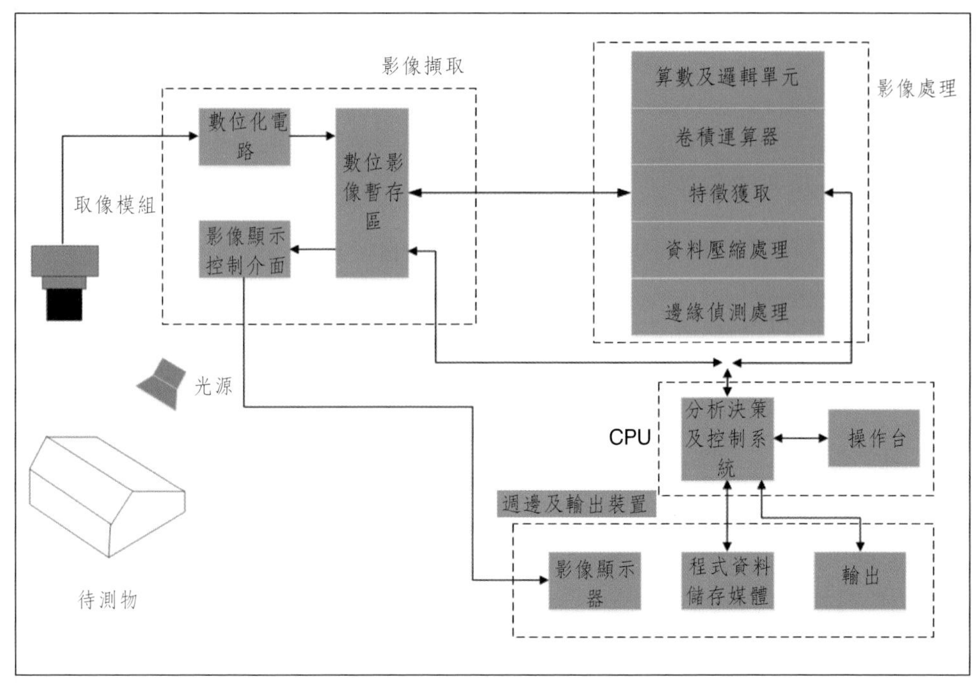

圖 5.4　機器視覺系統架構圖

機器視覺系統元件（圖 5.5）

- 光源
- 感測器（攝影機）
- 鏡頭
- 影像擷取介面
- 影像處理與分析軟體
- 主電腦與周邊輸出裝置

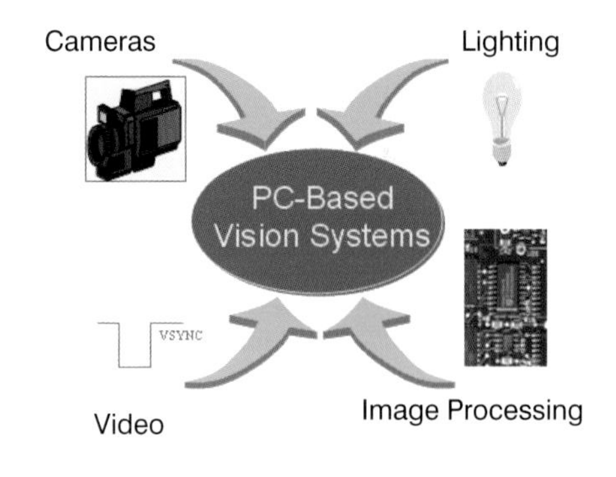

圖 5.5　機械視覺系統

5-3 光源與照明技術

以往大部分的人認爲在機器視覺應用中取像的成敗在於高解析度的 CCD 攝影機與影像擷取卡，而忽略了整套系統最前端的重要因素——光源與照明技術。在此，我們必須先注意到一個非常重要的觀念，那就是不論對人類視覺系統或是機器視覺系統來說，我們並不是眞的「看到」一個物體，而是看到打在物體身上的反射光。這就是爲什麼當我們以不同種類的光打在物體身上時，物體會看起來不一樣。所以使用正確的光源與照明技術是必要的工作，其中又可以分爲下列三項參考原則：

1. 將所偵測的影像做相對於正常情況下的影像對比最佳化。
2. 將由於環境變化所引起的變化作正規化的動作。
3. 簡化成像程序，並減少檢測的複雜度與時間。

照明系統相關參數：

• 主要光源的光度與入射角
• 主要光源與被照物的距離
• 物體表面材質對光的反射特性
• 鄰近周圍光源與被照物體的影響
• 攝影機的取像位置與方向
• 反射光與攝影機之間的夾角
• 被照物本身的材質

瞭解原則之後，接下來我們來做一些光源及照明技術的相關介紹。

5-3-1 光源系統之分類

光源的傳遞方式可分爲點光源（Point-like Lighting）與擴散光源（Diffuse Lighting），如圖 5.6 所示：

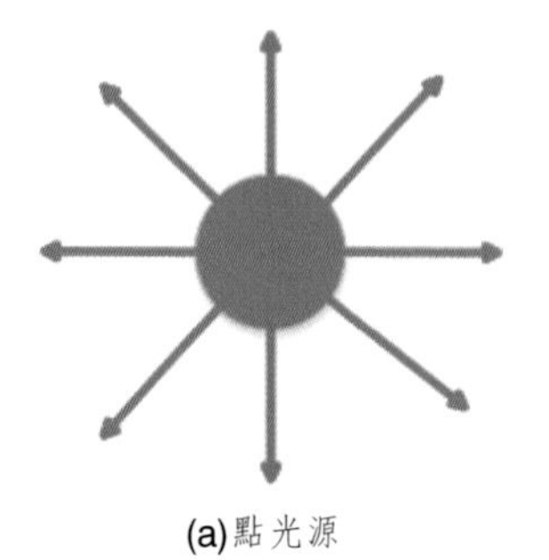

(a)點光源

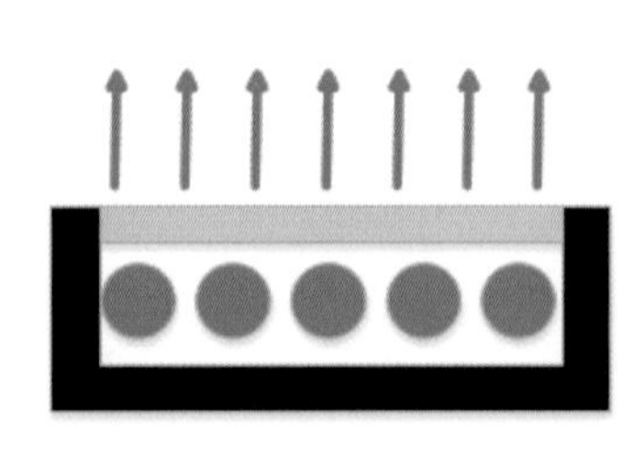

(b)擴散光源

圖 5.6　點光源與擴散光源

1. 點光源（Point-like Light）

由於點光源的照明設備較小且容易架設，又可與檢測物有適當之工作距離，所以往往在機械視覺系統中容易使用，諸如白熾燈泡、光纖、環形光和LED（Light Emitting Diode）等都是點光源的一種。點光源的照明設備提供了高強度與高效率的性質，由於反射的效果，所以很容易造成陰影的產生，也因如此，適合運用在需要檢測物體表面缺陷的設計。

2. 擴散光源（Diffuse Lighting）

擴散光源的照明設備是由許多點光源組合而成的，因此照射至物體表面時，所造成的反射光較少，並可以降低物體表面的敏感度。但需將物體完全包含在發光面下，因此此種照明設備不易架設。諸如螢光環形燈、光纖環形燈和點光源前加設擴散器的照明設備都是擴散光源的一種。

5-3-2 光源照明技術之分類

在光學成像的原理中，不論是人類的視覺系統或是機器視覺系統，物體的可見性建立於打在物體表面的反射光。打光的好壞將影響到取像的品質，因此在建置一套取像系統時，光源的選用與照明技術相當重要。發光來源大致可分爲白熾燈泡、螢光燈、水銀燈、氙燈、光纖、發光二極體（Light-Emitting Diode，簡稱 LED）、雷射與冷陰極光管鹵素燈等不同種類。打光模式若依照光源、待測物與相機相對位置分可分爲正光及背光；但依照光源對待測物照射角度方式則可分爲環型光、同軸光及線光源，詳細說明如下：

1. 結構化照明（Structered Lighting）

如下圖 5.7 所示，此種照明方式，是將光源以光圈、透鏡、窄縫等燈之工具，變成一特殊幾何圖案的光，投射到物體表面，使得在投射的範圍裡，因已知光束的形狀被改變，而獲得物體表面起伏的資料，這種經二維掃瞄而獲得三維影像資料的方式，給予立體視覺一新的啓發，是相當重要的一種照明技術。

目前這種方式最爲常用的光源是雷射。

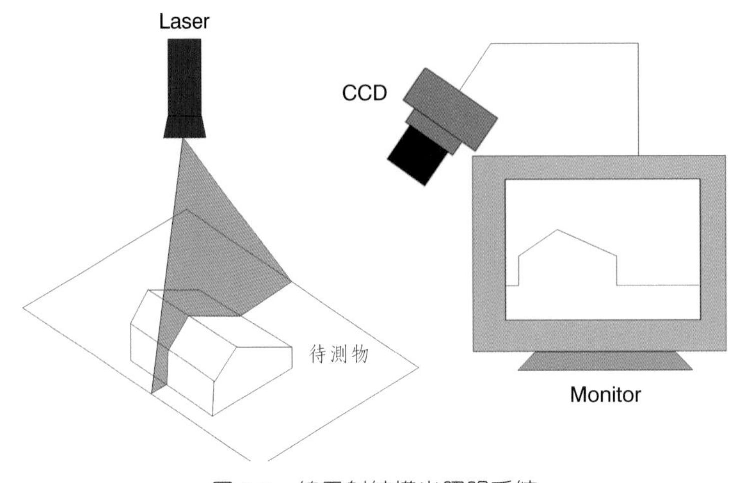

圖 5.7　線雷射結構光照明系統

2. 正面照明（Front Lighting）

此種照明方式是將光源、CCD 攝影機與待測物體放置在同一邊，視不同之材質而不同的反射性，在表面有缺陷的地方，如裂縫、刮傷、凹坑與生鏽等，反射的光線會完全地衰竭掉，使得缺陷處爲黑暗，透過此變化來偵測物體表面之缺陷。

方向性照明（Directional Lighting）

此方法使用一個或多個光源直接照射於待測物上並將其置於 CCD 攝影機與待測物間，移動不同角度與距離，觀察影像變化，找出最佳之擺設位置，此法在某些應用上，檢測待測物特徵的投影反而會比直接檢測待測物特徵的效果來得好。依照 CCD 擺放的位置，又可分亮場照明與暗場照明兩類：

亮場打光

亮場打光技術定義爲入射光線經反射直接進入 CCD 攝影機，則 CCD 所擷取之影像即呈現全黑狀態，如圖 5.8 所示。要是檢測物表面不平，迫使反射光線改變路徑，造成部分光線因光線路徑不同而無法進入 CCD 攝影機中，使得全亮影像呈現出暗點即為瑕疵 [22]。

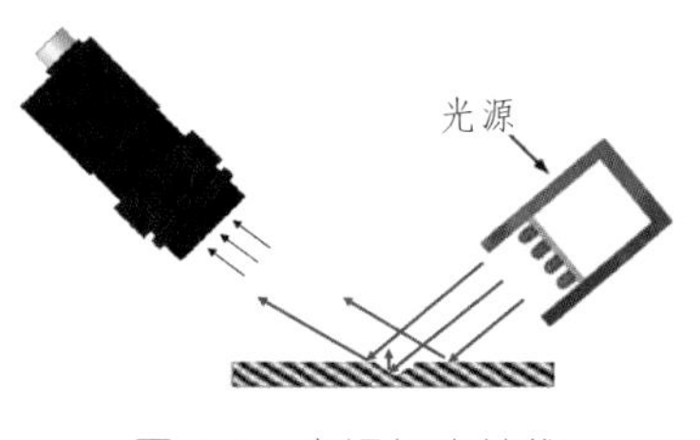

圖 5.8　亮場打光技術

暗場打光

暗場打光技術定義為當入射光線照射於檢測物上時，要是檢測物具有反射特性，此時投射的入射光線會依入射角度反射出去，則 CCD 攝影機與瑕疵檢測平臺呈垂直，要是光線無法反射進入 CCD 時，則 CCD 所擷取之影像即呈現全黑狀態如圖 5.9 所示。若檢測物表面不平，迫使反射光線路徑改變，造成部分光線因光線路徑不同而投射進 CCD 攝影機中，使得全黑影像呈現出亮點即為瑕疵。[22]

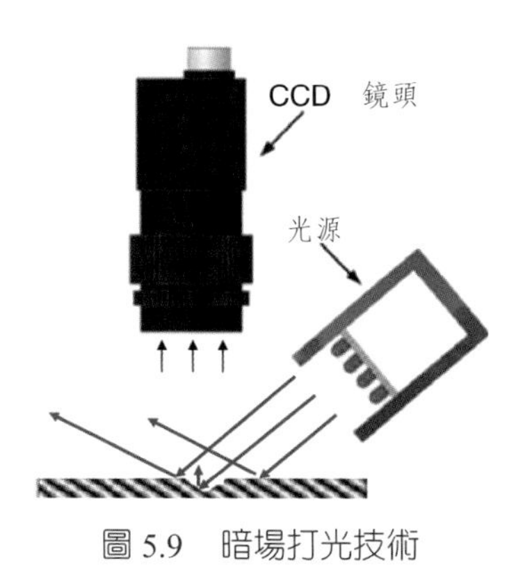

圖 5.9　暗場打光技術

環狀光源照明（Ring Illumination Lighting）

如圖 5.10 所示，當待測物屬於圓形（如硬幣、圓孔等）環形光源照明是不錯的選擇，它能使光均勻地照射在待測物上，減少陰影的產生，但其缺點是照射範圍有限制，只能用來觀察較小的待測物或局部範圍。

若要強調待測物深淺表面的特徵，低角度環形光是個很實用的技巧！低角度環形光源與待測物間保持一個小角度的夾角，這樣光源就可以約略的打在待測物上，其結構的特徵會很明亮，而與待測物表面暗的背景產生對比 [22]。圖 5.11 爲各類型之環型光與實體架設圖。

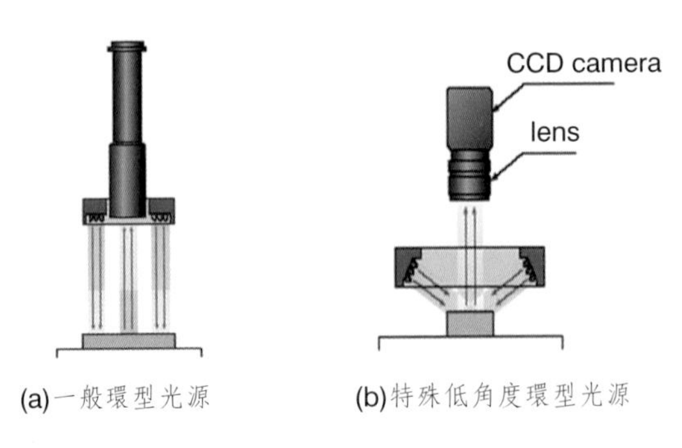

(a)一般環型光源　　(b)特殊低角度環型光源

圖 5.10　環形光源照明

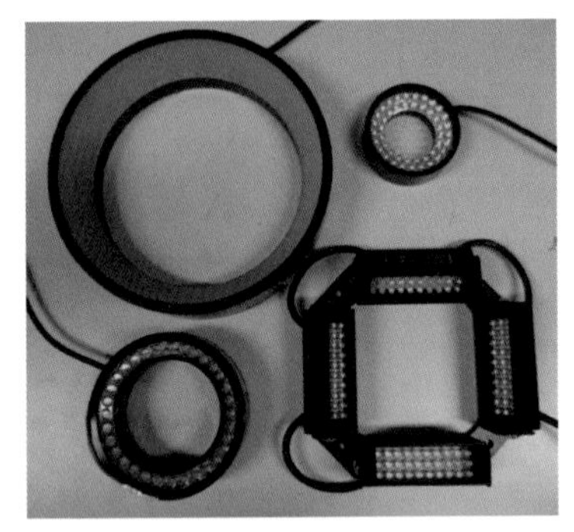

(a) 環形光實品圖

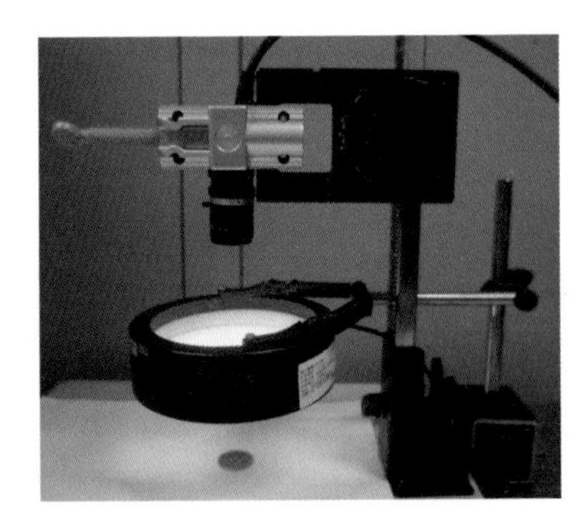

(b)環形光源系統架設實體圖

圖 5.11　環形光源照明

同軸照明（Coaxial Lighting）

如圖 5.12 所示，此種照明法，光線與鏡頭成同一方向，因其使用一個半透鏡以 45° 角置於 CCD 與待測物間，將光由透鏡旁導入，部分的光線經由透鏡反射到待測物上，部分則穿過透鏡而消失。反射光線照射於待測物，再次反射且部份穿過透鏡而在 CCD 上成像，剩下的部分則經透鏡而消失。可應用於檢驗金屬面、薄膜玻璃等光澤面的傷痕、印刷電路版的網路、IC 觸腳的檢驗、瓶口端面的破損檢驗等。它可以用很均勻的光線來照明很深的孔洞，而且不產生陰影 [23]。圖 5.13 爲同軸光源實品圖。

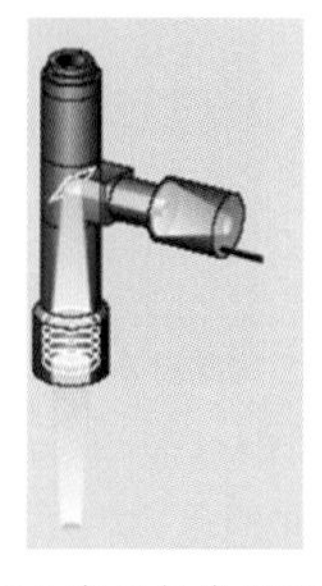

(a) 內同軸光照明

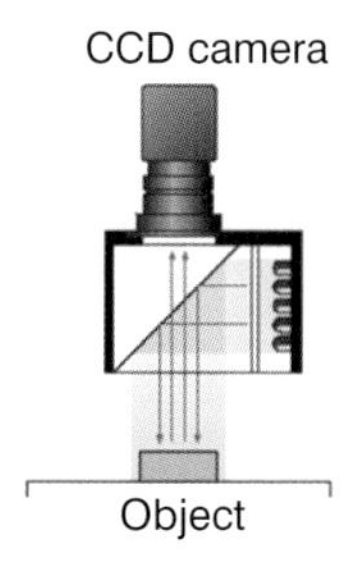

(b) 外同軸光照明

圖 5.12　同軸照明

(a) 內同軸光源與鏡頭

(b) 外同軸光源

圖 5.13　同軸光源實品圖

3. 背面照明（Back Lightin）

如圖 5.14 所示，此種照明方式是將光源置於待測物的背面，CCD 攝影機由正面擷取影像，此方法能夠得到待測物的外形、輪廓的特徵，適用於量測物體尺寸、定位及尋找的應用中。

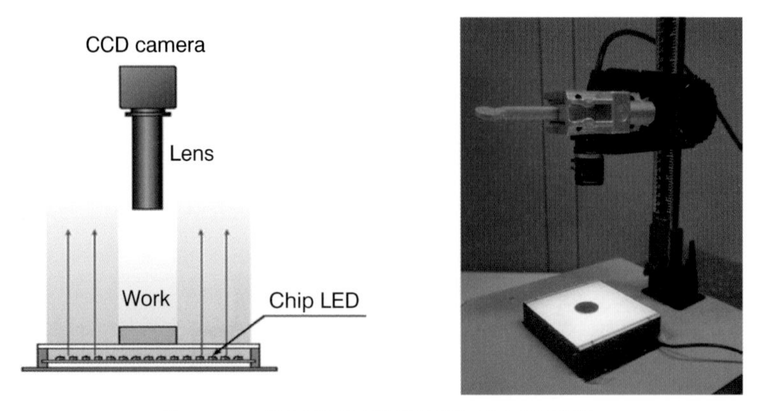

圖 5.14　背面照明系統示意圖及應用示意

5-3-3 光源特性

光源就狹義的字面上來解釋，不外乎涵蓋一般日常生活中，人眼所能偵測到的範圍，此範圍內的光即爲可見光，波長大約從 400nm 到 700nm ，如圖 5.15 所示。而這些光只是電磁波中一小部份，X 光、紫外光、紅外光乃至核磁共振儀所用到的無線電波也都是電磁波的一部份。視覺系統中所使用的 CCD 攝影機（光耦合元件），主要構成元件爲半導體裝置，其最高反應靈敏度可達 950nm ，除可見光外，還能感應到其他波段的不可見光，利用此特性可廣泛的應用在不同物體上，以突顯物體特徵。

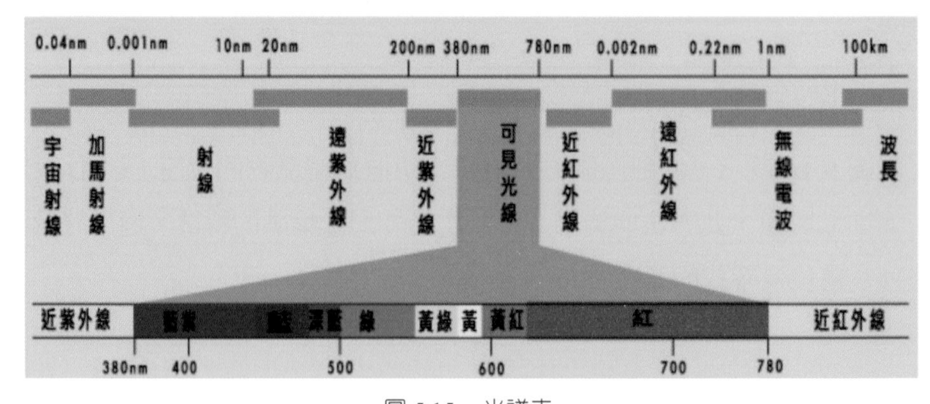

圖 5.15　光譜表

1. 色溫（color temperature）

色溫是表示光源光色的尺度，表示單位是K（Kelvin）。一般來說色溫低的話會帶有橘色，表示具有暖意的光；隨著色溫變高，就變成如正午太陽一般為帶有白色的光；當再變高時則變成帶有藍、清爽的光。

2. 演色性（color rendering）

由於光源的種類不同，所看到的對象的顏色也有差異，而影響此色視度的光源性質稱為演色性，一般來說演色性好的燈色視度好，而演色性差的燈色視度也差。演色性指數即是指物件在某光源照射下，與其在參照光源照射下之顏色兩者之相對差異。

3. 常見光源種類

表5-1　常見的LED材料

種類	LED燈	鹵素燈	螢光燈
壽命（hour）	20000～100000	500～2000	2000～10000
單位面積光強度	低	高	中
發光穩定度	高	低（頻譜不穩）	低（易閃爍）
光譜頻度	單色光，混合產生白光，或由螢光原理產生白光	光譜頻帶寬，配合濾鏡可得單色光	光譜頻帶寬，配合濾鏡可得單色光
發光效率（Lumen/watt）	高（60～80）	低（～15）	高（～70）
反應速度	快	慢	慢
發熱量	低	高	低
價格	稍貴	普通	普通

5-3-4 結論

如何得到一個外在環境建置良好機器視覺檢測系統，是否可以正確的檢測出產品的特徵與其量測尺寸，乃是取決於光源與照明技術。機器視覺中光源與照明技術扮演了相當重要的角色，因爲若無法將物體的特徵影像清楚顯示出來，可能還要經過許多不必要的影像處理程序，如此不但浪費了分析時間，也可能造成分析結果錯誤的發生；一個重要的概念即是處理有用的影像使其更加清晰的呈現，無用的影像使其消失不見，將待測物的特徵從背景中突顯出來，如此一來可以增加影像檢測系統的可靠度，同時，亦可減少電腦軟體冗長的運算時間，增加檢測系統的檢測速度，好的照明技術可改善以下幾點：

1. 突顯被攝物體的對比度
2. 清楚揭露被攝物體表面紋理
3. 簡化整個機器視覺系統設計的複雜度與困難度
4. 顯現被攝物體特徵所在
5. 增加影像的訊噪比（Signal Noise Ratio）

5-4 攝影機

攝影機技術相當多樣化，有些具有專門的特性，市面上可供選擇的攝影機種類相當多，分類方式也不少。以成像原理來分，機器視覺應用上較常使用的攝影機有 Vidicon 攝影機及固態攝影機（solid-state camera）兩大類。固態攝影機讓聚焦的影像聚集在以二維陣列方式排列、體積非常小、間格非常細的光感元件上，各光感元件會根據所接收到的光線強度，產生不同大小的電荷，進而得到不同的像素值，其優點爲體積小、影像穩定及耐用。依取像結果可分爲單色、彩色攝影機，依產生之訊號可分爲類比、數位式，依影像掃描方式可分爲區域掃瞄（Area Scan）、線性掃瞄（Line Scan），依照資料傳輸介面常見規格有 IEEE1394、Camera Link 、BNC 及 USB 等。依照使用者需求，挑選流程如圖 5.16 所示。

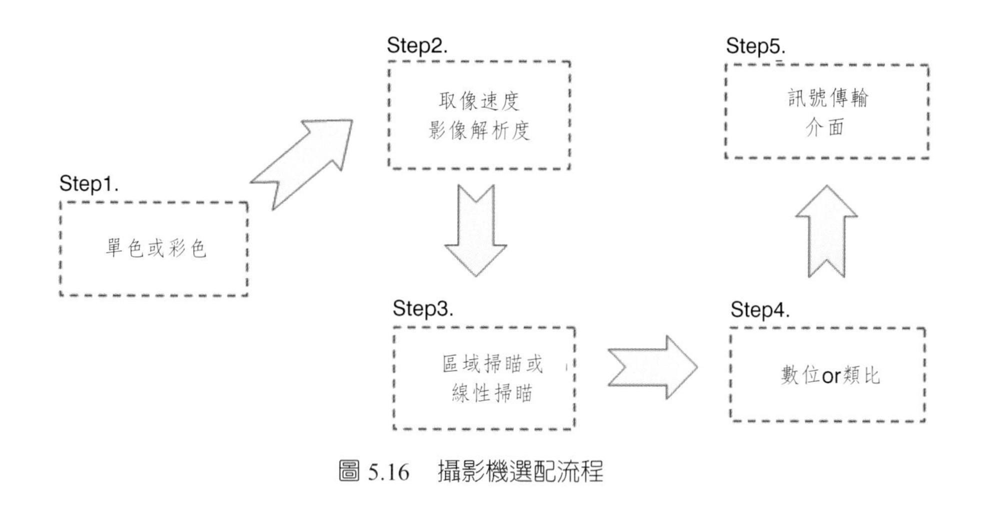

圖 5.16 攝影機選配流程

一般常用的數位相機的感測元件有二種型式，分別爲互補式金氧半導體（Complementary Metal Oxide Semiconductor，CMOS）與光電耦合元件（Charge Coupled Device，CCD）。CCD 影像感測器的特色在於感測訊號在傳輸時能保持不失眞的狀態，保留較高的完整性。在訊號處理的技術上，是在快門關閉之後將畫素進行轉移動作，且順序地將每個畫素（Pixel）的電荷信號傳入緩衝器中，並由底端的線路導引輸出至 CCD 旁的放大器（Gain Amplifiers）進行放大，串聯後再由類比／數位轉換器（ADC）輸出，影像處理過程較爲複雜。而 CMOS 影像處理概念就比較簡單，是以畫素連接到 ADC，以光電訊號直接將訊號放大，再經由 BUS 通路移動至 ADC 中轉換成數位資料。將獲得的影像訊號轉變爲數位訊號輸出，其功能與人眼睛中的視網膜般相似，可使機器看到物體並有所反應，從而下指令來採取動作。儘管 CCD 在影像品質等各方面均優於 CMOS；但 CMOS 具有低成本、低耗電以及高整合度等特性。

表5-2　CMOS與CCD優缺點比較

	CMOS	CCD
設計	感光器各像素直接連結放大器	各感光器像素電荷值存儲後連結放大器
成本	低	高
靈敏度	低（整合製程）	高
雜訊比	高（單一放大器）	低
耗能比	低	高
解析度	低（新技術已突破）	高
反應速度	快	慢

以下將介紹選用相機的幾項重要參數：

1. 有效解析度（Sensor Resolution）

因爲攝影機爲固態取像器之二維影像感測器，所以此參數共有兩個維度的數值，其一般的表示法爲：（水平數量 × 垂直數量）。

2. 感測器尺寸（Chip Size）

感測器尺寸是指感測器晶片的實際大小，一般是以英制單位來表示，其數值是代表感測器晶片對角線長度，本系統使用相機爲 1/2.5”。

3. 有效感光區域（Active Image Area）

有效感光區域也是指 CMOS 感測器的實際大小，一般是以公制單位來表示，其表示方式以水平 × 垂直（mm）。

4. 像素尺寸（Pixel Dimension）

像素尺寸指個別感應像素的實際尺寸大小，不論是長或寬，都以 μm 爲計量單位。像素越大，則所需曝光時間較短，但卻會犧牲掉些許空間解析度；反之，像素越小則需要較久的曝光成像時間，成像之後的影像解析度則較高。

5-4-1 線掃描與面掃描攝影機

影像感測器如以光電轉換元件來劃分時，可分爲：一度空間排列的一次元影像感測器與兩度空間排列的二次元影像感測器兩種，前者廣泛使用在傳眞機、Line scan CCD 、影印機等；而後者則用在數位照相機和 VTR 爲一體的電視照相機上，較偏向實用化 [24][25] 。

1. 面掃描（Area Scan）攝影機

透過數位式 CCD 擷取並數位化影像，影像於傳輸過程中不會失眞，擁有較高解析度與擷取速度，並提供使用者較多傳輸界面格式選擇。

2. 線掃描（Line Scan） 攝影機

線掃描的檢測系統是必需利用感測器與物件相對運動，才能取得面積影像，這跟面掃描的影像檢測系統（如同光學底片），只要單純的曝光即可取得面積影像的工作原理是不同的，如圖 5.17 所示。

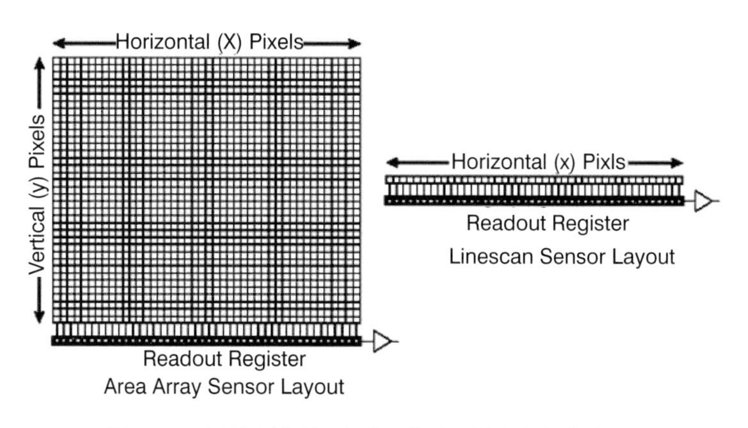

圖 5.17　矩陣型與線形影像感測器基本架構的差異

Line Scan 是從 Area CCD 演變出來的，Area 照出來的是一種平面影像。Line Scan 顧名思義，掃出來的資料就是一條線。Line 在掃描時和物體之間會有相對運動，譬如掃描時攝影機不動，物體在運動，或物體不動時，攝影機在運動，這樣的相對運動之間可掃出一個平面影像，所以它的基本結構是一條線，但最後掃出的影像還是一個平面影像，後續影像的一些處理或分析和 Area CCD 是共通的，差別是掃描方式的不同。表 5-3 爲線掃描與面掃描攝影機之比較。

表5-3　線掃描與面掃描攝影機比較

種類	Area Scan	Line Scan
型態	類比／數位	類比／數位
價格	便宜	昂貴
特性	可單獨成像	需搭配運動裝置方能成像
優點	使用方便，硬體選擇多樣	適合架設於生產線中，可連續檢測
缺點	不適合大面積或連續檢測應用	價格昂貴，系統建構困難

5-4-2 傳輸介面

攝影機過去大多是類比式的攝影機，隨著 IEEE1394（FireWire）技術的成熟與量產，另外網路介面 GigE 攝影機近年來市場的接受度高，也有相當驚人的成長，而其他傳輸介面還有 CameraLink 、USB2.0、USB3 Vision 等界面的攝影機，在不同的使用情況，可供使用者有不同選擇。以下列出常見的數種傳輸介面，如表 5-4：

類比影像傳輸介面標準：

- 類比 RS170 介面（單色、美日規、640×480、30 frames/sec）
- 類比 CCIR 介面（單色、歐規、768×576、25 frames/sec）
- 類比 NTSC 介面（彩色、美日規、640×480、30 frames/sec）
- 類比 PAL 介面（彩色、歐規、768×576、25 frames/sec）

表5-4　攝影機傳輸介面標準

	USB 2.0	USB 3.0	FireWire	GigE	Camera Link
頻寬（MB/s）	50	350	64	100	850
支援線長（m）	5	8	4-5	100	10
使用標準	N/A	USB3 Vision	IIDC	GigE	Camera Link
多相機使用	中	中	中	高	低
成本	低	低/中	中	中	高
線材成本	中	中	中	高	低
CPU負載	高	低	中	中	低
隨插即用	高	高	高	中	低

5-5 鏡頭

一般電子攝影機皆是用 C-mount 的鏡頭，即是一般的 CCTV 鏡頭的規格，如果要用其他不同規格的鏡頭，則需要轉接環才能轉接到具 C-mount 的攝影機上。接著考慮攝影機要拍攝的範圍，即是所謂的視野（Field of View），然而這取決於所要檢測物體的面積及最小瑕疵之面積．等視野決定後，就可以計算要需要多少焦距的鏡頭。

5-5-1 鏡頭的特性

鏡頭是搭配數個凸透鏡及凹透鏡所組成的，鏡頭的透鏡數量及結構，是影響畫質的重要因素之一。透鏡愈多，鏡頭感光度愈快，故其光圈可以開得更大，各種鏡頭最大區別是焦距的不同，而焦距可以決定影像的大小。透鏡的形狀能控制射入的光線，使它發生彎折而成像。把透鏡磨出適當弧面，讓光源穿過透鏡，在透鏡後方集中在一個點，這個點叫做這塊透鏡的焦點。自鏡片的中心點到焦點的距離，就是這個透鏡的焦距。如將透鏡表面弧度減小，也就是說它的表面曲度較小，焦距就會加長，因爲透鏡前後表面的視角不大，光線通過時的折射比較小，所以射出透鏡的光線相交於後方較遠的一點，結果會使影像變大。這是長焦距鏡頭最主要的特色之一。

5-5-2 鏡頭種類

1. 標準鏡頭

人的眼睛雖然可以左右看到 180 度，上下看到 140 度，但是能清楚分辨形狀及顏色的角度大約只有 50 度，標準鏡頭便是根據人眼的清楚角度製造設計的，具備與相機對角線相等的焦距。例如 35mm 規格的畫面是 24×36mm ，對角線 43.2mm 。通常我們談到相機，都是指附上此一鏡頭者，此鏡頭所拍出來的影像，跟眼睛所看到的一模一樣。

2. 廣角鏡頭

廣角鏡頭涵蓋較大的視野角度，即使在狹小的空間也能有較大的景深。其特性是，可將近物表現得大，遠物表現得小。其遠近感很強，可展現與實際距離完全不同的感覺。此一拍攝特性，隨著焦距愈短，視角愈寬闊，也可根據相機的不同角度，做各種變化。其次，由於被攝範圍景深很深，即使不特別縮小光圈，一樣可以展現銳利的畫面。可輕易表現全焦點攝影的影像，堪稱是廣角鏡頭的特長。因此，比 35mm 短、比超廣角鏡頭 24mm 長的鏡頭，爲廣角鏡頭。

3. 變焦鏡頭

變焦鏡頭在設計和製造上較爲複雜，一個鏡頭就能提供多種焦距長度。早期的變焦鏡頭笨重且慢，光學上的品質也不夠好，但隨著不斷改進，調焦方式也改爲內焦方式，所以對焦上比較能隨心所欲（先前 Zoom 鏡頭，焦距改變，對焦點不變），現在已成爲固定焦距鏡頭的眞正代用品 。變焦鏡頭另有一種特別的用途，是在慢速快門時可調控變焦環，這會使影像產生極具特色的輻射條紋，也可以用作特殊效果。

(a) 12倍變焦鏡頭

(b) 2倍鏡頭

圖 5.18　變焦鏡頭與固定倍率鏡頭

5-5-3 機器視覺系統參數

鏡頭（Lens）會決定物體成像的大小比例，且會影響取像的畫質，因此在設計取像系統時，鏡頭的選用是關鍵因素之一。鏡頭是搭配數個凸透鏡及凹透鏡所組而成，而鏡頭成像的原理即是利用鏡組將通過鏡頭的光線匯集起來，以便在經過投射後，獲得一個清晰的影像，以下針對鏡頭成像原理中重要的參數名詞做介紹：

1. 焦距（Focal Length）

鏡頭的焦距是指對準無限遠景物時，鏡頭的光軸上清晰影像與影像感測平面間的距離。鏡頭的焦距決定被攝物體在影像感測平面上成像的大小，例如照攝同樣大小的物體時，鏡頭焦距越長則成像就會愈大。當物距爲 L 而像距爲 L' 時，焦距 f 的運算公式爲：

$$\frac{1}{f}=\frac{1}{L}+\frac{1}{L'} \tag{5.1}$$

2. 光學倍率（Magnification）

光學倍率 M 是指鏡頭成像中，像距與物距的比例，運算公式爲：

$$M=\frac{L'}{L} \tag{5.2}$$

須注意的是當倍率越大時，會產生對比度降低（即光圈值變小）的作用，使得影像畫面變暗。

3. 視野範圍（Field of View, FOV）

鏡頭成像後實際可看到的最大影像範圍稱爲視野範圍（如圖 5.19）。考量成像解析度，使用時須依據實際觀察物體的大小選擇不同視野範圍的鏡頭。

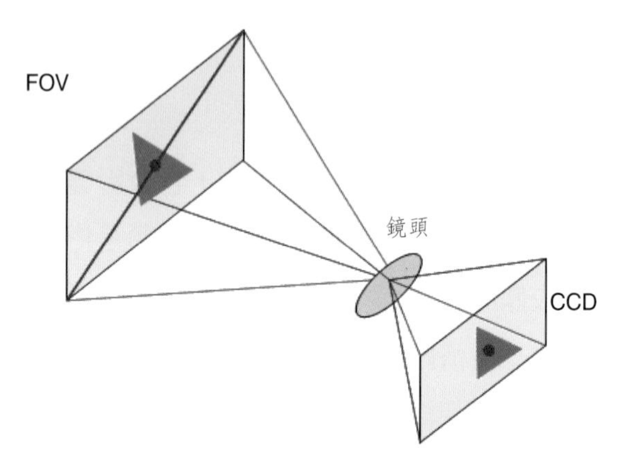

圖 5.19　影像視野範圍示意圖

4. 光圈（Aperture）

所謂的光圈是一組製作在鏡頭內的可調整式葉片（如圖 5.20 所示）。透過調整此葉片的開合範圍，用以調整鏡頭入光量的大小。光圈值通常以有效口徑表示，有效口徑數值越大則光圈值會愈小。

圖 5.20　光圈示意圖 [26]

5. 景深（Depth of Field）

景深是一段距離，是指在一個影像畫面中，物體清晰的深度範圍。景深會隨著對焦位置而改變，在景深範圍內的物體可呈現對焦後的清晰影像，反之若遠離景深範圍的物體則會越模糊。改變景深的參數有四項，分別為：(1) 物距越大，景深越深，反之則景深越淺。(2) 使用廣角鏡頭可增加景深，使用望遠鏡頭則會減少景深。(3) 焦距愈短的鏡頭，景深越深，反之則景深越淺。(4) 光圈越小，景深越深，反之則越淺。

5-5-4 機器視覺系統選配

搭配機器視覺系統時，影像系統重要參數為視野範圍（field of view）、工作距離（working distance）、解析度（resolution）、感測器尺寸（sensor size）及焦距範圍（depth of field），如圖 5.21 所示。根據光學成像原理，影像解析度與各參數之關係可由公式表示：

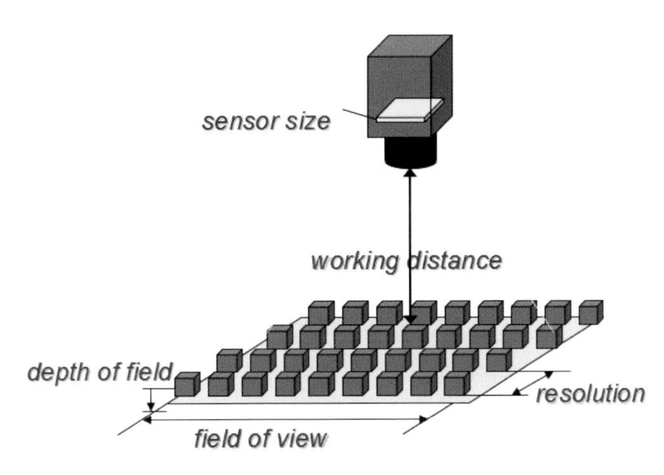

圖 5.21　攝影機選配各參數示意圖 [27]

$$焦距 = 感測器尺寸\left(\frac{工作距離}{像素數目 \times 影像解析度}\right) \quad (5.4)$$

感應器解析度是攝影機感應器的 CCD 像素的欄與列的數目。若想計算感應器解析度，必須知道視野（FOV）。視野是攝影機可以取得的受偵測區域，偵測區域的水平和垂直尺寸則決定了視野。視野 FOV（Field Of View）是指實際看到物體之大小。感應器解析度的感應器尺寸是固定的。如果您發現攝影機有相同的解析度，但是有不同的感應器尺寸時，就需考慮鏡頭的焦距、視野、感應器尺寸和運作距離之間的關係。

$$\text{FOV} = \left(\frac{\text{感測器尺寸} \times \text{工作距離}}{\text{焦距}} \right) \tag{5.5}$$

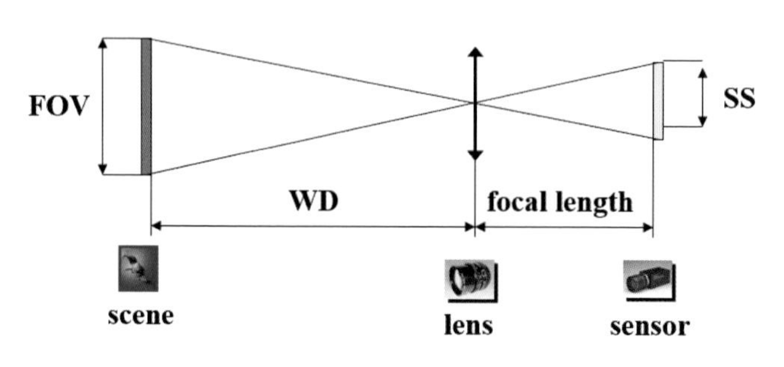

圖 5.22　光學成像原理

系統影像解析度代表影像處理系統可重製物體細節的數量，選搭機器視覺系統時，可藉由眞實世界的單位量測所需最小物體尺寸，決定所需影像處理系統之解析度，可由公式（5.6）表示，可想像成一待測物，若需要檢測影像中最小的尺寸爲 X ，而最小尺寸應至少影像中的兩個像素（2X）。有了這項資訊，就可以選擇適當的攝影機和鏡頭。

$$\text{解析度} = 2 \times \left(\frac{\text{待測物最長軸尺寸}}{\text{待測物最小微觀尺寸}} \right) \tag{5.6}$$

5-6 機器視覺系統選用範例[26]

以一手機保護面板自動化光學檢測系統為例，如圖 5.23 所示，為 PMMA（聚甲基丙烯酸甲酯）材質，俗稱壓克力。保護面板在製程採用印刷油墨之技術，將油墨塗布於透明壓克力上，由目前所拿到的樣本來推測其相關製程，在製程上可分為兩大步驟：首先將銀色的 Logo 塗佈於面板第一層，再塗上黑色底色層，如圖 5.23 所示。而在製程中，印刷油墨會因壓克力表面髒汙造成油墨無法吸附，或油墨噴嘴溫度控制不均造成脫墨之現象，亦或在搬運過程中的外在環境所造成的瑕疵缺陷，都是產品製程上有可能造成的現象。

圖 5.23　手機保護面板外觀

由前幾小節介紹影像感測器與鏡頭之硬體原理知識背景，而如何從眾多規格參數中，依照實際需求去選定合適的元件，本節將說明如何選用影像感測器與鏡頭之挑選計算過程。如需要拍攝的保護面板尺寸大小為 55×40mm ，而廠商所要求的瑕疵直徑大小為 60μm ，為確保影像到達 60μm 之解析度，初步在挑選攝影機感測器時，取小於三倍瑕疵大小 20μm 來計算所需的 CMOS Sensor 畫素，由算式可得知水準畫面所需之圖元值 pixels ，垂直畫面所需之圖元值 pixels，由上述結果得知，必須挑選畫素質接近 2750×2000 畫素之 Sensor，由於目前市面上解析度最高為 2592×1944 之攝影機，因此初步選定為 500 萬畫素 CMOS 黑白攝影機。

接下來設定 FOV 大小，FOV 所拍攝的大小必須大於面板範圍，因此以 60×60mm 來計算；一般標準鏡頭焦距爲 16mm 、25mm 、35mm 之規格，初步以 25mm 標準鏡頭來計算 WD ，由 CMOS Sensor 之規格表可查出 Sensor 有效感光區域爲 5.700×4.280（mm），以水準邊來計算，參考前面小節所介紹的公式代入公式可大略估算出工作距離（WD）：

$$5.700 : 25 = 60 : WD,\quad WD = (25\times60)/5.7 = 263\ \text{mm} \cong 270\ \text{mm}$$

由上述大略估算之結果，我們可以再代入公式，推算回去計算 FOV 之實際大小及影像 Pixel Size：

$$4.28 : 25 = Y : 263 \Rightarrow Y = 45\text{mm}（垂直邊）$$

因此影像的 FOV 範圍大小約爲 60×45 mm ，影像圖元値大小爲 2592×1944，可推算出 Pixel Size = 60/2592pixel = 23μm ，代表影像中一個 Pixel 値對應到眞實尺寸爲 23μm ，高於所定義的瑕疵要求約三倍，符合廠商所定義的瑕疵規範，而選擇背光源主要以能突顯針孔瑕疵爲目的，初步使用冷陰極背光，發現會造成影像光不均勻之問題。因此，最後採用白光 LED 背光，經拍攝所得到的影像，影像所呈現的針孔瑕疵特徵相當明顯，如圖 5.24 所示。

圖 5.24　白光 LED 背光源

正光源之選用，以能突顯刮痕及粉塵爲選用原則，而因粉塵爲立體物，影像對比度較高，幾乎在任何一種正光源之照明下，皆可明顯的突顯出來。相較於粉塵，刮痕就沒那麼容易突顯出來，因此，本研究以突顯刮痕瑕疵爲主要選用原則，嘗試不同正光源，以其找出刮痕對比度最佳之光源類型。

由前面小節所介紹的光源中可得知，低角度環型光適合用於突顯刮痕瑕疵，然而低角度環型光受限於角度限制，無法光源調整角度找出刮痕對比度最佳的角度，因此初步採用與可調整角度之棒型環光，來找到突顯刮痕最佳的角度，棒型環形光源所拍攝到的影像如下圖 5.25 所示。

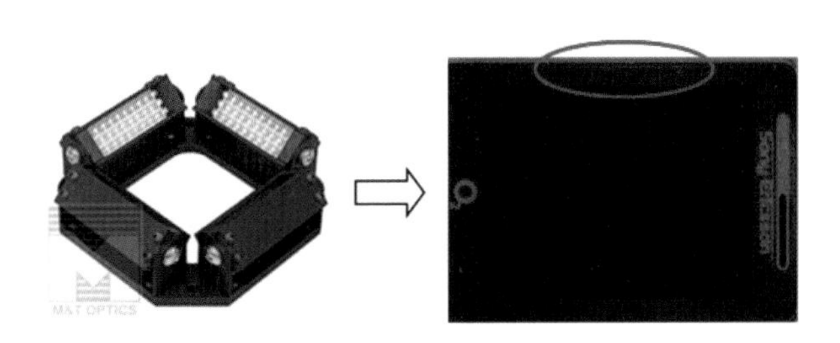

圖 5.25　棒型光源拍攝之影像

由實驗結果找出棒型環光源於 15 度角時，最能突顯出瑕疵之對比度，但棒型光源會因其中一邊角度調整不佳造成光不均勻之現象產生，考慮於棒型光源角度調整不易，只要四邊其中一邊棒形光源有角度誤差，經二值化後，就會很明顯的看出光源不均勻的現象產生。有鑑於此，本研究最後採用 15 度環型光源，可調整光源照射角度做爲系統正光源。

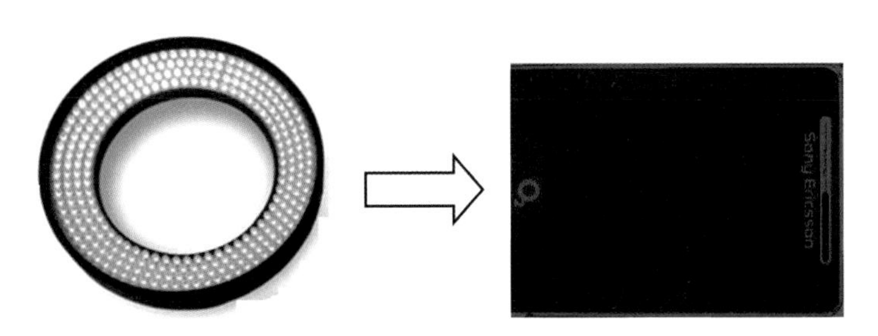

圖 5.26　低角度光源拍攝之影像

第六章 數位影像處理與辨識應用

6-1 何謂數位影像

6-2 數位影像之性質

6-3 數位影像處理

6-4 分析辨識

數位影像運用與處理在近幾十年來快速發展，仰賴現代科技之進步，廣泛運用於多項領域及現實生活當中。由於數位影像技術含括領域相當廣泛，爲相當宏觀的一門學問，故本書籍著重於介紹常用檢測的影像處理方法。讓在此領域當中之初學者，能建構良好的基本功。

6-1 何謂數位影像

影像（Image）是指一個二維的光強度函數 $f(x, y)$，其中的 x 和 y 表示空間座標，而在任意點 (x, y) 的 f 值正比於在該點影像的亮度，也就是灰階。一幅數位影像可看作是一個矩陣，行和列確定了影像中的一個點，而對應的矩陣元素就是該點的灰階。這樣的矩陣元素稱爲像素（Pixel），灰階則是一 8 位元的數值，範圍爲 0～255，0 對應爲黑，255 對應爲白。

一般呈現於電腦上的圖片或相片，我們統稱爲「數位影像」，如圖 6.1。依存放方式的不同可分爲空間域（spatial domain）及頻率域（frequency domain）影像資料格式。空間域數位影像資料格式是數位影像在電腦裡最常使用的資料格式。在此種資料格式中，每張影像都是由許多「點」所組合而成。頻率域影像是將一般影像由空間域轉換成頻率域的結果。透過轉換處理後會將影像之不同頻率的部分分別濾出，而產生許多不同的高低頻帶。常見的轉換法有 DFT 離散傅立葉轉換、離散餘弦轉換及離散小波轉換。

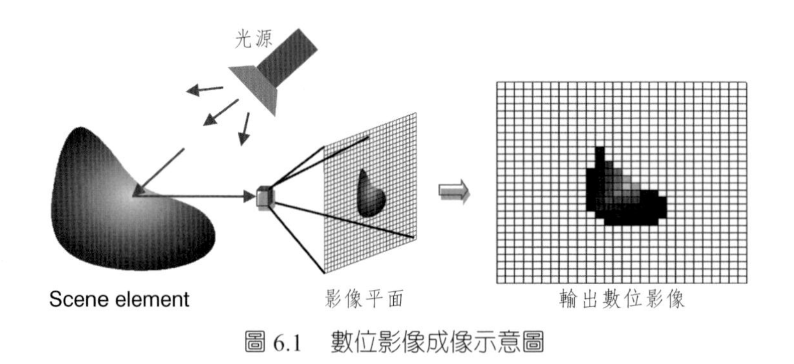

圖 6.1　數位影像成像示意圖

像素座標是指由像素格子（Pixel Grid）所組成之影像座標系統，如下圖 6.2 所示，像素座標系統具有以下幾項特點：

1. X 軸方向的單位長度爲一個像素的高度。
2. Y 軸方向的單位長度爲一個像素的寬度。
3. 像素座標系統的原點是位在左上角的位置。
4. 像素座標系統的 X 軸向右爲正，Y 軸向下爲正。
5. 像素座標角度是以逆時針方向旋轉爲正。

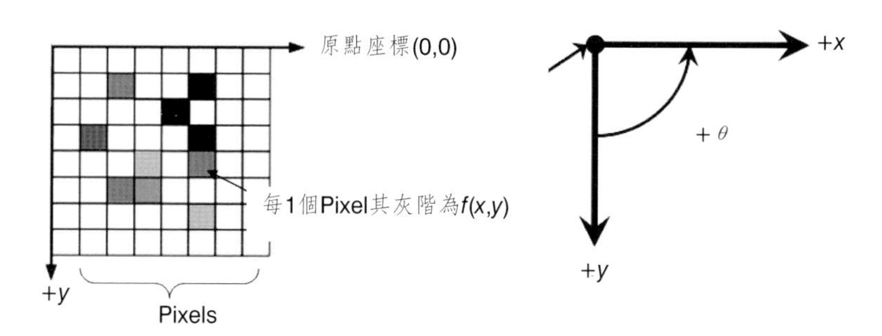

圖 6.2　數位影像座標

6-2 數位影像之性質

通常一數位影像包含了三個基本性質：解析度（Resolution）、層階數（Definition）和平面數（Number of Planes）。解析度是指一個數位影像是由多少有限像素組合而成，常以行（Rows）與列（Columns）的像素乘積 m×n 表示；層階數是指可以用多大範圍的離散數值來表示數位影像光強度分佈。通常以 n 位元來表示每一像素可以有 2n 個不同程度值，例如 8 位元的數位影像，其層階數範圍可表示爲 0～255；平面數是指一數位影像是由多少像素矩陣組合而成，如圖 6.3 所示。例如灰階影像是由一個平面構成；而彩色影像是由包含了紅、綠和藍三個平面構成的數位影像。

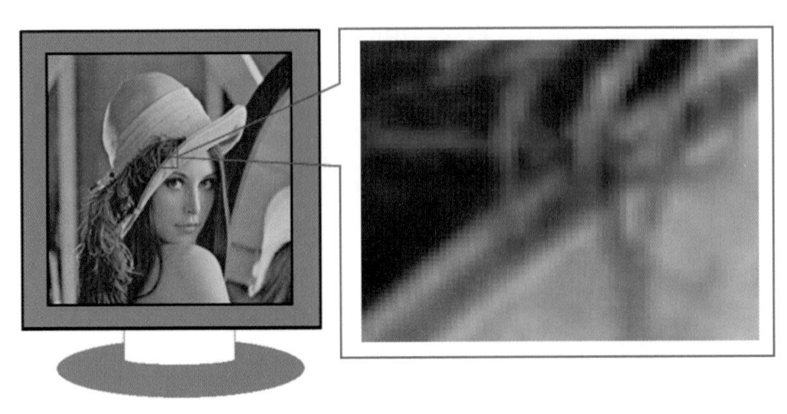

圖 6.3　數位影像成像性質

以一張 640×480×8 的數位影像（image）爲例，亦即一整幅畫面是由水平 640 個畫素（圖元 pixel）和垂直 480 個圖元所構成，每個圖元具有 256 個灰階，每一畫素灰階 0～255，0 表示純黑，255 表示純白，範圍內表示不同層次灰階，如圖 6.4(a) 所示。如爲彩色系統，則有紅（R）、綠（G）、藍（B）三平面，每一畫素 RGB 色彩各爲 0～255，如圖 6.4(b) 所示，而如果是黑白影像則只有 0、255。由上述可得知，數位影像可分成三大類：彩色、灰階、黑白，如圖 6.5 所示。

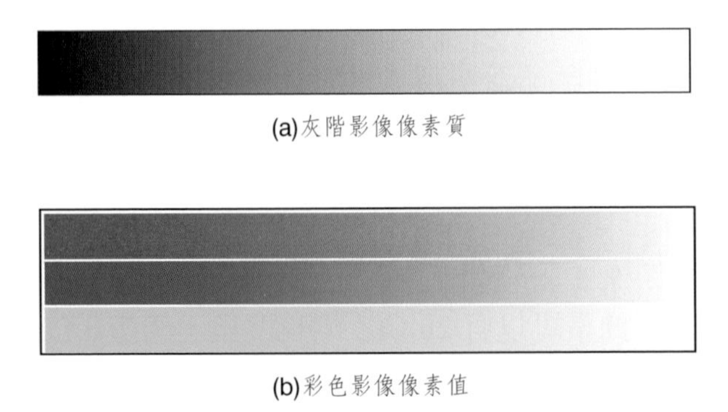

(a)灰階影像像素質

(b)彩色影像像素值

圖 6.4　數位影像成像性質

(a)彩色影像

(b)灰階影像

(b)黑白影像

圖 6.5　數位影像種類

數位影像的表示是將一幅影像是由像素點所構成的二維矩陣單色影像以二維函數 $f(x, y)$ 表示，x 、y 爲空間座標，f 爲影像的亮度（灰階）值，或參考指標 index（全彩），如圖 6.6。彩色影像 $f(x, y, \lambda)$，λ = 波長，像素值不代表亮度，而是一個指標（index），如圖 6.7 所示；而活動之彩色影像 $f(x, y, \lambda, t)$。

34	44	75	128	136
37	53	112	138	125
43	77	130	127	105
50	96	124	120	92
76	69	124	116	85

圖 6.6　灰階數位影像與二維陣列

73	76	107	138	144
77	86	133	144	139
79	108	142	144	134
89	124	145	145	128
112	111	143	141	123

7	23	52	117	122
11	30	92	126	110
19	54	115	110	84
24	74	106	99	68
51	43	107	97	58

71	71	112	162	188
89	85	160	181	169
75	116	175	167	136
85	136	161	165	124
107	90	162	146	128

圖 6.7　彩色數位影像與二維陣列

6-3 數位影像處理

影像處理在現今應用極爲廣泛，不論是半導體、生物、醫學、交通等皆有運用到此類的整合方式，像是人造衛星影像、X 光圖片、生物細胞檢測……等等，皆有看到它的蹤影。日常生活中實用性高，一般常用來辨識、分類、推測等。一般而言其處理程序主要是將擷取出來的影像利用影像處理的步驟，如下列兩方面的優點，像是使機器能透過處理出來的資訊感知外界的事物以及使人容易理解等方面的優點。接續上一章說明的影像系統相關設備，在本節將會介紹相關的影像處理流程、原理及方法。影像處理在各方面的應用皆不盡相同，因此處理流程將會以較常見的方式做介紹。

首先在前處理前需將影像擷取下來，常透過影像擷取卡、USB 或 IEEE1394…… 等通訊協定方式將資料傳送到電腦之後再將這些數位圖片進行前處理（Pre-processing）以及將圖片的雜訊部分處理的較平滑柔和，使圖片能在往後的處理的成功率能提高。接下來需做前景及背景的分割，使較爲感興趣的部分與背景能區分開來，以突顯特徵區域並對此區域做往後的相關應用處理，讓影像資訊能量化成機器能感知的數據，如圖 6.8。

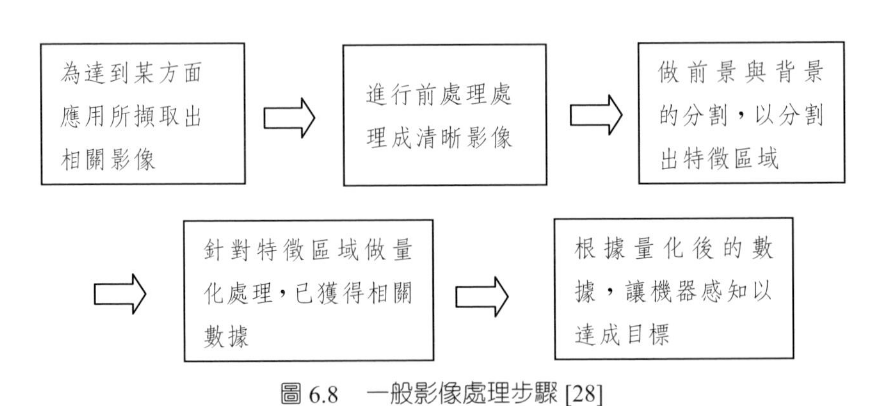

圖 6.8　一般影像處理步驟 [28]

影像前處理（Pre-process）技術主要目的是爲了改善影像的視覺效果，如增強對比、濾除雜訊以及分離出其紋理與字元資訊等，提高影像的清晰度，讓人眼或機器易於辨識。而影像的增強技術對理想的原始影像而言其效果並不彰，但對一些失眞或模糊的圖像則有明顯的功效。除此之外，影像的增強系統亦可防止代表影像之重要資訊的遺漏。

一般而言，影像增強處理可分爲：空間域法（Spatial domain）與頻域法（Frequency domain）處理，空間域法只涉及影像平面本身，直接處理影像中的像素；頻域處理法是以修改影像之傅立葉轉換爲基礎 [29]。

6-3-1 待測範圍（Regions of Interest, ROI）

影像中欲分析之部分，稱之爲 ROI（regions of interest），在影像處理架構中，ROI 屬於影像前處理中之步驟。在一張影像中感興趣之部分，可能只佔影像中之一部份，將其重要部分取出而去除不必要之部分，對其後續處理不僅可減少記憶體空間、縮短處理時間，並提高後續影像處理時之正確性，因此在影像前處理中是個相當實用方法。如下圖 6.9 所示爲框選與框選後之影像。

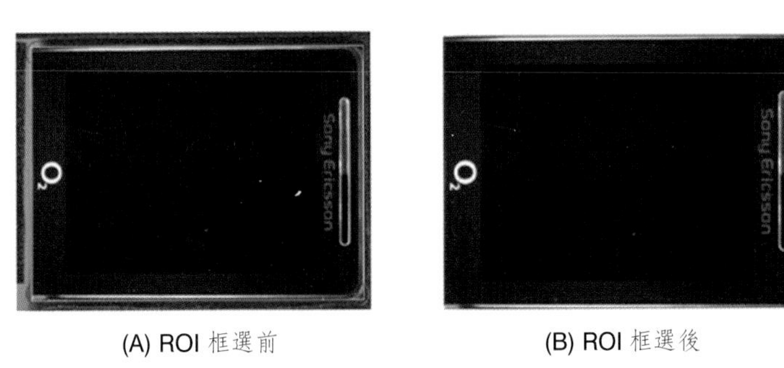

(A) ROI 框選前　　(B) ROI 框選後

圖 6.9　ROI 影像待測範圍框選 [30]

6-3-2 直方圖（Histogram）

直方圖（Histogram）是像素值的一維函數，用來表示影像中像素的灰階值分佈情形，其常用一維的整數陣列來表示之，陣列的指標爲 0～255 的灰階值，陣列中每一元素的整數值，即是此灰階值在影像中的總數量，所以陣列中所有元素的數値總和就是影像的像素總和。直方圖基本上是一種機率統計的呈現方式，如下圖 6.10 所示。

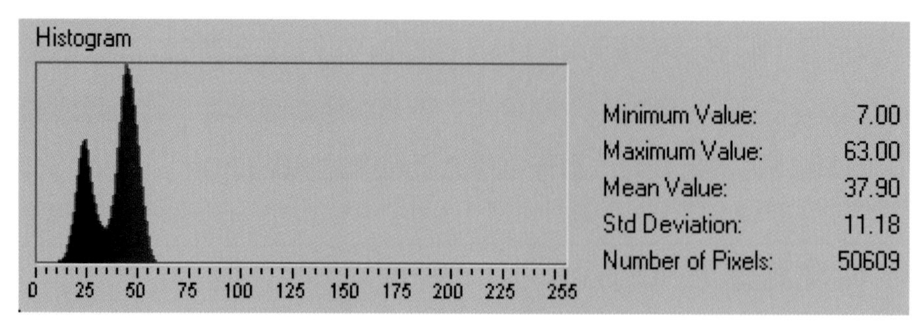

圖 6.10　直方圖統計數據

藉由直方圖可獲得兩個重要準則，分別爲飽和度（Saturation）及對比缺陷（Lack of contrast）。物體是經由光源的照射後，才會被影像感測器接收，若光源太弱，就會產生曝光不足（Underexposure）的現象，反之若光源太強，就會產生曝光過度（Overexposure）或稱過飽和（Saturated）的現象。不論是曝光不足或是過飽和，都無法完全包含所需之影像資訊，應盡量避免。直方圖可避免這些情況的發生，當直方圖的分佈是落在低灰階值的區間，表示曝光不足；反之，表示曝光過度。對比缺陷是指利用直方圖以區分出影像中的物體與背景，此方法多爲臨界值法所用。常用的直方統計圖工具，除了可繪出直方圖外，還提供了一些常用的統計參數，以供使用者獲得影像的資訊，其中有：

- 最大值：數位影像中最大的灰階值。
- 最小值：數位影像中最小的灰階值。
- 平均值：數位影像中總像素的平均灰階值。
- 標準差：數位影像中分佈區域的標準差。
- 像素總數：數位影像的像素總數。

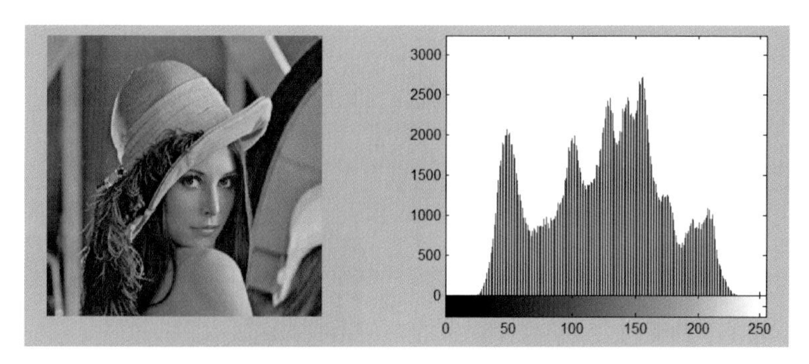

圖 6.11 Lena 直方圖統計數據

6-3-3 二值化處理（Thresholding Processing）

二值化處理又稱爲門檻值處理，目的是強調在某範圍內的灰階值，將輸入的原始影像分爲兩個區域，感興趣範圍所有灰階顯示成高值，其他灰階顯示成低值，運用二值化處理可以將影像中邊緣（edge）或線段凸顯出來（如在灰階值門檻以下令其爲 0，灰階值門檻以上令其爲 255），以獲得所需要的物體輪廓影像，進而對二值化後的影像進行處理，達到影像分割、量測及辨識的目的。例如一個 8-byte 的影像，其灰階度變化爲 0～255，如 6.12(a) 所示，若選定適當的門檻值，則可將影像區分爲兩像素群集，如圖 6.12(b) 所示。

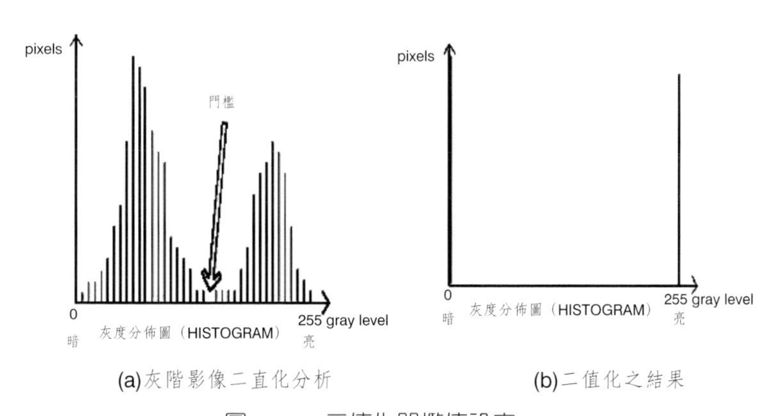

圖 6.12 二値化門檻値設定 [31]

影像經二值化後呈現黑紅（系統預設）兩色的區別，在灰階門檻值範圍內的影像以紅表示，其餘皆爲黑色，如圖 6.13 所示，將影像區隔爲兩大族群，以易於後續之影像處理。

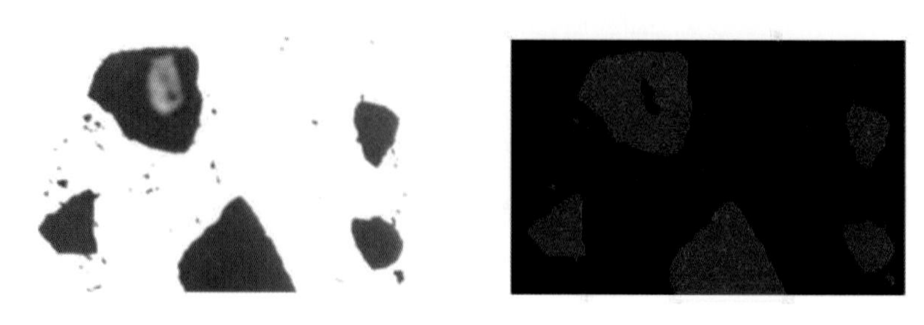

圖 6.13　二值化處理前及處理後 [31]

影像分離的方法有數種，本書籍除了以二值化的方法外，尚針對各種二值化範疇進行探索，包括平均灰度值法、Otsu 二值化法等兩種方法。而如何找出合適的理論方法來求取閥值，則可因環境與用途等差異性，依使用者的興趣與研究需求作選擇。

1. 平均灰度值法[32]

此法是影像處理中最常用的方法，主要是利用算術平均數（mean）來作爲閥值。假設一張影像寬爲 w、高爲 h 的影像，其平均值可由式求得：

$$T=\frac{\sum_{x=0}^{w-1}\sum_{y=0}^{h-1}f(x,y)}{h*w} \tag{6.1}$$

其中 $f(x, y)$ 爲原始影像之灰度值，T 爲新的臨界值。有了新的臨界值 T，便可將原始影像二值化。此法的優點爲不論外界光源作任何的改變，其閥值會隨著光源作調整且運算速度相當快。

2. Otsu 二值化法

此法是由 N. Otsu [33] 在 1979 年所提出的，其主要是採用 Minimizing

Within Group Variance 的概念，對一張灰階影像，找出一閥值，使得各群集（Group or Class）變異數的加權總和爲最小。假設一張影像中灰度值的樣本空間範圍爲 [l, L]，灰度值爲 i 的像素點個數爲 n_i，則整張影像中所擁有的像素點的總和爲 $N = n_1 + n_2 + \cdots\cdots + n_L$，而灰度值的機率分佈 P_i 爲

$$P_i = n_i / N, P_i \geq 0, \sum_{i=1}^{L} P_i = 1 \quad (6.2)$$

一張影像的直方圖可以很清楚地看出影像灰度分佈之情形。當影像直方圖呈現兩個群集時，此時只要找出單一閥值，即可將該影像做適當的二值化處理，以區分出主體與背景。若將影像劃分爲兩個群集：C_0 與 C_1，則各群集所對應的機率分別爲

$$\omega_0 = \sum_{i=1}^{k} P_i = \omega(k) \quad (6.3)$$

$$\omega_1 = \sum_{i=k+1}^{L} P_i = 1 - \omega(k) \quad (6.4)$$

各群集的平均值（mean）爲

$$u_0 = \sum_{i=1}^{k} iP_i / \omega_0 = u(k) / \omega(k) \quad (6.5)$$

$$u_1 = \sum_{i=k+1}^{L} iP_i / \omega_1 = \frac{u_T - u(k)}{1 - \omega(k)} \quad (6.6)$$

各群集變異數（Variable）爲

$$\sigma_0^2 = \sum_{i=1}^{k} (i - u_0)^2 P_i / \omega_0 \quad (6.7)$$

$$\sigma_1^2 = \sum_{i=k+1}^{L} (i - u_1)^2 P_i / \omega_1 \quad (6.8)$$

所以群集變異數之加權總和爲

$$\sigma_w^2 = \omega_0\sigma_0^2 + \omega_1\sigma_1^2 \tag{6.9}$$

若能尋找到使群集變異數之加權總和最小的 k 值，則此 k 值便是所需的二值化閥值。

6-3-4 影像亮度、對比與曝光調整

常用的影像參數包含亮度（Brightness）、對比度（Contrast）及伽瑪值（Gamma），簡稱爲 BCG。其中亮度爲影像中所包含的光線數量，其目的在於顯示灰階有多亮或多暗。至於對比度是指黑與白的對比度，換句話說即爲黑與白的「色差」之差異性。對比度高的影像其顏色或灰階差異會比較明顯。而伽瑪值是指亮度的變化曲線，調整伽瑪值會連帶改變影像的亮度對比。通常整體影像偏暗時傾向將伽瑪值調低，而影像偏亮時則傾向將伽瑪值調高 [34]。適度調整 BCG 值可增強影像的特徵，以利後續的影像處理與判斷。如圖 6.14 爲不同 BCG 值之鑽針心厚截面影像。圖 A 的影像畫面明顯偏暗；圖 B 將亮度調高之後雖使得整體畫面亮度提高，但對比差異卻不明顯；圖 C 維持圖 B 亮度的設定且將對比調高，但其伽瑪值維持原始值，因此心厚特徵中部分區域其灰階值仍與背景相近；圖 D 維持亮度及對比的調整，但伽瑪值之設定較前三張圖小，因此可獲得較清晰之心厚特徵影像。

圖片編號	亮度	對比	伽瑪	影像
A	128	45	1.2	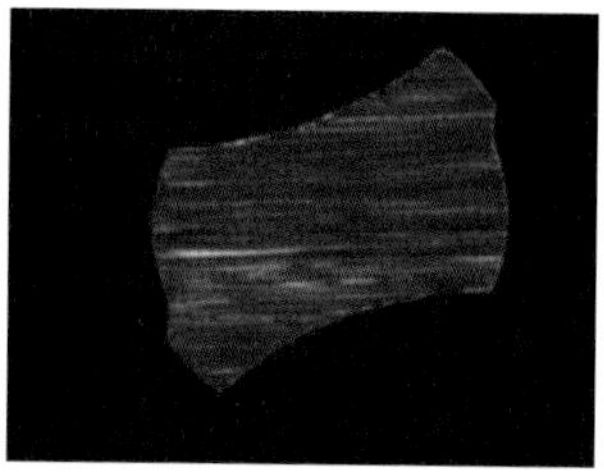
B	202	45	1.2	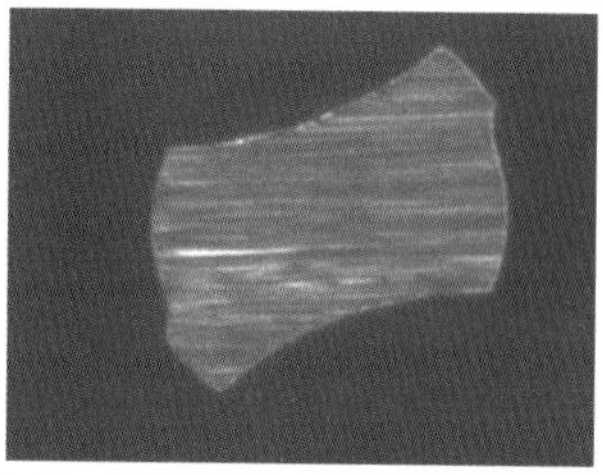
C	202	62	1.2	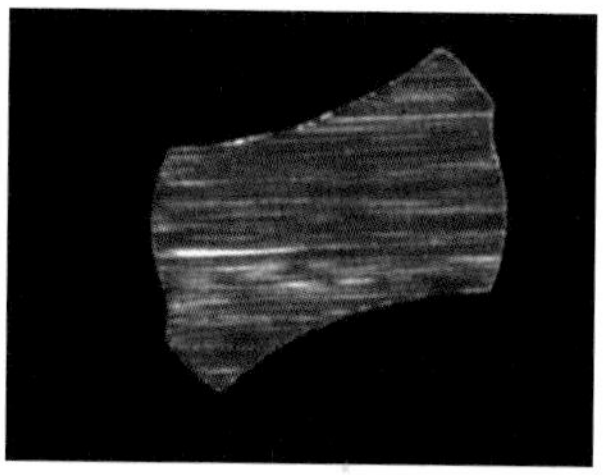
D	202	62	1	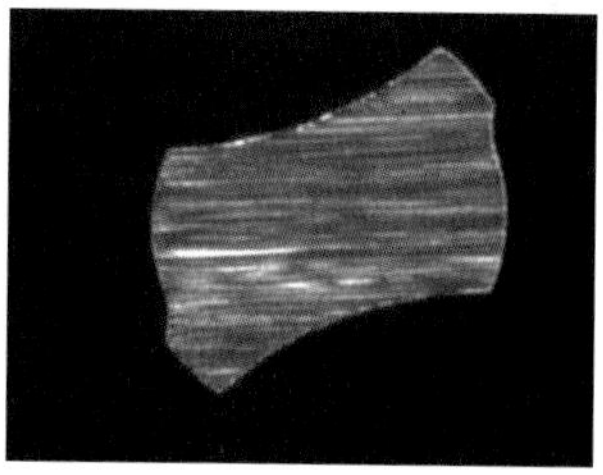

圖 6.14　調整 BCG 值之比較圖

6-3-5 型態學（Morphology）

形態學（Morphology）應用於影像處理方面，爲一種數學型態學，用來抽取對表示和描述區域形狀有用的影像分量工具，如邊界、輪廓等。因此，透過二值化數學型態學的應用，可以將二值化影像中一些次要的影像資訊剔除或分割，以突顯主體元素。在二值化型態學裡，結構元素為一個二維且二值化的遮罩，決定了二值型態學對每個像素的有效鄰近像素區域大小及影響力，也控制了二值型態學對二值影像區塊（Particles）的外型及邊界的影響力。在影像型態學中包含了兩個主要的數學型態運算，侵蝕（Erosion）與膨脹（Dilation），其它的基本型態運算都是以這兩個作為基礎，接下來將分別介紹之，如圖6.15。

1. 侵蝕（Erosion）

侵蝕就是透過所定義的結構元素使影像輪廓收縮，並消除於背景中單獨存在的小區塊。

2. 膨脹（Dilation）

膨脹就是透過所定義結構元素使影像輪廓擴大，並填滿孤立於區塊中的小洞。

3. 斷開（Opening）

斷開通常是用來平滑影像輪廓，截斷窄的細頸，消除細的突支，其作法簡單來說，就是影像先被結構元素侵蝕（Erosion）之後再被結構元素膨脹（Dilation）。

4. 閉合（Closing）

閉合也是用來平滑影像輪廓，不過與斷開是相反的，一般來說，它會把窄的中斷部分和長細缺口連接起來，消除小洞，填補輪廓上的缺口，其作法簡單來說，就是影像先被結構元素膨脹（Dilation）之後再被結構元素侵蝕（Erosion）。

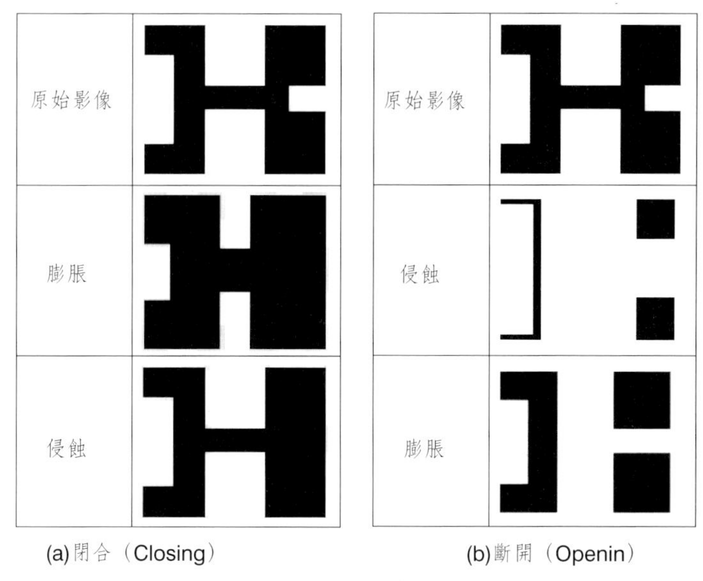

(a) 閉合（Closing）　　(b) 斷開（Openin）

圖 6.15　型態學作用範例

6-3-6 濾波（Filter）

濾波是利用像素 A 與其附近周圍的像素的亮度值，經過運算後將結果放回像素 A，對整張圖像的每一個像素都做相同的運算就可完成對圖像的濾波工作。其目地爲將不明顯的邊緣變得較尖銳，太突顯的邊緣變得較不明顯。濾波器通常以一個 N×N 的遮罩做處理，此 N×N 通常爲 3×3、5×5 或 7×7。遮罩變大：標準差有效的下降，計算量增大，也會受到鄰近像素均化，在邊緣的地方會模糊。常用之濾波器種類如下：

表6-1　常見濾波器分類

形式	低通	高通
線性	Mean、Gaussian	Gradient、Laplcian
非線性	Median	Sobel、Prewitt、Differentiation

6-3-7 低通濾波器（Low-pass Filter）

低通濾波器是讓低頻頻律通過而過濾掉高頻率波。其空間迴旋運算爲把前中後的值乘上若干的權重，然後加總成爲新對應點的值，以下介紹常用幾種低通濾波器：

1. 均值濾波器（Mean Filter）

均值濾波器（Mean Filter）是一種線性濾波器，可用來平滑影像。方法是將每一個像素之所有鄰域像素的灰階值加總起來，並以平均值取代該像素之灰階值。均值濾波的效果是會將灰階變化較大的像素值縮小。所有遮罩係數必需是正值，除此之外，算出來的灰階值必需再除以一個數值（各遮罩係數之和），如圖 6.16 之遮罩因子。

1/9	1/9	1/9
1/9	1/9	1/9
1/9	1/9	1/9

圖 6.16　均值濾波器遮罩

Example：

假設一張影像上有一 3×3 子影像，其中，中間一點爲雜訊（較周圍像素大小差異大），經均值濾波器運算後（圖 6.17），中間值可與鄰近像素更接近，在影像上看起來就會較平滑。

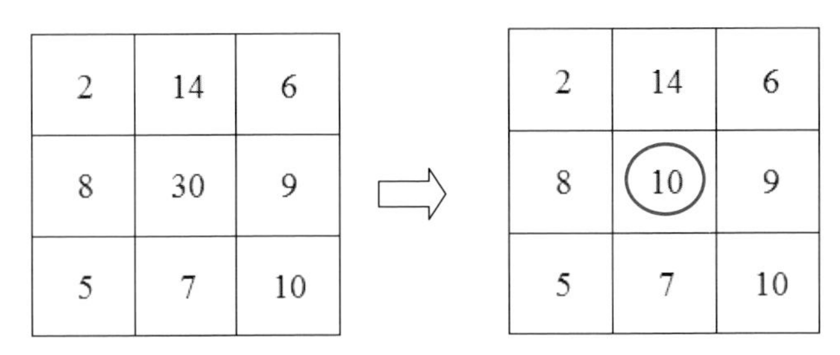

圖 6.17　均值濾波範例

也可將上述之遮罩做調整，調整數值達到加權效果，低通濾波調整原則為各遮罩之加權值總和皆為 1，且係數為正數，如圖 6.18 所示，如此方不至於造成空間迴旋運算後影像過亮或過暗的結果。

1/10	1/10	1/10
1/10	1/5	1/10
1/10	1/10	1/10

1/14	1/7	1/14
1/7	1/7	1/7
1/14	1/7	1/14

圖 6.18　均值濾波遮罩加權調整

2. 中值濾波器（Smoothing Filter）

中值濾波器是排序濾波器中最常見的一種，中值濾波器並沒有將遮罩內之像素值拿來做任何的運算，而是將遮罩內之像素值進行排序，找出中間值，然後將遮罩內中間像素之灰階值以該中間值取代。

中值濾波的目的是希望能夠在不改變影像像素值結構的情形下，將影像做平滑處理。因此，中值濾波器可以將由強的突鋒訊號分量組成之高頻雜訊去除，而仍然能夠保持邊緣的銳度。由於平滑濾波器之輸出是遮罩內各像素灰階值的平均值，其效果是將雜訊分配給鄰近各像素，因此物體邊界會變得較模糊。至於中值濾波器雖然也會把雜訊移除，但對於物體邊界的形狀及位置則仍然能夠保存。中值濾波器所具有的特性包括：

(1)降低影像中灰階強度的變異性

(2)保有特定邊緣的形狀

(3)保有邊緣的位置

(4)濾波的效果與所選用的遮罩形狀有關，不同的遮罩形狀會產生不同的結果。

(5)灰階強度震盪週期小於遮罩寬度者會平滑。

Example：

255	240	250
242	0	200
100	252	247

⇨

255	240	250
242	242	200
100	252	247

圖 6.19　中值濾波範例

6-3-8 高通濾波器（High-pass Filter）

高通濾波器是讓高頻頻率通過而過濾掉低頻率波。其空間迴旋運算爲將前後的值乘上權重後相減，然後拿來當新對應點的值。

1. 常見高通濾波器

高通濾波器是一個用來銳化影像的濾波器，也就是將影像灰階變化大的部份提高其響應，灰階變化平滑的部份降低其響應。此種濾波器會將影像邊緣位置強化出來。常見遮罩如圖 6.20 所示，調整遮罩數值原則爲各遮罩之加權值總和皆爲 1，且中間係數必須爲最大整數值。

-1	-1	-1
-1	9	-1
-1	-1	-1

0	-1	0
-1	5	-1
0	-1	0

圖 6.20　常見高通濾波遮罩

2. Sobel運算

有方向之邊緣強化處理最具有代表性的爲 Sobel 運算 [35]。此種邊緣強化僅運算某特定方向的邊緣，目的在於突顯影像中每個方向之邊緣。Sobel 遮罩分成 x 及 y 方向，如圖 6.21、圖 6.22 所示，其兩方向分向所組合之合成分量可表示爲：

$$\sqrt{\left(\nabla_x f\right)^2+\left(\nabla_y f\right)^2}\text{，}\theta=\tan^{-1}\frac{\nabla_y f}{\nabla_x f} \tag{6.10}$$

-1	-2	-1
0	0	0
1	2	1

(a) y方向運算遮罩

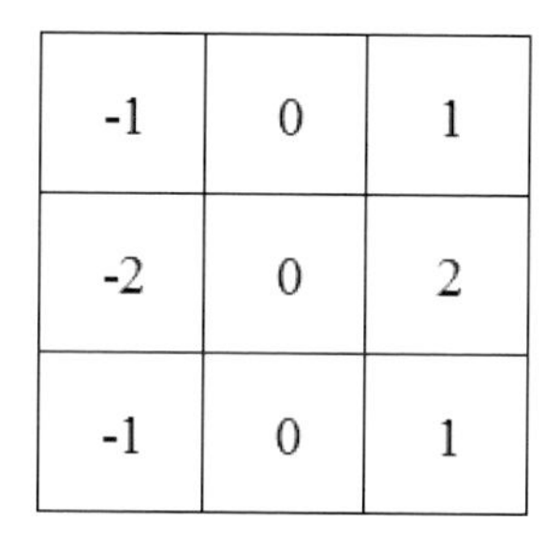

-1	0	1
-2	0	2
-1	0	1

(b) x方向運算遮罩

圖 6.21　Sobel 運算遮罩

(a) Lena灰階影像

(b) Sobel x方向運算

(c) Sobel x方向運算

(d) Sobel運算x+y方向

圖 6.22　Sobel 運算遮罩

有另一種類似與 Sobel 測邊運算法叫 Prewitt 運算，其對應的 x 及 y 方向遮罩如圖 6.23 所示，因 Sobel 及 Prewitt 因計算量不太且容易使用，故在測邊運用方面被廣泛應用。

-1	-1	-1
0	0	0
1	1	1

(a) Prewitt y方向運算

-1	0	1
-1	0	1
-1	0	1

(b) Prewitt x方向運算

圖 6.23　Sobel 運算遮罩

3. 拉普拉斯運算

拉普拉斯（Laplacian）測邊運算，如一影像 $f(x, y)$，在座標上的梯度向量爲 $\nabla^2 f$，定義如下：

$$\nabla^2 f = \frac{\partial^2 f}{\partial x^2} + \frac{\partial^2 f}{\partial y^2}$$
$$= f(x, y+1) + f(x+1, y) + f(x, y-1) + f(x-1, y) - 4f(x, y) \quad (6.11)$$

由上式可對應出拉普拉斯運算之遮罩，如圖 6.24，而 Lena 灰階影像經過拉普拉斯運算後，如圖 6.25 所示。

0	1	0
1	-4	1
0	1	0

圖 6.24　拉普拉斯運算遮罩

(a) Lena灰階影像

(b) 拉普拉斯測邊運算

圖 6.25　Sobel 運算遮罩

6-4 分析辨識

6-4-1 邊緣偵測

在上一節所說的測邊遮罩可對一張影像的全部範圍進行測邊。若只需要針對影像中感興趣的區域進行測邊，則可使用邊緣偵測。在影像處理中邊緣偵測（Edge Detection）的應用主要可分爲量測（Gauging）、檢測（Detection）與校正（Alignment）。邊緣偵測的原理是利用影像中物體與背景之明顯灰階值變化的不連續處，即圖元值的突然變化，來偵測邊點所在的位置，其結果可以得到特徵影像的邊緣，以利後續的影像處理。影像一維方向邊緣偵測的參數除了之前提及的以外，尚有過濾寬度（Filter Width）與斜率（Steepness），三者之間的關係如圖 6.26 所示。

過濾寬度是用來避免影像中雜訊的干擾。以一個區段的圖元計算出其平均值，利用這些平均值來決定對比值，如果期望影像可以扼制雜訊的影響，則可以將過濾的區段增大，以降低雜訊。至於斜率可以控制邊界的位置，由於眞實物體的邊界在影像中通常是幾個或是一連串的圖元灰階構成，而控制斜率大小相當於控制影像中的邊界位置。

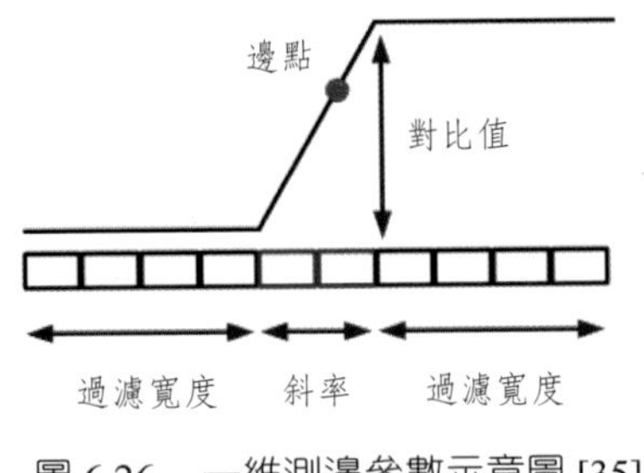

圖 6.26　一維測邊參數示意圖 [35]

對於二維方向測邊必須先設定搜尋範圍（Search Region）。使用者可依需求設定不同形狀的搜尋範圍，本研究分別使用 NI 提供的耙狀（Rake）與輪輻（Spoke）工具對矩形與環形的範圍進行測邊。

耙狀測邊工具的工作區域為一個矩形，其搜尋過程是沿平行的直線進行。此法搜尋方向的設定會影響結果，也就是由不同的搜尋方向得到邊界的位置略有差，而藉由調整搜尋線的間隔可控制搜尋線數目。圖 6.27 為耙狀測邊搜尋之示意圖。

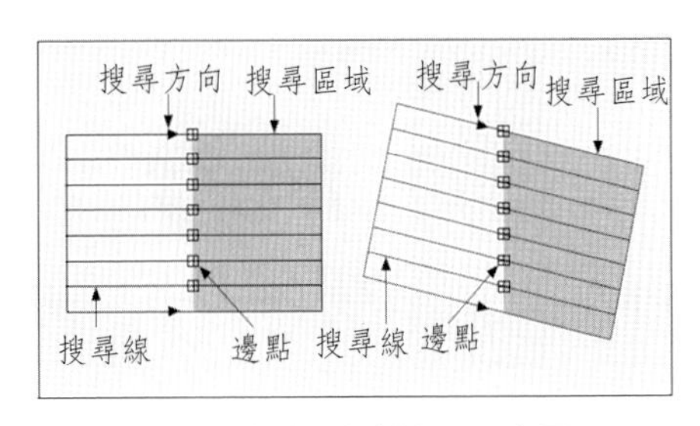

圖 6.27　耙狀測邊搜尋示意圖 [35]

至於輪輻測邊工具則是以環形或圓形為搜尋區域。搜尋線是由搜尋區域的中心向外伸展來偵測邊緣，可藉由調整搜尋線之間的夾角來控制搜尋線數目。圖 6.28 為輪輻測邊搜尋之示意圖，左圖以圓形為搜尋範圍，而右圖以部分環形為搜尋範圍。

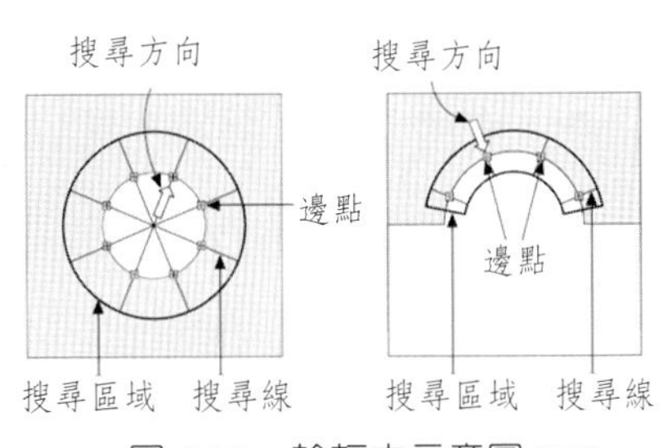

圖 6.28　輪輻之示意圖 [35]

6-4-2 邊緣偵測

箝制（Clamp）工具可計算範圍內兩個邊緣的距離，其框選的範圍為一矩型，並沿著搜尋線的方向進行測邊，其結果可顯示為：(1) 水準方向的最大距離、(2) 水準方向的最小距離、(3) 垂直方向的最大距離及 (4) 垂直方向的最小距離，在本研究使用水準方向最小距離進行截面位置的定位，如圖 6.29 所示。

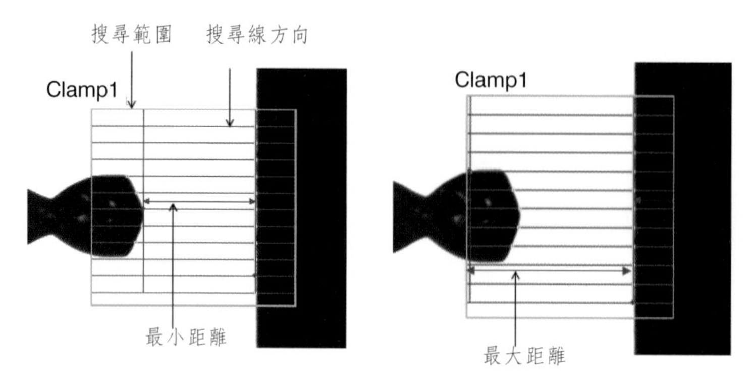

圖 6.29　水平方向最小距離之箝制

6-4-3 直線偵測

當 X 、Y 兩種抽樣資料的相關係數之絕對值很接近 1 時，此時 X 與 Y 的散佈圖上各點的散佈集中於一條傾斜直線的附近，顯示出兩者之間有一近似線性關係存在。但如何將這種線性關係明顯表達出來，並使誤差最小呢？我們定義出：給定之有限數對 (x, y) ，求出一線型函數，使得誤差之平方和為最小，稱之為最小平方法（Least Square Method），如圖 6.30 所示。

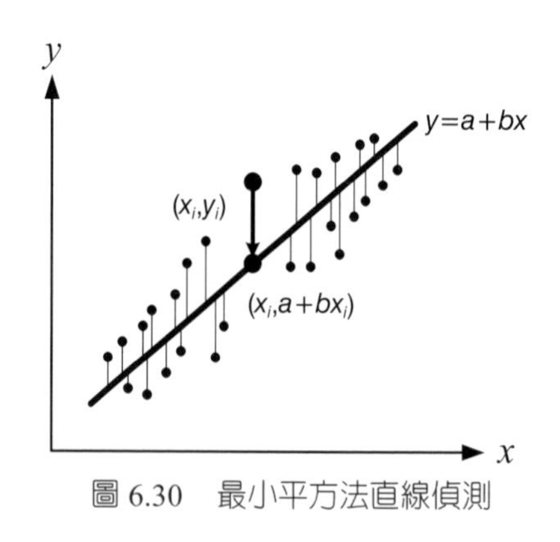

圖 6.30　最小平方法直線偵測

6-4-4 圖像比對

假設有一原始二維數位影像以函數表示如 $f(x, y)$，其大小為 $M \times N$；另有一樣板影像 $w(x, y)$，其大小為 $K \times L$；且 $K \leq M$，$L \geq N$，如圖 6.31 所示。

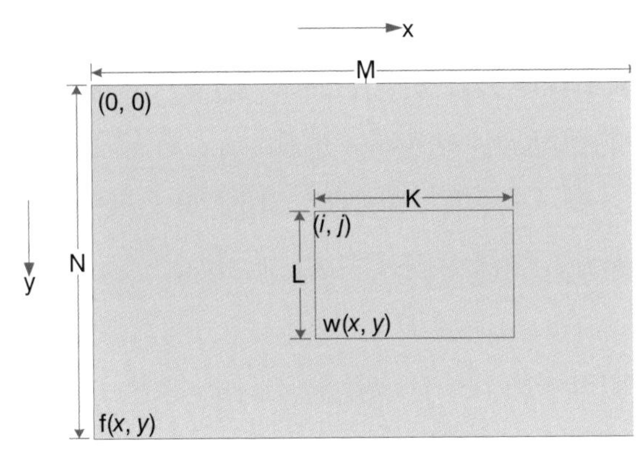

圖 6.31　正規化灰階相關圖

假設有一點 (i, j) 位於 $w(x, y)$ 和 $f(x, y)$ 影像上，此點之相關係數 $C(i, j)$ 則其數學表示式如下：

$$C(i,j)=\sum_{x=0}^{L-1}\sum_{y=0}^{K-1}w(x,y)f(x+i,y+j) \tag{6.11}$$

其中 i = 0, 1, ..., M-1; j = 0, 1, ..., N-1 。

當 C 的值越大，則表示 f 中最相似樣板 w 的位置。原始的相關性計算，容易受到影板影像、影像亮度的影響而改變其值。採取正規化的相關運算，公式如下所示：

$$\gamma=\frac{Sxy}{\sqrt{SxxSyy}},-1\leq\gamma\leq1 \tag{6.12}$$

$$Sxy=\sum_{i=1}^{n}(Xi-\overline{X})(Yi-\overline{Y})\ ；\ Sxx=\sum_{i=1}^{n}(Xi-\overline{X})^2$$

$$Syy=\sum_{i=1}^{n}(Yi-\overline{Y})^2\ ；\ Xi=w(x,y)\ ；\ Yi=f(x+i,y+j)$$

帶入上式（2.6）中可換算成下式：

$$R(i,j)=\frac{\sum_{x=0}^{L-1}\sum_{y=0}^{K-1}\left[w(x,y)-\overline{w}\right]\left[f(x+i,y+j)-\overline{f}(i,j)\right]}{\sqrt{\sum_{x=0}^{L-1}\sum_{y=0}^{K-1}\left[f(x+i,y+j)-\overline{f}\left(i,j\right)\right]^{2}}\sqrt{\sum_{x=0}^{L-1}\sum_{y=0}^{K-1}\left[w(x,y)-\overline{w}\right]^{2}}} \quad (6.13)$$

其中 $\overline{w}$、$\overline{f}$ 分別爲樣本影像 W 和目標影像 f 的平均灰階強度值。

當樣板圖像 w 的原點與原始影像 f 重疊於 (x, y) 位置時，根據（6.13）式可以算得對應的 $R(i, j)$ 值。當 f 和 j 變動時，相當 W 在原圖像區域中移動並可以算出不同的 R 值。$R(i, j)$ 的最大值代表 $f(x, y)$ 與 $w(x, y)$ 匹配的最佳位置，若從該位置開始在原圖像中取出與樣板大小相同的一個區域，便可得到匹配圖像。隨著比對影像的相似度會得到 $-1 \le R(i,j) \le 1$ 值。由於 $R(i,j)$ 有正負號的差異，所以訂定精準度指標來做爲判斷之依據。由於小於 0 的 $R(i, j)$ 值已是負相關，爲簡化計算可將小於 0 的 $R(i, j)$ 則視爲 0。此外爲了提高運算速度，若進一步將 $R(i, j)$ 取平方，即可以得到我們檢測中所使用的相似度值（Score），運算式如下：

$$Score=[\max(R(i,j),0)]^{2}\times 100\% \quad (6.14)$$

6-4-5 幾何比對

幾何比對（Geometric Matching）是利用幾何形狀的資訊，目的是要找出影像之中，存在與樣板影像相同或是相似的影像區域。幾何比對所使用的樣板圖像裡幾何資訊爲主要的比對特徵，幾何特徵可由邊緣到幾何形狀的曲線，幾何比對的過程包含前後兩個階段：學習階段（Learning Stage）與比對階段（Matching Stage）。在學習階段中，程式萃取樣板圖像中的幾何形狀資訊作爲比對的特徵值，並儲存這些特徵值與特徵值之間的空間關係，以加速尋找檢測的圖像；在比對階段的過程中，程式將萃取檢測影像中相對應於樣板圖像裡的特徵與幾何資訊，並且和先前階段裡所儲存的特徵值進行比對和評分計算，在檢測圖像中將與樣板圖像裡相似的影像區域記錄下來，而幾何比對技術的核心基礎是以曲線萃取（Curve Extraction）的方式取得影像中的幾何資訊，利用萃取後的曲線資訊作爲比對的方法則有以邊緣爲基礎的（Edge-Based）和以特徵爲基礎的（Feature-Based）兩種方式。

NI Vision 曲線萃取包含三步驟分別是找曲線的種子點、追蹤曲線以及修飾曲線。種子點是追蹤曲線的起始點，也就是一個像素點，但不能是在已經存在的曲線上，且此像素點的邊緣比對值必須大於使用者設定的邊緣門檻值（Edge Threshold），此像素點的邊緣比對值是此像素與其周圍像素強度的函式，如果 $P(i,j)$ 表示像素點 P 的強度，則此像素點的邊緣比對值被定義爲

$$\sqrt{(P_{(i-1,j)}-P_{(i+1,j)})^2+(P_{(i,j-1)}-P_{(i,j+1)})^2} \tag{6.15}$$

對於 8 位元的圖像，邊緣比對值的變化範圍爲 0～360。爲了加速曲線擷取的過程，幾何比對演算法只尋找圖像中有限個數的像素，來決定是否爲有效的種子點，這些有限個數的像素的選取與使用者定義的行刻度（Row Step）與列刻度（Column Step）參數有關，參數值越大，尋找種子點的速度越快，但行刻度參數的值必須小於 y 方向的最小曲線，列刻度參數的值必須小於 x 方向的最小曲線。種子點尋找演算法開始從圖像的最左上角開始掃描，如果最左上角的像素的邊緣比對值大於邊緣門檻值，則曲線的追蹤由此點開始；如果邊緣比對值小於邊緣門檻值，或者此像素點已是已存在曲線中的一點，則選擇此像素行上的下一點（間隔爲行刻度），以決定此點是否爲有效的種子點，重複此步驟直到此行結束，掃描完所有行之後，跳到最左上角的像素，以一樣的方式對每一列尋找（間隔爲列刻度）。當找到種子點之後，曲線擷取演算法開始追蹤曲線的其餘部份，曲線的下一點的選取過程爲：下一點在前一點的附近，在前一點的附近有最強的邊緣比對值，且其邊緣比對值大於邊緣門檻值。在實際操作中系統重複此步驟，直到沒有像素可以再此方向加入曲線爲止，之後再回

到種子點，以反方向尋找曲線。

在最後一個階段修飾曲線中，如果有曲線太靠近，則使靠近的曲線結合成爲更大的曲線；如果曲線的終點與起點的距離小於使用者定義的距離，則將曲線成爲一封閉曲線；移除小於使用者定義的某些設定值的曲線。

幾何的比對搜尋與光線變化（Lighting Variation），影像的模糊（Blur）、雜訊（Noise）與閉塞（Occlusion），幾何空間轉換像是移動（Shifting）、旋轉（Rotation）與縮放（Scaling）等特性無關，因爲幾何比對關注的是物體的幾何形狀。幾何比對的程式運作，首先是建立欲尋找物體的樣板影像，並計算出幾何的特徵。之後程式利用樣板的幾何特徵，搜尋影像中與樣板相似的區域，計算這些區域相似的程度並於以量化評分。最後依據評分的高低，程式可以找出與樣板最相似的區域（即目標物）而 結果將包括目標物的數量與位置。

6-4-6 尺寸校正

成像系統之架設透過簡易夾治具將成像模組（CCD攝影機、鏡頭、光源等）架設於檢測平台上，透過校正片（圖 6.32）進行影像校正程式。以下範例將進行介紹說明：

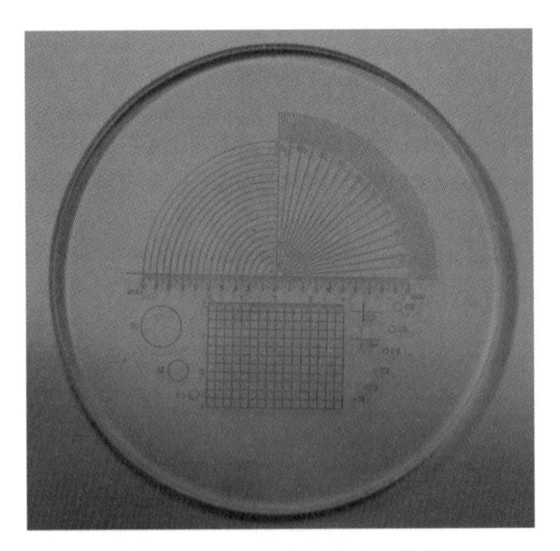

圖 6.32　正規化灰階相關圖

Example：

從校正片中選取一直徑（D）爲 3.0mm 的圓形，以進行影像與物理量轉換校正，求得校正片上圓形之半徑的像素值（R），如圖 6.33。將 D 、R 代入下式即可計算出單位轉換比例因子（F：mm/pixel）。

$$F = \frac{D}{2 \times R} = \frac{3.0}{2 \times 98.1} = 0.0153mm / pixel$$

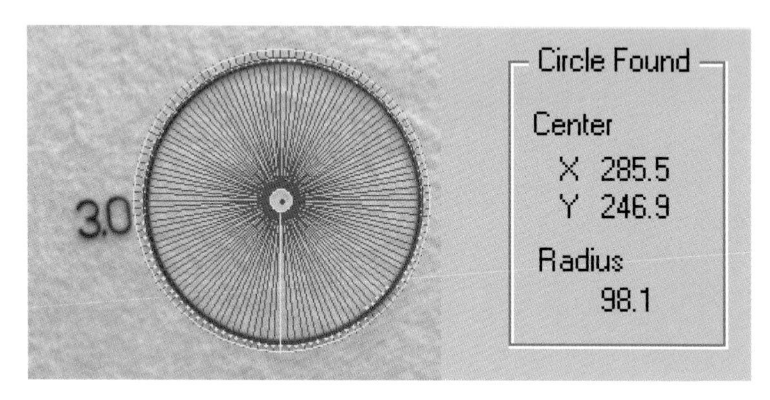

圖 6.33　正規化灰階相關圖

第七章 資料擷取與分析

資料擷取（Data Acquisition），主要任務是將眞實世界的物理變化量轉換成電氣訊號，供電腦端作資料分析與量測，例如：影像分析、溫度分析、聲音分析等。本章主要針對量測系統概念、量測系統建立、訊號格式轉換等進行介紹。

7-1 量測系統概念

在瞭解量測系統之前，比須先建立類比訊號與數位訊號之觀念，才能完全清楚量測系統之架構。

7-1-1 訊號種類

類比訊號：訊號波形平順且連續，相鄰時間的訊號準位沒有明顯的變化。一般沒經過數位處理過的連續訊號（電壓或電流）皆爲類比訊號，如圖 7.1。

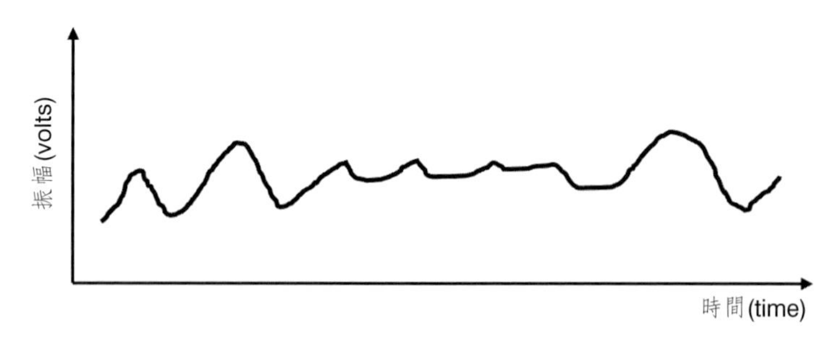

圖 7.1　類比訊號圖

數位訊號：特徵剛好與類比訊號相反，訊號波形不連續，相鄰時間的訊號準位可能會有很明顯的變化，而訊號準位一旦發生改變時，會維持一段時間後才又發生變化，更重要的是，數位訊號只分爲兩種狀態，不是 0 就是 1，如圖 7.2。

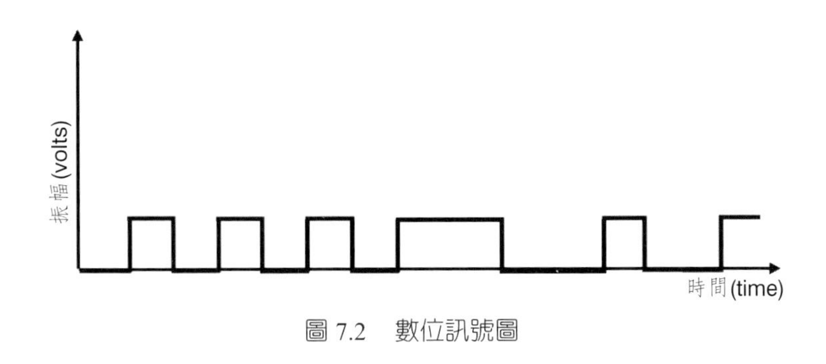

圖 7.2 數位訊號圖

7-1-2 量測系統架構

原始的量測系統，主要是由待測物與量測物所組成，待測物最原始的訊號皆為類比訊號；其量測原理乃透過待測物體與量測物體間物理量的轉化，將訊號做類比之呈現。DAQ 系統的發展，乃因應計算器（電腦）的發達，必須先將類比訊號轉換為數位訊號的格式後，再送至電腦做資料運算；相反的，電腦所產生的數位訊號也可以轉換為類比訊號輸出；因此一張 DAQ 卡必定含有類比轉數位（A/D）及數位轉類比（D/A）之轉換單元，具備此兩種單元功能之量測系統即可稱為 DAQ 系統。圖 7.3 為 DAQ 系統示意圖。

圖 7.3 DAQ 系統示意圖

7-2 建立量測系統

任何物理訊號（如光、熱、壓力）都必須透過感測器來轉換電氣訊號，電腦透過 DAQ 卡來擷取訊號，並藉由 LabVIEW 軟體介面操控 DAQ 系統，快速且有效的將資料做分析儲存運算，且依據所擷取運算後的數值，可進一步的對系統作補償之動作。圖 7.4 為 DAQ 系統的基本架構。

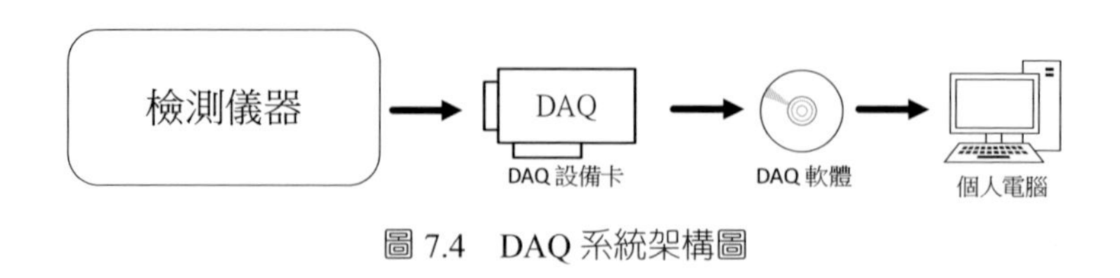

圖 7.4　DAQ 系統架構圖

7-2-1 物理訊號轉換為電氣訊號

眞實世界中的物理現象，必須要透過適當的轉換器才能轉成電氣訊號，以供後續的訊號處理。注意的是，感測器出來的原始訊號比定為類比訊號，為連續的電壓或電流值，但有些感測器內部經過數位處理，就不是類比訊號；因此在使用感測器前必須先區分清楚輸出訊號的格式，才不會造成量測系統錯誤的設定。下表為物理現象與轉換器之對照表：

表7-1　各式感測器與物理現象對照表

物理現象（Phenomena）	感測器（Sensor）
溫度 （Temperature）	電熱偶：Thermocouples 電阻溫度：Resistive Temperature Device（RTDs） 熱敏電阻：Thermistors 積體電路感測器：Integrated circuit sensor
光 （Light）	真空管光敏感測：Vacuum tube photosensors 光電導管：Photoconductive cells
聲音 （Sound）	麥克風：Microphone
力與壓力 （Force and pressure）	應變計：Strain gages 壓電轉換器：Piezoelectric transducers 測力氣：Load cells

物理現象（Phenomena）	感測器（Sensor）
位置／位移 （Position/displacement）	電位計：Potentiometers 線性電壓差動變壓器： Linear voltage differential transformer 光編碼器：Optical encoder
流體 （Fluid flow）	壓差流量計：Head meters 旋轉流量計：Rotational flow meters 超音波流量計：Ultrasonic flow meters
pH	pH電極：pH electrode

7-2-2 訊號條件處理（Signal Conditioning，SCXI）

經感測器轉換後所得的電器訊號，並不一定可以直接使用。例如所得的訊號相當微弱或是有雜訊等等的問題，如下圖 7.5 所示，因此 SCXI 所代表的意思，就是將訊號透過電路做初步的訊號處理，如增益放大、訊號濾波等等。

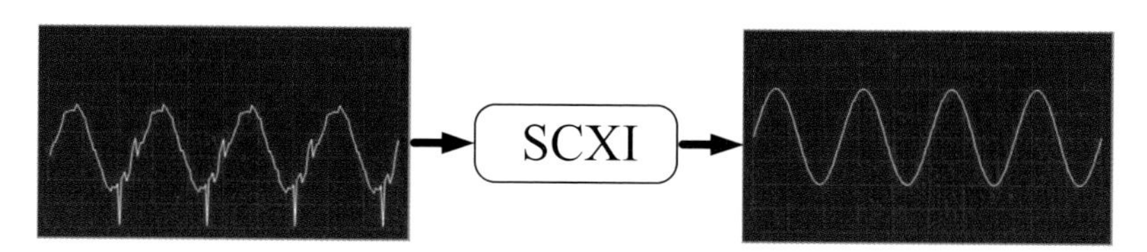

圖 7.5　訊號與訊號處理單元示意圖

因此不同的感測器所需要訊號處理方式也稍有不同，下圖 7.6 說明不同感測器需的訊號調節功能：

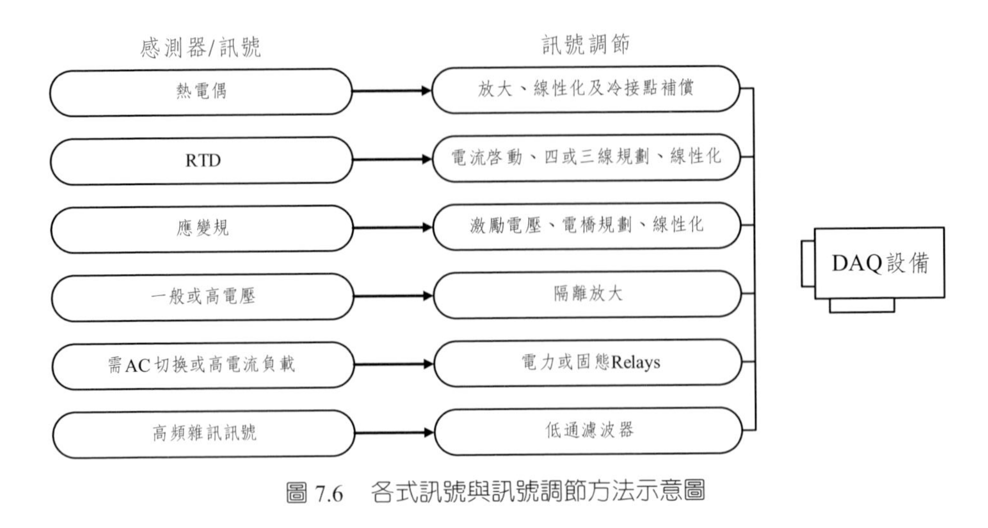

圖 7.6　各式訊號與訊號調節方法示意圖

在這邊必須要強調一點，當在良好的環境（沒有雜訊），且訊號並不複雜的前提下，並不需要做 SCXI，就可以直接將訊號連接至 DAQ 卡上使用。

7-3 訊號格式轉換介面

在前面的章節裡，已經提過以電腦爲量測系統時，訊號間轉換種類有類比轉數位（A/D）及數位轉類比（D/A）兩種，除了這兩種外，電腦本身訊號輸出爲數位格式，因此也具備有數位輸出入之功能。接下來接針對這四種做進一步的介紹：

7-3-1 類比轉數位（ADC）

數位對類比轉換器一般簡稱爲 ADC（Analog to Digital Converter）。ADC 主要的功能是將自然界中的類比訊號，如：溫度、電壓、重量或亮度等，轉換成電腦可以處理的數位訊號，此類型是資料擷取 DAQ 系統中最常用的方式。但將類比電壓轉換成微處理器可接受之數位字組的電路，過程較 DAC 複雜且需更多轉換時間 (比 DAC 轉換時間慢 500 倍以上) ，在使用前，必須先考量以下重要的參數，關係到擷取候數位訊號品質的好壞：

7-3-1-1 量測系統參數

1. 解析度（Resolution）

ADC 用來呈現類比訊號所需要的位元數（bit number）稱爲解析度，解析度越高，則輸入訊號所能分割的區段就越多，因此所能偵測到的電位訊號越精準。如下圖 7.7 所顯示一個正弦波經 3 位元與 16 位元解析度的 ADC 所呈現訊號之差異。一個 3 位元解析度的轉換器類比的輸入範圍區分爲 $2^3=8$ 個區間，每個區間再以二進位碼（000 到 111）來呈現，因此經數位化的資料已經嚴重失真，無法將原始資料完美的呈現；將解析度提高至 16 位元，使 ADC 可用以呈現資料的編碼數目由 8（2^3）個增加至 65536（2^{16}）個，以獲得極精確的數位資料。

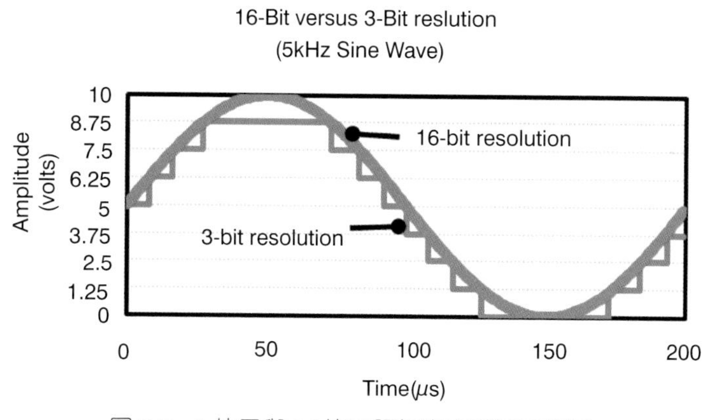

圖 7.7　3 位元與 16 位元解析度之訊號示意圖

2. 工作電壓範圍（Range）

工作電壓範圍指 ADC 本身所能量測電位訊號大小的最大值與最小值。DAQ 卡提供多種可以選擇的工作電壓值，可依據訊號電位的範圍選擇適合的工作範圍電位。不同的 Range 會影響到訊號的解析度，因此必須搭配待測訊號來設定此。如下圖 7.8 所示，3 位元的 ADC 卡，Range 設定爲 0～+10V，則每個區間所代表的電位差爲 1.25V，訊號能完整的呈現；同樣的輸入電壓，若將 Range 設定爲 −10～+10V，每個區間所代表的電位差爲 2.5V，訊號解析度相對降低許多，訊號嚴重失真。

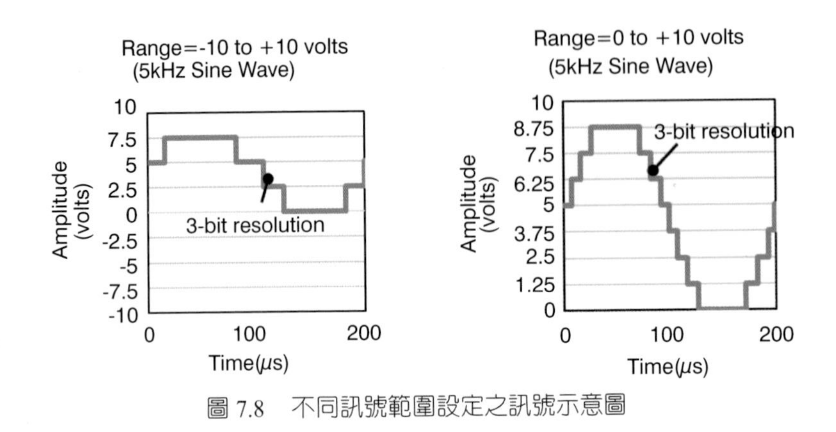

圖 7.8　不同訊號範圍設定之訊號示意圖

3. 增益（Gain）

輸入訊號與輸出訊號的振幅大小比例值稱爲增益，Gain=Range/Input limit。資料擷取的系統中，適當的放大增益可以有效地降低 ADC 輸入訊號的範圍提昇訊號解析度。圖 7.9 爲不同訊號增益設定之訊號示意圖。

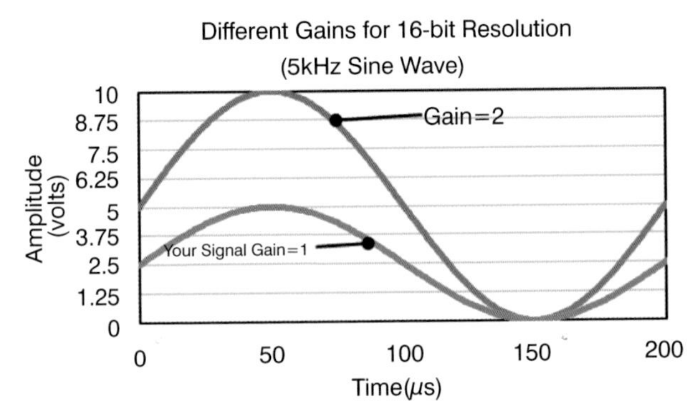

圖 7.9　不同訊號增益設定之訊號示意圖

4. 訊號電壓解析度

在 DAQ 卡上的工作電壓範圍、解析度與增益值都可以決定最小量測的電壓值，這個數值代表著在固定解析度與增益下的電壓變化值，稱為 LSB 或 code width。LSB 是將工作電壓值除以增益值，在除以 2 的解析度次方，公式如下：

$$\text{LSB}=\text{range}/(\text{gain}\times 2^{resolution})$$

例如，12 位元的 DAQ 卡，其 ADC 的工作範圍為 0～10V，增益為 1，訊號解析度為 $(10-0)/1\times 2^{12} = 2.4\text{mV}$；若電壓範圍變為 −10～10V，增益值不變，訊號解析度為 $(-10-(-10))/ 1\times 2^{12} = 4.8\text{mV}$，訊號解析度相對變低，由此可看出調整電壓範圍對訊號解析度之差異。

5. 取樣速率(sampling rate)

ADC 類比／數位轉換過程可以下圖 7.10 表示，過程主要有兩項，首先要對欲轉換的資料進行取樣與保存（Sampling and Holding），然後再將擷取到的資料加以量化 (Quantization)，如此就完成了資料的轉換。

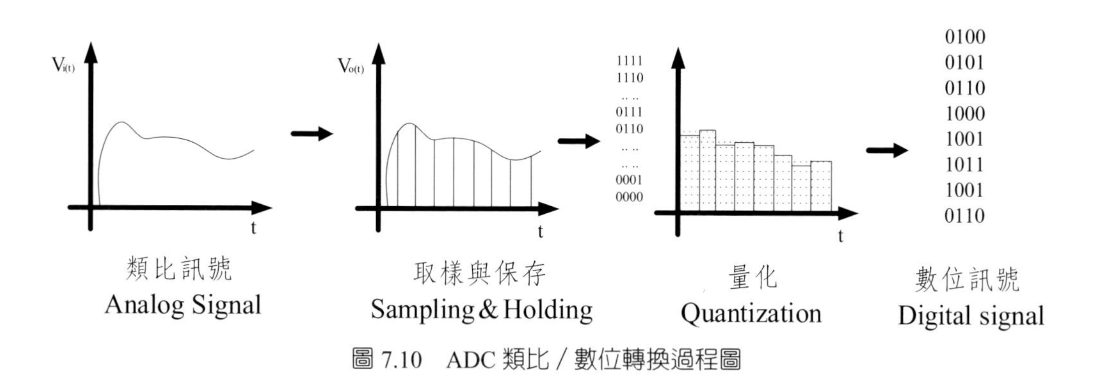

圖 7.10　ADC 類比／數位轉換過程圖

其中取樣的目的在於將原始類比資料一一擷取（圖 7.11），因此取樣率（Sampling rate）越高表示在單位時間內所擷取到的點數越多，更能將原始的訊號接近眞實的呈現出來，則訊號越不易失眞，並能將解析度提高，如圖 7.12。

圖 7.11　取樣速率不夠（紅色點），造成錯誤的量測波形（紅線）

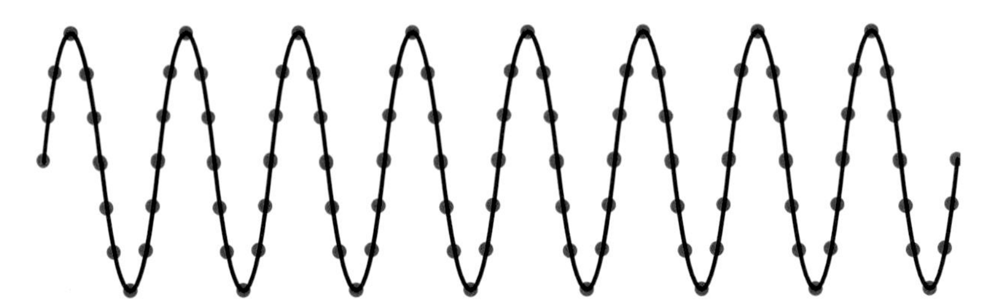

圖 7.12　取樣速率足夠，才能量測近似正確波形（紅色三角波）

而如何決定取樣的速率呢？根據 Nyquist 取樣理論可知：取樣的頻率必須爲量測訊號的兩倍以上，訊號才會適當的呈現出原貌；例如人類聽覺頻寬爲 2Hz 至 20kHz，因此 CD Player 之取樣時間便設計爲 44kHz，如此便可以保證將整個訊號由最小值到最大值完全擷取下來。同樣的以擷取聲音的麥克風而言，聲音產生的頻率可達 20k Hz，因此處理音頻的取樣速率必須大於 40kS/s，聲音才能被呈現原貌。一般在作資料訊號擷取時，最好是原訊號頻率的 5～10 倍，但也不宜太高，否則成本相對就愈貴。

7-3-1-2 參考電位與訊號極性

1. 訊號共地（參考電位）

在 DAQ 系統中，所有訊號皆爲電壓值，然而電壓值是需要參考值才會有意義。電壓的定義爲兩物體間的「電壓差」，因此物體間中，必須要有一個當為電壓參考點，通常設定為 0V（接地點），一個系統若沒有電壓參考點，所量測出來的電壓是沒有意義的。

一般的參考點即為接地點（圖 7.13），但不同的系統又有著不同的定義：

• **大地（Earth ground）參考點**

為地球的電位，大部分電源都有個接到大地端點，一般都會被接到建築物的電力系統。

• **參考接地點（com 點）**

參考點可以接到大地，也可以不接，大部分的儀器都會提供一個參考點，為系統共同的零電位使我們所量測的電壓有所依據。

• **接地參考點**

參考點接到大地，參考點即為大地點；參考點與大地點間彼此沒有電壓差。

圖 7.13　訊號接地表示圖

2. 系統訊號源

DAQ 資料擷取卡與待測系統本身也是要有相對於某個參考點才能量取到電壓，系統訊號源分為兩類：

• **接地訊號源（Ground）**

接地訊號源的電壓訊號是以系統接地點為參考點，如大地或建築物接地點為參考電位，例如大地或建築物的接地點為參考點。使用這類訊號接地的待測系統與資料擷取卡共用一個接地點，最常見的接地訊號源，便是使用建築物牆上插頭的裝置，如波形產生器或電源供應器等，如圖 7.14 所示。

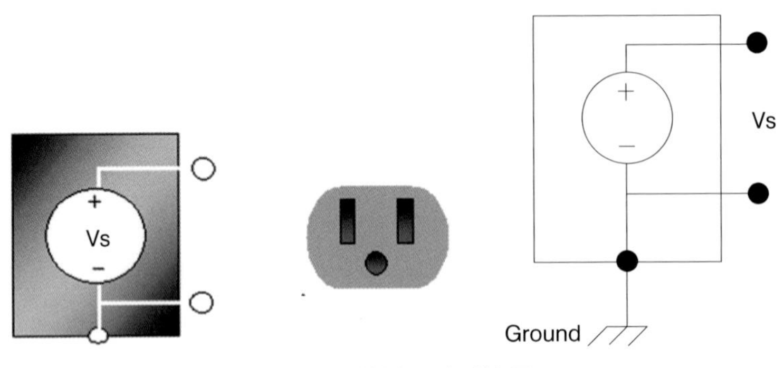

圖 7.14　接地訊號系統圖

- **浮接訊號（Floating）**

常見的浮接訊號包括電池、熱電偶器以及隔離放大器等，如圖 7.15。這類訊號源的兩端並有任何一端接到插頭的接地點，因此兩端都是與系統接地點獨立的。

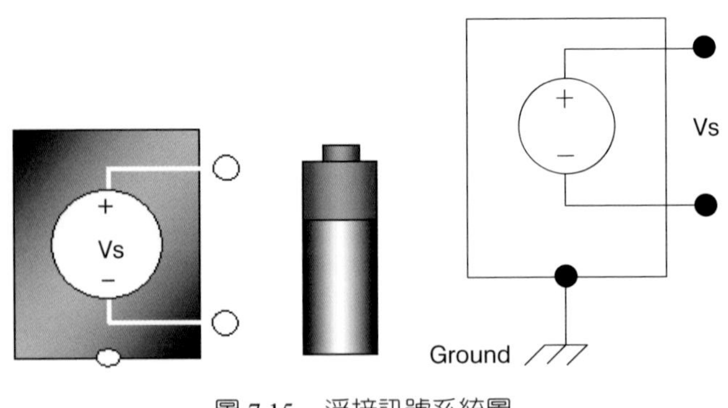

圖 7.15　浮接訊號系統圖

3. 訊號輸入之極性

AD/DA 轉換卡的輸入訊號極性代表著其所能接受的訊號位準區間，不同的感測訊號有著不同的電壓位準，因此在系統選配上需注意盡量讓感測器的輸出訊號位準相近訊號極性可以分成單極性（unipolar）與雙極性（bipolar），單極性代表所有輸入訊號至參考電壓 Vref 之間，因此極性只有正電位；相對的雙極性意味著正電位與負電在，由於總參考電位差為 Vref，因此雙極性的輸入訊號介於 −Vref /2 至 Vref /2 之間。

訊號接線種類

依運算放大器之輸入方式而言，訊號的輸入可以分成反向、非反向及差動輸入三種模式，相較於 AD/DA 轉換卡而言，電壓訊號利用多工器 (multiplexes) 之切換，依序將訊號送入運算放大器中，因此訊號也可分成兩種模式分別是 single end 以及 differential mode ，其中 single end 就包含了 reference 及 non-reference。不論量測何種訊號，都必須依照訊號源的接地方式，將資料擷取卡設定成以下任一種類型。

差動量測系統（**Differential**）

如下圖 7.16 所示為 differential mode ，差動傳輸則抗雜訊的能力佳，傳輸距離長且傳輸速度快，如 RS485。當傳輸距離較遠、訊號較弱亦或需要抑制雜訊之產生，多建議使用此類接法。differential mode 接法係將感測器高電位與低電位均接至 AD/DA 轉換卡之輸入端，因此使 AD/DA 轉換卡所能讀取的感測器數目減少一半，同時 AD/DA 轉換卡只能設定為 differential mode 或 single end 其中之一。

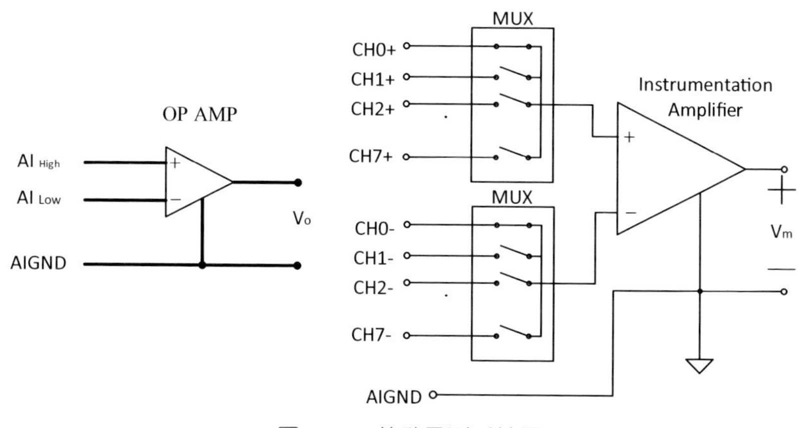

圖 7.16　差動量測系統圖

- **具參考點的單端型（RSE-Referenced Signal-Ended）**

如下圖 7.17 所示爲 single end 的電路模型，除了感測器正電位輸出端接至 AD/DA 轉換卡，其他各個端點均使用共同之參考電壓。Single end 將由於所有訊號源使用相同的參考電壓，因此雜訊干擾的情形相當嚴重，傳輸距離短且傳輸速度慢，如 RS232。一般採用的時機多半是爲了節省 AD/DA 轉換卡接點，同時由感測器至 AD/DA 轉換卡訊號線之長度在 4M 以內，電壓訊號在 1V 以上，如此情況下 AD/DA 轉換卡才能有效的將雜訊與正常訊號加以鑑別。在 RSE(具參考點的單端) 系統中，與接地訊號源一樣，所有量測都是以大地爲參考點。下圖 7.17（右）是一個 16 通道的 RSE 量測系統。

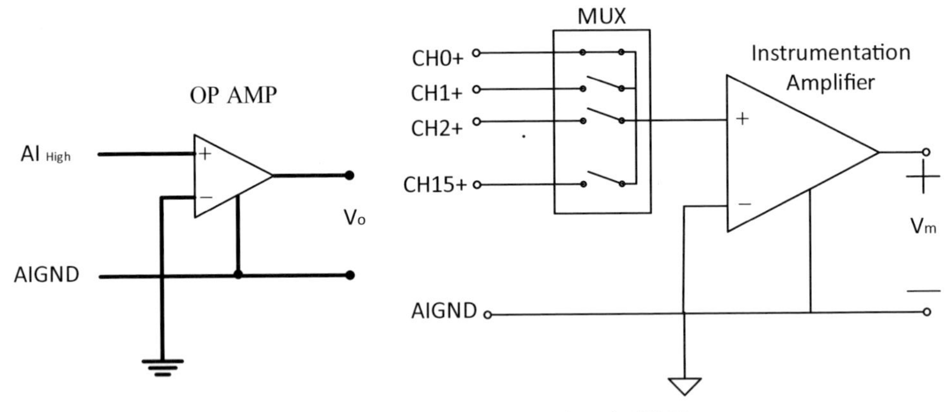

圖 7.17　具參考點的單端型量測系統圖

- **不具參考點的單端型（NRSE- Non RSE-Refere）**

資料擷取卡經常使用 RSE 量測技術的變種，即 NRSE（不具參考點的單端型）。所有量測都相對於一個共同參考接點。該接點電壓相對於系統接地點是隨時在變動的。下圖 7.18 是 NRSE 系統圖示，AISENCE 是量測時之共接地點，而 AIGND 爲系統接地點。

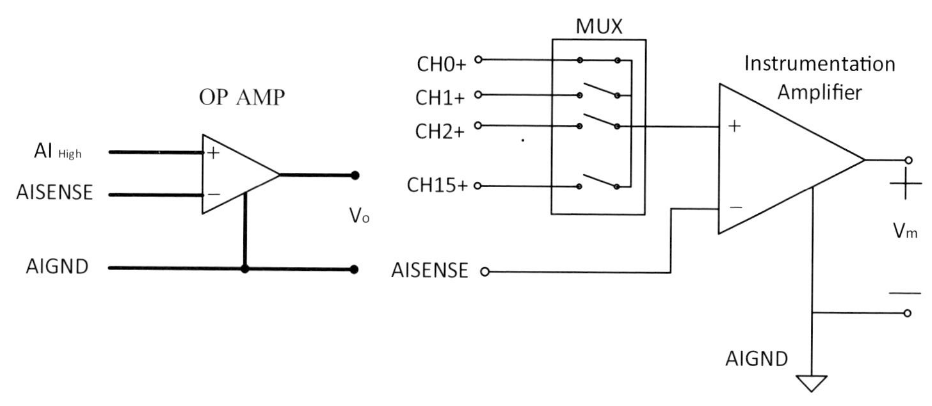

圖 7.18　不具參考點的單端型量測系統圖

• 選擇適當接線模式

前面介紹了三種在量測時不同的接線模式，實際在使用上則依量測源不同（如表 7-2、表 7-3 所示），所適合的接線模式亦有所差異。

表7-2　接地型式量測系統的接地模式選擇

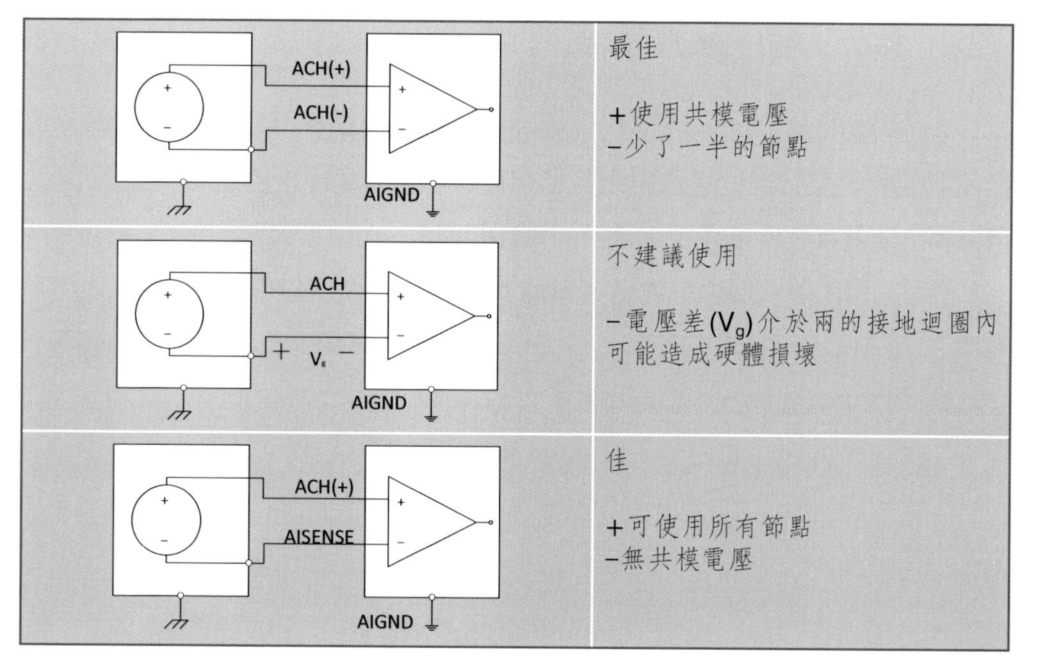

ACH(+)　ACH(-)　AIGND	最佳 +使用共模電壓 −少了一半的節點
ACH　+ V_g −　AIGND	不建議使用 −電壓差(V_g)介於兩的接地迴圈內可能造成硬體損壞
ACH(+)　AISENSE　AIGND	佳 +可使用所有節點 −無共模電壓

表7-3　浮接型式量測系統的接地模式選擇

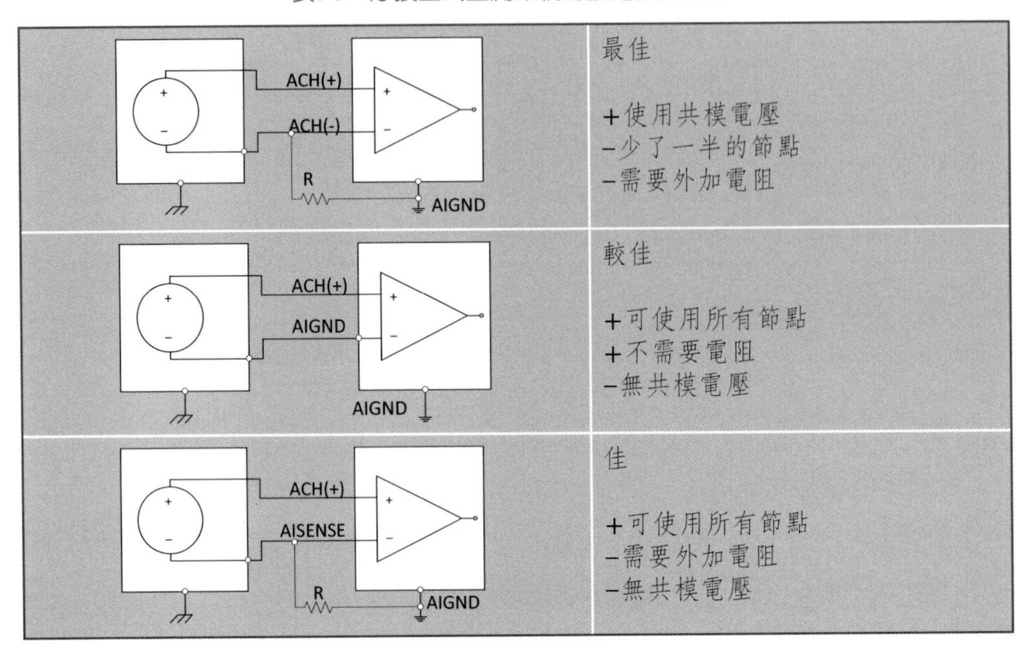

7-3-2 數位／類比轉換（DAC）

數位對類比轉換器（digital to analog converter, DAC）是將數位訊號轉換成類比訊號的一種裝置，通常用來將儲存於媒體或傳輸線上的數位訊號以 DAC 將其轉換回真實世界中人們可接受的類比訊號。

數位 / 類比轉換器可將數位字組轉換成類比電壓的電路，需提供穩定參考電壓 V_{ref} 予 DAC ，如圖 7.19 所示，對於 11111111 輸入值而言，V_{out} 與 V_{ref} 相等，假如輸入爲 00000000 ，V_{out} 即爲 0V 。

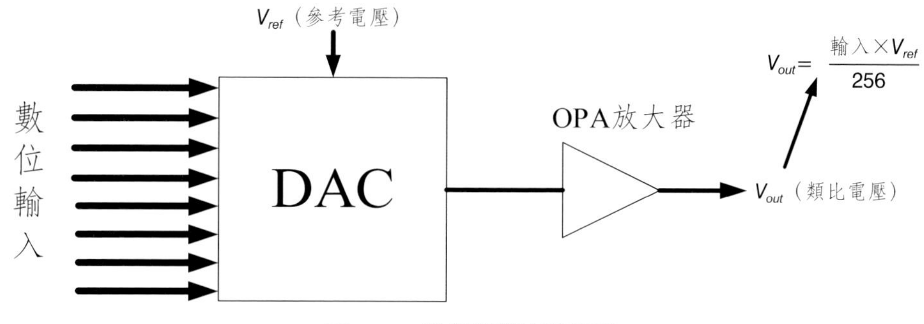

圖 7.19　數位對類比轉換圖

DAC 解析度與數位類比轉換誤差有關，因爲數位的字組所代表的是離散值，例如八位元的最大值爲十進位 255，意謂著輸出電壓可能有 255 階層，階層的差值是最小顯著位元（LSB）值，因此其解析度（八位元）爲 1/255×100% = 0.39%。倘若需要更高解析度，兩個八位元埠（十六位元）可一起使用，最大值爲十進位 65,535 ，則其解析度爲 1/65535×100% = 0.0015%，代表每一階層值更小，因此可更精確地代表該數位數值。

7-3-3 數位輸出／輸入（Digital Output / Input）

• **數位輸出**

利用微電腦內部暫存器數值設定，產生相對的數位訊號（ON/OFF）輸出，用來控制外界的數位型（繼電器）致動裝置。

• **數位輸入**

利用微電腦讀取內部暫存器輸入數值，轉變成相對的數位（ON/OFF）訊號輸入，用來感測外界的數位（開關）型感測訊號。

第八章 圖控程式概論

8-1 圖控程式介紹（LabVIEW）

8-2 VI 程式的撰寫

8-3 迴圈與結構

8-4 陣列與資料叢集

8-1 圖控程式介紹（LabVIEW）

隨著科技的進步，National Instruments 的 LabVIEW 在多種工程的應用和相關產業中，已經廣泛的被使用。LabVIEW 軟體所使用的直覺式圖形程式設計語言，適用於自動化量測和控制系統；使用圖形化資料流語言以及程式方塊圖，能夠自然地呈現資料流且將資料對應到使用者介面控制。此外，使用者也可輕鬆地檢視並修改資料或控制輸出。對於初接觸程式設計的新手，LabVIEW Express 技術能將一般抽象的量測和自動化系統轉換爲更高階的直覺式 VI。透過此項技術使許多非擅長程式設計的使用者利用 LabVIEW 軟體快速且輕鬆地開發出自動化系統。

LabVIEW 爲有經驗的程式設計者提供如 C 或 BASIC 傳統程式設計語言的效能、彈性和相容性。事實上，就如傳統的程式設計語言，完整的 LabVIEW 程式設計語言亦包括變量、資料類型、物件、迴圈、序列結構以及錯誤處理架構。而且透過 LabVIEW ，您可以重新使用 DLLs 或共用函式庫等舊版程式碼套件，並與使用 ActiveX、TCP，及其他標準技術的軟體進行整合。

8-1-1 圖形化語言

LabVIEW 是一種圖形化的語言，是以圖形與線的連接方式來撰寫程式，故又可稱爲 G Language。LabVIEW 提供了相當完整的應用模組、函式庫與人機界面元件，在這個圖形化系統設計平台上，我們可以透過相關控制卡與擷取卡進行訊號擷取、影像擷取、運動控制、數位輸出入……等程式設計，如圖 8.1 所示。

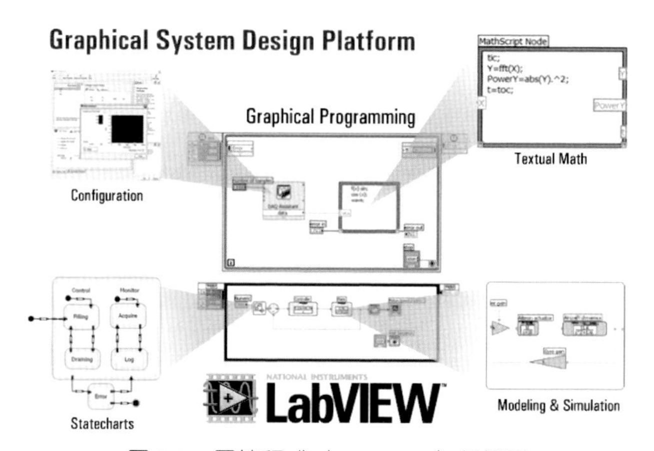

圖 8.1　圖控程式（LabVIEW）架構圖

一般來說圖形化語言跟其他高階語言最大差別在與開發的速度，也許一般人用其他高階語言來寫程式要好幾個月的時間，但同樣的功能用 LabVIEW 來寫的話可能幾天內即可完成。這對於一個不太懂得程式的人是一大好處，好處在於以 LabVIEW 來寫程式的人不需要寫出太艱深的程式語法，就可做出像訊號擷取、影像擷取、運動控制、數位輸出入……等功能的程式。

美國國家儀器公司 NI（National Instruments）提出了虛擬測量儀器 Virtual Instrument（VI）概念，取代了以傳統儀器領域，而使用電腦和網路來與儀器技術結合起來的重大變革，開創了以軟體當作儀器的時代。使得電腦可以視作任何儀表的引擎，來進行整合、控制、操作的動作，虛擬儀器的發展便是如此。虛擬儀器是一種概念儀器，至今業界還沒有一個明確的國際標準和定義。一般認爲，所謂的虛擬儀器，實際上就是一種基於電腦的自動化測試儀器系統，因爲它們的外觀和操作方式模仿實體傳統儀器，如：示波器、計量表等。而虛擬儀器的優點主要是能夠提升性能及降低成本，與電腦技術結合開拓更多的功能、更具靈活性，並透過軟體模組的技術來使其達到模組化的環境。由於虛擬儀器的設備利用率高、維修費用低，所以能夠獲得較高的經濟效益，這是傳統的儀器無所比擬的。

8-1-2 LabVIEW 操作環境介紹

本小節是以 LabVIEW 2013（32-bit ）為操作平台，進行 LabVIEW 操作環境介紹。我們可以在開始 >> 所有程式 >>National Instruments>>LabVIEW 2013（ 32-bit ）中開啓 LabVIEW 2013（ 32-bit ），如圖 8.2 所示。

圖 8.2　開啓 LabVIEW 2013（32-bit）

當按下 National Instruments LabVIEW 2013（32-bit）時，可看到登入 LabVIEW 的啓動畫面，如圖 8.3 所示。過了一段時間後可看到系統的啓動完成的畫面，此畫面可供使用者選擇開啓一個新的空白 VI 、專案或開啓舊檔 …… 等模式，如圖 8.4 所示。

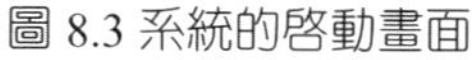
圖 8.3 系統的啓動畫面

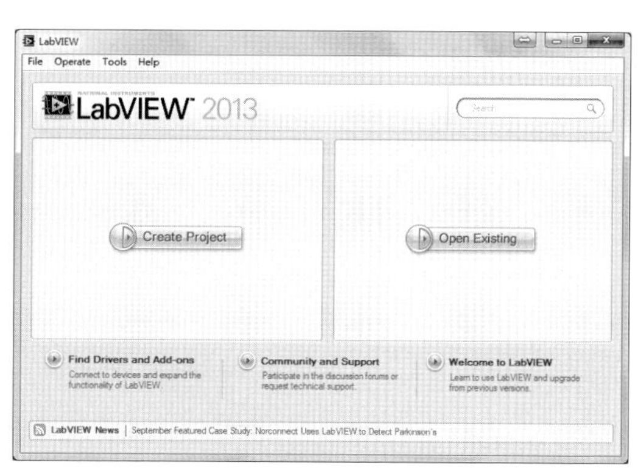

圖 8.4 Getting Stated

8-1-3 Getting Stated環境介紹

於 Getting Stated 功能視窗中，有以下兩個小對話框：1.New 2. Open。

1. New

如圖 8.5 所示，可看到 New 的對話框所提供有以下內容：Blank VI 可開啓一個新的空白 VI。Empty Project 可開啓一個新的空白專案。

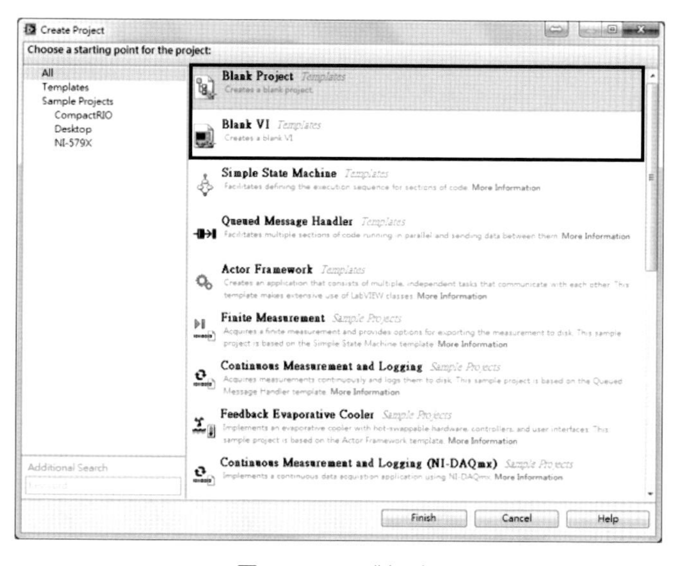

圖 8.5　New 對話框

2. Open

如圖 8.6 所示，可看到 Open 的對話框所提供有以下內容：此項對話框主要是提供使用者可以直接開啓之前所存過的程式或範例應用程式。

圖 8.6　Open 對話框

接下來我們要開始建立一個新的 VI，可以有兩種方式，如圖 8.7：

(1) 利用在系統選擇模式視窗裡的 New 小對話框的 Blank VI。

(2) 利用檔案（File）的 New VI 來建立。

New對話框Blank VI

下拉式檔案（File）選項New VI

圖 8.7　新建立 VI

在開啓一新的空白 VI 後，會看到程式區塊與人機面板上下重疊，這樣子在設計上會不方便，此時我們可利用快捷鍵 Ctrl-T（稍後會做詳細介紹），使視窗左右並行，如圖 8.8。

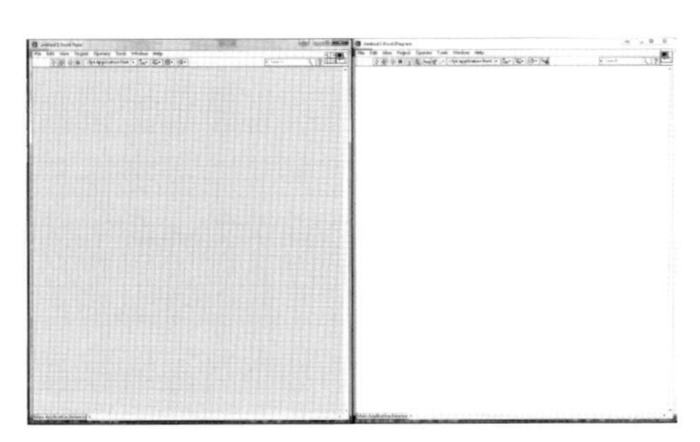

圖 8.8　人機介面（Front Panel）與程式區塊（Block Diagram）

8-1-4 善用Find Examples

在程式設計時若使用到的函數不知道其撰寫方法時，我們可利用 LabVIEW 提供的 Find Examples 功能，搜尋出類似的範例，透過範例即可快速的了解其函數之撰寫方式。其功能可透過程式方塊區或人機介面視窗上的工具列 Help → Finder Examples…… 來產生 NI Example Finder 視窗，如圖 8.9 所示。

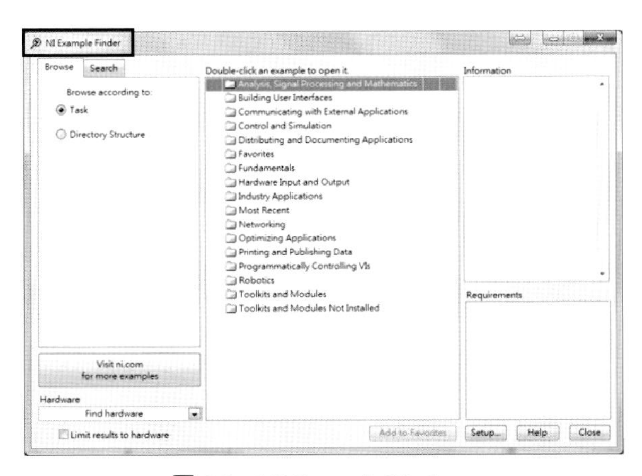

圖 8.9　NI Example Finder

我們以搜尋 Sine 來進行實例操作。搜尋的方法是在 Search 選單下鍵入 Sine 後點擊 Search，再點選右方搜尋的結果，如圖 8.10 所示。

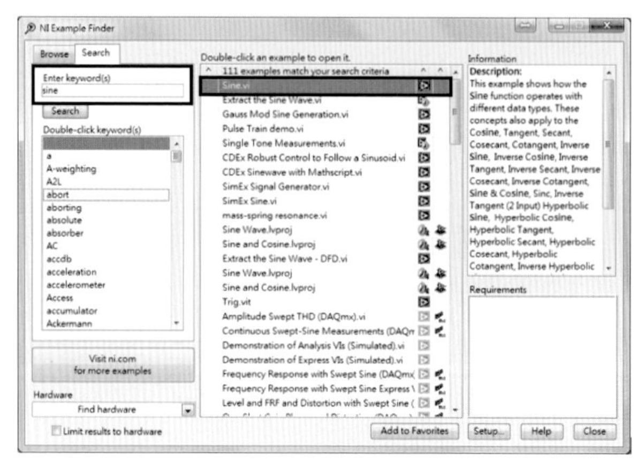

圖 8.10　搜尋範例 Sine

8-1-5 人機介面（Front Panel）與程式方塊區（Block Diagram）操作

當我們開啓上一個單元搜尋到的範例程式，會跳出人機介面視窗，而程式區塊視窗還尚未開啓，我們可利用快捷鍵 Ctrl-T（稍後會做詳細介紹）使視窗並排。如圖 8.11 所示，左圖爲人機介面，右圖爲程式方塊。

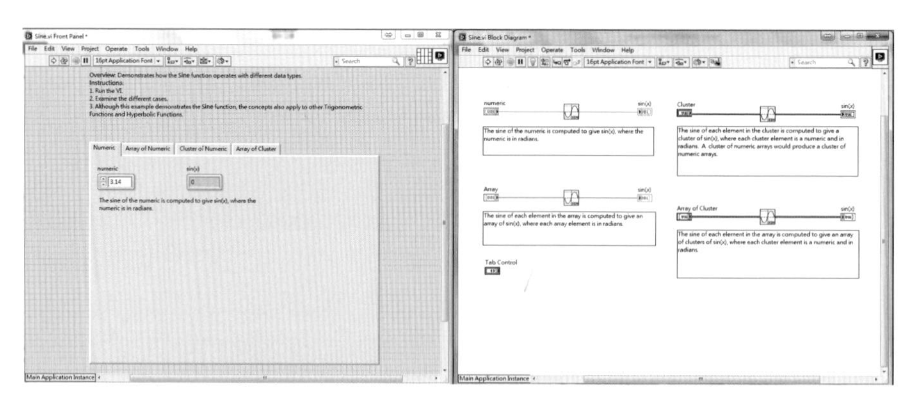

圖 8.11　人機介面（Front Panel）與程式區塊（Block Diagram）

- **前置面板視窗（Front Panel）**

在人機介面的視窗會看到工具列，利用此下拉式工具列使用者可以做出執行、排列、縮放、文字輔助說明等功能，將在下面做詳細介紹：

工具列

1. 執行鍵：按此鍵可讓程式執行。注意：在按執行鍵後，正常來說會顯示程式無誤的按鍵；但是執行時顯示程式有誤的按鍵，代表有誤，應該處理錯誤才能使程式正常運作。

執行鍵

程式無誤　　程式有誤

2. 連續執行鍵：按此鍵可讓程式重複且連續的執行。

連續執行鍵

程式為連續執行狀態

3. 停止鍵：程式強制停止。

停止鍵

4. 暫停鍵：按此鍵可暫時將程式停止，若按第 2 次可使程式繼續執行。

暫停鍵

5. 字型格式選擇鍵：使用者可做字型變更，如字型的大小、結構、型式及顏色等。

字型格式選擇鍵

6. 排列：可對物件進行排列。可做物件邊緣或中心點上下、左右的對齊、依間距類型、物件大小重置……等等來排列可增加程式的美觀。

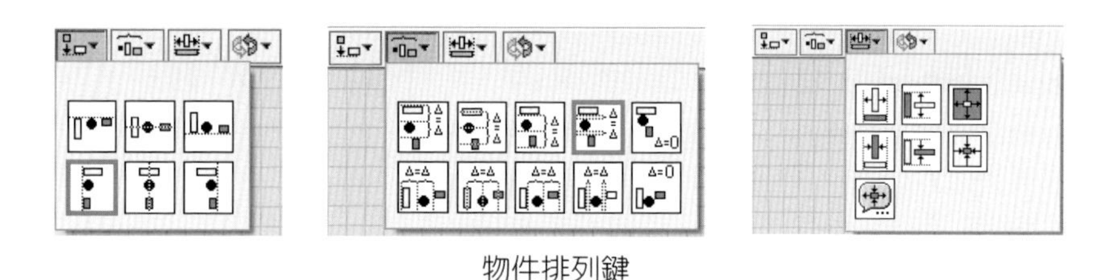

物件排列鍵

7. 群組、鎖定與排列順序鍵：用在兩個或兩個以上的物件，可使被設定物件爲群組、鎖定或是要移動上或下。

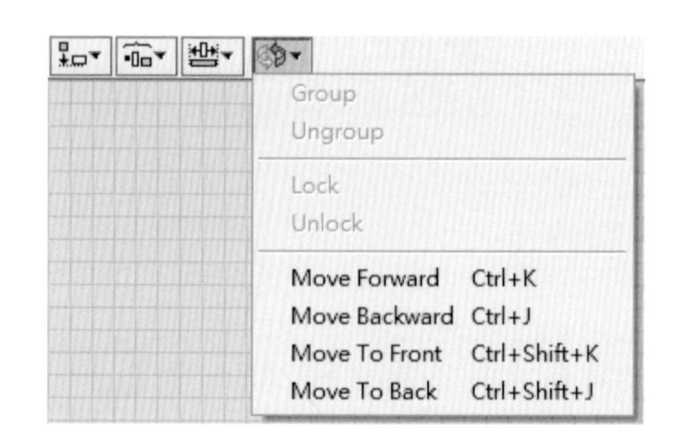

重置排列順序鍵

• **工具面板（Tool Palette）**

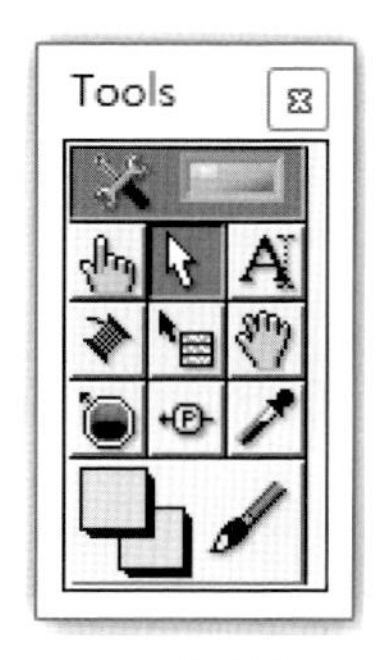

工具面板

工具面板（Tool Palette）：主要給使用者在做修改、建立、除錯用，可由 2 種方式來產生它，可在人機介面及程式方塊視窗的 View → Tools Palette 來產生或利用 Shift + 滑鼠右鍵。以下介紹此工具面板的各項功能：

1. 自動選擇鍵：程式自動判斷應該用何種功能進行程式修改或建立。
2. 操作修改：可調整輸入、輸出值，也可調整開關、旋鈕或數值。
3. 指標定位：可做物件的移動、放大及縮小。
4. 標示：編輯標示的文字。
5. 連線：用在程式方塊視窗的物件節點之間的連結。
6. 物件彈出式選單：顯示物件的彈出式功能表。
7. 捲軸：可用此鍵將超出視窗範圍的物件拉回。
8. 中斷點設置：可做程式的中斷，常用在迴圈除錯的時候。
9. 探針：可在執行時察看各變數的數值。
10. 顏色複製：可做其他物件顏色的複製。
11. 著色工具：可在物件塗色。

• **程式方塊區（Block Diagram）**

本單元將介紹的是下圖所框起的部分，主要有 Execution Highlighting Button、Retain Wire Values Button、Step Function Buttons 三項功能，將在下面做詳細的介紹：

工具列

1. Execution Highlighting Button（標示執行）：以較慢速度觀察資料。

標示執行

2. Retain Wire Values Button（保存線資料）：暫時記憶線的資料輸出內容。

保存線資料

3. Step Function Buttons（單步功能）：

   (1) 單步進入：單步讀取程式（會讀入 Subvi）。

   (2) 單步跨越：不會讀 Subvi。

   (3) 單步離開：跳越到下一個結點。

單步進入

單步跨越

單步離開

8-1-6 快速鍵的使用

Ctrl-T：人機介面與程式方塊視窗並排。

Ctrl-E or Ctrl-Tab：人機介面與程式方塊視窗之間的切換。

Ctrl-H：開啓輔助視窗。

Ctrl-B：自動切除斷線的部份。

8-1-7 Help的使用

此節將介紹 Context Help 的視窗，我們可運用快速鍵 Ctrl+H 開啓 Context Help 的視窗，如圖 8.12 所示。我們將滑鼠游標移動至不同的 icon 上，Context Help 的視窗內容會隨之改變。若我們想更詳細的了解該 icon 的內容，可再點擊 Detailed help 會有詳細的說明。

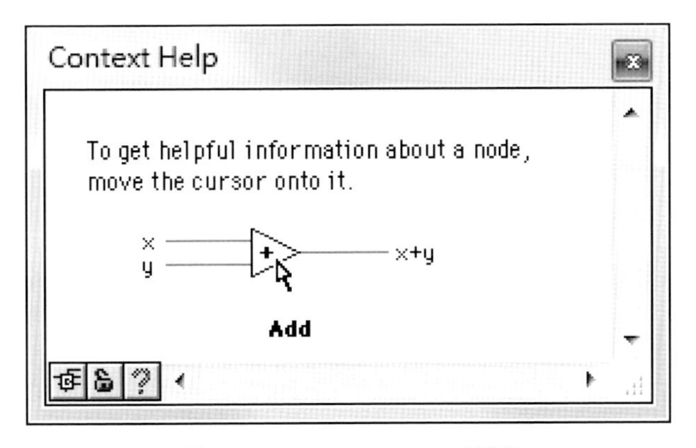

圖 8.12(a)　Context Help 視窗

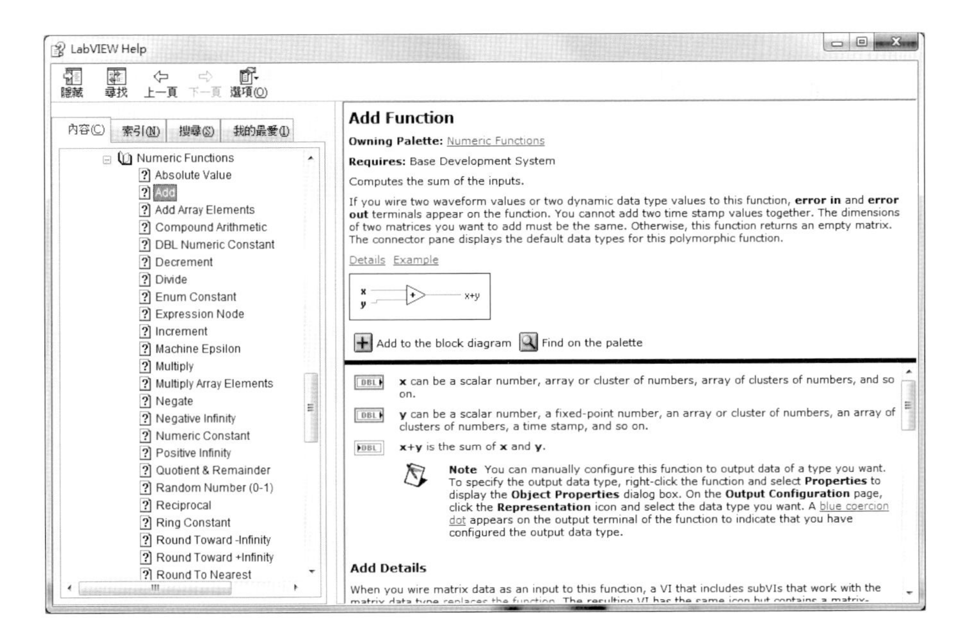

圖 8.12(b)　Detailed help

8-2 VI程式的撰寫

程式設計的最基本架構不外乎是由輸入、邏輯運算與輸出所組成，如下圖 8.13 所示。我們必須根據專案需求進行輸入與輸出的定義並確認其種類，最後在進行核心邏輯程式的撰寫。觀察日常生活中我們所接觸的微電腦用品絕大部分都是依循輸入、邏輯運算與輸出的架構，例如：掌上型遊戲機的按鍵爲輸入，遊戲卡匣爲定義遊戲邏輯運算的規則，由液晶顯示器顯示出遊戲畫面做爲輸出。當然除了按鍵做爲輸入、液晶顯示器做爲輸出之外，我們還有更多選擇，譬如說輸入還可以是旋鈕、機械開關、感測開關等；輸出還可以是 LED 燈、蜂鳴器、波型顯示器等，根據需求與外觀考量做出最佳的選擇；核心邏輯還可以是單晶片、PLC 等程式撰寫。

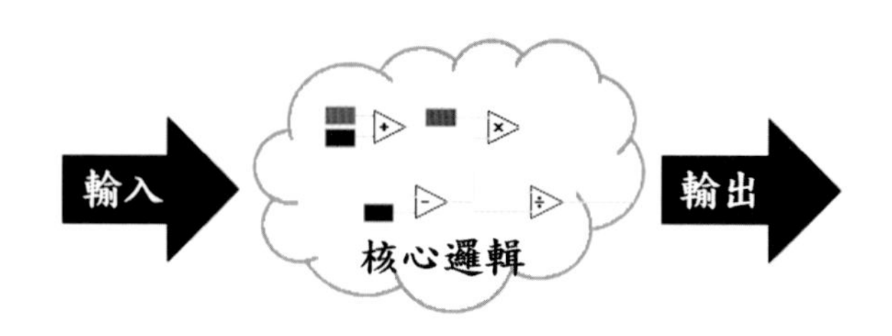

圖 8.13　程式設計的最基本架構

在 VI 程式撰寫之前我們先要學習基本的程式設計觀念，了解程式設計時輸入、輸出的種類，認識 LabVIEW 的輸入、邏輯運算與輸出、常用的控制單元（Control）與顯示單元（Indicator）、學會接線相關技巧、執行程式與錯誤排除。請沒有程式設計基礎的同學務必在此單元多下功夫，能對未來撰寫程式上有很大的幫助。在 LabVIEW 的程式設計環境裡具有虛擬儀表的程式撰寫特色，我們可以在人機介面設計開關、表單、旋鈕、LED 燈、數值顯示、波型顯示等功能；在程式方塊區進行核心邏輯程式撰寫，其架構如圖 8.14 所示。

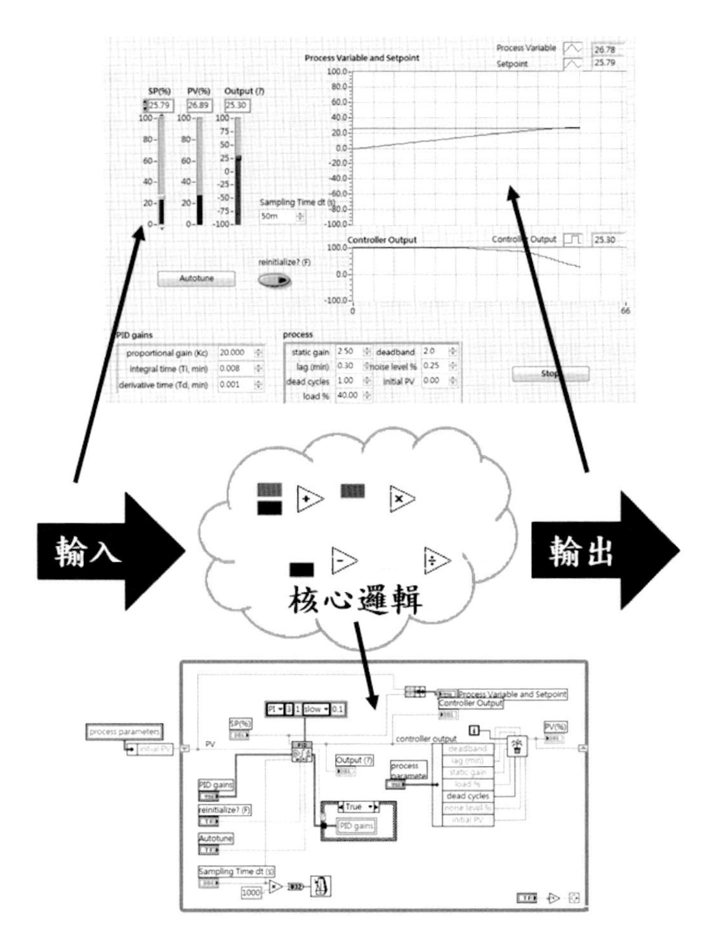

圖 8.14　LabVIEW 程式設計的基本架構

8-2-1 控制單元（Control）與顯示單元（Indicator）

在上一個單元裡，我們有了程式設計的基本概念。在本單元我們實際的建立控制單元與顯示單元，以下我們將介紹常式撰寫上常用的控制與顯示元件：數值（Numeric）、布林（Boolean）、字串（string）、表單（Rings）、路徑（Path）。請同學務必確實的練習每一個控制與顯示元件並熟悉其位置。

- **數值（Numeric）**

數值（Numeric）主要做爲數字的輸入控制與顯示，其位置於人機介面按滑鼠右鍵── Modem/Numeric ，點選後放置人機介面，在程式方塊區會出現相對應的控制元件。LabVIEW 提供了各種形式數值（Numeric）的輸入控制與顯示，如圖 8.15 所示。

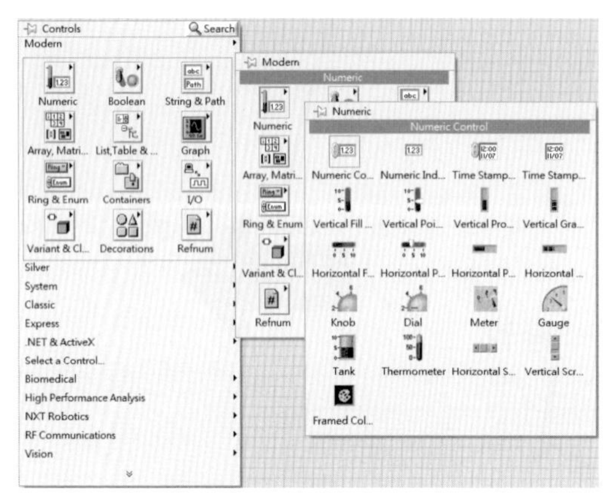

Numeric Control的路徑

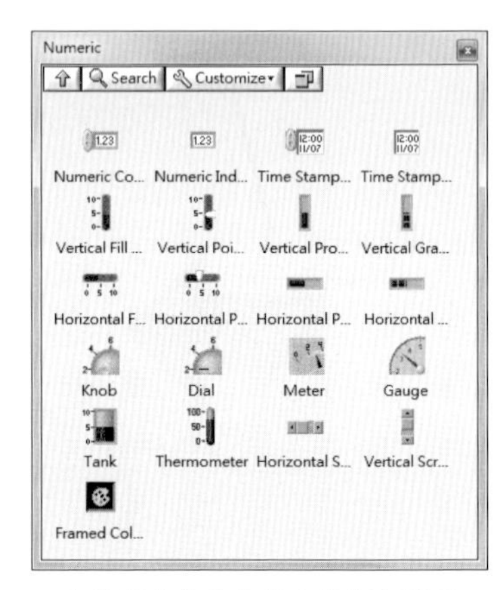

各種形式數值的輸入控制與顯示

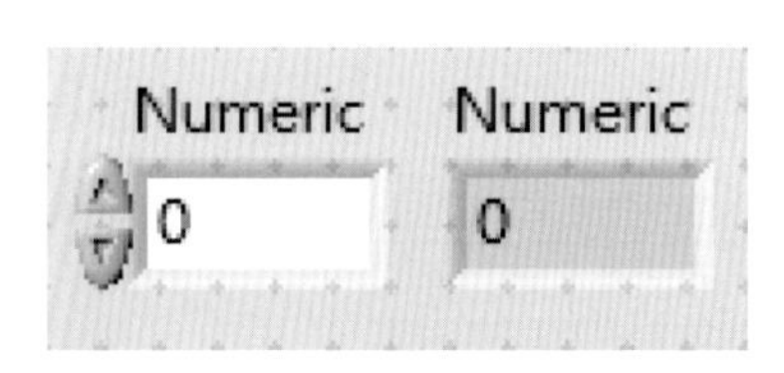

(a)人機界面上的

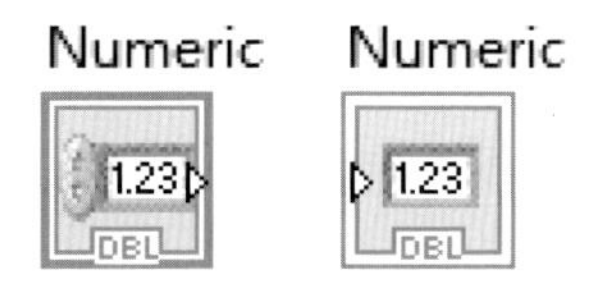

(b)程式方塊區上的

圖 8.15　Numeric Control & Numeric Indicator

- **布林（Boolean）**

布林（Boolean）主要做爲 TRUE 與 FALSE 的輸入控制與顯示，其位置於人機介面按滑鼠右鍵── Modem/Boolean ，點選後放置人機介面，在程式方塊區會出現相對應的控制元件。LabVIEW 提供了各種形式布林（Boolean）的輸入控制與顯示，如圖 8.16 所示。

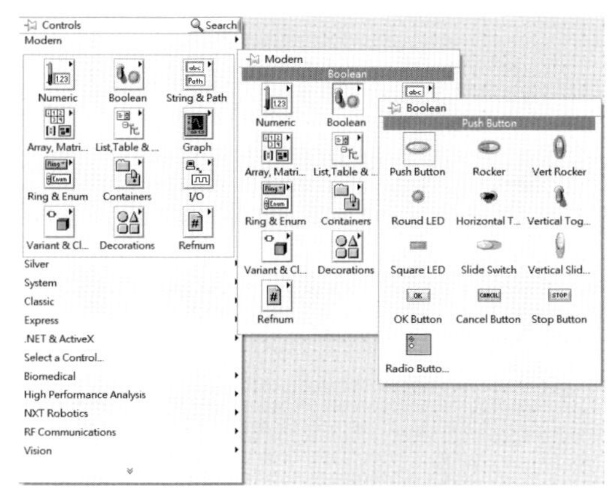

Boolean Control的路徑

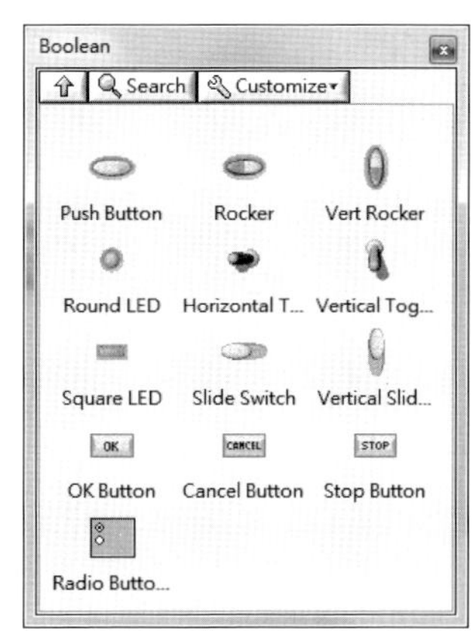

各種形式布林的輸入控制與顯示

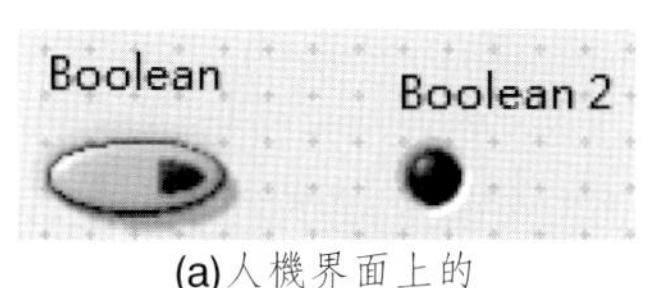

(a)人機界面上的

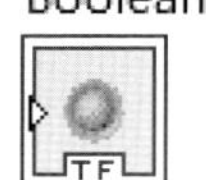

(b)程式方塊區上的

圖 8.16　Boolean Control & Boolean Indicator

布林（Boolean）在控制輸入方面，LabVIEW 提供了六種按鈕的機械動做設定，如圖 8.17 所示，分別是 1.Switch When Pressed；2.Switch When Released；3.Switch Until Relessed；4.Latch When Pressed；5.Latch When Released；6.Latch Until Relessed，可依照程式的需求進行相關設定。

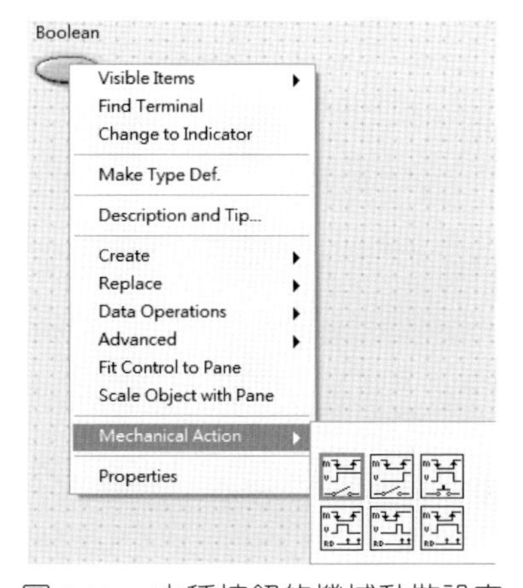

圖 8.17　六種按鈕的機械動做設定

• **字串（String）與路徑（Path）**

字串（string）主要做為文字的輸入控制與顯示；路徑（Path）主要做為路徑的輸入控制與顯示，其位置於人機介面按滑鼠右鍵—— Modem/String&Path，點選後放置人機介面，在程式方塊區會出現相對應的控制元件，如圖 8.18 所示。

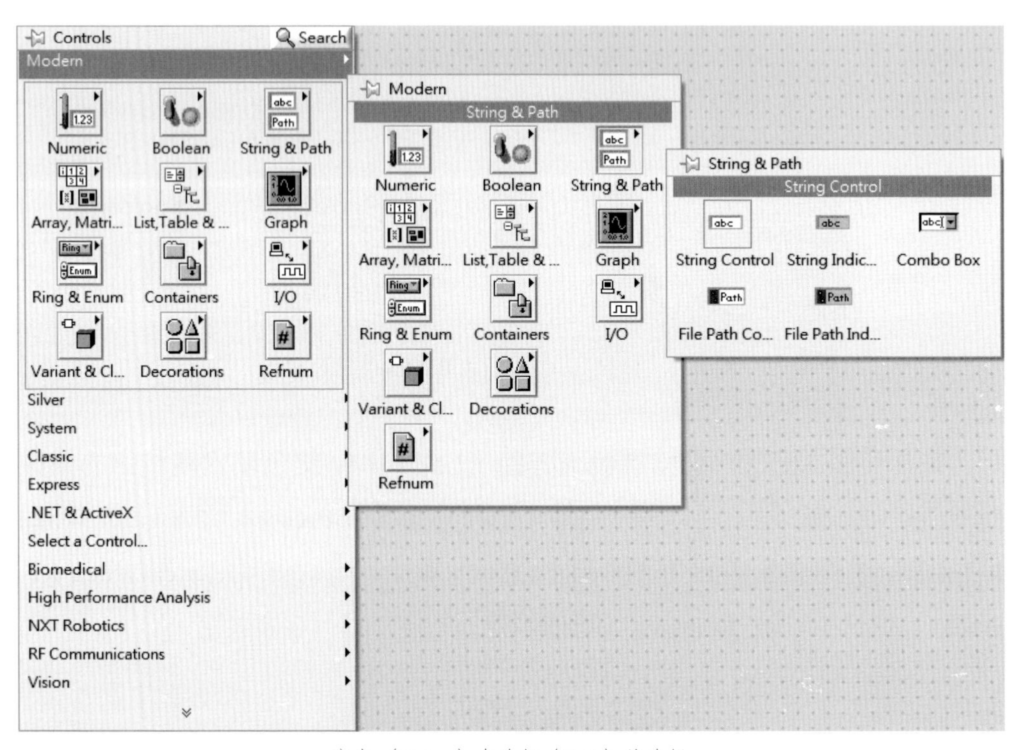

字串（String）與路徑（Path）的路徑

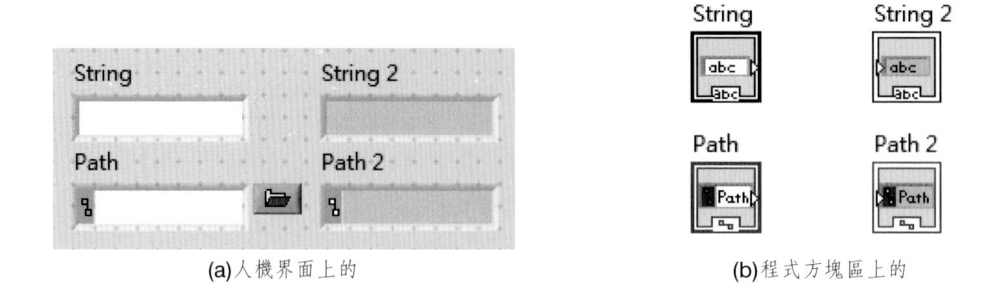

(a)人機界面上的　　(b)程式方塊區上的

圖 8.18　String Control & String Indicator 與 Path Control & Path Indicator

• **表單（Rings）**

表單（Rings）主要做爲文字的輸入控制與顯示，其位置於人機介面按滑鼠右鍵—— Modem/Ring&Enum，點選後放置人機介面，在程式方塊區會出現相對應的控制元件，如圖 8.19 所示。

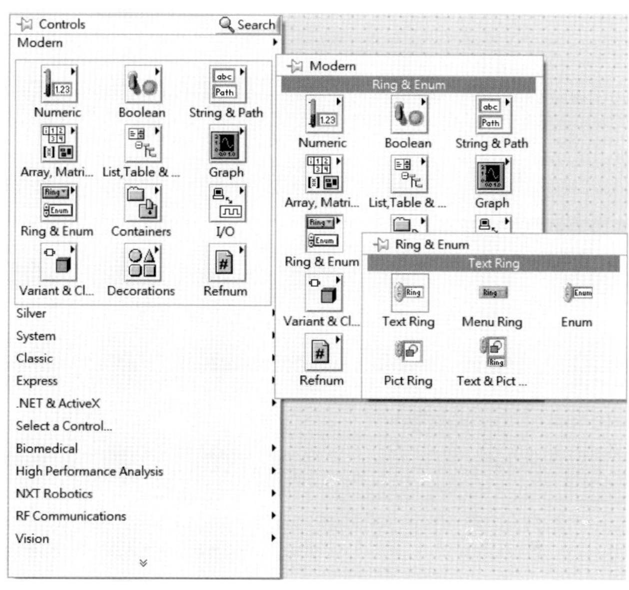

表單（Rings）的路徑

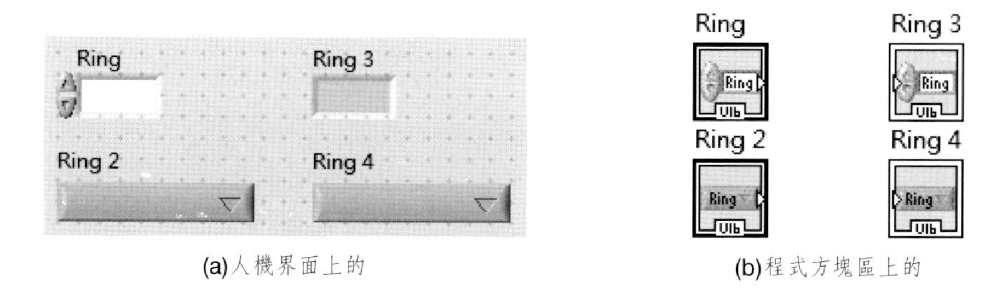

(a)人機界面上的　　(b)程式方塊區上的

圖 8.19　String Control & String Indicator 與 Path Control & Path Indicat

表單（Rings）內容的產生需在 Ring 的控制元件或顯示元件上按右鍵選擇 Edit Items，會彈出 Items 的編輯視窗，點選 Insert 增加 Item 項目，並可輸入相關文字，如圖 8.20 所示。

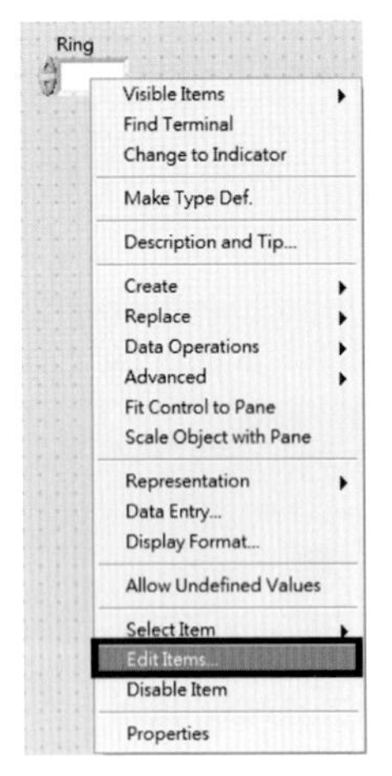

圖 8.20　表單（Rings）內容的產生

- **常數（Constant）的快速轉換**

在前面單元我們學會了如何建立 Control 、Indicator 的元件，但在許多程式撰寫的場合中，常會需要使用到常數（Constant）這個具有恆定不變特性的輸入元件。因此，在本單元會教導同學快速的將 Control 、Indicator 元件轉換成常數（Constant）。首先我們先建立出前面常用的 Control 元件，在程示方塊區以滑鼠在元件上點擊右鍵選擇 Change to Constant ，改變後的 Control 元件，如圖 8.21 所示。

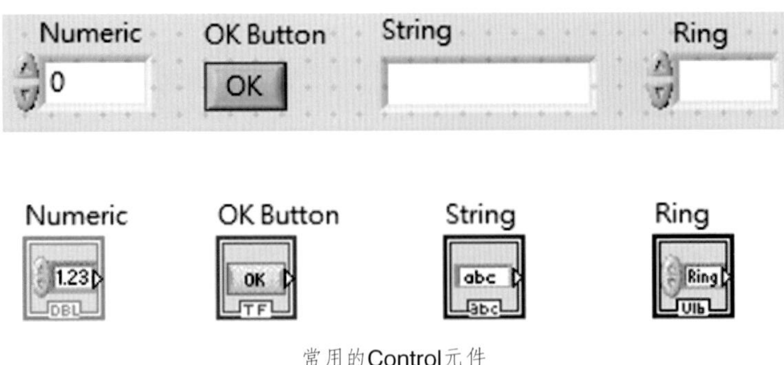

常用的Control元件

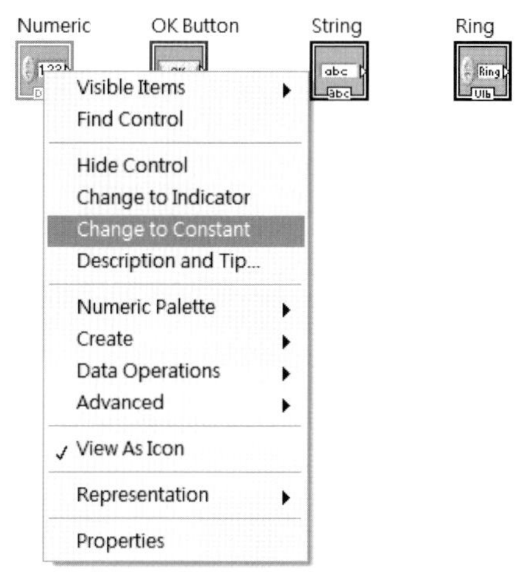

Change to Constant

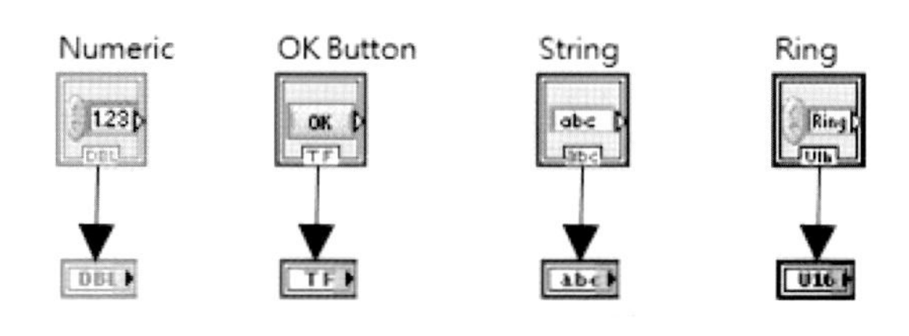

改變後的Control元件

圖 8.21　Control 元件

• **改變文字的大小、字型樣式、對齊、顏色與字型**

在人機介面的設計方面，本單元將會說明如何改變文字的大小、字型樣式、對齊、顏色與字型。首先 Shift + 滑鼠右鍵選擇文字點選功能後，再直接點選欲改變的文字。點選工具列上的 Text Settings ，出現下拉式選單，大小、字型樣式、對齊、顏色與字型之設定，如圖 8.22 所示。

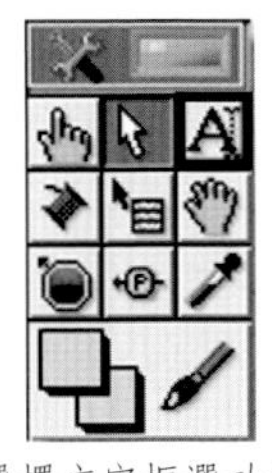

選擇文字框選功能

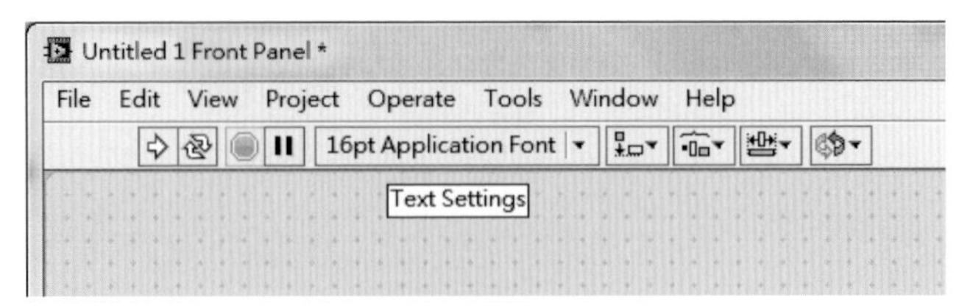

點選Text Settings

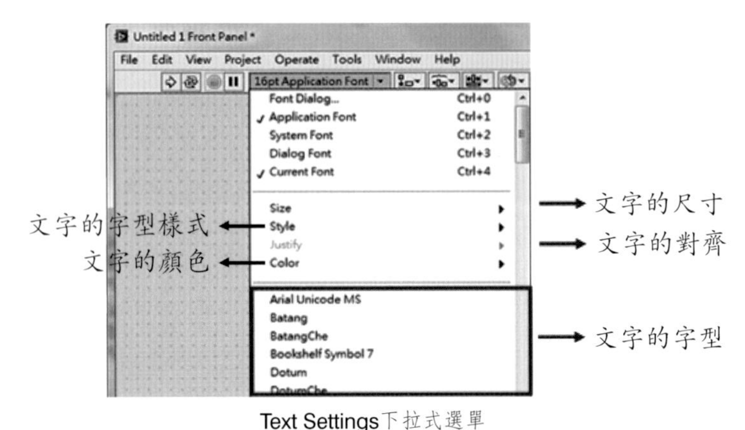

Text Settings下拉式選單

圖 8.22　改變文字設定

8-2-2 邏輯運算核心元件

在上個單元中我們練習過 LabVIEW 常用的控制單元（Control）與顯示單元（Indicator），而在這個單元裡，我們將進一步的去認識邏輯運算核心裡基本的數學運算與布林判斷。

- **基本的數學運算**

在學習撰寫邏輯運算核心之前，我們必須先熟悉基本的數學運算，其位置於程式方塊區按滑鼠右鍵── Programming/Numeric。常用的數學運算點選後放置於程式方塊區，如圖 8.23 所示。

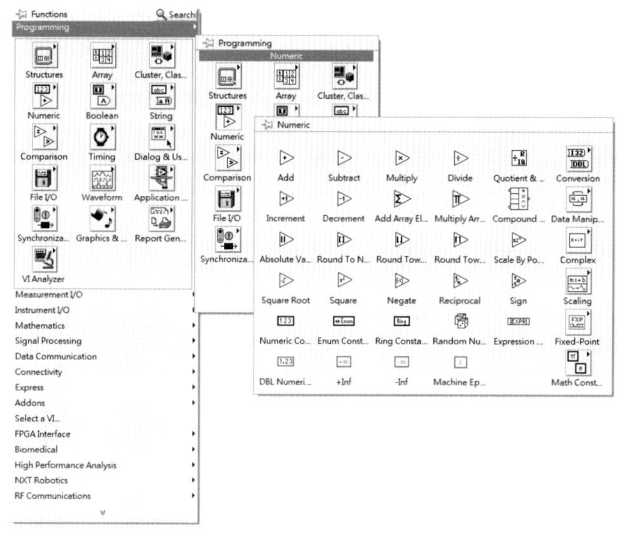

基本數學運算的路徑

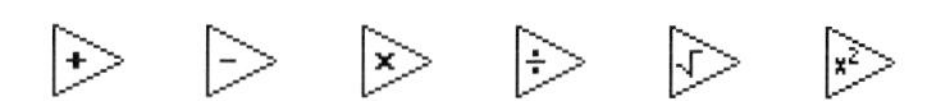

圖 8.23　常用的數學運算

除了上述的的數學運算功能外，數學上常用的亂數、小數點進位或捨去與絕對值也都被放置於 Programming/Numeric 頁面上，以下我們就針對這些功能做介紹。

1. 亂數：可隨機產生一個 0～1 的數值。

2. 四捨五入：小數點後一位四捨五入。

3. 無條件捨去：小數點後一位無條件捨去。

4. 無條件進位：小數點後一位無條件進位。

5. 絕對值：可輸出絕對值。

• 基本的布林判斷

撰寫邏輯運算核心時除了數學運算之外，布林判斷的使用也非常的重要，以下將介紹六種布林判斷的判斷邏輯。

1. And：假設兩個輸入都是 TRUE ，則輸出為 TRUE；其他組合的輸入則輸出皆為 FALSE。

2. Or：假設兩個輸入都是 FALSE ，則輸出為 FALSE；其他組合的輸入與輸出皆為 TRUE。

3. Exclusive Or：假設兩個輸入都是 TRUE 或 FALSE ，則輸出為 FALSE；其他組合的輸入則輸出皆為 TRUE。

4. Not And：假設兩個輸入都是 TRUE ，則輸出為 FALSE；其他組合的輸入則輸出皆為 TRUE。

5. Not Or：假設兩個輸入都是 FALSE ，則輸出為 TRUE；其他組合的輸入則輸出皆為 FALSE。

6. Not Exclusive Or：假設兩個輸入都是 TRUE 或 FALSE ，則輸出為 TRUE；其他組合的輸入與輸出皆為 FALSE

8-2-3 接線

在上個單元裡，我們認識了許多常用的邏輯運算核心元件。在本單元我們將教導同學如何將這些元件連接起來，且學習接線上的許多小技巧，以增進在撰寫程式上的效率。

• **學習接線**

當我們在人機介面加入了輸出或輸入的元件後，可以根據程式的需求，在程式方塊區建立核心運算邏輯，緊接著我們可以開始進入了接線的階段。首先我們先介紹接線的兩種方法：

1. 自動感應接線：首先設定工具面板為自動選項，再將滑鼠移至接線點，靠近接線點時會自動變換成接線捲軸的圖示，點擊滑鼠左鍵即可開始接線，再將滑鼠移至另一接點，即可完成接線的動作，如圖 8.24 所示。

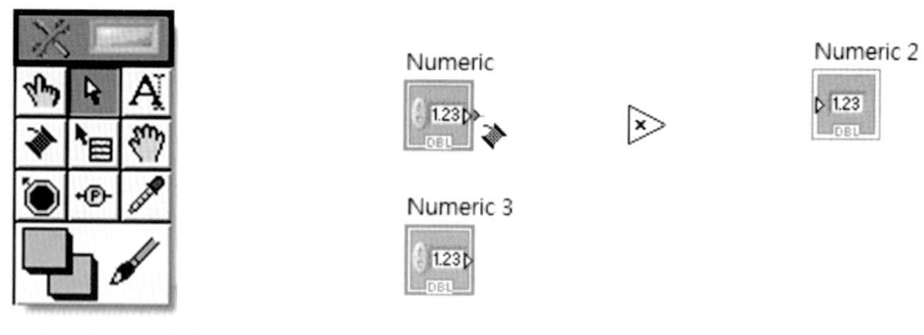

設定工具面板為自動選項　　自動變換成接線捲軸的圖示

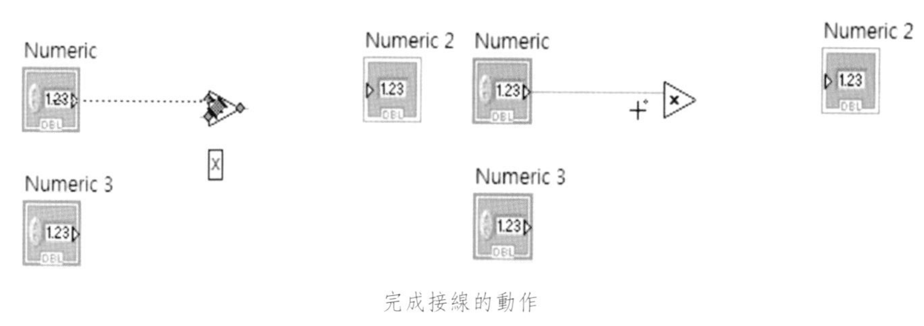

完成接線的動作

圖 8.24　自動感應接線

2. 選擇手動接線：首先設定好工具面板爲接線選項，選擇後滑鼠會出現接線捲軸的圖示。再將滑鼠移至接線點，點擊滑鼠左鍵即可開始接線，再將滑鼠移至另一接點，即可完成接線的動作，如圖 8.25 所示。

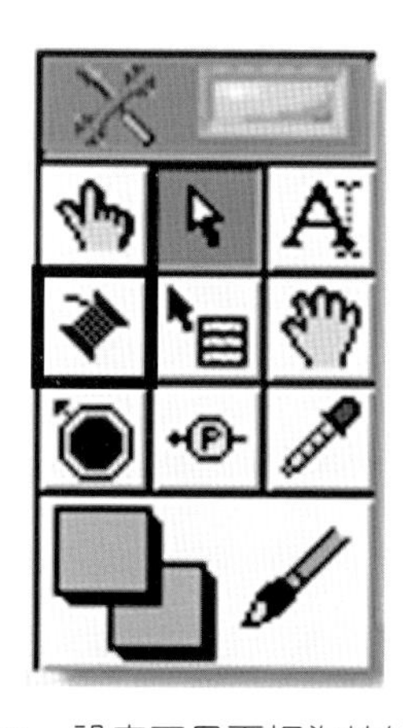

圖 8.25　設定工具面板為接線選項

• **斷線**

當您在接線時，誤將不同的輸出、輸入格式或內容接在一起，則會出現斷線的情形。在您將錯誤的接線更正前，程式的執行鍵將會出現無法執行的圖示。您可以選取線段後刪除或使用快速鍵 Ctrl+B 清除所有斷線，如圖 8.26 所示。

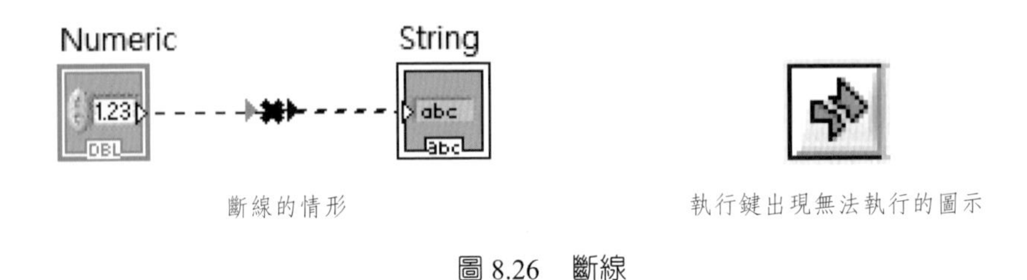

圖 8.26　斷線

• **畫線小技巧**

1. 接線時轉彎：在接線時的第一次轉彎可直接透過移動滑鼠達成，如有二次以上轉彎時則須在轉彎處點擊滑鼠左鍵即可將線段轉彎。

2. 取消畫線：接線時若想取消接線則只需點擊滑鼠右鍵或鍵盤上的 ESC 即可取消掉。

3. 移動線：將滑鼠靠近線段上先會出現接線捲軸的圖示，再繼續移動至線段上方會出現接定位箭頭的圖示，點選後即可直接移動線或以鍵盤上下左右鍵移動線。

4. 連線至可視範圍外的區域：點選接線後將滑鼠移至邊框捲軸上，畫面會逐漸移動至可視範圍之外，即可完成可視範圍外區域的接線，如圖 8.27 所示。

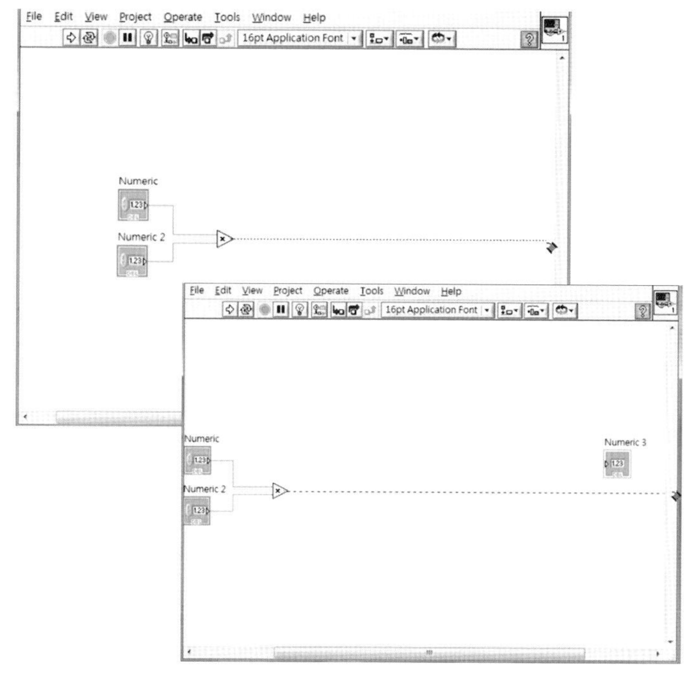

圖 8.27　連線至可視範圍外的區域

5. 快速產生預設的常數、控制元件、顯示元件：我們可以在 icon 上的接點或線段上點擊滑鼠右鍵，選擇 Creat/Constant or control or indicator ，即可快速產生預設的常數、控制元件、顯示元件，如圖 8.28 所示。

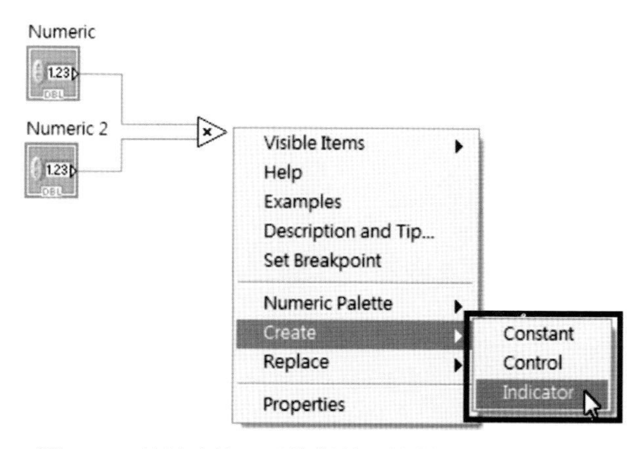

圖 8.28　快速產生預設的常數、控制元件、顯示元件

8-2-4 執行VI程式

在上個單元完成接線後，緊接著我們就可以進入到撰寫程式的最後一個步驟——執行程式。在本單元中，我們除了執行所撰寫的程式之外，還會介紹撰寫 LabVIEW 程式所需的資料流觀念以及閱讀錯誤訊息、排除錯誤的方式。

• 資料流的觀念（Dataflow Programming）

要了解資料流的觀念，首先我們要先執行程式與開啓 Execution Highlighting Button。以本單元所用的乘法案例，我們將其複製並放置如圖 8.29 所示。在程式執行後我們能發現下列資料流的觀念：

1. 程式執行後所有的輸入元件同時將資料流入運算元件，不會因擺放的位置不同而有先後流入的情形。

2. 資料流入運算元件後由於處理器運算的關係，會逐一的將運算結果輸出，輸出的順序由後建立的控制元件先輸出運算結果；先建立的輸入元件最後輸出運算結果。

3. 資料的流動方向皆爲由左向右流動。

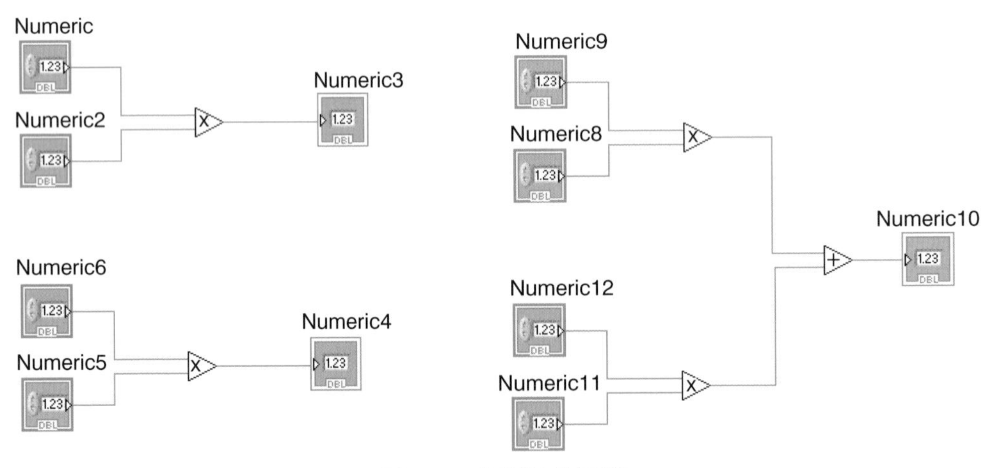

圖 8.29　資料流的範例

• **區域變數（Local Variable）**

本單元所建立的輸出或輸入元件，在某些程式我們可以運用區域變數來達到簡化接線的複雜度。以下列的範例來看，兩個輸入元件經過運算後要輸出四個輸出元件，我們很難發現減法的輸入接點接反了，因此我們可以藉由分身來簡化接線並降低接線上的錯誤，如圖 8.30 所示。

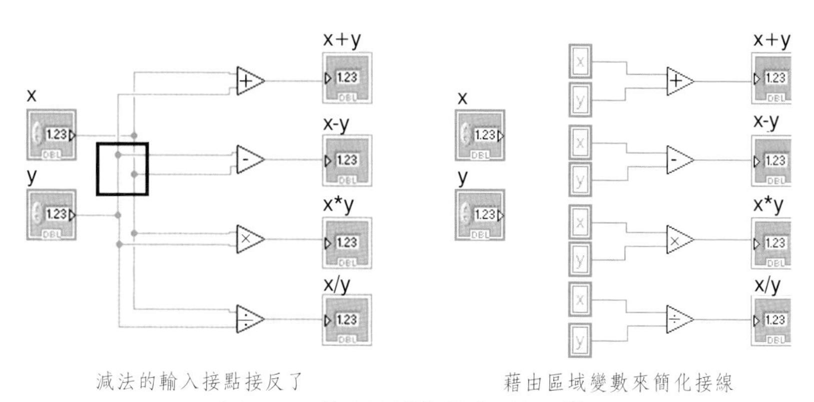

圖 8.30　藉由區域變數避免接現錯誤

分身的作法非常簡單，只需在輸出或輸入單元上點擊滑鼠右鍵 Create/Local Variable 即可產生一分身出來，如圖 8.31 所示。

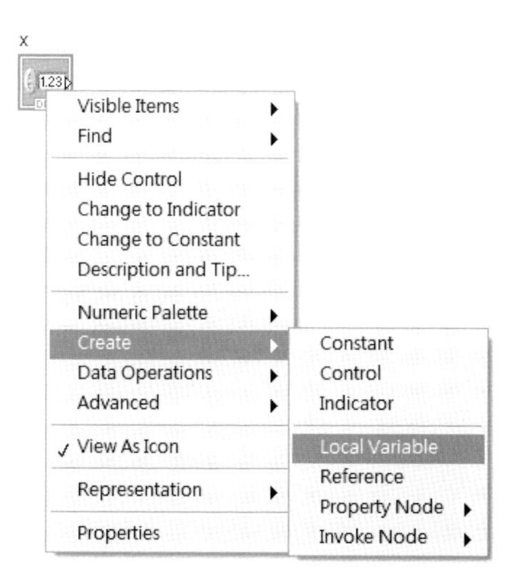

圖 8.31　分身的產生路徑

分身產生後我們可依照程式所需自行去變更分身爲讀出性質或寫入性質，其更改的方法是在創造的分身上點擊滑鼠右鍵，選擇 Change To Write 或 Change To Read，如圖 8.32 所示。

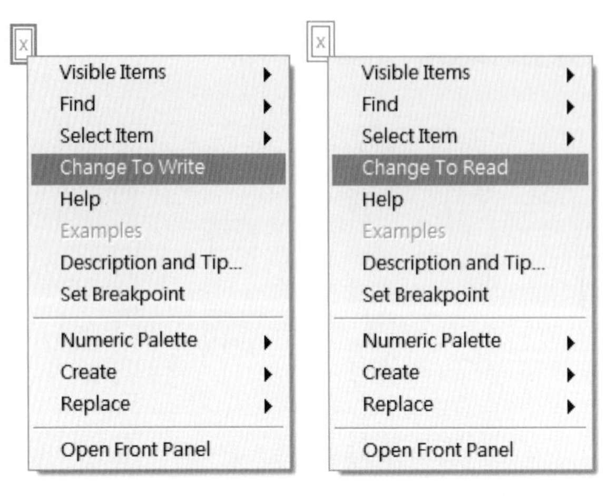

圖 8.32　變更分身為讀出性質或寫入性質

• **常見的錯誤訊息與錯誤排除**

進入執行程式的階段後，緊接著就是最重要的閱讀錯誤訊息與錯誤排除。以下將會介紹常見的錯誤訊息與排除方式。

1. 輸出或輸入錯誤的數值資料格式：數值格式的選用錯誤有時候可能不會影響程式的執行，但LabVIEW 還是會以紅點的錯誤訊息提醒您，如圖 8.33 所示。

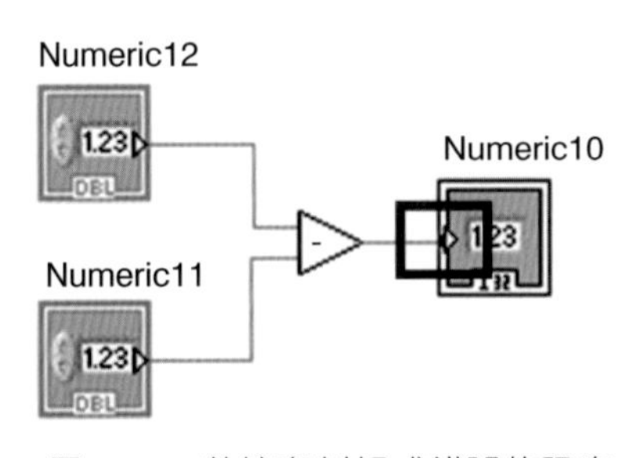

圖 8.33　數值資料格式錯誤的訊息

2. 輸出或輸入錯誤的數值資料格式的錯誤排除：上述的案例中，輸入的數值格式為 DBL ，但輸出的數值格式為 I32。故我們僅需在該輸出元件上滑鼠點擊右鍵，選擇 Representation/Double Precision，如圖 8.34 所示。

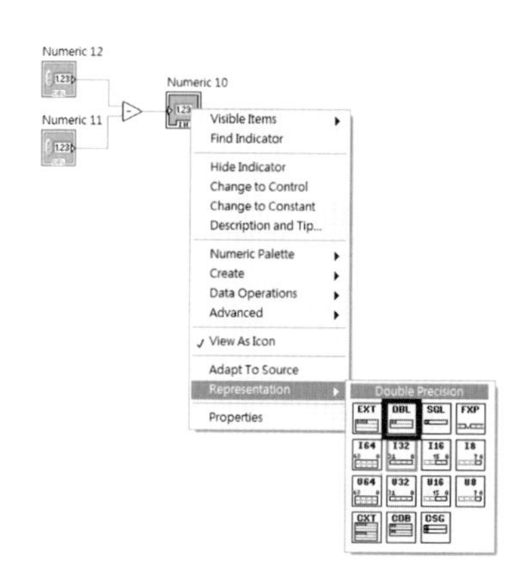

圖 8.34　更改數值資料格式

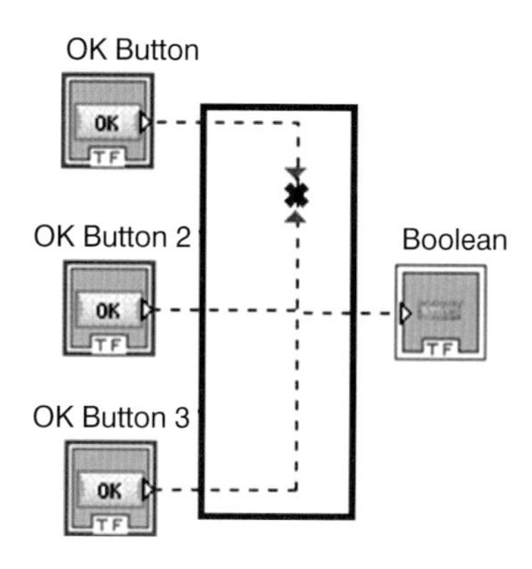

圖 8.35　錯誤的布林接線訊息

3. 兩個以上的布林控制元件或輸出同時接到一個布林輸出：這種情形常發生在有兩個以上的布林控制元件或輸出，想要觸發或控制一個布林輸出，如圖 8.35 所示。此為初學者常犯在接線上觀念的錯誤。

4. 兩個以上的布林控制元件或輸出同時接到一個布林輸出的錯誤排除：上述的案例中，如要有兩個以上的布林控制元件或輸出，想要觸發或控制一個布林輸出。我們可以運用 Compound Arithmetic ，以 Or 布林判斷使三個布林控制可以接到一個布林輸出，如圖 8.36 所示。

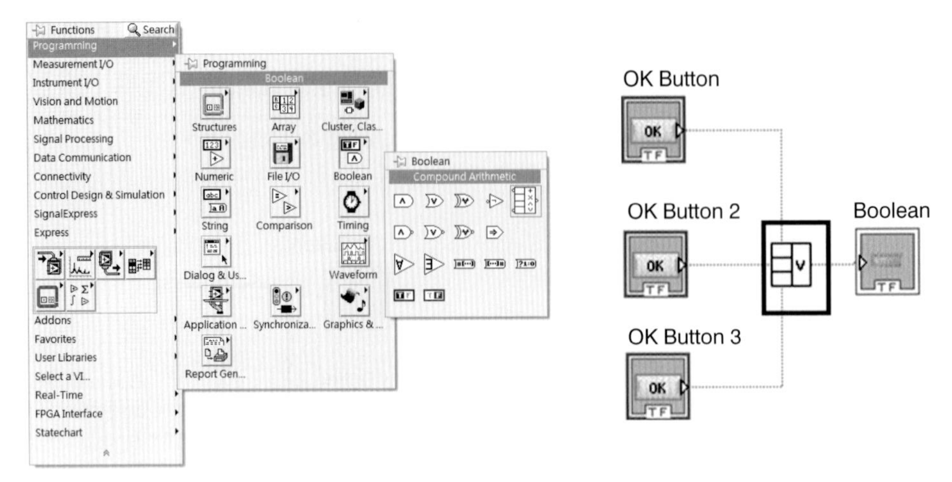

圖 8.36　以 Compound Arithmetic 連結三個布林控制

• **Error List**

除了上一個單元常見的錯誤訊息外，可能發生錯誤情形難以預期，因此，本單元會介紹 Error List 來快速搜尋出錯誤的地方。我們可以利用快速鍵 Ctrl+L 將 Error List 視窗開啓，如圖 8.37 所示。在 Error List 視窗中會有三個文字顯示區，分別爲 Items with errors 、errors and warnings 、Details 。

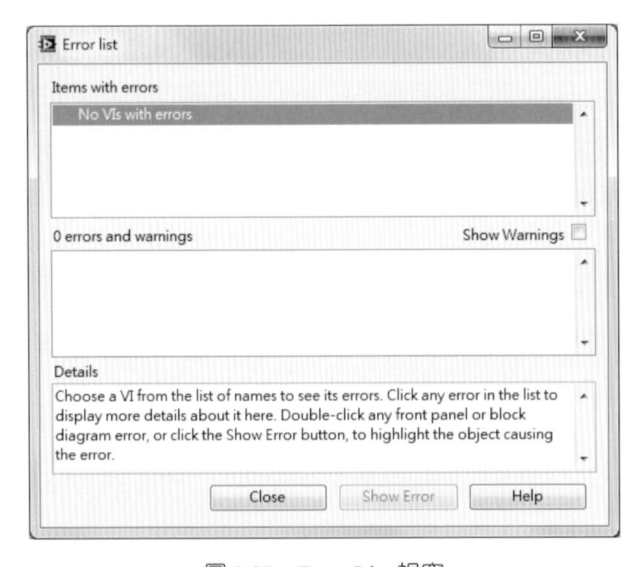

圖 8.37　Error List 視窗

1. Items with errors 文字顯示區：主要顯示錯誤的檔案名稱。
2. errors and warnings 文字顯示區：主要顯示錯誤的區域與簡單的錯誤描述。
3. Details 文字顯示區：主要顯示該錯誤的詳細描述。

我們以上一個單元的錯誤範例來看 Error List 的顯示情形。布林接線錯誤會造成程式無法執行，即使我們強制執行程式，Error List 在不起動的情況下亦會自動跳出視窗，如圖 8.38 所示。

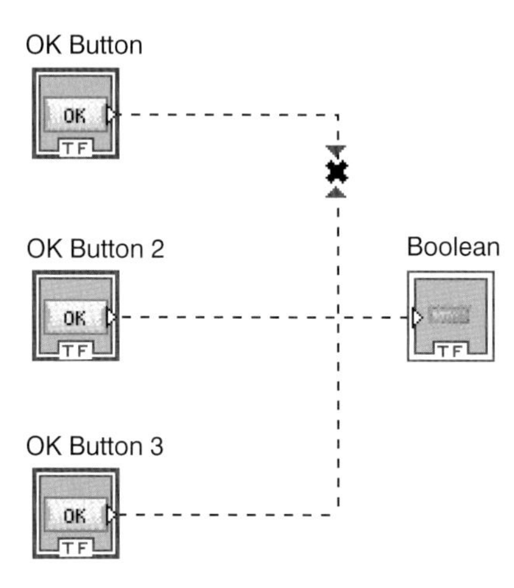

圖 8.38 (a) 錯誤的範例

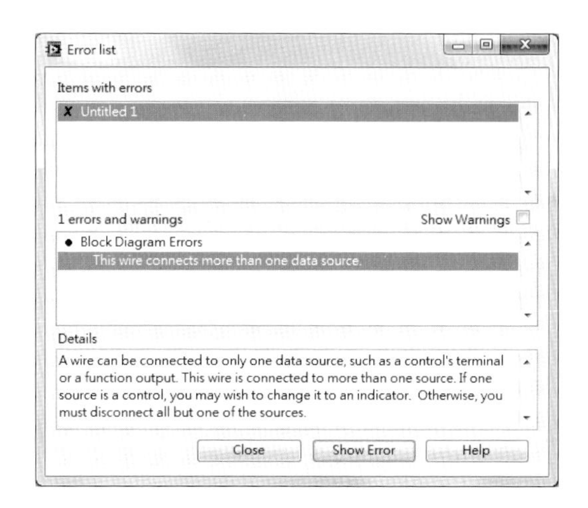

圖 8.38 (b)Error List 範例視窗

8-3 迴圈與結構

迴圈是連續執行的程式，我們可定義迴圈的次數或迴圈停止條件，在處理重複性的工作非常方便，它可以執行相同的程式片段，還可以讓程式結構化，在本單元裡我們將會介紹 For 迴圈與 While 迴圈。而結構的作用在於有條件式的執行結構內的程式，常用的結構包含有條件結構（Case Structures）、順序結構（Sequence Structures）和事件結構（Event Structures），在我們了解上述之迴圈與結構的特性後，可以選用適當的功能應用於程式撰寫上。

8-3-1 For 迴圈

For 迴圈是屬於連續執行的迴圈，根據程式的需求，我們可以定義迴圈要執行的次數，即可讓迴圈內的程式內容重覆執行。其位置於程式方塊區按滑鼠右鍵—— Programming/Structures/For Loop ，放置於在程式方塊區時我們拖曳所需的迴圈大小，如圖 8.39 所示。

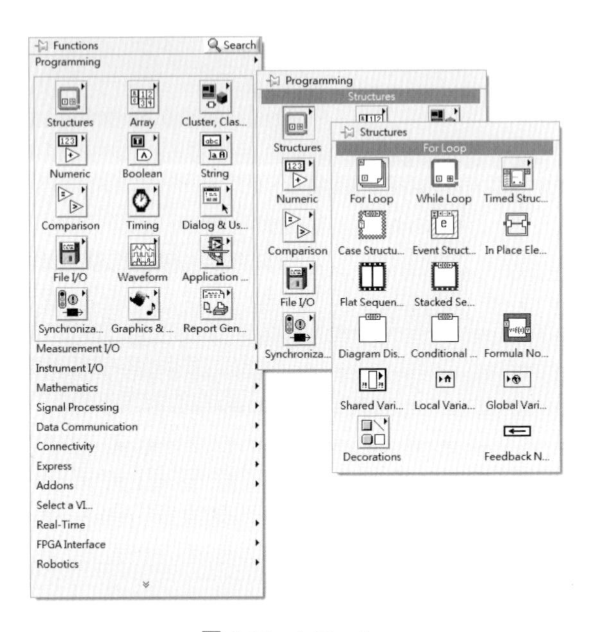

圖 8.39　(a)For Loop

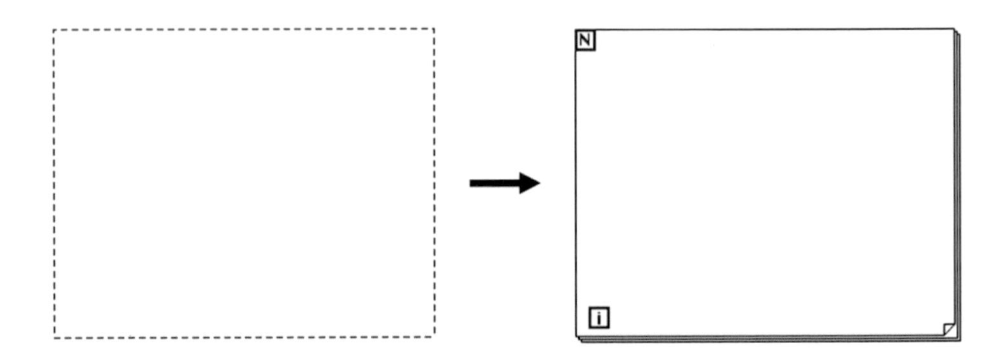

圖 8.39　(b) 拖曳所需的 For 迴圈大小

在 LabVIEW 所提供的 For 迴圈有兩個端點：分別爲執行次數的端點，以及迴圈的執行累加計數點。在此特別注意 For 迴圈計算迴圈的方式，是從 0 開始至所設定的迴圈數，但最後一次不執行後跳出，故迴圈的執行次數由端點輸入值決定。

For Loop 結構有兩端點：N 爲執行次數的端點，設定迴圈執行的次數。i 爲輸出此迴圈正在執行的次數值，如圖 8.40。前面我們有提到 For Loop 的 N 輸入端點是從 0 開始計數。譬如：N 輸入端點爲 6，則 i 會從 0 循環到 5，總共是循環六次（0 → 1 → 2 → 3 → 4 → 5），進入第六次後不執行跳出迴圈。

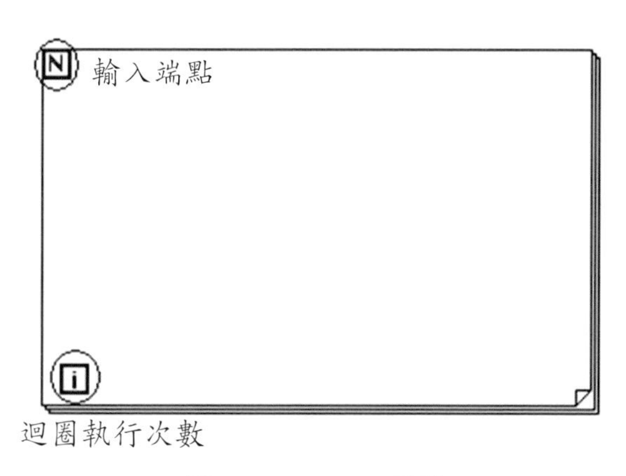

圖 8.40　For Loop 結構

Wait Until Next ms Multiple：節拍器是用來控制迴圈重復執行之間的延遲時間，通常使用在迴圈結構，單位爲毫秒。在這邊我們要特別注意節拍器的延遲作用是在上個執行結束與下一個執行開始之間，程式執行的第一次迴圈沒有延遲作用。

範例：設計一個 For Loop 執行六次，產生六個隨機數值，並乘以十倍，將結果顯示在輸出顯示上，i 端點上加入一個顯示功能顯示迴圈執行次數。由於迴圈很快就會循環結束，所以我們外加一個毫秒計數控制迴圈延遲時間，以方便我們觀察迴圈輸出值的過程，如圖 8.41 所示。

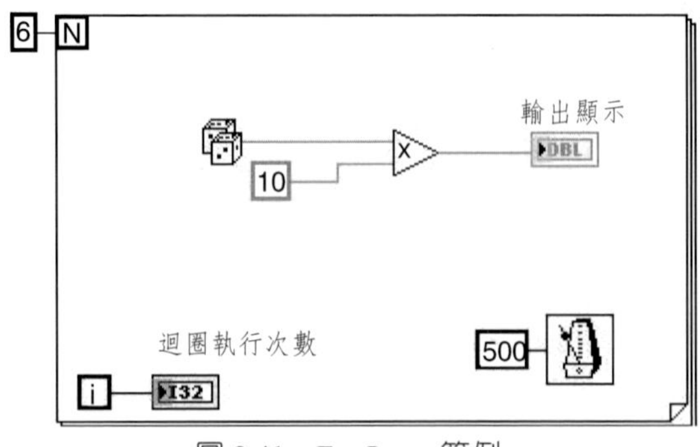

圖 8.41　For Loop 範例

8-3-2 While 迴圈

While 迴圈是屬於連續執行的迴圈，依據判斷條件的真（true）或是假（false）來決定迴圈的停止或開始。其位置於程式方塊區按滑鼠右鍵—— Programming/Structures/While Loop ，放置於在程式方塊區時我們需拖曳所需的迴圈大小，如圖 8.42 所示。

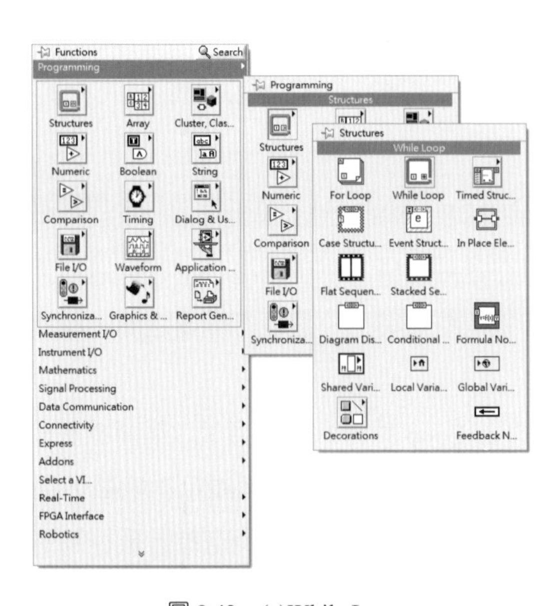

圖 8.42　(a)While Loop

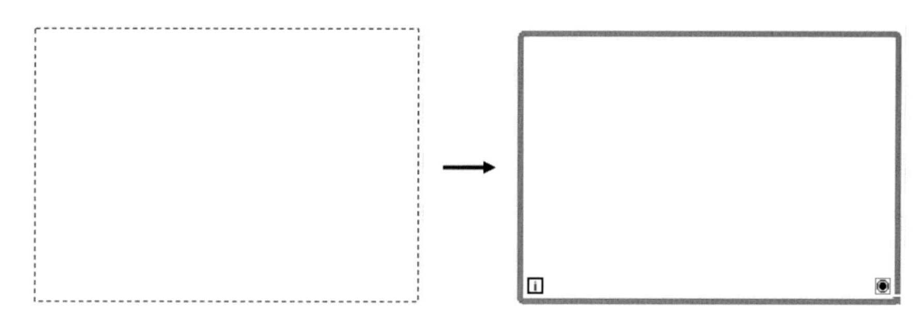

圖 8.42 (b) 拖曳所需的 While 迴圈大小

While 迴圈有兩個端點：分別爲迴圈的執行計次終端點，以及條件終端點。[i] 爲計次終端點（Iteration Terminal）：顯示此迴圈已完成執行的次數。 Stop if true 爲布林條件，當程式所執行的輸出結果爲 True 時，迴圈內會停止執行。 Continue if true 爲布林條件，當程式所執行的輸出結果爲 True 時，迴圈內會繼續執行，如圖 8.43 所示。

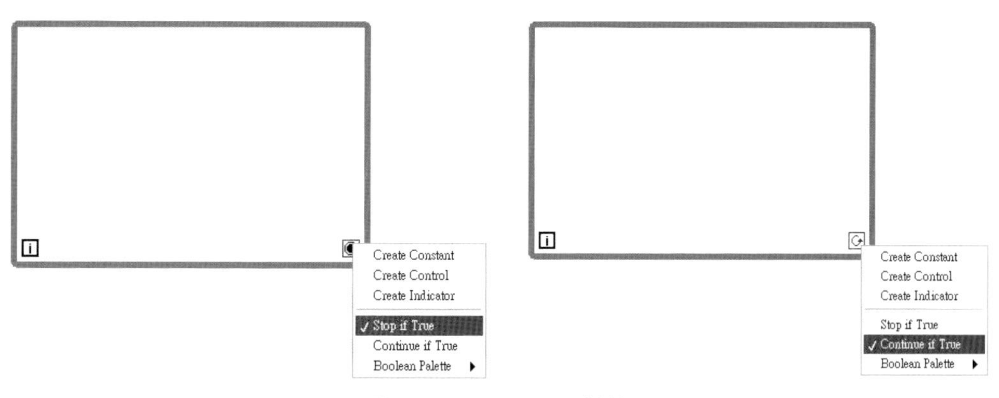

圖 8.43 While Loop 結構

範例：當輸入數值大於或等於 4 時，布林輸入爲 TURE，則停止程式運轉。反之，輸入數值小於 4 時，布林輸入爲 FALSE，則程式繼續運轉，如圖 8.44 所示。

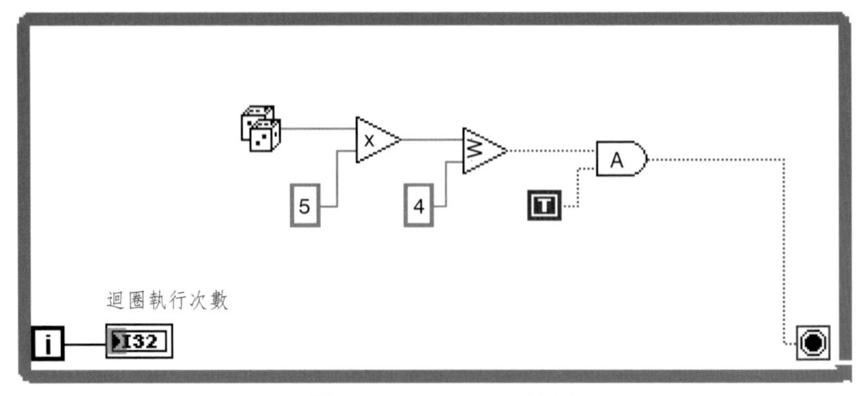

圖 8.44　While Loop 範例

8-3-3 移位暫存器（Shift Registers）的功能

移位暫存器（Shift Registers）可將數值暫存傳送至下一次執行的迴圈中。在建立移位暫存器之前，必須先建立迴圈。在 For 迴圈上增加移位暫存器：位於 For Loop 的邊框上按下滑鼠右鍵→點選 Add Shift Register，如圖 8.45 所示。

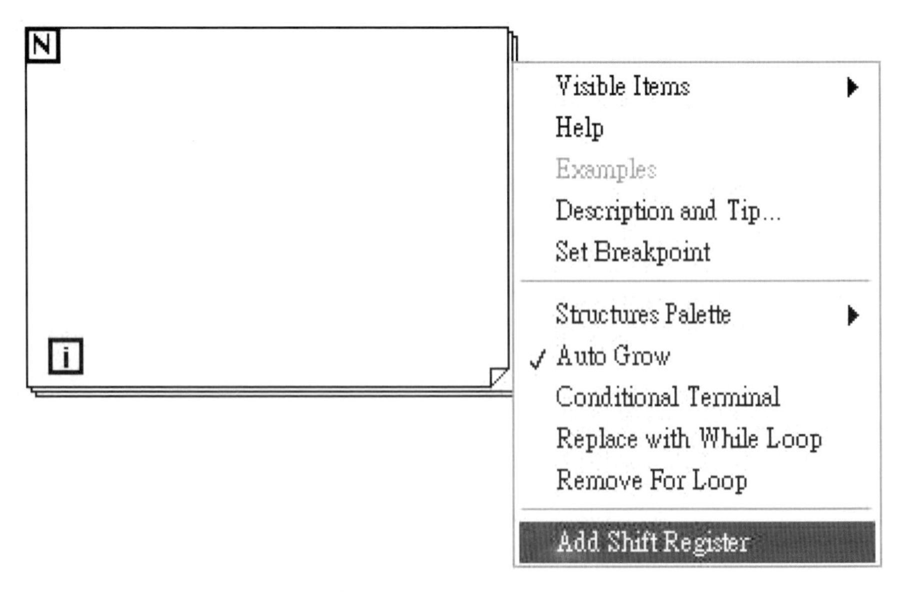

圖 8.45　Add Shift Register

移位暫存器（Shift Registers）結構：位於 For Loop 的邊框上有一對上下的箭頭，右側向上箭頭在執行程式完畢後會儲存資料，此資料會傳送至左側向下箭頭，以此一直循環到程式結束，如圖 8.46 所示。

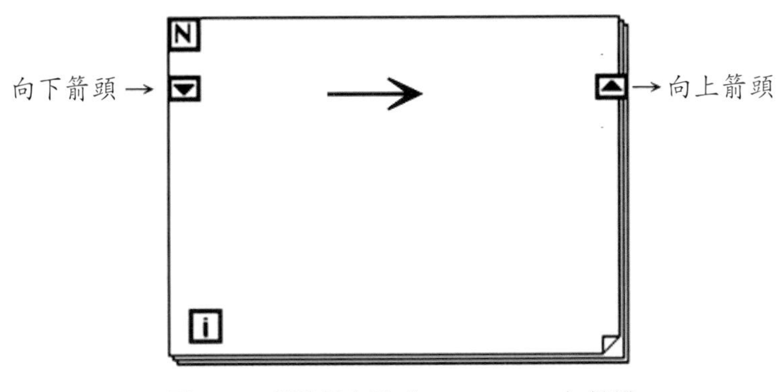

圖 8.46　移位暫存器（Shift Registers）結構

範例：設計一個從 0 加到 10（0+1+2+……+10）的程式。由於 0 到 10 共 11 個數字，迴圈需要執行 11 次。向下箭頭前加一個常數 0 可以使下次迴圈執行時，將最終值歸 0，以免持續的累加上去。如圖 9.47 所示。第一次執行時，向下箭頭值爲 0，執行迴圈次數爲 0，向上箭頭值爲 0；第二次執行時，向下箭頭值爲 0，執行迴圈次數爲 1，向上箭頭值爲 1；第三次執行時，向下箭頭值爲 1，執行迴圈次數爲 2，向上箭頭值爲 3 。以此類推。如表 8-1 所示。

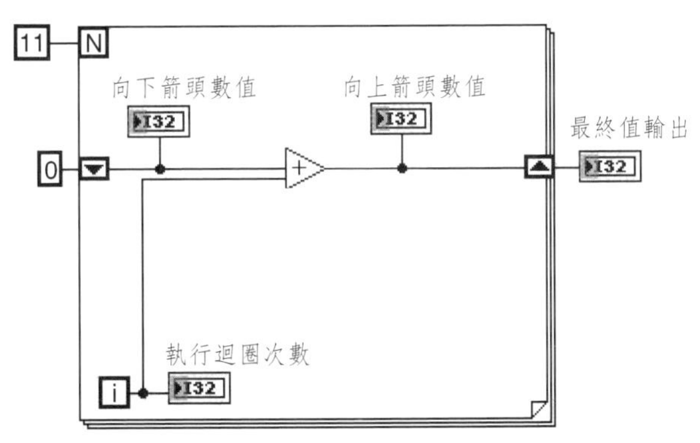

圖 8.47　移位暫存器（Shift Registers）範例

表8-1　For Loop數值的變化

向下箭頭值 a	執行迴圈次數 b	向上箭頭值（a+b）
0	0	0
0	1	1
1	2	3
3	3	6
6	4	10
10	5	15
15	6	21
21	7	28
28	8	36
36	9	45
45	10	55

8-4 陣列與資料叢集

本單元將介紹陣列與資料叢集，瞭解陣列運算之型態，並且介紹各種陣列處理函數，學習如何使用程式設計輸出陣列，如建立一維陣列以及二維陣列。介紹給讀者資料叢集觀念及其運用方式、排序，如何建立叢集、解除叢集。教各位讀者如何在陣列與叢集中轉換。

8-4-1 陣列處理函數

在 LabVIEW 當中，提供了許多關於處理陣列函數的方式，並將其包裝成 Icon 的形式，大大縮短了使用者在這方面程式撰寫的時間，使用這些圖示並不像其他文字程式當需進行冗長的撰寫。接著讓我們看看這些陣列處理函數到底在哪呢？它們都 Function 面板 → Programming → Array 的子面板當中，如圖 8.48 所示。接下來就爲各位介紹幾個常用的陣列處理函數吧，包含了 Initialize Array、Array Size 、Build Array、Array Subset、Index Array 、Replace Array Subset、Insert Into Array 、Delete From Array 、Array Max & Min，這些函數都十分重要，接下來請各位讀者耐心一一的看完它們並且實際演練演練吧。

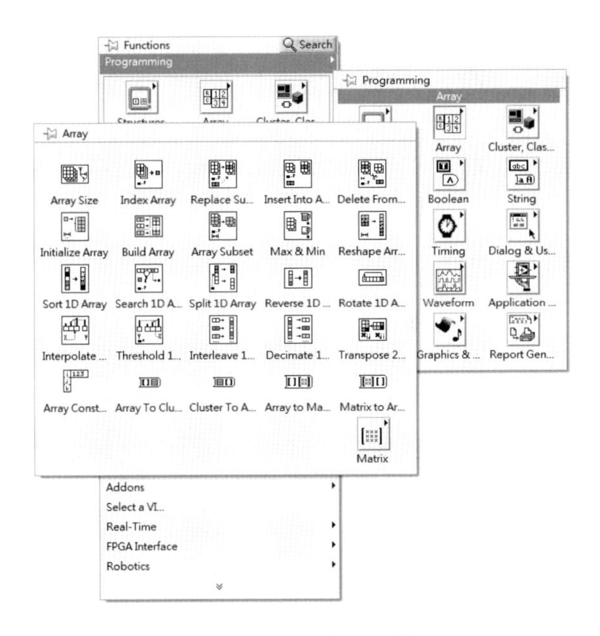

圖 8.48　陣列處理函數

到目前爲止，我們提到的數值只在純量數（scalar numbers）的階段：因此在本章節當中，我們將爲各位讀者提到陣列的觀念。在 LabVIEW 當中的陣列所指的是一群全部皆爲相同資料型態的資料元素集合。在一維陣列當中，包含多達 231 個元素（當然，要用到 231 個元素的前提要有足夠的記憶體），第一個元素之初始值由 0 開始，第二個元素之位置則爲 1，以此類推至第 N 個元素其位置爲 N-1。以下圖 8.49 來說，此爲一張包含了 10 個元素之一維陣列。

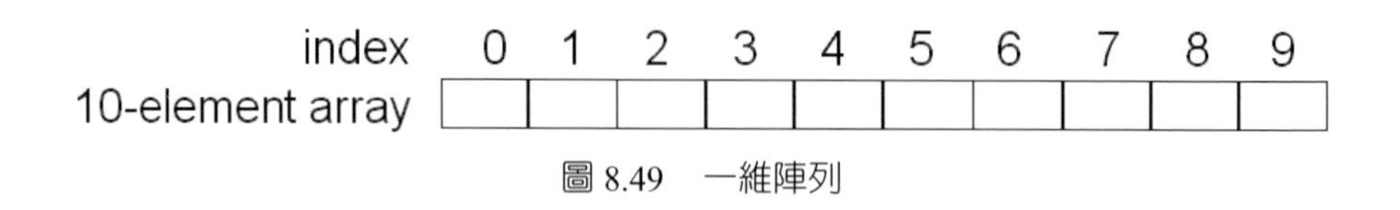

圖 8.49　一維陣列

• 建立一維陣列

在建立陣列資料之控制器及顯示器時，將利用到陣列外框（Array Shell）及資料物件（Data Object）所組成，其資料的型態可以為數值、布林、路徑、字串，其建立方法如下：步驟 A：將控制面板當中的 Modern → Array Matrix & Cluster → Array 提出，並移至人機介面區。步驟 B：接著再由控制面板當中提出控制器或顯示器物件，以拖曳之方式放入步驟 A 提出的陣列外框當中，如圖 8.50 所示。

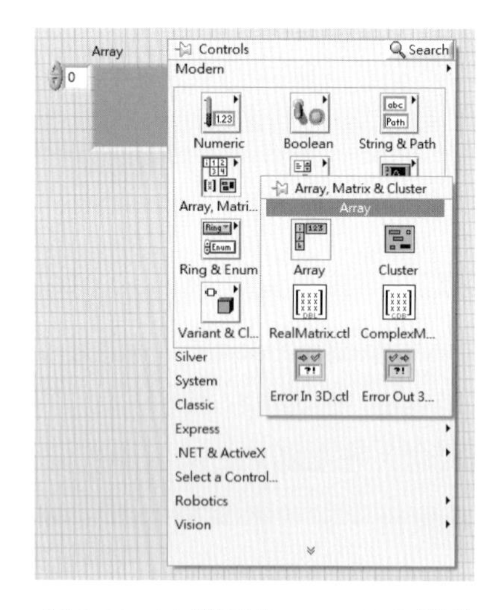

圖 8.50　(a) 將圖示 Array Shell 提出

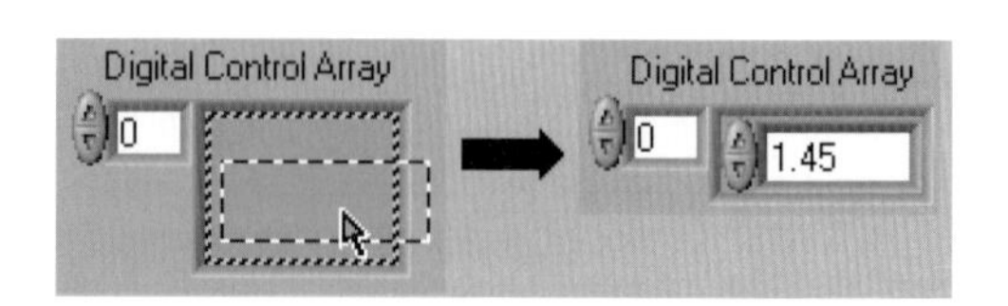

圖 8.50　(b) 將物件放入 ArrayShell

若需建立常數的陣列資料型式，方法與建立控制器、顯示器的方式相似。將功能面板當中的 Programming → Array → Array Constant 提出，並移至人機介面區，接著再由控制面板當中提出控制器或顯示器物件，以拖曳之方式放入提出的陣列外框當中，如圖 8.51 所示。

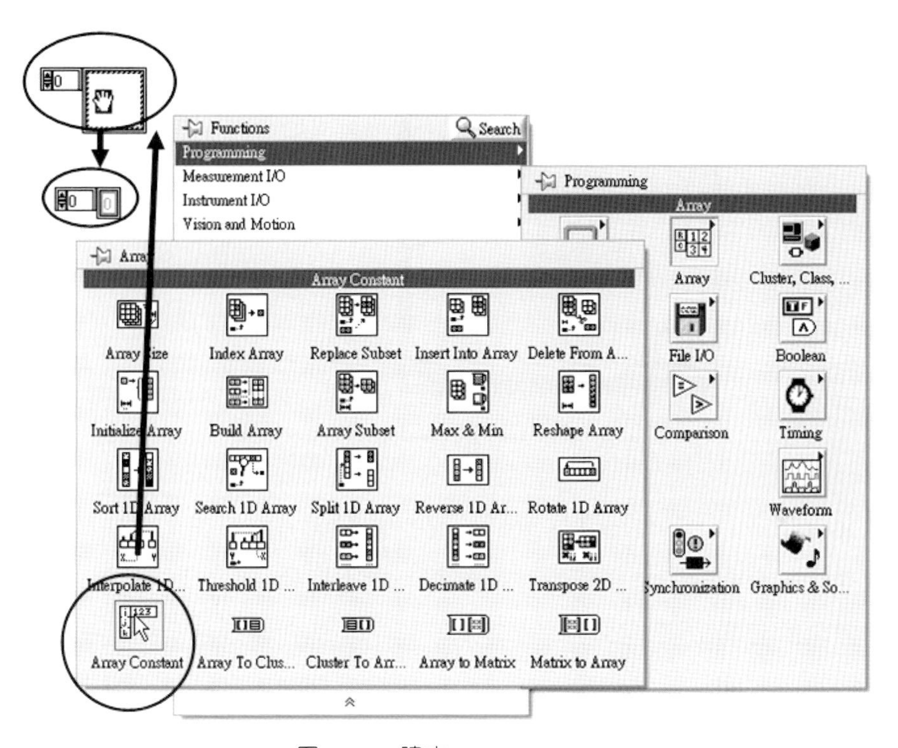

圖 8.51　建立 Array Constant

範例：以程式設計輸出一維陣列，此範例主要是利用迴圈來建立一維陣列，包含了設定自動索引（Auto Indexing）之功能。以 For Loop 建立一維陣列之方式為例子，將建立之步驟寫出給讀者明瞭。

步驟 A：將功能面板當中的 Programming → Strctures → For Loop 提出至程式區，並設定好執行次數 6。

步驟 B：將功能面板當中的 Programming → Numeric → Random Number 提出放至 For Loop 當中，創造一個一維陣列之顯示器並將其與 Random Number 連接（如圖 8.52 所示），即建立起簡單的一維陣列程式。

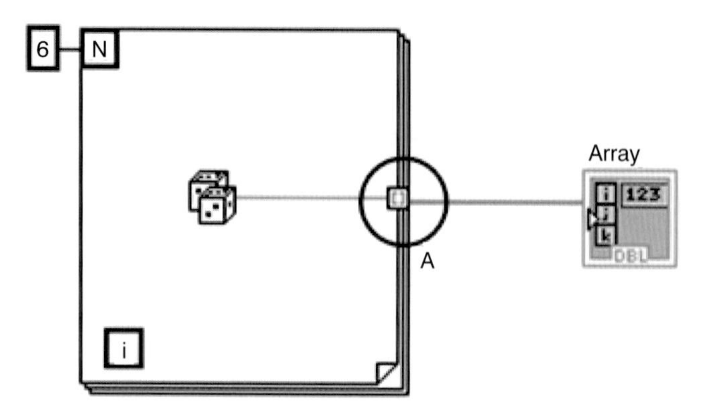

圖 8.52　將 Array 與 Random Number 連接

在此程式當中，各位讀者注意到上圖的 A 點地方之符號，此種型態爲自動索引之功能。自動索引之功能爲在迴圈每一次重複執行時，將會送出一個值至顯示器當中的元素位置，以此方式累加至設定次數到達爲止；當我們將自動索引功能取消時，顯示器當中第一個元素位置每次會顯示最後一次送出的數值，因此所接收之顯示器型態不能爲陣列形式，而爲一單純形式的數值，如圖 8.53 所示。

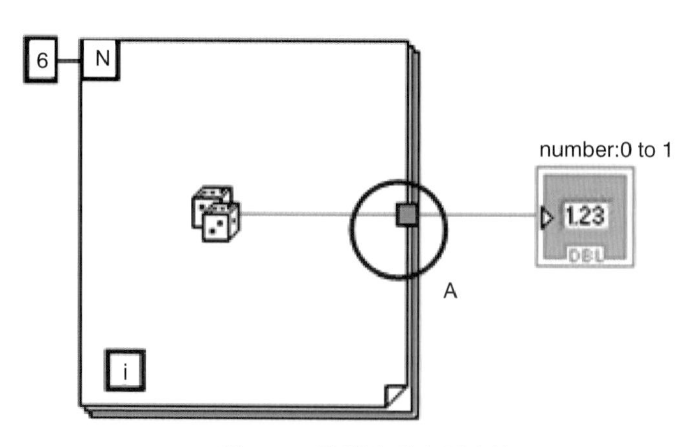

圖 8.53　取消自動索引功能

• **二維陣列**

在二維陣列當中，會把元素分為兩個索引值：行索引（Column Index）及列索引（Row Index），兩者之初始值皆由 0 作為初始值，如圖 8.54 所示，為一個 5 行 4 列的二維陣列。

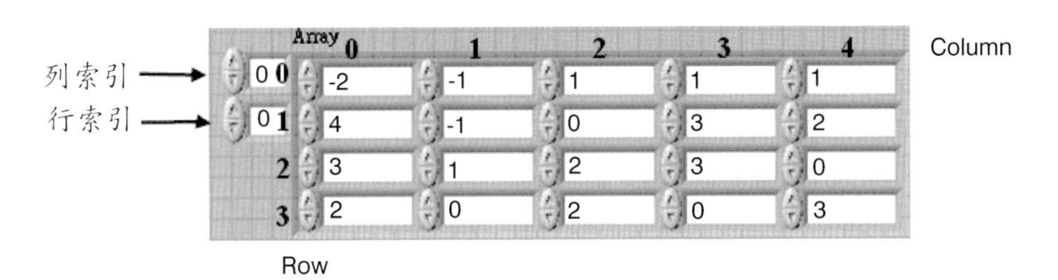

圖 8.54　5×4 二維陣列

在創建二維陣列時，可先建立一維陣列，接著再由一維陣列將其拓展為二維陣列。方法首先將滑鼠游標移至陣列索引的邊框，在邊框右下角按住滑鼠左鍵以拖曳的方式將其往下拉一層，即可完成二維陣列的建立，如圖 8.55 所示。

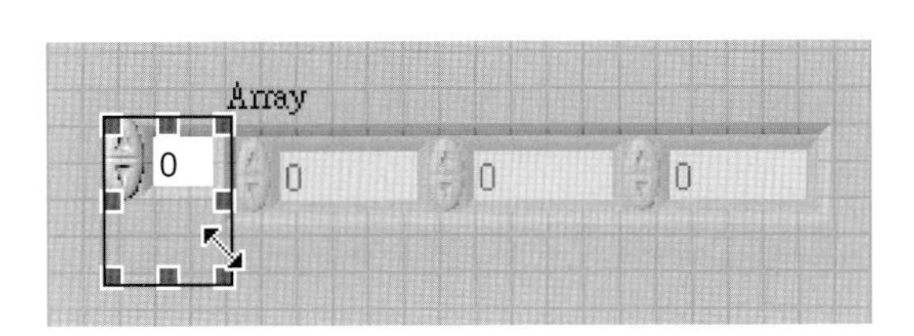

圖 8.55　建立二維陣列之方式

範例：以程式設計輸出二維陣列，若想由程式自動產生一個二維陣列時，我們可以使用兩個 For Loop 配上一個 Random Number 來建立。其方法如下：首先放置一個 For Loop 及 Random Number，此迴圈當中輸出產生的是一個 1 列數行的一維陣列。再將外部包上一個 For Loop，則可建立出一個數行數列之二維陣列。如圖 8.56 所示，為一個 6 行 ×4 列之二維陣列。

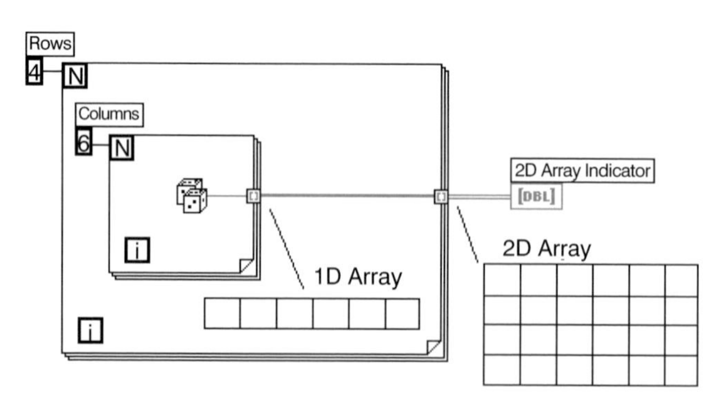

圖 8.56　由程式產生出 6 行 ×4 列之二維陣列

8-4-2 陣列運算的形態Polymorphism

在 LabVIEW 的加、減、乘、除 …… 等函數運算當中所表示的函數可以有不同的資料型態，像是純量、陣列，我們可由下圖 8.57 Polymorphism 運算型態中一些不同種類的運算來舉例說明之。

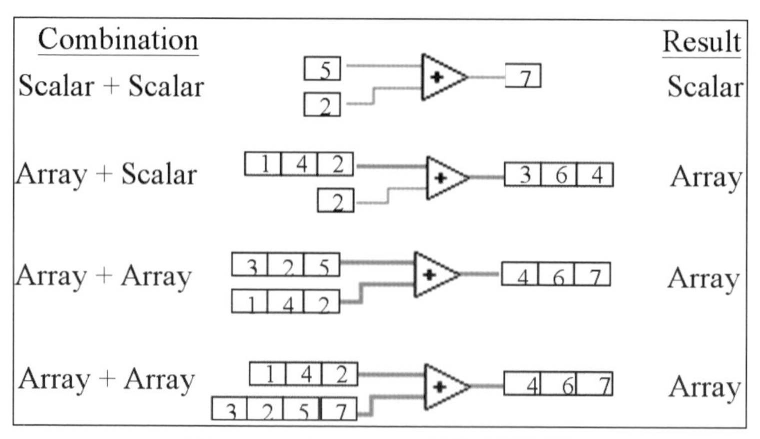

圖 8.57　Polymorphism 運算型態範例

上圖的範例我們藉由加法運算函數來作說明，其他運算函數以此類推。在第一組的運算範例當中，輸出是一個純數（將兩個純數相加所得的結果）；在第二組的運算範例當中，輸出是一個陣列（將一組陣列及一個純數相加所得的結果）；在第三組的運算範例當中，輸出是一組陣列（將兩組陣列相加所得的結果）；在第四組的運算範例當中，輸出是一組包含三個元素的陣列（將一組三個元素及一組四個元素的陣列相加所得的結果）。

8-4-3 叢集

叢集（Cluster）本身是一種資料結構，它結合一個或是數個資料物件來組成一個新的資料型態，但是有人會問說：「那叢集與陣列有何不同呢？」。它們最大的差異在於，陣列（Array）中的物件所要求的性質必須要相同；而相反的，叢集（Cluster）可允許不同的資料型式如布林、字串及數值等資料類型，因此叢集十分類似文字式設計語言的紀錄（record）。

在建立叢集資料之控制器及顯示器時，將利用到叢集外框（Cluster Shell）及不同的資料物件（Data Object）所組成，其資料的型態可以爲數值、布林、路徑、字串，其建立方法如下：

步驟 A：將控制面板當中的 Modern → Array Matrix & Cluster → Cluster 提出，並移至人機介面區，如圖 8.58 所示。

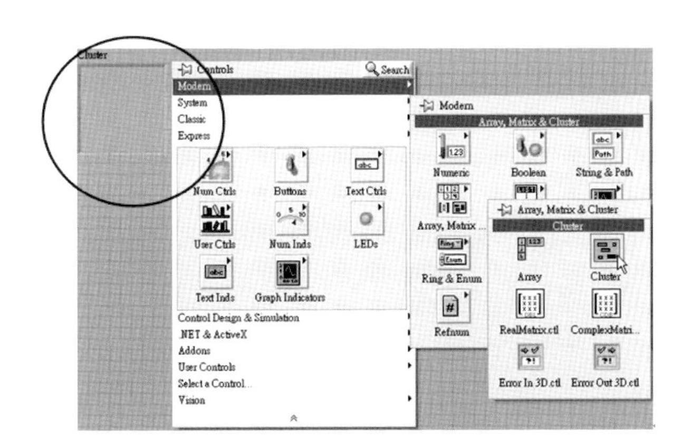

圖 8.58　將圖示 Cluster Shell 提出

步驟 B：接著再由控制面板當中提出控制器或顯示器物件，以拖曳之方式放入步驟 A 提出的叢集外框當中，如圖 8.59 所示。

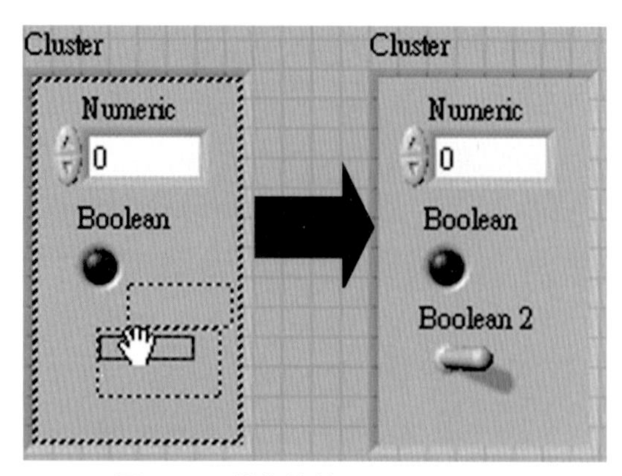

圖 8.59　將物件放入 Cluster Shell

若需建立常數的叢集資料型式，方法與建立控制器、顯示器的方式相似。將功能面板當中的 Programming → Cluster, Class, & Variant → Cluster Constant 提出，並移至人機介面區，接著再由控制面板當中提出控制器或顯示器物件，以拖曳之方式放入提出的叢集外框當中，如圖 8.60 所示。

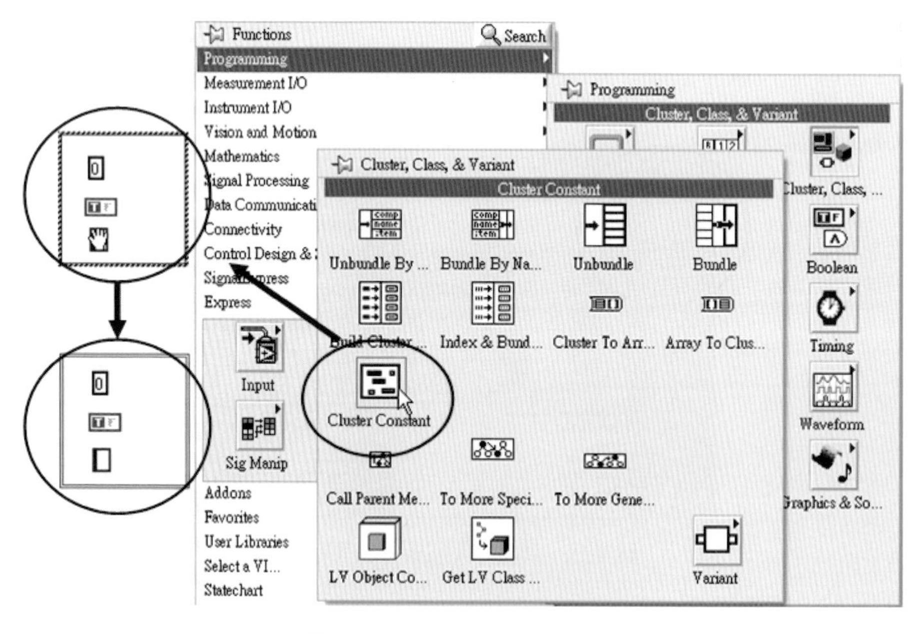

圖 8.60　建立 Cluster Constant

• **資料叢集的排序**

當我們在整理叢集當中的資料時，其內部各項資料的順序安排是十分重要的，叢集物件的邏輯順序與在框內的位置並無關係。叢集框內的第一個物件順序被預設爲 0，而第二個物件的順序則預設爲 1，第三爲 2、第四爲 3…… 等物件以此類推。在這樣的順序當中，若使用者將其中的物件刪除時，其他的物件便會重新自動調整對應的順序。接著就進入主題，教各位讀者如何進行叢集中物件的排序，將滑鼠移動到叢集外框邊上，按下滑鼠右鍵，點選 Reorder Controls In Cluster，如下圖 8.61 所示。

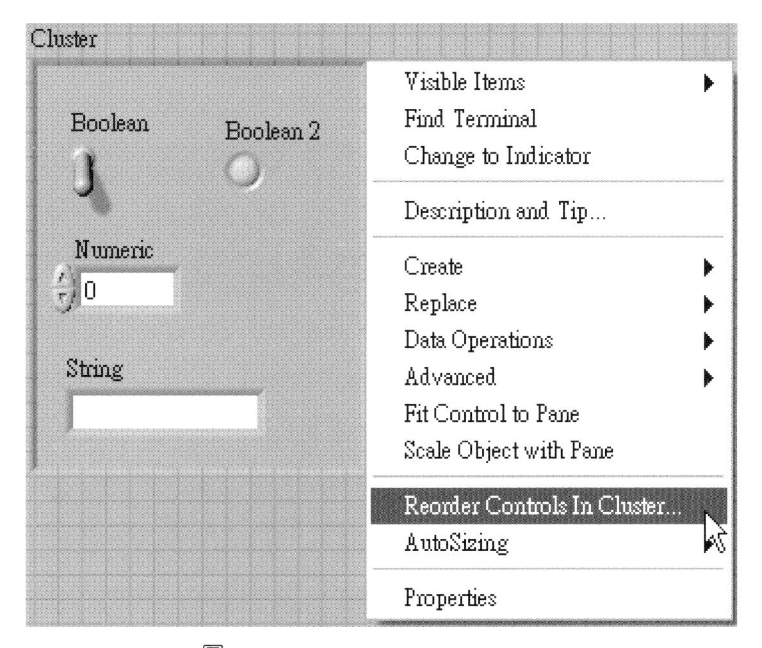

圖 8.61　Reorder Controls In Cluster

當按下 Reorder Controls In Cluster 後，人機介面區的程式面板會改變，一個新的叢集按鈕會取代原來之工具列，而改變後的叢集狀態也會在面板當中直接顯示出來，如圖 8.62 所示之情況。圖中的白底灰字的部份爲原來物件順序的數字，而黑底白字的部份則爲欲設定之新物件順序的數字。

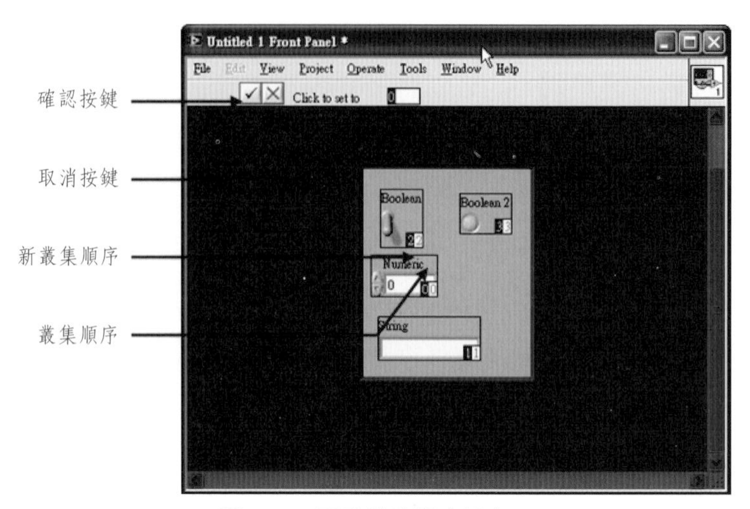

圖 8.62　更改叢集順序視窗

當使用者在設定叢集物件的順序時，將欲設定順序數字由 Click to set to 右邊的區域鍵入完成，將滑鼠指向欲設定的物件當中的黑底白字的地方，並且按下滑鼠左鍵，逐一重複上述動作即完成叢集順序的設定，最後由滑鼠點選左上角的確認按鍵，即可將改變後的順序號碼儲存起來。

• **叢集函數**

在 Lab VIEW 當中，包含了許多關於叢集的處理函數，這些叢集處理函數都在 Function 面板 → Programming → Cluster, Class, & Variant 的子面板當中，如圖 8.63 所示。接下來就為各位介紹幾個常用的叢集處理函數吧，例如 Bundle、Bundle by Name 、Unbundle、Unbundle by Name，Bundle 函數和 Bundle by Name 函數是用來組合叢集與修改叢集，而 Unbundle 函數和 Unbundle by Name 函數乃是用來解除叢集的功用。這些叢集函數都十分重要，請各位讀者耐心一一的看完他們並且實際演練演練吧。

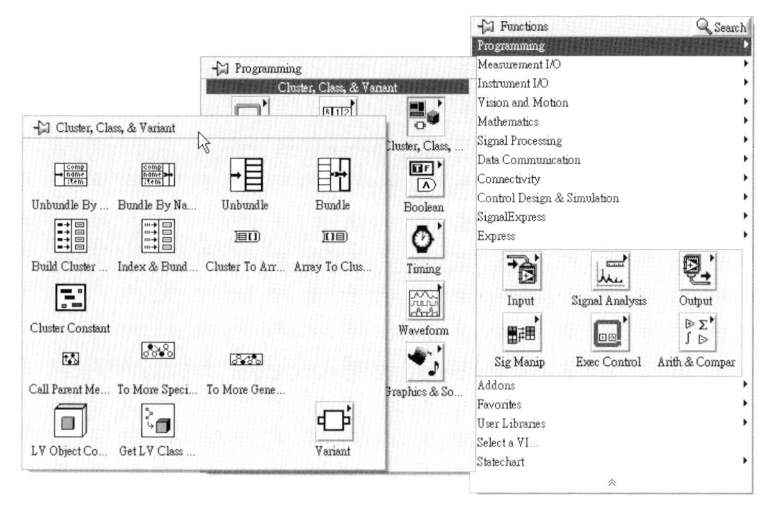

圖 8.63　叢集處理函數

• Bundle 與 Bundle by Name

叢集中 Bundle 合集的概念，可以把它想像成一條電話纜線，如圖 8.64 所示。在這條纜線當中又包覆了多條線路，當中包含了數據、音訊、視訊、電壓等好幾種傳遞功能。纜線的外皮將多條線路包起來，就相當程式當中 Bundle 函數將多筆資料組合成一個叢集。

圖 8.64　Bundle 電話纜線

Bundle 合集函數可將單獨的物件組合成為一個單獨的叢集，也可將目前叢集當中的物件替換掉，其各輸出入點如圖 8.65 所示。如有任何物件要透過 Bundle 合集函數連線到叢集時，在合集函數的最上層是由 0 開始到 n-1 個物件，將滑鼠移動到圖示下方以拖曳的方式增加輸入的數目。

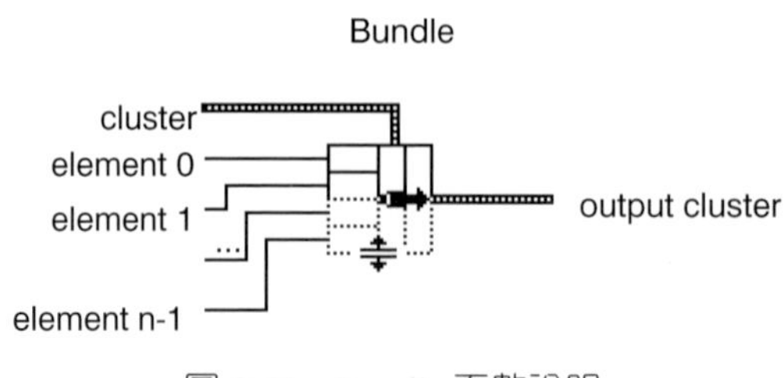

圖 8.65　Bundle 函數說明

範例：由下圖 8.66 範例程式開始說明，這個範例程式中包含了兩個 Bundle 函數，其中一個 Bundle 函數功能將資料組合，另一個 Bundle 函數將資料進行修改。程式中第一個 Bundle 函數左邊的輸入端各爲三種不同的型態：Boolean、Numeric、String，透過 Bundle 函數後輸出爲一個資料叢集。再將資料叢集連接到第二個 Bundle 函數的輸入接點，左方輸入端創立一個新的 String 來修改先前的 String，接著輸出一個新的資料叢集。

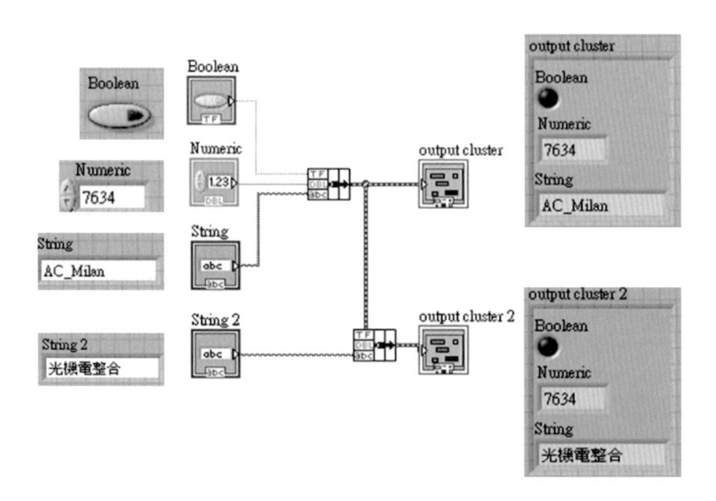

圖 8.66　Bundle 函數範例

Bundle by name 名稱合集函數與 Bundle 函數的功能十分相似，可以用來修改代替原來叢集中的物件。其唯一的不同在於 Bundle by name 名稱合集函數是利用叢集中的名稱，取代它們在叢集中的順序，並由它們自己的標示來命名。

其中各輸出入接點的情況如圖 8.67 所示，左方和上方為輸入端，右方為輸出端，中間多了各端點代表了所連接資料型態的名稱。因 Bundle by name 函數與 Bundle 函數的差異不大，在此就不多作範例說明，由各位讀者自行練習，體會當中的差異性。

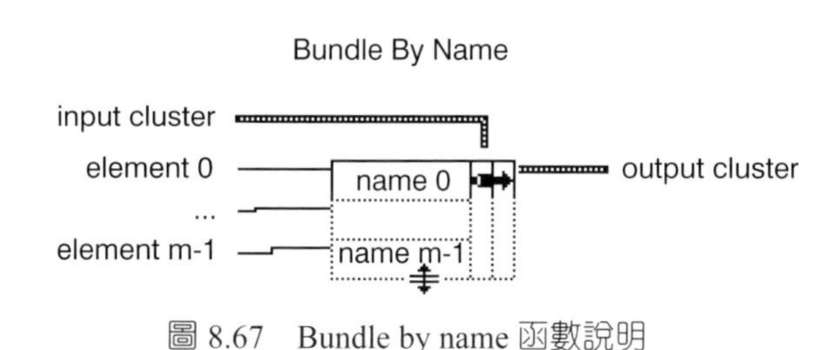

圖 8.67　Bundle by name 函數說明

• Unbundle 與 Unbundle by Name

叢集中 Unbundle 解集的概念，是將叢集中的物件逐一分開，而形成各自獨立的物件型態。與 Bundle 時介紹給各位讀者的方式相同，您可以把它想像成一條除去了外層表皮的電話纜線，如圖 8.68 所示。在這條剝去了外表皮的纜線中裸露了許多細線，這些細線分別包含負責傳遞數據、音訊、視訊、電壓等不同資料。因此這些裸露的細線就相當程式當中 Unbundle 函數，將集合起來的資料逐一分解成許多不同的資料。

圖 8.68　Unbundle 電話纜線

Unbundle 解集函數可將叢集分解成一個一個單獨的物件。輸出入端各接點可由圖 8.69 看出，輸入端是一個叢集，輸出端依照輸入的叢集順序最上層由 0 到 n-1 個物件逐一排序，且此函數的輸出端點數目必須與輸入叢集中的元素數目相等。

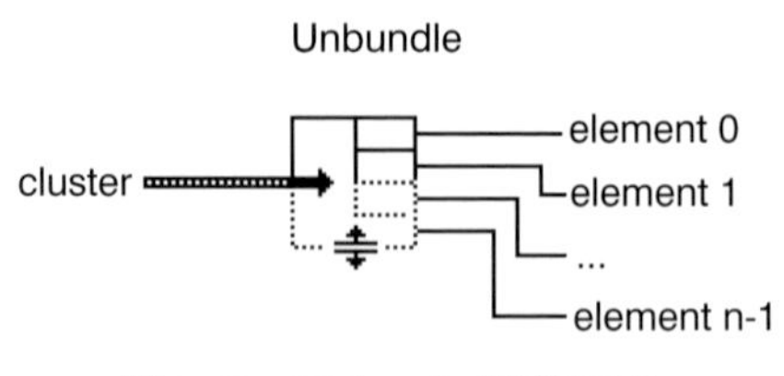

圖 8.69 Unbundle 函數說明

Unbundle by Name 名稱解集函數與 Unbundle 解集函數功能也十分類似，可以用來解除叢集物件，其各輸出入接點關係如圖 8.70 所示。它們的差別在於 Unbundle by Name 可以用選擇名稱的方式解除，不用考慮到叢集中的每個端點都顯示出來。因爲每個叢集的物件都有參考名稱，因此使用 Unbundle by Name 可以選擇自己專有的名稱，所以在此函數裡面輸出端點的數目與輸入叢集的元素數目可以不需要相等。當輸出端連接完成後，選擇物件名稱的方式可用滑鼠將游標移至輸出的端點左方預設名稱上，按下滑鼠左鍵，再點選叢集元素的名稱，如圖 8.71 所示。

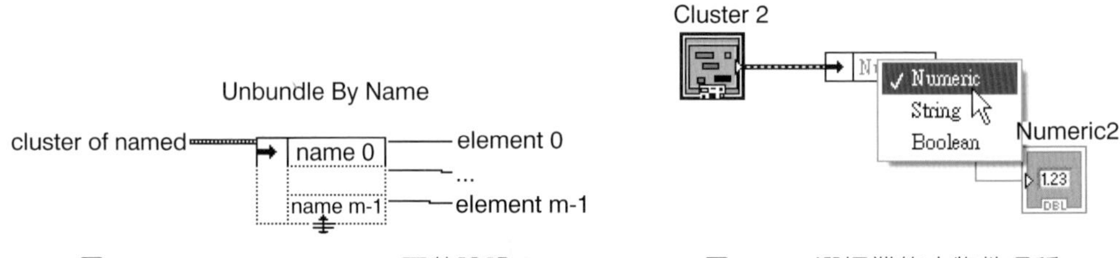

圖 8.70 Unbundle by Name 函數說明

圖 8.71 選擇叢集中物件名稱

範例：直接由下圖 8.72 範例程式開始說明 Unbundle 及 Unbundle by Name 函數的應用。首先輸入一個叢集包含了 Numeric 、String 及 Boolean ，此叢集分別通過了 Unbundle 及 Unbundle by Name 函數，通過 Unbundle 函數的輸出端按照了第一爲 Numeric 第二爲 String 最後是 Boolean 的順序輸出；而通過 Unbundle by Name 函數的輸出端，則可以選擇使用者所需解除的物件（在此選擇爲 Boolean 及 Numeric）。

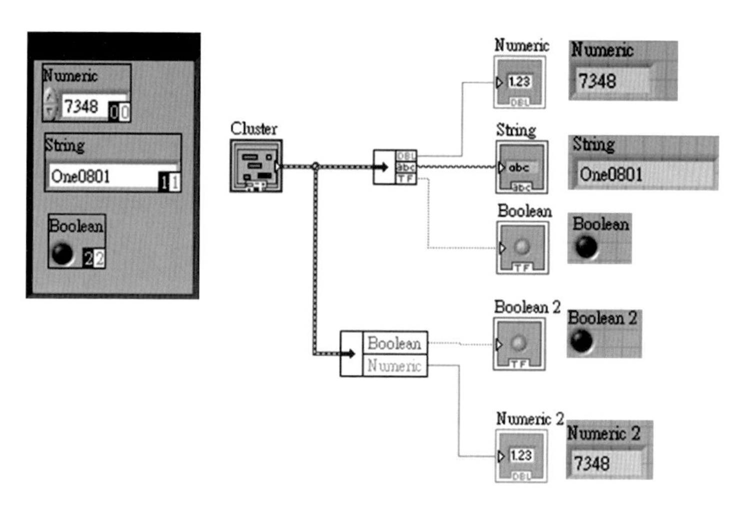

圖 8.72　Unbundle 及 Unbundle by Name 函數範例

8-4-4 陣列與叢集的轉換

前面幾個小節都已經介紹完陣列和叢集的基本運用了，但是兩者其實是可以互相轉換的。有的時候，我們可以將陣列改成叢集；有的時候，亦可以將叢集轉換為陣列。在 LabVIEW 當中，以陣列處裡的運算工具要比叢集的工具多出許多。而到底什麼時候才需要將叢集轉成陣列？什麼時候將陣列轉成叢集呢？舉個例子來講，當您在人機介面上有一組包含許多開關的叢集，而您想改變其開關的排序。這時就可以將此叢集轉成陣列，轉換後再經由陣列的處理函數來一次調整它的排序，處裡完後再轉換回叢集。這些轉換工具它們可以在 Function 面板 → Programming → Array 的子面板當中找到，如圖所 8.73 示。

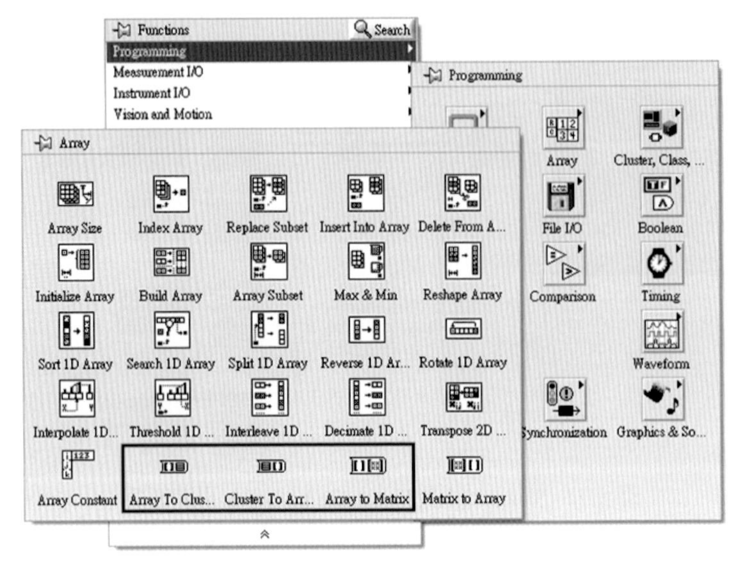

圖 8.73　陣列與叢集轉換的路徑

叢集轉陣列的工具函數爲 Cluster To Array ，而 Cluster To Array 函數左端輸入爲 Cluster，右端輸出爲 Array 型式，其輸出入接點關係如圖 8.74 所示。

陣列轉叢集的工具函數爲 Array To Cluster ，而 Array To Cluster 函數左端輸入爲 Array，右端輸出爲 Cluster 型式，其輸出入接點關係如圖 8.75 所示。

圖 8.74 Cluster To Array 函數說明　　圖 8.75 Array To Cluster 函數說明

第九章

機電系統專案應用範例

9-1 電纜連接器滑軌自動化光學檢測系統

9-2 破壞式微型鑽針視覺心厚量測系統

電纜連結器滑軌自動化光學檢測系統之開發
破壞式微型鑽針視覺心厚量測系統開發

9-1 電纜連接器滑軌自動化光學檢測系統

本專題是針對電纜連接器之滑軌開發之檢測設備，開發目標爲特徵檢測、尺寸量測以及瑕疵檢測等三項功能。其中特徵檢測是對於連接器的螺絲牙孔影像，分別透過傅立葉轉換與小波轉換後擷取影像中高頻的影像資訊，再搭配自行發展之影像處理程序作特徵辨識；尺寸量測的部分，系統經由邊點偵測取得工件邊界資訊後，以最小平方法擬合最適當的直線或圓，並透過光學尺讀值及影像位置計算出內、外寬度；最後對於工件表面所可能產生的髒汙、刮傷以及製程氣泡等情況。

9-1-1 簡介

本專題所需檢測的連接器鋅滑軌，現階段的操作方式仍透過人眼以及簡單的高倍率顯微鏡，單件接續式的人工檢測。基於前述傳統檢測的數項缺失，本專案嘗試發展一套自動化連接器瑕疵檢測系統，將光學取像系統、電控模組以及機構模組整合於一體，如圖 9.1。系統的核心技術在於利用對產線上之連接器進行間接量測與外觀識別。如此將可改善因人爲因素所產生的誤差與影響，並且提高量測精度與量測速度，更可降低人事成本並提升檢測效率。

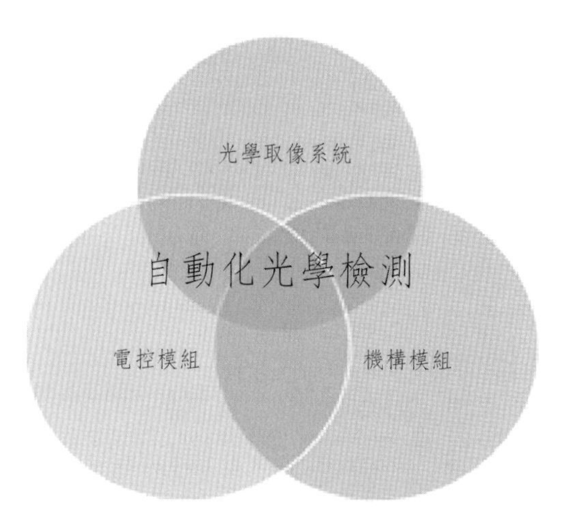

圖 9.1　自動化光學檢測

9-1-2 系統架構

爲了達成自動檢測的目標，本專案設計並製作完成系統的硬體整合，此光機電整個機台如圖 9.2，其包含機構模組、影像模組、電控模組與軟體控制模組等四大軟硬體要件。機台搭配圖控式介面軟體（LabVIEW）開發運動控制與影像處理程式，組合成一套完整的自動化光學檢測系統。

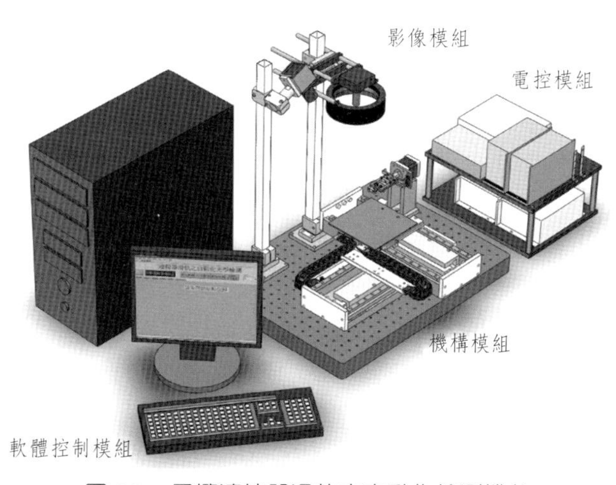

圖 9.2　電纜連接器滑軌之自動化檢測機台

9-1-2-1 機構模組

本系統機構模組可分爲上、下兩部分。如圖 9.3 所示，下方爲運動平台，而上方則爲翻轉機構治具。其中運動平台部分包含線性馬達、驅動器、線性滑軌與光學尺等元件；而翻轉機構治具則由步進馬達、驅動器、光遮斷器與治具等元件組成。

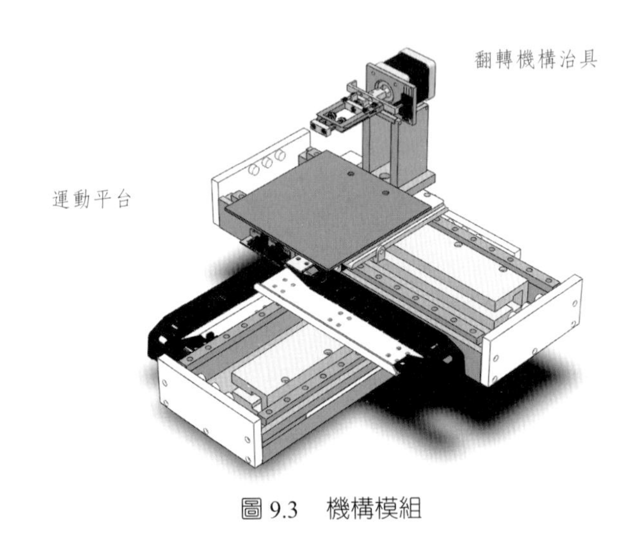

圖 9.3　機構模組

對於機構模組的致動器，本專題基於效能的考慮，在運動平台部分選用線性馬達，而對於翻轉機構治具部分則採用步進馬達。至於定位訊號回授部分則都是使用外部回授的光學尺與光遮斷器，以下將分依序說明各元件的功用與搭配組合方式。

- **運動平台**

本研究兩軸運動平台的致動器均採用線性馬達，其作動原理與旋轉馬達幾乎相同，其中的差別是線性馬達的兩端有不連續的邊端，是旋轉馬達所不會碰到的問題。如圖 9.4 所示，當上方的動子（線圈）接近兩邊端時，由於磁阻變化或是高速運動下所產生的磁場畸變，會造成線性馬達的不穩定性發生。所以不管是線性馬達的設計或是驅動器的設計，都必須考慮到邊端所產生的磁場變化問題。

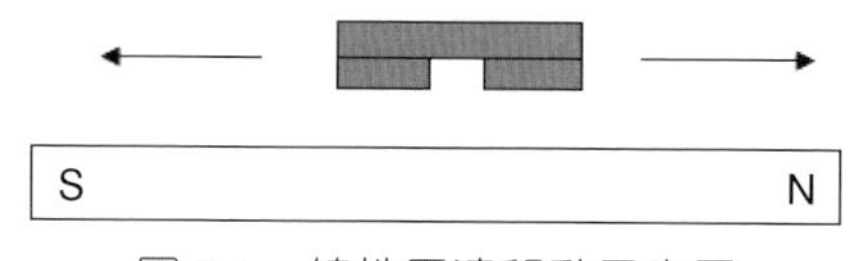

圖 9.4　線性馬達移動示意圖

線性馬達組成為定子（永久磁鐵）與動子（線圈），搭配驅動器接收光學尺（Encoder）訊號控制動子位置。圖 9.5 為本研究所使用之兩軸線性馬達，其各軸有效行程約為 200mm。

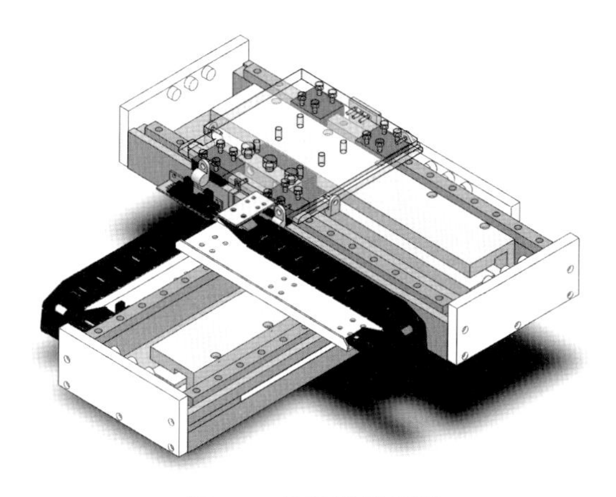

圖 9.5　兩軸線性馬達

- **翻轉機構治具**

翻轉機構治具包含翻轉機構與待測物的夾治具。由於本研究待測物正反兩面都需檢測，故翻轉機構設計的目的在於自動翻面，以便加快檢測中相當耗時的翻面動作。如圖 9.6 所示，此機構包含了步進馬達、光遮斷器與夾治具。下方的壓克力板作用在於取像時，讓背景成為單一顏色，使得影像後處理更加簡單且快速。

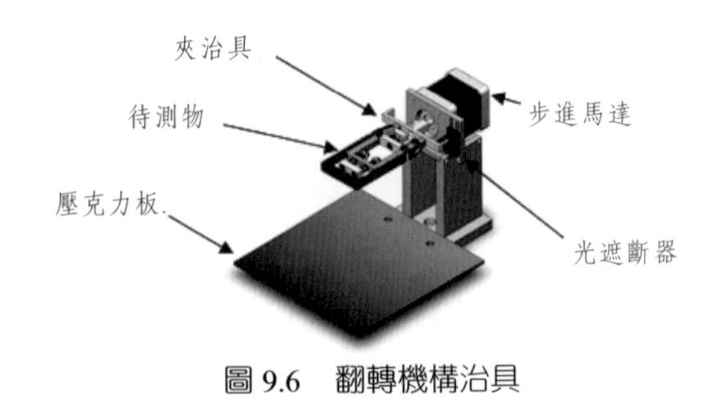

圖 9.6　翻轉機構治具

在治具方面，爲了確保在線馬移動與旋轉軸旋轉時，待測物能穩固不會搖晃，故本研究設計一夾治具用來固定待測物，如圖 9.7。

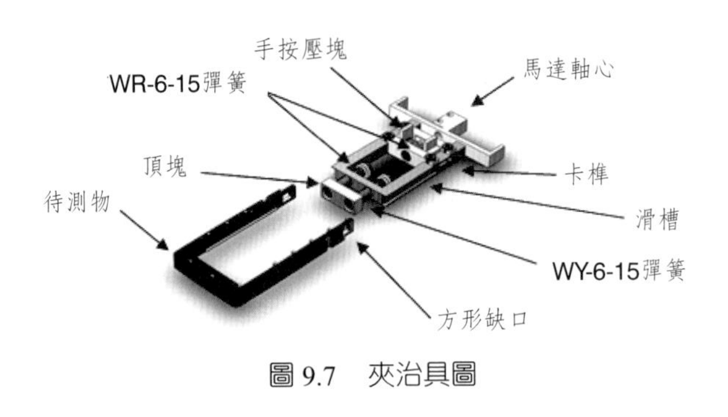

圖 9.7　夾治具圖

9-1-2-2 影像模組

如圖 9.8 所示，本專題所採用之影像視覺模組可分爲兩部分，分別使用不同 CCD 來擷取影像。第一部分是 900 萬畫素 CCD 於待測物的正上方截取影像，用來判讀待測物的表面瑕疵、重點尺寸驗證與柱腳檢測。另外一部分是 80 萬畫素 CCD 傾斜一個角度去擷取牙孔影像，並使用影像處理來判讀工件是否存在牙孔特徵。除了這兩組 CCD 之外，本系統還採用了一組環型光做爲本系統架構的光源。本節將針對 CCD 與光源這兩部分說明其性質與功能。

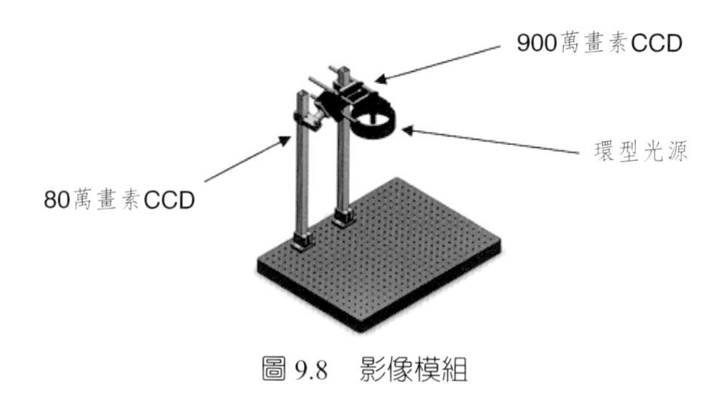

圖 9.8　影像模組

900 萬畫素與 80 萬畫素 CCD 所截取到的影像如圖 9.9(a) 與 (b) 所示。其中圖 9.9(a) 是由待測物正上方所拍攝的影像，用於量測尺寸與外觀瑕疵判定；圖 9.9(b) 是傾斜約 70° 所拍攝的影像，此影像將透過後續影像處理判定是否存在牙孔特徵。

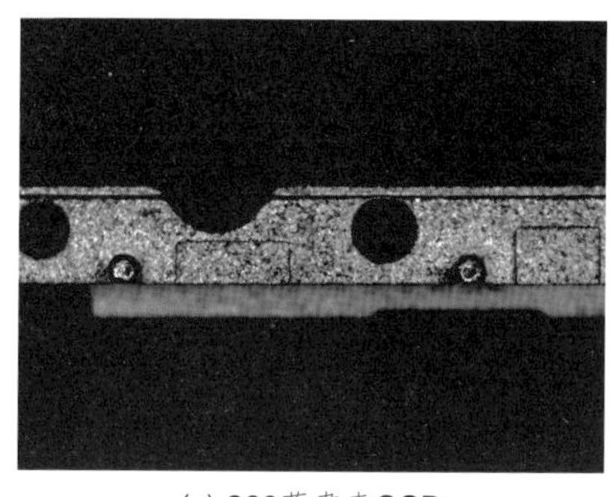

(a) 900萬畫素CCD

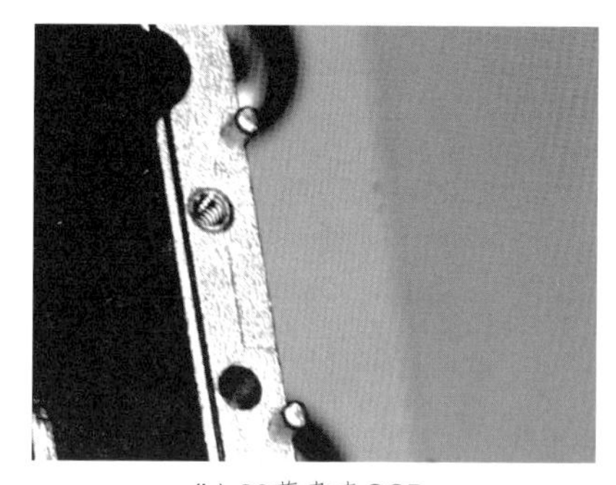

(b) 80萬畫素CCD

圖 9.9　影像模組擷取之影像

圖 9.10 爲正上方 900 萬畫素 CCD 所能擷取到的視野範圍，待測物的尺寸約爲 45～80 mm，若要全面拍攝則需拍攝 12 次，方能全部入鏡。

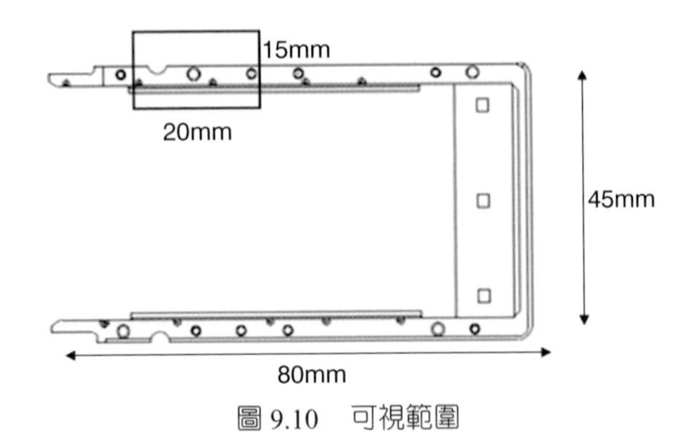

圖 9.10　可視範圍

9-1-2-3 電控模組

控制的訊號傳遞如圖 9.11 所示。命令由電腦端發送，經由運動控制卡處理初步的控制訊號，透過 UMI-7764 集線盒到線性馬達驅動器，驅動器將原始訊號放大至可控制馬達的電流與電壓，並透過光學尺回授裝置截取位置訊號與驅動器 PID 控制，達到閉迴路運動控制系統。

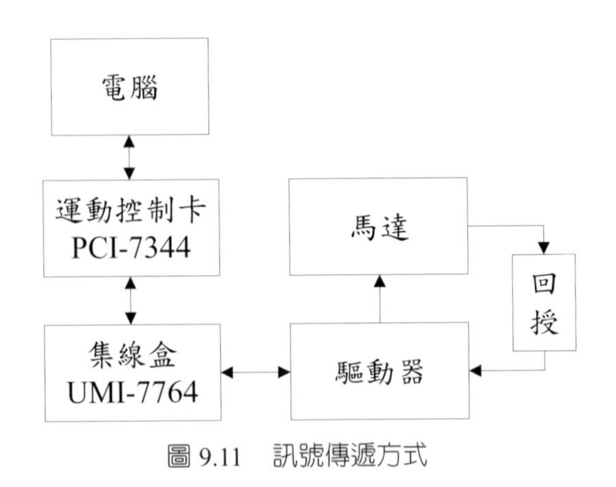

圖 9.11　訊號傳遞方式

9-1-2-4 軟體控制模組

本專案所開發之系統中軟體部份使用美商國家儀器公司（National Instruments, NI）所開發的圖控式介面軟體 LabVIEW 撰寫，所開發完成的人機介面如圖 9.12，包含運動控制、影像處理、資料截取等控制程式。本系統硬體架構採用 PC-based Control ，與 PLC 相較之下，其優點有易修改程式與設計人機介面、資料運算與處理速度快等項目。

圖 9.12　軟體控制介面

9-1-3 研究方法

對於 AOI 的系統而言，通常包含運動控制與影像處理二部分，且所需的命令控制、截取影像與演算法的處理速度必須是非常快速且即時。另外隨著產品精度的提升，需要高像素的 CCD 才能達到要求的解析度。

9-1-3-1 牙孔特徵檢測

檢測牙孔的特徵判定法則，在演算法判定前，必須先將牙孔位置找到，抓取出牙孔可能區域（Region of Interest, ROI），再分別利用傅立葉轉換與小波轉換影像處理分析並比較其結果。檢測的流程圖如圖 9.13。

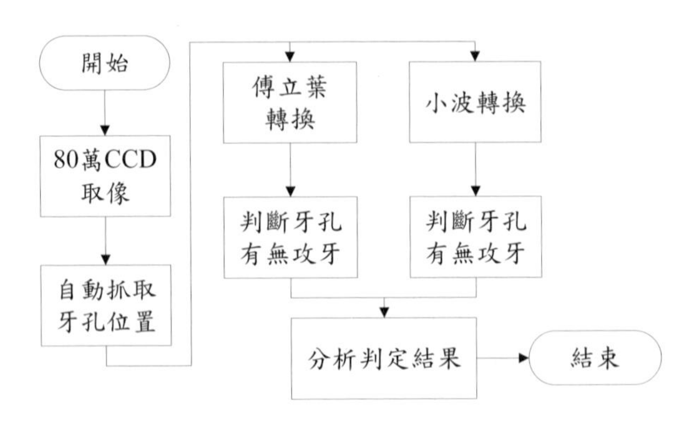

圖 9.13　牙孔特徵檢測流程圖

➢ 自動抓取牙孔位置

在判斷牙孔特徵前，首要條件就是找出 ROI 區域，即爲搜尋牙孔位置。因待測物推入至卡榫時被固定的位置不盡相同，導致牙孔位置也會有相當的變動。基於前述理由，嘗試開發自動抓取牙孔位置的演算法，將自動抓取畫面中可能爲牙孔位置，其判斷演算法流程如圖 9.14 所示。

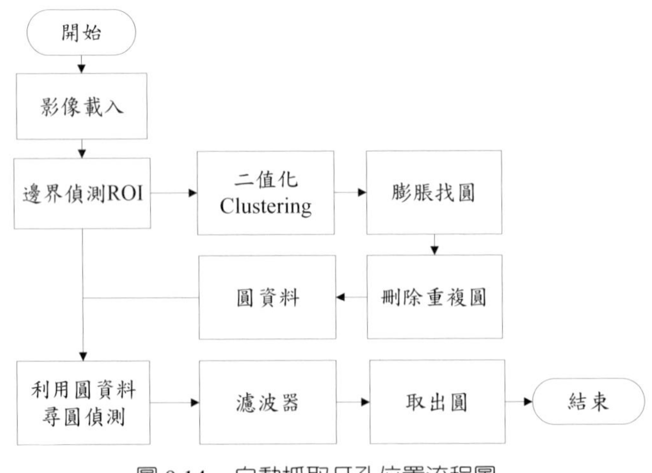

圖 9.14　自動抓取牙孔位置流程圖

建議流程是先將 80 萬畫素 CCD 所擷取到的影像載入，如圖 9.15(a)。接著使用兩次的邊緣偵測（Find Edge），方向分別爲由左至右與由右至左邊，即可得到待測物的左邊界與右邊界，再將搜尋到的邊設定爲 ROI 邊界，如此一來就完成初步的去雜訊處理，結果如圖 9.15(b)。

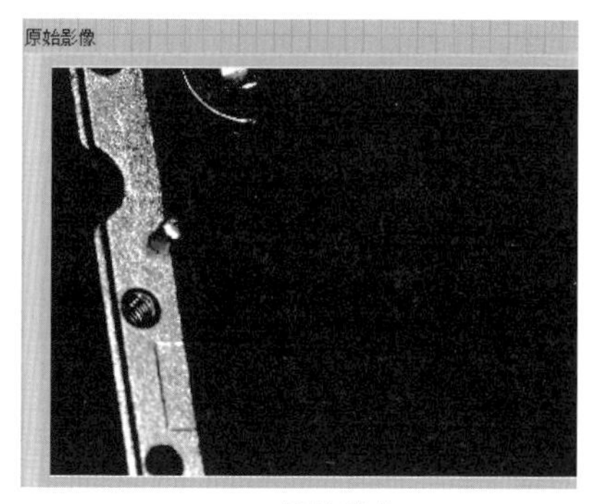

(a)原始影像

ROI

(b)ROI

圖 9.15　自動抓取牙孔位置

對於擷取的 ROI 影像，可使用自動二値化（Clustering），將影像分爲 0 或 1 的元素，最後利用圓偵測（Find Circles）將候選圓找出，此時會發現同一個地方有機會搜尋到重複的圓，如圖 9.16 所示。

(a)圓偵測之候選圓

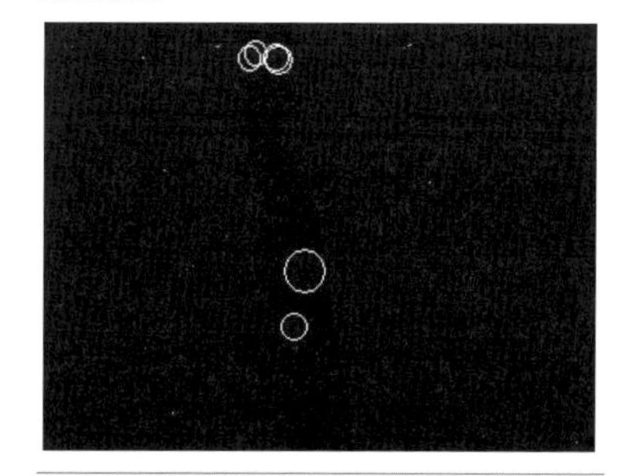

(b)圓偵測之重疊候選圓

圖 9.16　二値化後圓偵測

➢ 傅立葉轉換

圖 9.17 爲本小節演算法之流程。處理流程開始後，先將之前尋圓取得之孔洞影像載入，接著使用傅立葉轉換將空間域影像轉成頻率域影像，再使用高通濾波器將低頻訊號濾除，只留取高頻 3% 資訊。原始影像與濾波後影像之比對如圖 9.18。爲了減少孔位邊緣影響特徵顯著的程度，系統將以影像中心 0.8 倍半徑以外之影像完全捨棄，並且使用均勻化將餘留影像灰階值分散至 0～255 區間。

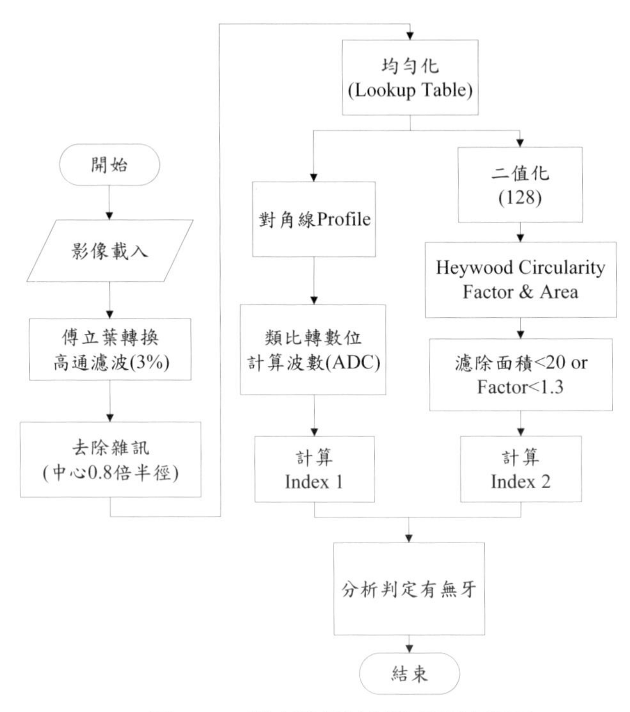

圖 9.17　傅立葉轉換影像處理流程圖

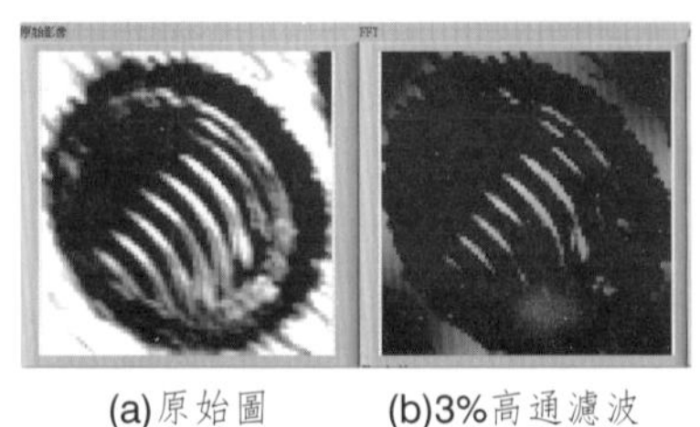

(a)原始圖　　(b)3%高通濾波

圖 9.18　高通濾波傅立葉轉換

在圖 9.17 流程圖中需要計算兩個重要的指標。當分析均勻化後影像由左下至右上之對角線時，發現其灰階值亮度會有明顯的起伏，如圖 9.19(a) 影像右上角之統計圖。透過 NI 函式庫類比轉數位轉換器（ADC），可將上述起伏轉換為對角線通過的波紋數，而此波數即為 Index 1。

至於另外一個指標的計算，則是將孔位影像取 128 為門檻值進行二值化處理，之後利用物質分析（Particle Analysis），分別將海伍德圓因子（Heywood Circularity Factor, HCF）小於 1.3 或影像面積小於 20 之區塊濾除，剩餘的物體個數即為 Index 2，如圖 9.19(b)。

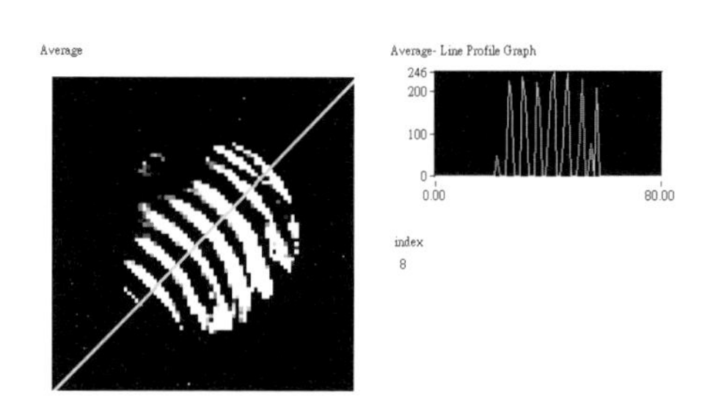

(a) 均勻化後波數指標——Index 1

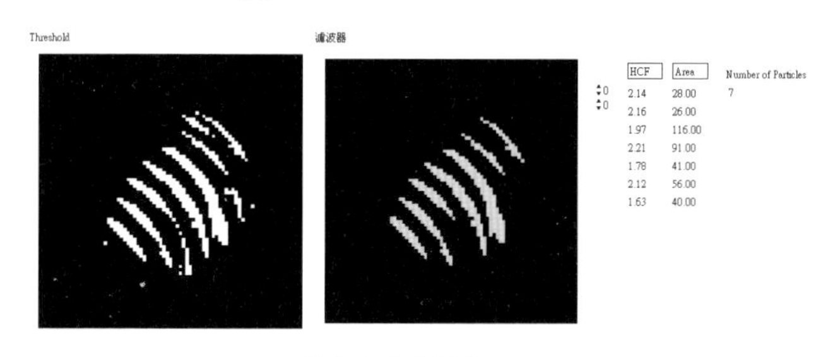

(b) 物質分析後物體數——Index 2

圖 9.19　指標

➢ 小波轉換

接下來將說明如何利用一階小波轉換，測試工件孔位中是否有牙。小波轉換的演算法流程大致與前小節相似，不同的地方是傅立葉轉換由小波轉換取代。此外因小波轉換會將影像壓縮，故在物質分析中濾除面積修改為 10 較為適當，流程如圖 9.20 所示。

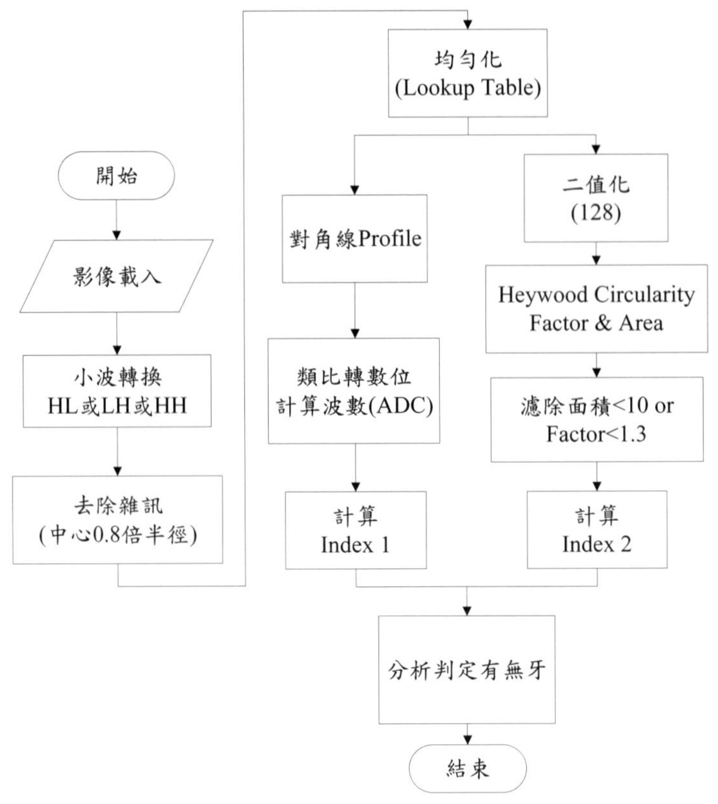

圖 9.20　小波轉換影像處理流程圖

9-1-3-2 重點尺寸之檢測

本專案所要檢測與量測之項目如圖 9.21，其中待測件的外寬與內寬 A 、B 以及四個孔的直徑 C 爲需要量測的重要尺寸。檢測方式爲利用正上方 900 萬畫素 CCD 擷取影像，再經由影像解析度轉換成實際物理量，計算出所要量測的距離或尺寸。不論是圓、長度或寬度量測，檢測的基本概念都是從偵測邊點出發，再由邊點建構出所要的圓或直線做進一步的演算。本節先說明運動平台的校驗，接著介紹影像解析度的計算方式，最後進入到本待測物的寬度量測與孔徑量測。

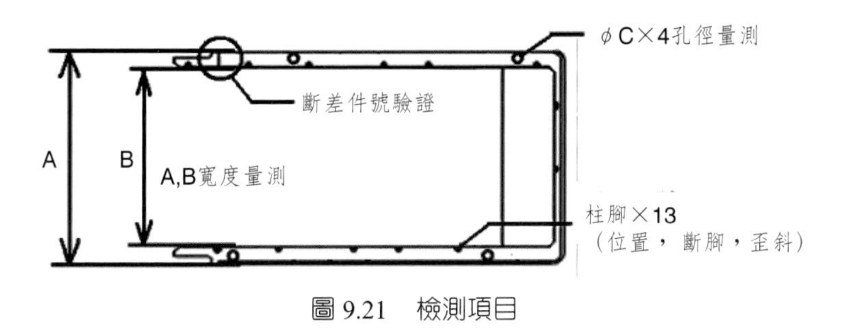

圖 9.21　檢測項目

➢ 運動平台之校驗

由於本專題之重點尺寸的推演基於運動平台上光學尺的讀值，因此在量測產品前，須先對平台 X 與 Y 兩軸的垂直度以及工件夾持時與 X 軸的平行度進行校驗。校準的方法是先將標準塊規放置於工具顯微鏡底下量測，以取得塊規的正確尺寸。其次將此塊規夾持於運動平台上，由機構模組與影像模組搭配自行撰寫的量測程式，讀取光學尺的刻度進行比對。工具顯微鏡的操作介面與機台幾何參數校準之介面分別如圖 9.22。

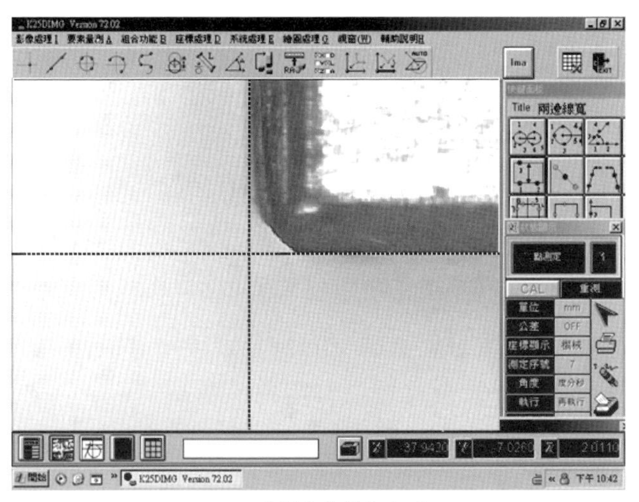

(a)工具顯微鏡操作介面

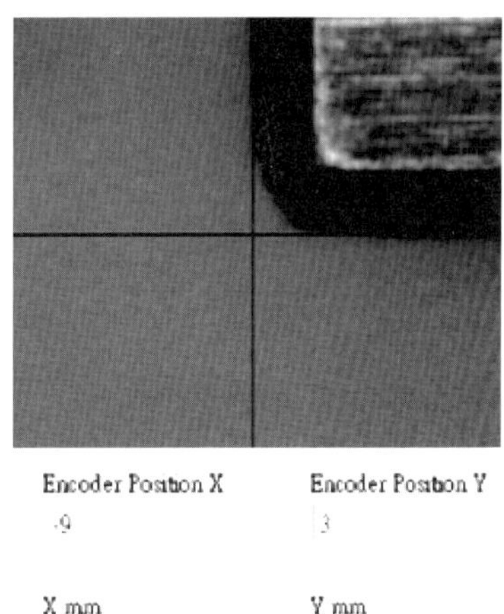

(b)機台幾何參數校準介面

圖 9.22　校準操作介面

➢ 解析度

影像擷取的可視範圍與影像解析度，理論上可依照所搭配的感測器尺寸、鏡頭與焦距計算：

$$可視範圍=\frac{感測器尺寸\times 工作距離}{焦距}$$
$$=\frac{1/2.3''\times 181.3\,mm}{54.39\,mm}=20.35\times 15.26\,mm$$

$$解析度=\frac{可視範圍}{像素數目}$$
$$=\frac{20.35\,mm}{3488\,pixel}=0.00583\,mm=5.83\,um/pixel$$

除了利用產品規格推導解析度外，本專案也利用運動平台光學尺的讀值驗算影像解析度。資料量測的步驟是先將標靶移動至設定點，其次將運動平台 y 軸分為 8 次移動，每次移動給予運動平台 y 軸 1400 步訊號，同時利用邊線偵測找出標靶的下緣邊界，並紀錄邊界位置的 y 方向像素值以及運動平台 y 軸的光學尺讀值，將光學尺讀值與邊界值變化量相除即可得到比例因子，算得結果約為 5.88 um/pixel。

➢ 寬度量測

金屬鋅滑軌的製造工廠在線上生產時需要量測的寬度包含鋅軌的內寬與外寬，如圖 9.23 中之 A 、B 標示位置所示。利用本研究的機台進行自動化檢測時，因為解析度的要求，CCD 的 FOV 不能同時涵蓋所要量測的區域，必須分兩次擷取影像後再進行量測。圖 9.23 中之 1 號框與 2 號框分別為前後兩次取像，二框上緣的垂直距離 ΔE 可由光學尺讀值的差異計算。在取得影像中，I_n 與 O_n 各自代表為第 n 張（n 可為 1 或 2）影像中內邊界與外邊界到影像上緣 y 方向的像素值。

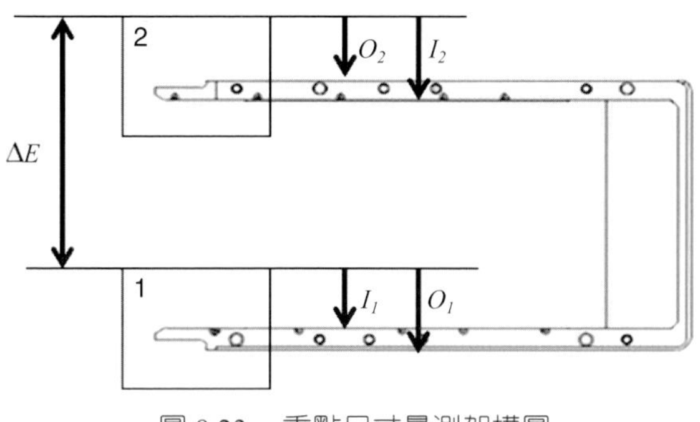

圖 9.23　重點尺寸量測架構圖

外寬與內寬的量測計算如下，其中 S_y 為運動平台 y 軸光學尺的放大因子，SF 為影像的比例因子（*um/pixel*）。

$$外邊距離 = S_y \Delta E + SF(O_1 - O_2)$$
$$內邊距離 = S_y \Delta E + SF(I_1 - I_2)$$

➢ 孔徑量測

在圖 9.23 顯示著待測件需要量測徑長的四個通孔，孔徑的量測如同牙孔檢測，須先由整張影像中取出孔洞所在的部分影像。在理想條件下，待測件均放置在運動平台上特定的位置，因此利用影像中特定座標即可抓出孔位部分影像。但由於待測物與治具間保留了相對運動所需之裕度且運動平台有定位誤差，所以實際影像中孔位與理想位置有出入。本研究使用邊線偵測的技術去尋找待測物的實際位置，實作中可順利擷取通孔的局部影像，如圖 9.24 所示。

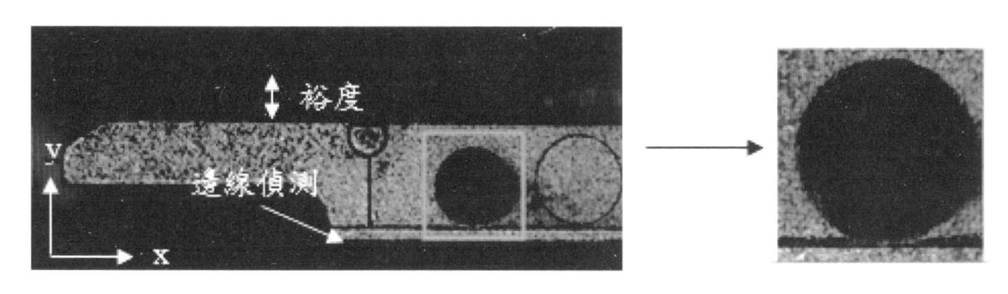

圖 9.24　孔徑抓取

取得之孔位影像進行一連串的影像處理程序（如圖 9.25），才能夠推算實際的孔徑。建議的流程是將孔位尺寸為 2X～2Y 正方形影像的紅色平面取出，接著以影像中心（X,Y）為初猜之圓心，X 為搜尋上限，X/2 為搜尋下限進行第一次尋圓偵測。若搜尋得到的圓心與半徑分別為（Xa,Ya）與 Ra，則以（Xa,Ya）為初猜圓心，Ra 為初猜半徑，1.2Ra 與 0.8Ra 分別為搜尋半徑的上、下限，再做一次尋圓偵測可得到新的圓心（Xb,Yb）與半徑 Rb。當 Ra 與 Rb 的差異小於 0.01 時，代表疊代收斂，可在圓心與半徑資料輸出後結束流程。反之當 Ra 與 Rb 差異甚大時，以（Xa,Ya）與（Xb,Yb）兩點連線線段之中點為初猜圓心，Ra 與 Rb 之平均值為初猜之半徑，持續進行疊代，直到半徑收斂為止。如此一來便可以得到最佳圓之圓心（X,Y）與半徑 R。

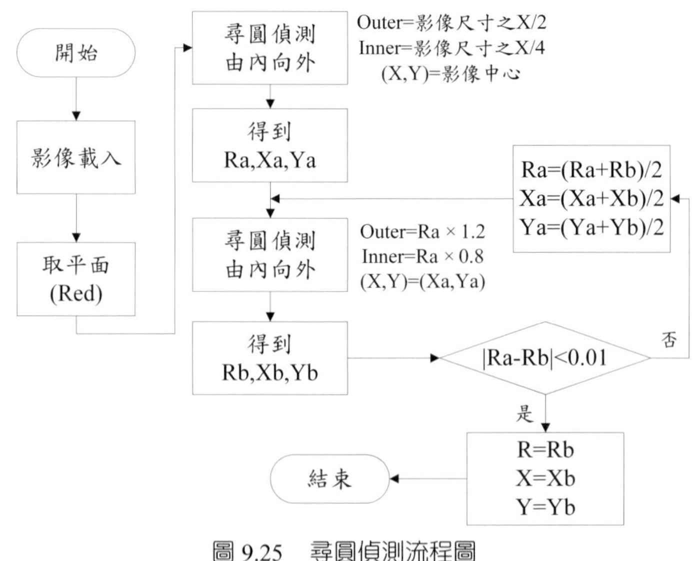

圖 9.25　尋圓偵測流程圖

若將影像代入上述尋圓偵測流程，其演算步驟各別結果圖會如圖 9.26 所示，最後會輸出疊代演算後的收斂結果圓資訊。

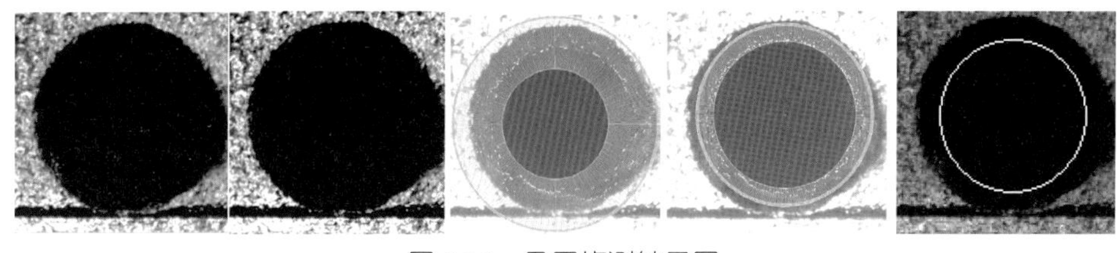

圖 9.26 尋圓偵測結果圖

9-1-3-3 瑕疵檢測

本實驗待測件的瑕疵檢測項目，依序可分爲斷差檢測、柱腳檢測、表面髒汙、刮傷與氣泡等項目。待測件有兩種料號，其之間區別是在框架上有一高低落差稱之爲斷差。在混雜的產品中，經過斷差之判別即可區分不同的料號。至於柱腳的瑕疵，在一連接器滑軌上共有 13 處需要檢測。當產品出貨時，若屏除前兩個瑕疵的條件下，客戶第一眼觀察到的就是產品外觀的精美度，若表面有髒汙、刮傷或是氣泡對於購買者而言，很有可能是製程的環節出現問題，若能於出貨前把瑕疵品抽離，勢必能增加客戶對產品可靠度的信心。以下將各別說明上述五項的檢測流程，以及實際待測物的檢測結果，最後利用實驗統計後的數值訂立判定的門檻值。

➢ 斷差檢測

斷差爲判定待測件件號的依據，如先前圖 9.21 中，圖圈標柱的位置即爲斷差所在。實作中發現擷取固定位置的部分影像，可以迅速正確的取得斷差局部影像，斷差檢測之影像處理流程圖如圖 9.27。執行此流程是先將斷差之部分影像取出各畫素紅色平面亮度資料，使用自動二值化膨脹與填滿孔洞的影像處理程序後，統計每行像素值的累積數量並轉爲分佈圖。

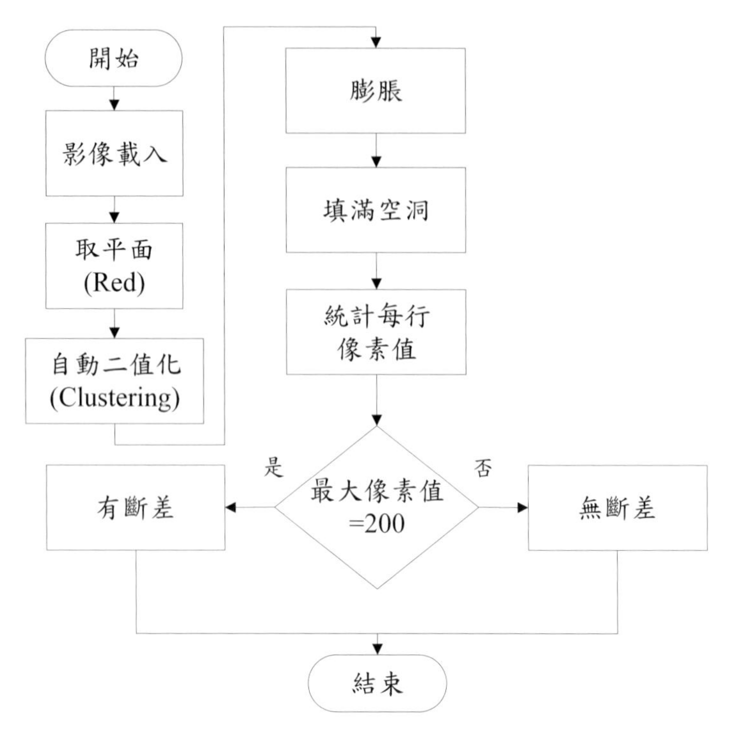

圖 9.27　影像處理流程圖

實測中，圖 9.28 (a) 影像透過上述斷差檢測流程，將得到圖 9.28(b) 的影像，如圖中框選部分即爲設定長寬爲 300～200 的檢測斷差區域。

(a)原始影像

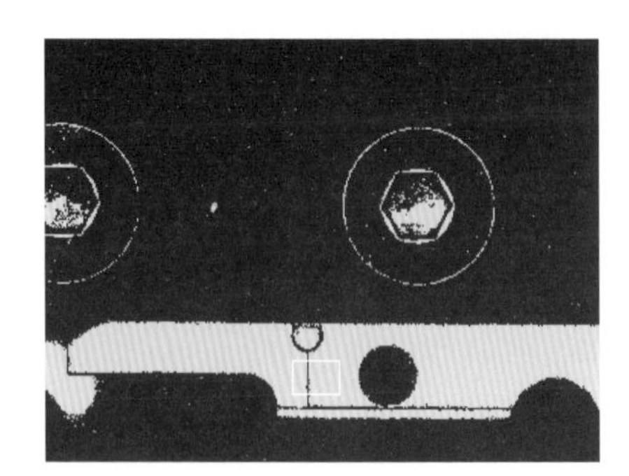

(b)斷差區域影像處理

圖 9.28　斷差影像處理結果圖

在斷差影像處理後，將結果圖取出斷差區域依序統計每行累積像素值，有斷差與無斷差的累積像素值統計會如圖 9.29(a)(b) 與 (c)(d) 所示。若有斷差落於斷差區域，其最大累積像素值會到達 200 像素；反之，無斷差待測件該區域的累積像素值最大值則無法到達 200 像素。

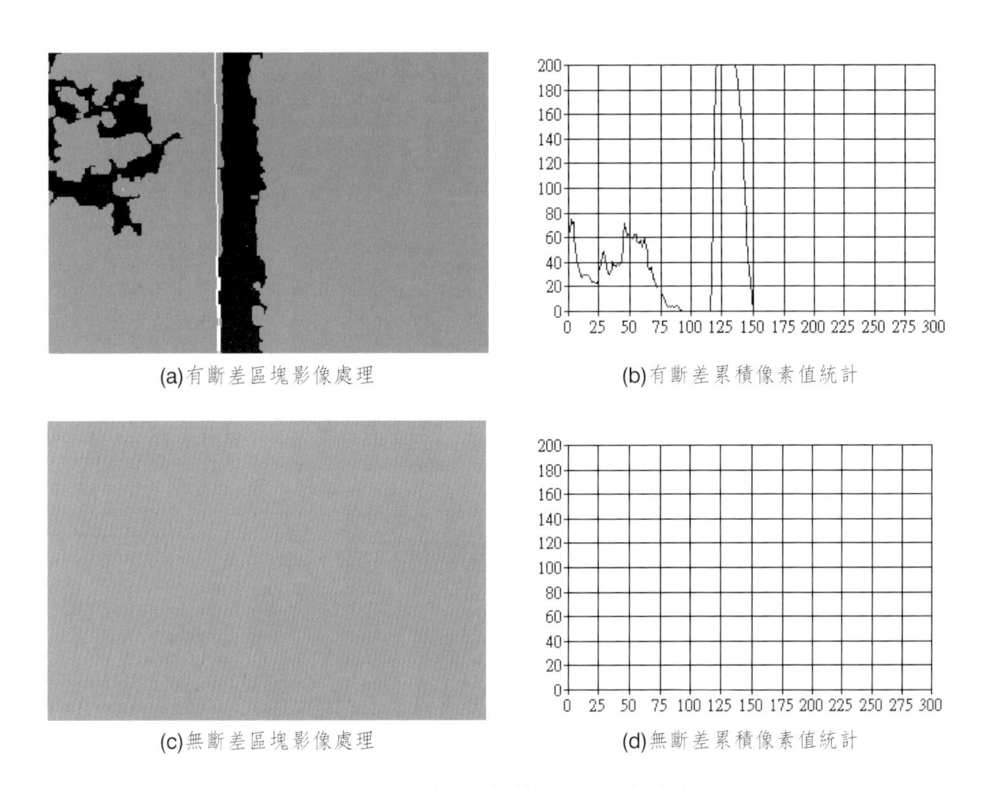

(a)有斷差區塊影像處理　(b)有斷差累積像素值統計

(c)無斷差區塊影像處理　(d)無斷差累積像素值統計

圖 9.29　斷差區域影像處理與統計圖

➢ 柱腳

柱腳為待測件與印刷電路板對位之重要特徵，若是產品有缺陷於柱腳上，可能會造成產品組裝困難，甚至無法使用。從生產廠商拿到的樣本中，最常見的柱腳瑕疵為斷腳。擷取柱腳特徵的局部影像方式，如同於斷差抓取，給予固定位置與校正設定，即可將每張影像的柱腳局部影像取出。抓出的柱腳影像如圖 9.30、圖 9.31 所示。

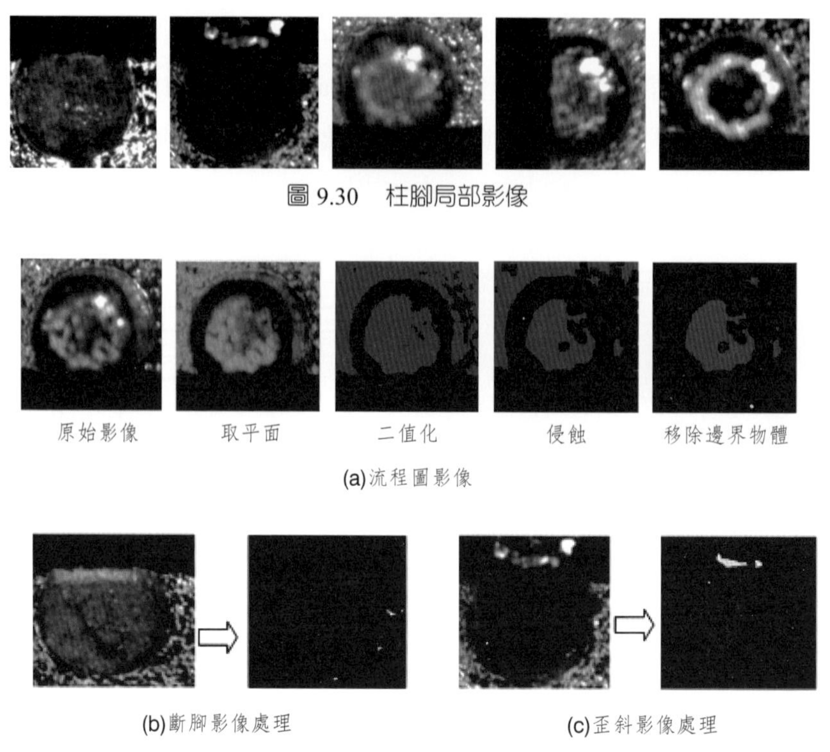

圖 9.30　柱腳局部影像

(a)流程圖影像

(b)斷腳影像處理

(c)歪斜影像處理

圖 9.31　柱腳影像處理

➢ 表面髒汙

待測物在運送或製程中的缺失，都有機會造成表面髒汙。而當工件表面有汙漬或殘料殘留，使用本系統環型光照射下髒汙會呈現較暗色系。此項瑕疵處理的演算流程如圖 9.32 所示。

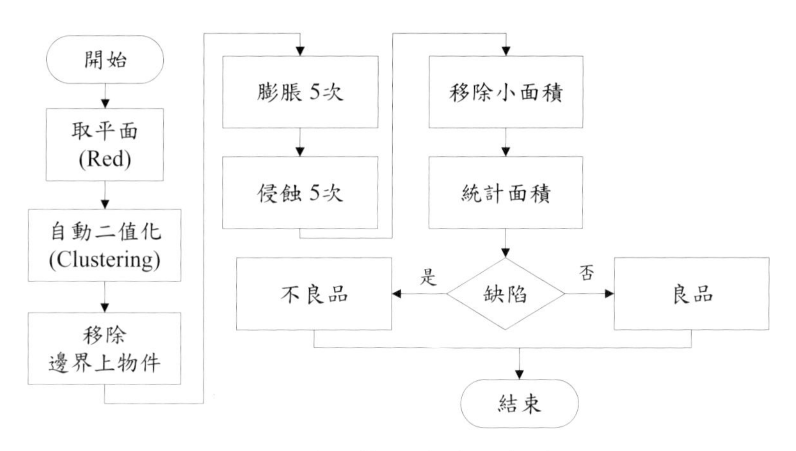

圖 9.32　表面髒汙影像處理流程圖

➢ 刮傷

在大部分的情況下，若待測件上有刮傷，在本影像擷取系統下所得到的影像都有很明顯的長條形狀特徵。因此，刮傷的重要特徵採用 HCF 當做濾除雜訊的門檻值之一。如圖 9.33，爲刮傷影響處理之流程圖。

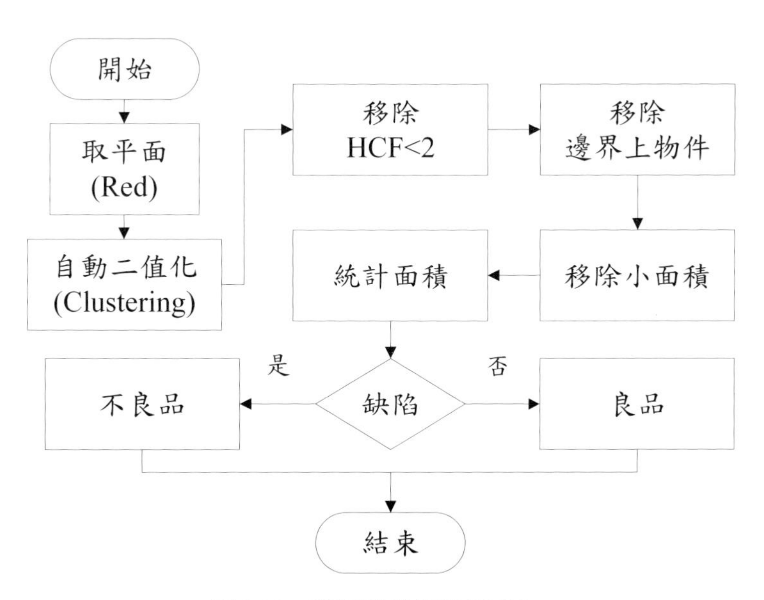

圖 9.33　刮傷影像處理流程圖

首先將影像載入後取紅色平面影像並且自動二値化，由於刮傷大部分的情況下都是長條型的，所以計算 HCF 後透過條件去濾除大部分非長條形狀不是刮傷的物件，接著移除邊界上物件並濾除面積過小的物件，最後統計影像面積的總合做爲值判斷該物件是否爲瑕疵件的重要指標。

➢ 氣泡

若有氣泡存在於工件表面，代表該產品製程存在些許問題。不論是人眼目視或是觸摸，都可以明顯感受到瑕疵存在。檢測產品氣泡的影像處理流程如圖 9.34 所示。

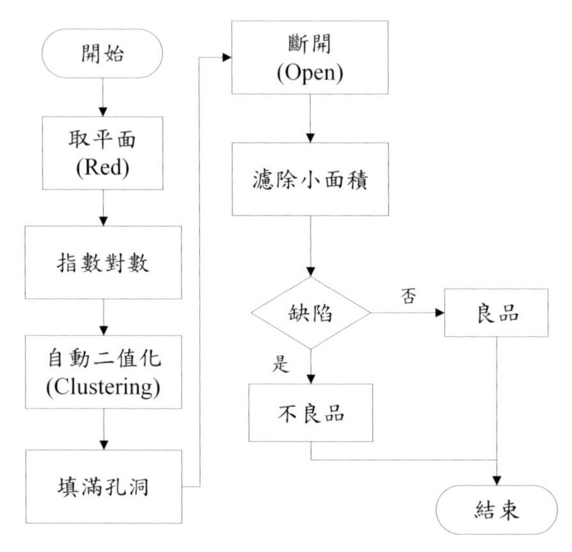

圖 9.34　氣泡影像處理流程圖

9-1-4 實驗分析

對於自動抓取孔位演算法，實驗方法爲將待測件放入治具內並透過機構模組移動至影像模組下方進行孔洞抓取。本實驗統計 50 個待測件，由於待測件之正反兩面各有 4 個空位需抓取，故總孔位數量爲 200 個。測驗結果顯示有 2 個孔位漏判但無孔位誤判，表示此自動抓取孔位演算法總誤判率爲 1%。圖 9.35

與 9.36 分別爲透過自動牙孔位置抓取演算法後，所抓取到牙孔與通孔的 ROI 影像。

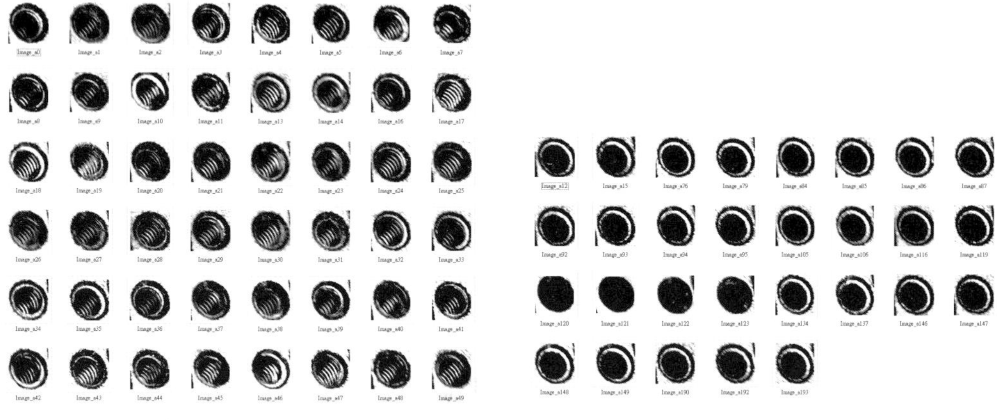

圖 9.35　自動抓取孔位——牙孔　　圖 9.36　自動抓取孔位——通孔

- 在傅立葉轉換之牙孔特徵檢測部分，透過 Index1 與 Index2 各別最佳結果的兩門檻值交集後，得到的缺陷誤判率可有效的下降至 1.44% ，而合格誤判率仍維持爲 0%。
- 在小波轉換之牙孔特徵檢測部分，分別取用該影像中的 HL 、LH 以及 HH 分別測試，其中 HL 影像透過圖 9.22 的流程圖後其結果爲最佳，缺陷誤判率爲 15.31%，而合格誤判率則是維持 0%。
- 另外 LH 以及 HH 牙孔影像透過 Index 1 與 Index 2 交集後，最佳的牙孔缺陷誤判率分別爲 27.27% 與 25.84%，牙孔合格誤判率都爲 0%。
- 牙孔特徵判定將使用結果較佳的傅立葉轉換牙孔特徵演算法進行檢測。於待測件中隨機抽取十件進行檢測，由於每工件正面有 4 個孔位需檢驗，故總共爲 40 個孔洞，其中有 16 孔洞爲通孔，剩餘 24 個爲牙孔。檢測結果爲 2 個牙孔誤判爲通孔，其餘皆判斷正確。透過統計分析後，其缺陷物判率 α 爲 6.25%，合格誤判率 β 爲 0.00%，總誤判率爲 2.50%。
- 對於斷差的部分，隨機抽樣十件有斷差待測件與十件無斷差待測件進行斷差判定，判定結果均爲正確。介面顯示無斷差與有斷差會分別如圖

9.37(a) 與 (b) 所示。

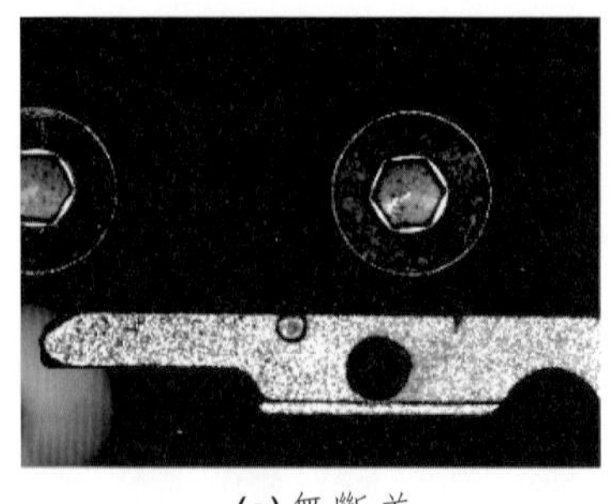

(a)無斷差　　(b)有斷差

圖 9.37　斷差檢測

• 另外在柱腳的部分，隨機採用三件待測件進行量測，因每件上有 13 個柱腳，故總共爲 39 個柱腳，且其中有 19 個柱腳爲不良品、20 個柱腳爲良品。

9-1-5 結果與討論

本專案主要探討連接器滑軌表面瑕疵的檢測與關鍵尺寸的量測。系統架構採用 PC-Based Control 搭配 LabVIEW 圖控介面程式與函式庫以及自行開發之機構模組與雙影像擷取裝置，整合成一套完整的自動化光學檢測系統。成功將牙孔特徵檢測、重點尺寸之檢驗、瑕疵檢測三種檢測或量測項目整合成一機台。以下將分別敘說此三項實作的結論與未來可能的改進項目。

➢ 牙孔特徵檢測

本研究利用影像處理演算法自動抓取影像中牙孔的位置，透過統計數據實驗後證實正確判斷率達 99%，並且無過判的情況發生，此結果已符合業界檢測需求。

➢ 瑕疵檢測

檢測斷差的目的在於判定件號。因待測件表面噴砂處理緣故，對於斷差區域影像若採用垂直邊界偵測，其誤判率相當高。故本研究將斷差區域影像統計其各行累積像素値，並分析其有斷差與無斷差的差異。結果發現在有斷差時的累積像素值最大值會高達 200 像素，代表斷差區域影像有其中一行的垂直影像像素都有數值，才會累積到 200 像素。若是無斷差的影像進行累積像素統計，雖可能有些許雜訊存在，但在每列的累積像素值最大值卻不會到達 200 像素。使用此方法與判斷準則，隨機檢測十個待測件都可正確判定是否有斷差。

9-2 破壞式微型鑽針視覺心厚量測系統

微型鑽針朝向精密化製程的發展，牽動著鑽針品質的要求日益漸增，製造商爲了確保產品品質導入了新興技術來輔助品管的進行。其中心厚特徵的量測爲品管檢驗之要項。有鑑於此，本研究參考已發展的心厚量測系統來修正與改良，開發完成一套新型破壞式微型鑽針視覺心厚量測系統，著重於鑽針定位分析、UC 型心厚量測方法及整體系統的優化。首先，鑽針定位分析方面，增加了鑽針長度的差異性量測，使得量測時具備著相同量測基準的條件。其次，關於心厚量測程序，本專題先取得心厚之圖像經二值化、測邊等影像前處理後，再由邊點資料以最小平方擬圓方法取得心厚值。實驗結果顯示，本研究所發展之量測系統具有 $\pm 1.5\mu m$ 之重現性且最大誤差在 $2\mu m$ 以內。且本系統的架構經由重新的配置與研磨程序的修正，具有單截面 40 秒的量測效能。

9-2-1 簡介

心厚特徵經由鑽槽深度、砂輪幾何與螺旋槽角度的參數所建構。在設計的原理，心厚值與鑽槽深度則存在著互相消長的關係，而兩者也同時爲排屑性與鑽針剛性的重要因子。考量良好排屑性、剛性及加工尺度的受限條件。心厚設計，如圖 9.38 的「正錐狀」設計，呈現頭小尾大的心厚變化量。此設計具有較佳之排屑能力與結構強度較強的特色。

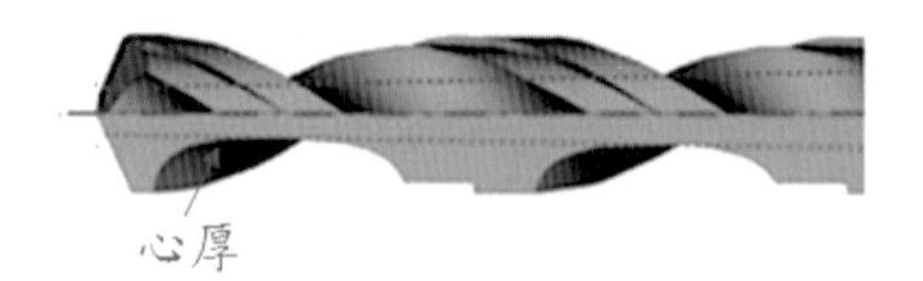

圖 9.38　心厚增量示意圖

心厚的重要性，可由鑽削加工過程中的鑽針作用力來探討。外界作用力包含孔壁摩擦力、退屑移動力、切削扭力、鑽針邊偏折力及進退刀之推力等項。當外力的總和接近鑽針抗折應力時，加工過程將容易發生斷針的現象。當證實鑽針之心厚／外徑比對扭力剛性與鑽削徑向最大位移均有顯著的影響性。在前述的參考文獻中，顯示當心厚／外徑比由 0.15 增加至 0.40，鑽削刀具扭力剛性提升 184 %。至於心厚／外徑比得知於心厚／外徑比從 0.2 至 0.45，最大徑向位移將減少 135% 與角位移將減少 123%。由此得知心厚值的大小能直接的反應出鑽針的剛性與當過厚之心厚設計時，易造成排屑不易等問題。

9-2-2 系統架構

本專題開發的量測系統是參考現有的機台加以改良與組裝。在設計的初期使用了 SolidWorks 軟體來進行繪製與組裝後，藉由動態模擬獲得組合後的機構干涉資訊並反覆加以修正，以確保機構動作中符合研究設計的需求。若以功能分類，系統可分為影像視覺模組、砂輪研磨模組、運動定位模組與軟體控制模組，圖 9.39 所示，將依序別撰述各模組。

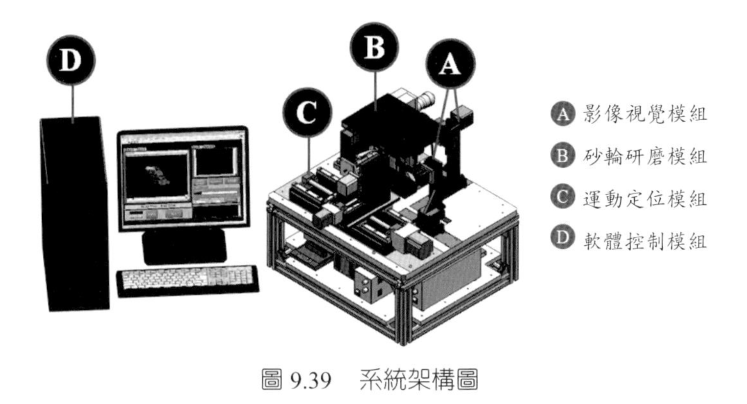

圖 9.39　系統架構圖

➢ 影像視覺模組

機械視覺硬體部分是由光源、鏡頭、攝影機及影像傳輸裝置所構成，本研究開發的系統共使用兩組取像系統，分別做為定位與心厚影像的擷取使用。此節將分別介紹各別硬體的選用與架構。

• **定位視覺模組**

定位視覺模組的照明採用背光的架構，其光源置於鑽針與砂輪後方，如圖 9.40 所示。藉由物體遮蔽光源形成透光區與陰影區產生高對比度影像，前述的安排能有效突顯鑽針與砂輪的幾何輪廓，有利於鑽針與砂輪距離的影像分析（如圖 9.41）。設計中的選擇為日製 SAKI-BL34W 平行同軸光為光源。此元件適用於鑽針圓柱弧型的多幾何特徵，能降低一般背光源於物體表面的繞射（Diffraction）現象的產生。

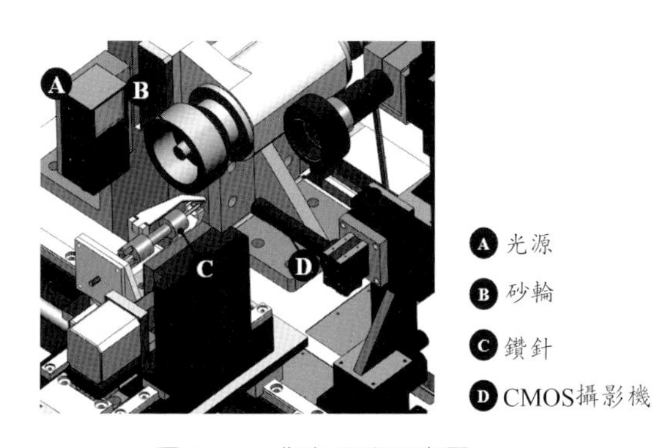

圖 9.40　背光照明示意圖

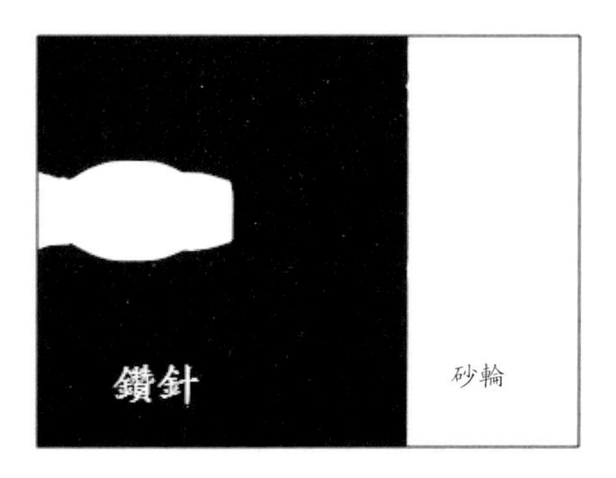

圖 9.41　高對比示意圖

• **心厚視覺模組**

心厚視覺模組，主要用以擷取研磨後的鑽針心厚影像。隨著鑽針的尺度微小化發展，於光源照度、影像解析度與影像視覺模組均有較高規格的需求。本系統採用 MHAB-150W 可調式鹵素燈搭配環型光纖導管（如圖 9.42），以正光照明的方式（如圖 9.43）來達到均勻照明的效果。

鹵素光源

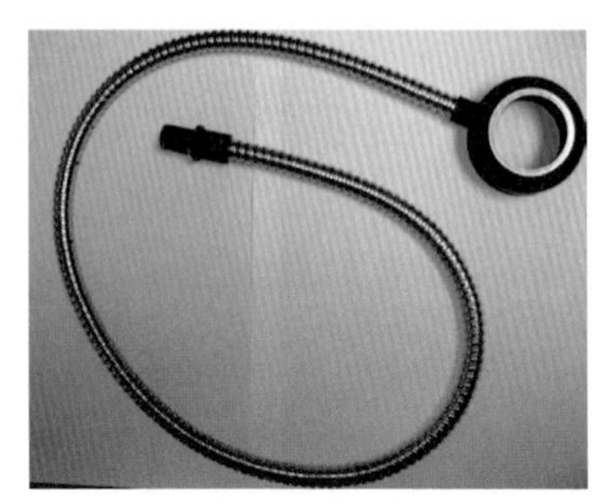

光纖環型導管

圖 9.42　光纖環型照明設備

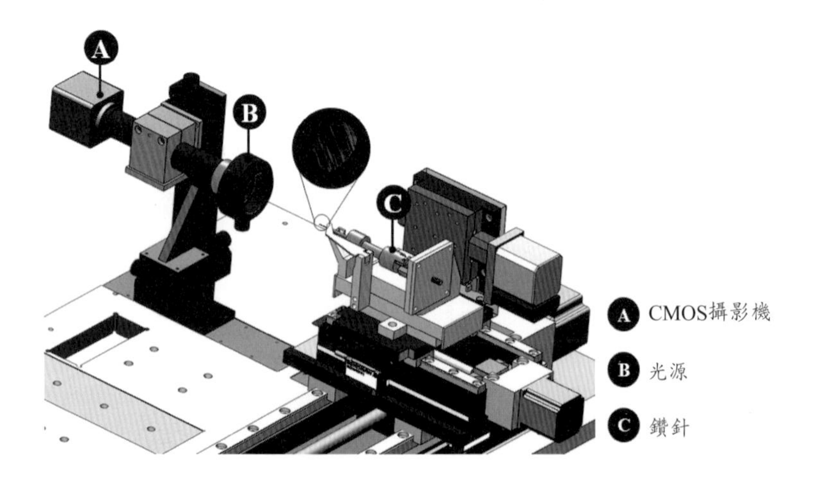

圖 9.43　正光照明示意圖

➢ 運動定位模組

運動定位模組則為線性運動平台與鑽針治具所組成，用以完成各項量測過程的移動。系統的運動平台則採用滾珠導螺桿、線性滑軌、步進馬達的單軸平台，以疊積式來組裝屬於三軸向的線性運動平台，圖 9.44 為本系統的運動定位模組軸向示意圖。

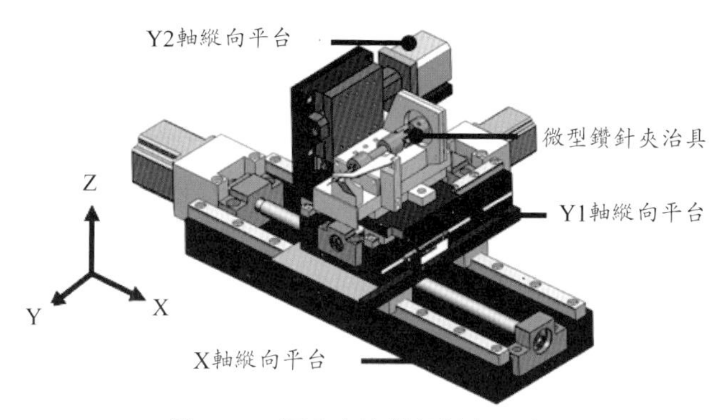

圖 9.44　運動定位模組軸向示意圖

X 軸運動平台為砂輪橫向研磨運動及量測區域定位的運動裝置；至於 Y1 軸縱向運動平台則是提供鑽針截面深度定位、研磨及心厚對焦所需的自由度；最後的 Y2 軸縱向運動平台用以維持研磨時的鑽針延伸量。此外為了考量定位的精度，X 軸與 Y1 軸運動平台設計中，裝配了開放式光學尺，因此控制系統可形成閉迴路的控制達到較佳的定位條件，如圖 9.45。

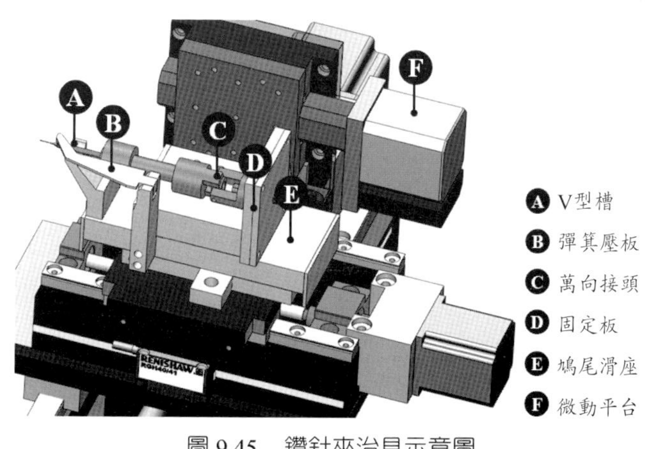

圖 9.45　鑽針夾治具示意圖

➢ 砂輪研磨模組

鑽針量測中欲得知心厚錐度的資訊，需要以多截面影像量測與平台位置的回饋來求得。在心厚影像擷取的動作，系統需藉由線性定位平台帶動微型鑽針，達到自動進給研磨破壞的方式完成不同截面的量測，在過程中需搭配砂輪的研磨來取得量測截面。

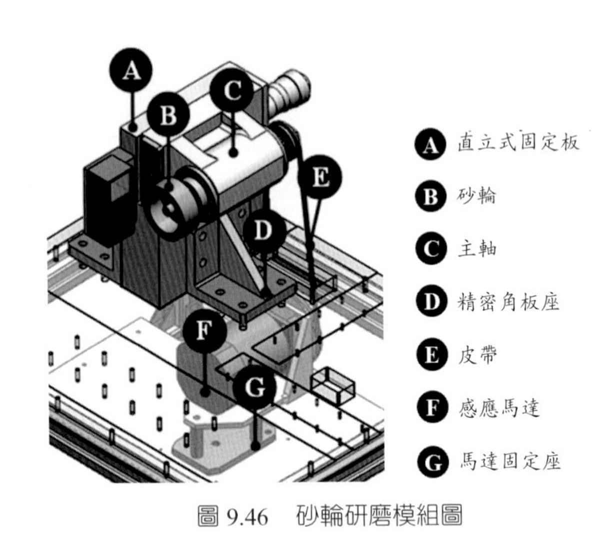

圖 9.46　砂輪研磨模組圖

砂輪研磨模組的架構，如圖 9.46 以感應馬達爲動力源由皮帶傳動方式經主軸帶動砂輪旋轉的運作。在硬體選用方面，本系統以市售微型鑽針研磨機爲參考，採用市售的模組化產品。其中感應馬達爲 51k90A-BW2U 其額定轉速可達 3200 rpm；砂輪使用型號爲 SD-1000-600-P-100-B-3.0 的合成鑽石磨料具有雙粒度的混合砂輪，可於鑽針研磨過程同時完成粗磨與細磨動作。另一方面，在模組的設計端爲配合線性運動平台的高度與研磨穩定、低震動的高精度研磨的構想，機構架設以直立式固定板上加裝三塊精密角板的結構，確保系統於研磨過程中保持穩定的狀態。

➢ 軟體控制模組

軟體控制模組的開發，則採用圖控式介面軟體 LabVIEW 爲工具撰寫，爲了能帶給使用者直覺性與方便性的操作，促使系統設備達到最佳化作業效果。

在軟體控制介面的規劃，如前述則以量測流程的需求分成量測介面、量測數據、影像校正與量測設定四組介面，如圖 9.47 能藉由 A 至 D 的控制切換相對應之介面。

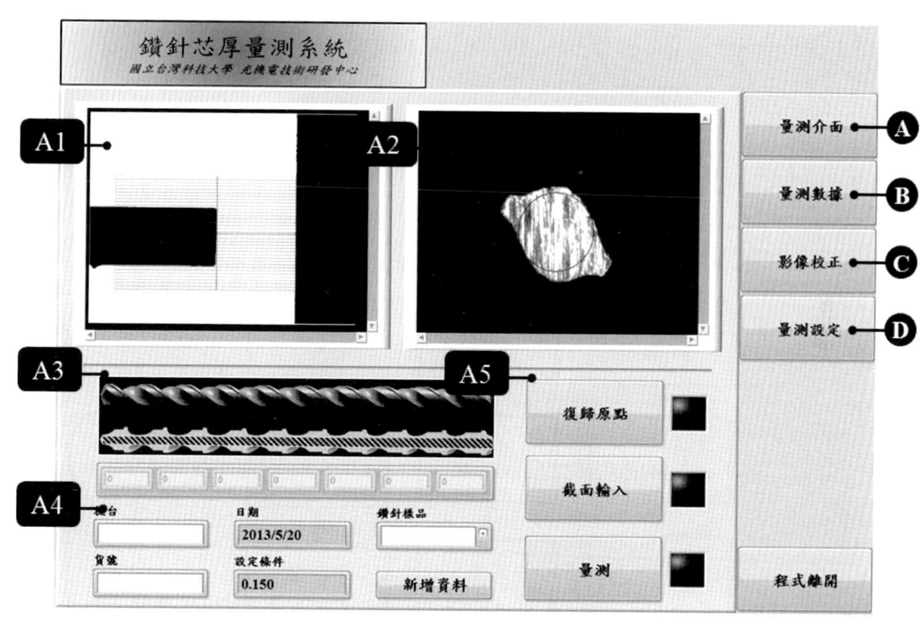

圖 9.47　量測介面圖

軟體控制模組爲使用者與機台溝通橋樑又稱爲人機介面。人機介面提供的量測流程，可分爲校正與量測兩部份。前者主要用以定義影像圖元尺度比例與對焦位置，後者分爲四個步驟的自動量測程序，包含鑽針基準量測、截面研磨、心厚取像分析與資料儲存，如圖 9.48 的流程。

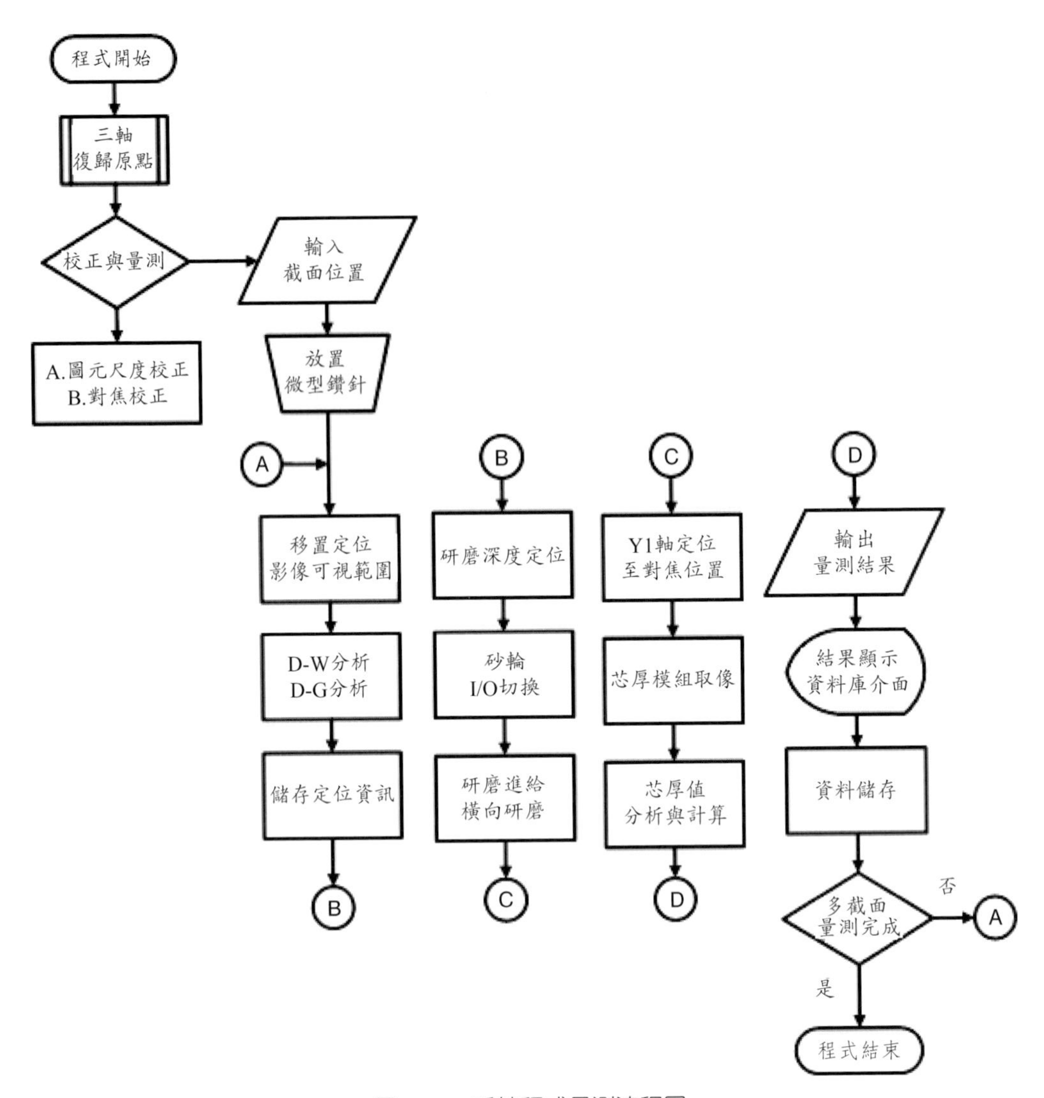

圖 9.48　系統程式量測流程圖

9-2-3 研究方法

對於建立探討適用於 UC 型心厚量測系統，本研究建議由新增鑽針量測基準的機制，來取得較精準的量測趨勢。除此之外爲了能提升整體系量測的效率，研究中嘗試以改良硬體與研磨的模式來達到系統優化。本章首先對影像處理技術做簡單的介紹，再來說明鑽針定位、心厚量測、影像對焦與圖元尺度校正等部分，最後則是探討新機台之系統設計的改良部分。

➢ 鑽針影像定位

心厚值的量測爲了取得正錐狀設計的增量值變化，通常需要研磨四至七個截面。截面的位置定義則以量測基準位置往鑽針尾端方向的絕對距離稱之，如圖 9.49 所示。其中 di 爲截面相對於量測基準的距離，L 則爲量測基準鑽柄底部的長度。本研究爲了改善鑽針製程的產品總長度易誤差的問題，建立以量測基準爲參考的方式作爲心厚量測取樣的依據。

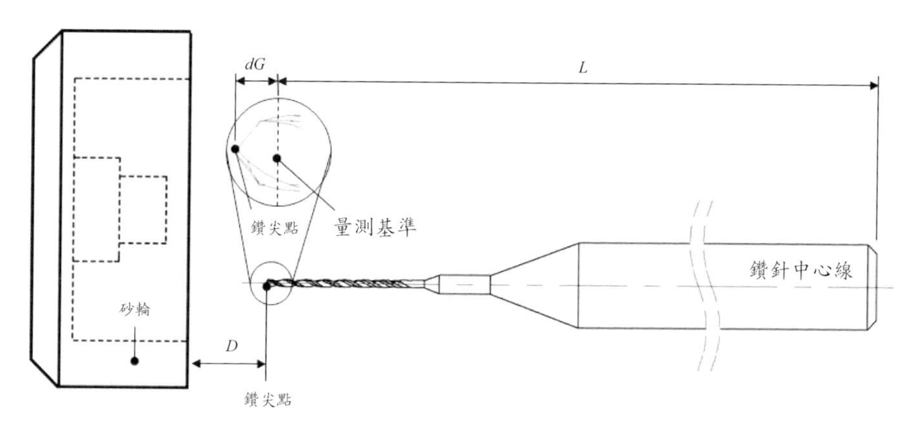

圖 9.49　鑽針定位距離示意圖

➢ 量測基準的建立

鑽尖點與基準的間距分析前，需使用參考鑽針素材圓棒來建立量測基準的線做爲截面位置的參考。量測基準的建立方法，首要的條件就是在影像中找出圓棒的位置後，採用邊緣偵測的技術來取得邊點資料，並由邊點資料擬合。本研究爲了適用於不同直徑的鑽針，將以自動搜尋擬合的方式來建構出量測基準，其基準建立流程及示意圖如圖 9.50、圖 9.51 所示。

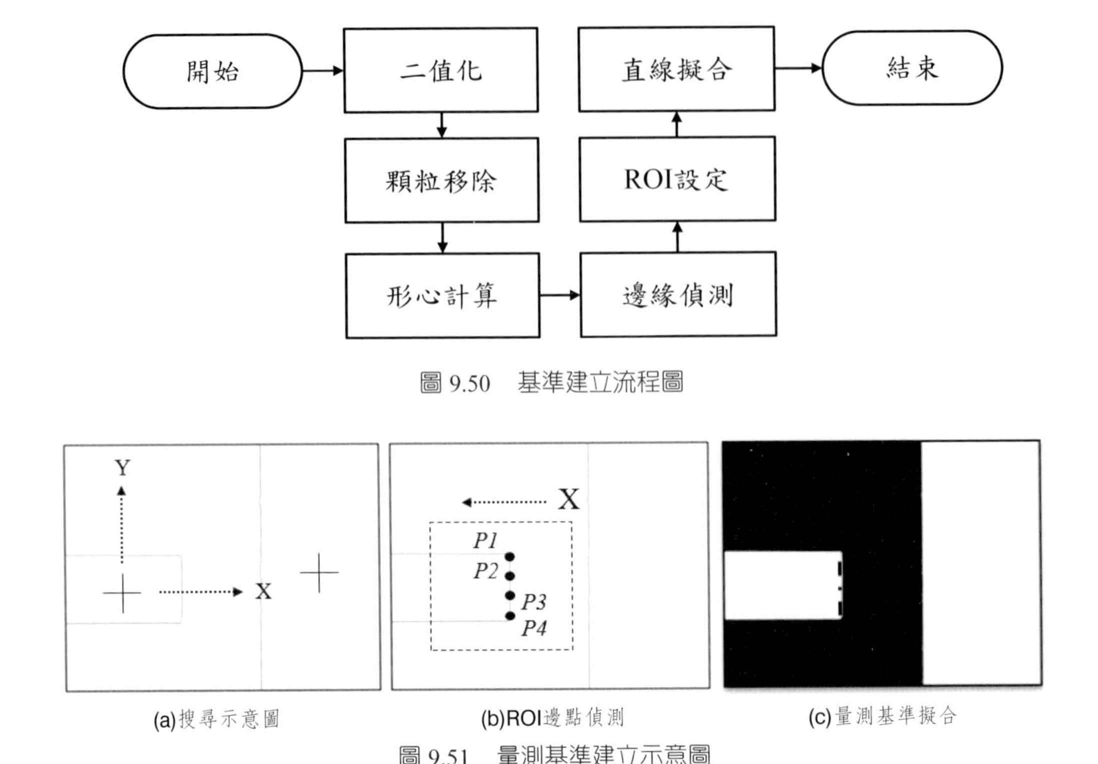

圖 9.50　基準建立流程圖

(a)搜尋示意圖　(b)ROI邊點偵測　(c)量測基準擬合

圖 9.51　量測基準建立示意圖

➢ 鑽尖點與砂輪偵測

鑽針影像定位的目的在取得鑽尖點、砂輪與量測基準的位置，得以補償研磨的深度距離。先前已說明量測基準的建構方法，至於鑽尖點與砂輪的偵測上，則分別以像素統計及邊點偵測擬合來完成。重直線爲量測基準，基準線至鑽尖點的距離，經 FS 影像轉換比例得到的實際物理距離爲 D-G 。至於水平線代表鑽尖點至砂輪表面的影像分距離，則實際物理量則以 D-W 表示。其流程及示意圖如圖 9.52、圖 9.53 所示。

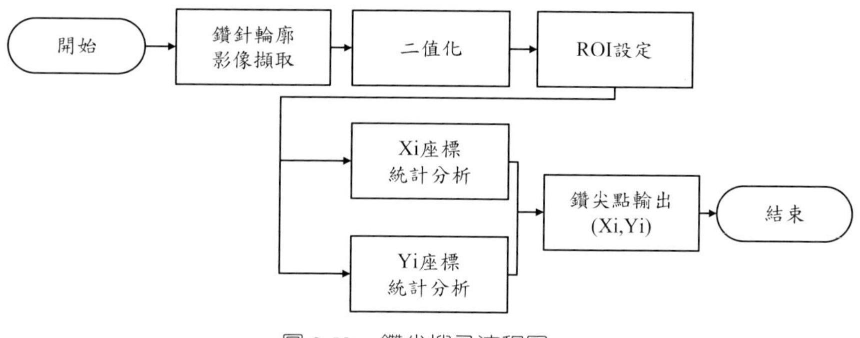

圖 9.52　鑽尖搜尋流程圖

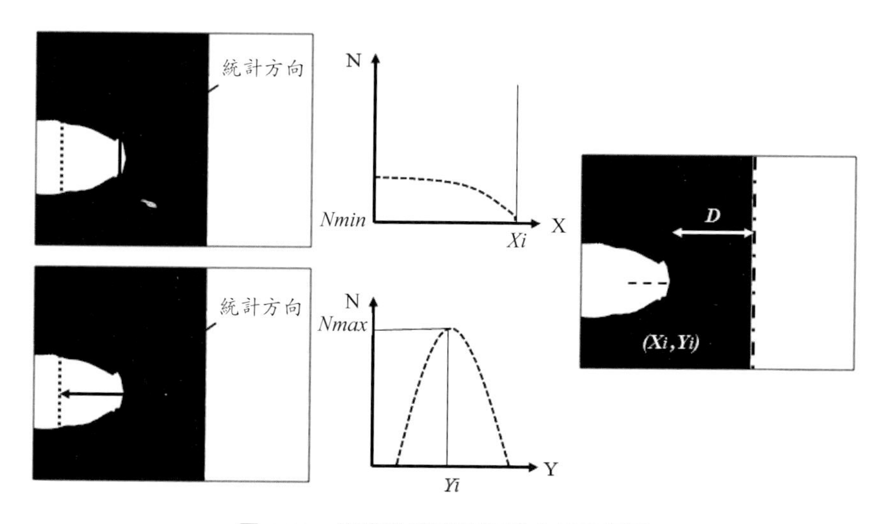

圖 9.53　鑽尖點與砂輪距離分析示意圖

➤ 心厚影像量測

由於鑽針產品的銷售逐漸以 UC 型產品爲主力，且於現有的影像心厚量測方法上較無法適用於此產品，因此本研究針對 UC 型鑽針提出一種能自動量測在任何角度變化下的心厚方法。量測的過程首先經由亮度與對比度的調整，其次使用二値化方法轉換圖元，再使用形態學的塡補技術來修補，並由完整截面影像進行形心的分析與紀錄後，對輪廓進行邊緣偵測的處理以取得截面邊點的資訊。圖 9.54 與圖 9.55 爲前述影像前處理流程與結果圖。

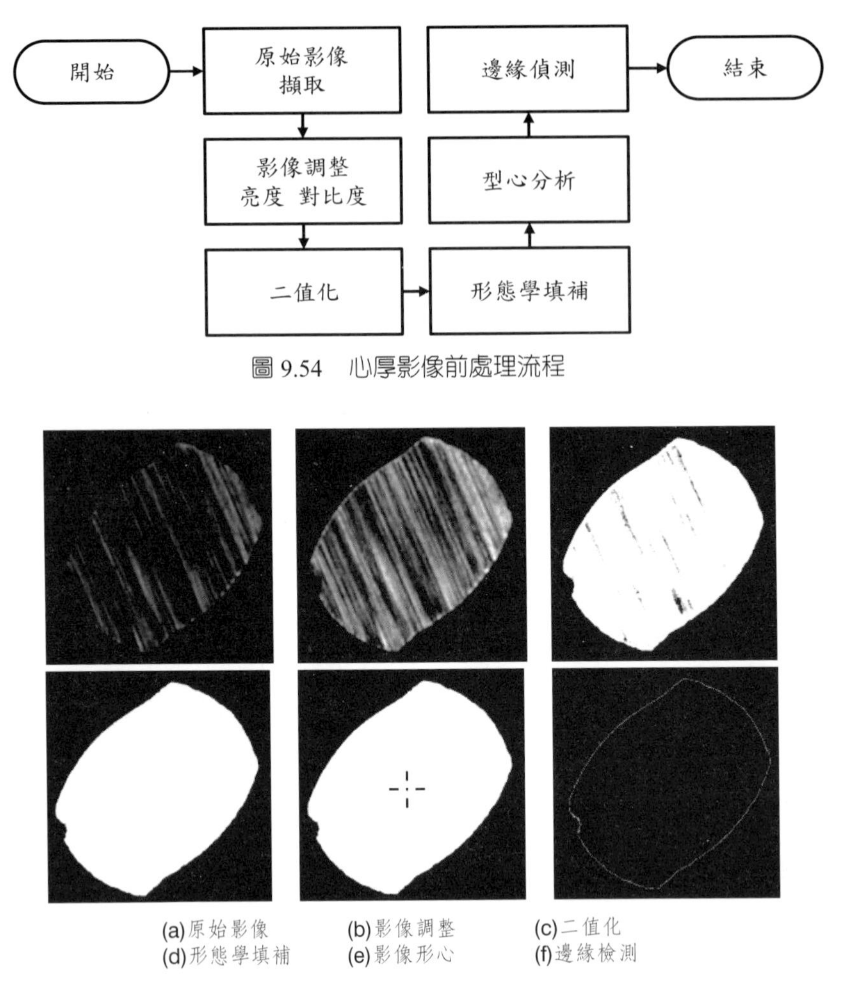

圖 9.54　心厚影像前處理流程

圖 9.55　心厚影像處理結果圖

經過前面的影像處理流程後，本研究利用了形心座標及外形輪廓的邊點座標來推算心厚值大小。量測方法主要基於最小平方圓法，由邊點資料來做擬合動作。如圖 9.56 爲擬合示意。

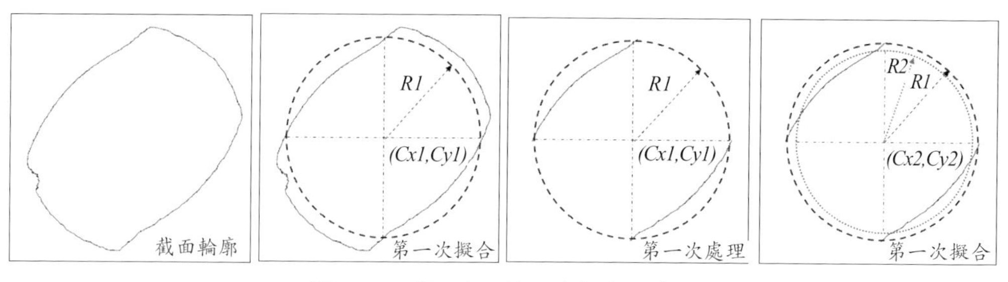

圖 9.56　第一次、第二次擬合示意圖

在測試的過程中發現，鑽針影像經過數次疊代運算後，半徑差值將呈現小於或等於設定門檻條件，此時系統將視內切擬合圓之半徑爲截面心厚的特徵值。圖 9.57 爲心厚分析過程中擬合圓半徑差值變化。

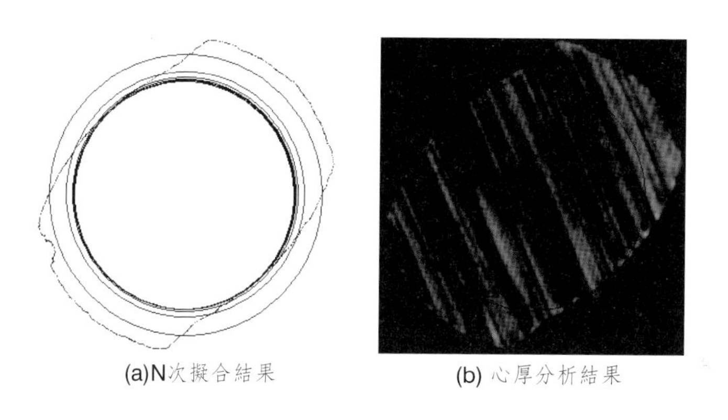

圖 9.57　心厚擬合與結果圖

➢ 心厚影像的轉換因子

心厚攝影機的比例轉換因子是採用已知尺度的圓棒量測來完成。此部分的程序是先取得圓棒的截面影像，繼而由二値化的影像計算截面形心的座標並進行邊緣偵測。當由形心座標爲中心設定適當的 ROI 之後。分別向內與向外的邊點搜尋及圓形擬合得到截面影像之直徑，而兩者之平均值即爲影像直徑 P_{st}（單位：Pixel）。圖 9.58 爲校正影像流程。

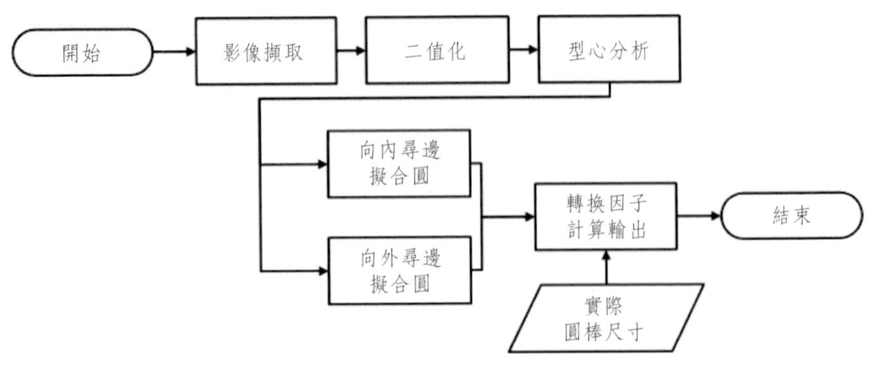

圖 9.58 校正影像處理流程

由已知的眞實尺度 D_{st}（單位：mm）與影像直徑 P_{st} ，可由下列公式求得單位轉換比例因子 F_{st}（mm/pixel）。在應用時只需將影像心厚結果乘上轉換比例因子 F_{st} 後，即可得知鑽針心厚特徵的眞實物理量大小。圖 9.59 爲校正分析過程圖。

$$F_{st} = \frac{D_{st}}{P_{st}}$$

圖 9.59 校正分析過程圖

➢ 影像心厚對焦方法

一般 AOI 的應用，若能在影像擷取前進行對焦定位，將可獲得較清晰的影像則利於後續分析的準確性。本系統採用固定焦距鏡頭，且待測物與鏡頭間的距離大致相同，因此可藉由清晰度的方法調整焦距，以得到較佳的影像。接續將說明本系統使用的對焦原理與應用。

系統對焦的過程是透過平台的移動與影像的擷取，在加上清晰度分析的計算，可以建構出清晰度評估曲線，如圖 9.60 所示。影像清晰度值令曲線顯示出爲對稱且單峰的特性，因此本系統找以最大的清晰值 SF_{max} 所對應的光學尺讀值 ESF 來做爲影像對焦位置的參考。

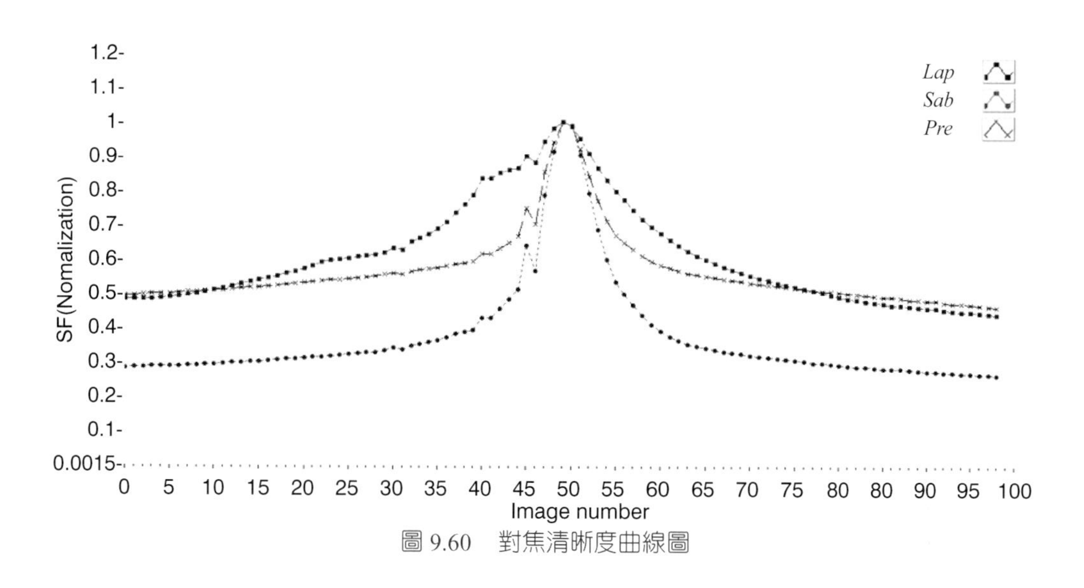

圖 9.60　對焦清晰度曲線圖

在實作中考量心厚攝影機的景深約爲 0.06mm，因此在對焦過程中是以機械解析度 0.02mm 爲進給量，循序在 2mm 的搜尋範圍取樣並利用來索貝爾算子來建立出對焦清晰度曲線圖。詳細對焦程序，如圖 9.61 首先輸入初始位置，使運動平台帶動標準件移至分析起點，接著進行圖片取像後分析清晰度值，並紀錄平台光學尺讀值，重複執行至搜尋範圍分析結束爲止後，經由資料的彙整來建構出對焦清晰度曲線圖表。

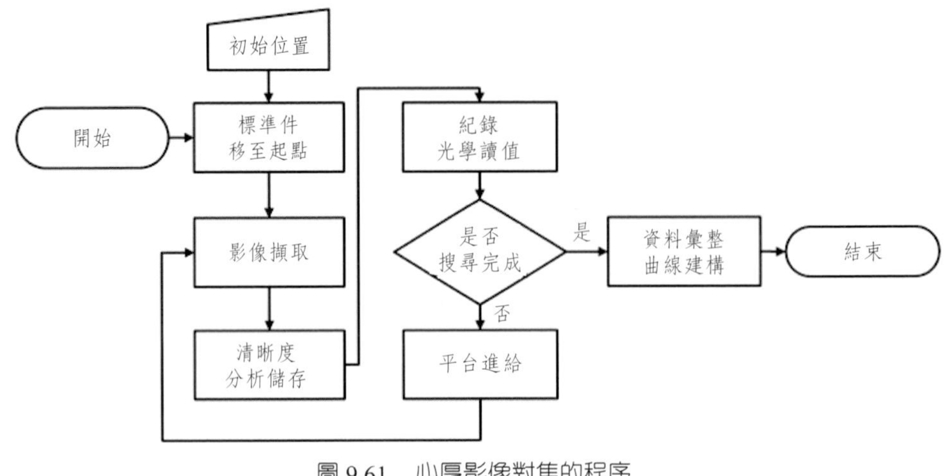

圖 9.61　心厚影像對焦的程序

實際的量測過程裡，當鑽針研磨至指定截面以後，系統將判讀平台光學尺讀值（Ew），與最大的清晰值 SF_{max} 所對應的光學尺讀值 ESF 來做比較，之後補償對焦位置的差距（EW-SF）。最終以研磨深度 (d) 爲目標來移動平台完成影像對焦的定位。

9-2-4 實驗分析

➢ 轉換因子的實驗

轉換因子實驗，是確保本系統的兩組取像系統，經比例單位轉換後的合理性。其中定位攝影機以像素位置與機台實際位移進行比對。鑽針尺度的量測前，必須取得定位影像像素值的轉換因子，而此結果的精確度，將影響著研磨位置與對焦補償距離的準確性。爲了確保校正值的合理性，實驗採用四支圓棒與鑽針樣品，來做重複性的定位校正實驗，實驗數據以十次結果來討論。

實驗方法先將圓棒樣品移置影像可視範圍後，由操作者經過電腦驅動運動平台行走 100μm 的距離，之後比對樣品在影像間的像素變化量。由已知的位置物理量與像素變化量，則可計算出轉換比例因子大小 F_{sp}，圖 9.62 爲校正分析示意圖。

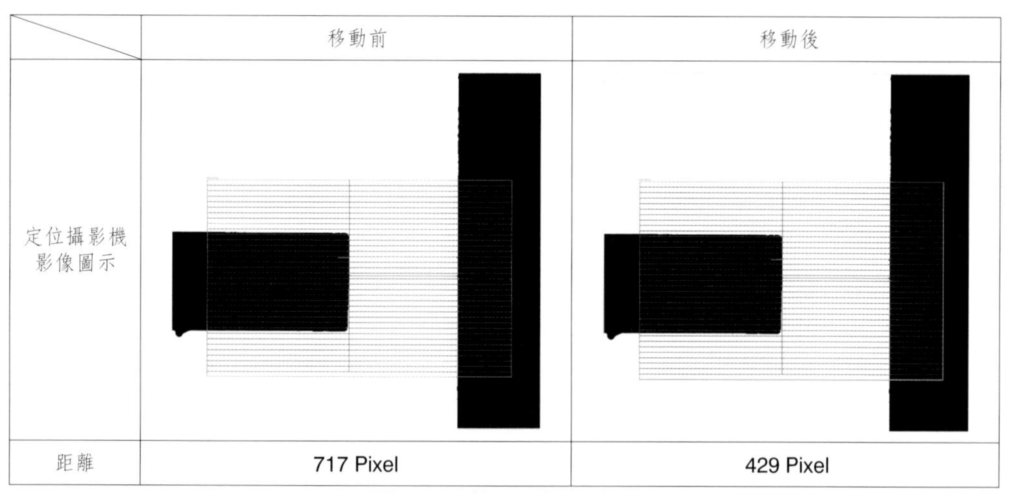

圖 9.62　校正分析示意圖

➢ 鑽針置放影響性實驗

本研究來測試系統的心厚量測程序，是否能適應於任意擺設的截面位置，並且符合產業誤差的量測重現性。研究過程裡，由操作者隨意的擺放位置，之後以本研究的心厚量測程序取得結果值，並與 Mitu-toyo 工具顯微鏡的心厚量測結果來做比較。實驗前將四支 UC 型鑽針產品，分別標示為 UC-A、UC-B、UC-C 及 UC-D。每支鑽針研磨至不同深度的截面，經由工具顯微鏡的量測後，取得每個截面的平均心厚數據與標準差。如表 9-1 所示。表中量測心厚的數據，將做為後續以影像分析心厚的參考值。

表9-1　工具顯微鏡的心厚值結果

量測樣品	UC-A	UC-B	UC-C	UC-D
平均值	0.##89	0.##71	0.##80	0.##12
標準差	0.0017	0.0022	0.0018	0.0013

單位：mm

為了探討量測系統是否受鑽針放置的方向所影響。系統在焦距調整適當後，將鑽針隨機的安裝於治具。因為放治的過程，鑽針治具可以相對旋轉，因此取像時鑽針截面呈現不同的影像（如圖 9.63 所示）。實驗中對每支鑽針重複性拆裝十次，同時以影像分析量測心厚。由實驗數據顯示，截面影像方向爲可變時，系統量測的重現性約有 1.5μm 較優於以工具顯微鏡的人工量測方式。在工具顯微鏡的心厚結果比較，其最大差異量則約爲 2μm 以內。

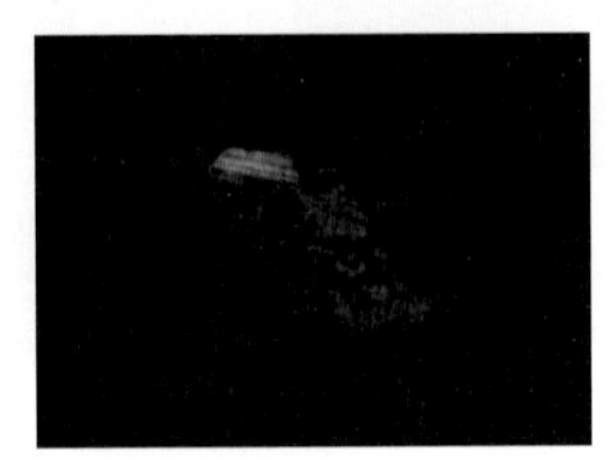

圖 9.63　不同角度之心厚截面示意圖

➢ 對焦距離影響性實驗

爲了驗證系統量測方法對於對焦後的影像量測之重現性，則延續前實驗的四支樣本來做實驗。對焦量測的實驗，藉由軟體控制方式來驅動系統運動平台進行復歸原點動作後，將樣品安裝於鑽針治具。再以平台帶動鑽針樣品進行對焦與取像。由分析結果顯示，本系統的量測重現性小於 1.5μm 以內，並且在工具顯微鏡的結果比較，仍保持著最大差異量約爲 2μm 以內。

➢ 截面心厚值量測

由於業界在檢驗一支鑽針其心厚值標準，普遍以三至七個截面來取像量測。因此本專案以仿效業界，針對不同外徑的 UC 型鑽針，分別標示爲 UC-1、UC-2 與 UC-3 來完成多截面的量測程序，來獲得心厚設計的趨勢做討論。由於外徑與鑽部長度有明顯的差異，實驗中各別選取四個不同深度的截面並進行心厚值取像量測。三支鑽針的量測數據，如圖 9.64 爲樣品 UC-1 心厚增量趨勢。由實驗結果顯示，當截面位置越接近柄部，心厚值呈現漸增的趨勢符合前面所說的正錐狀設計。

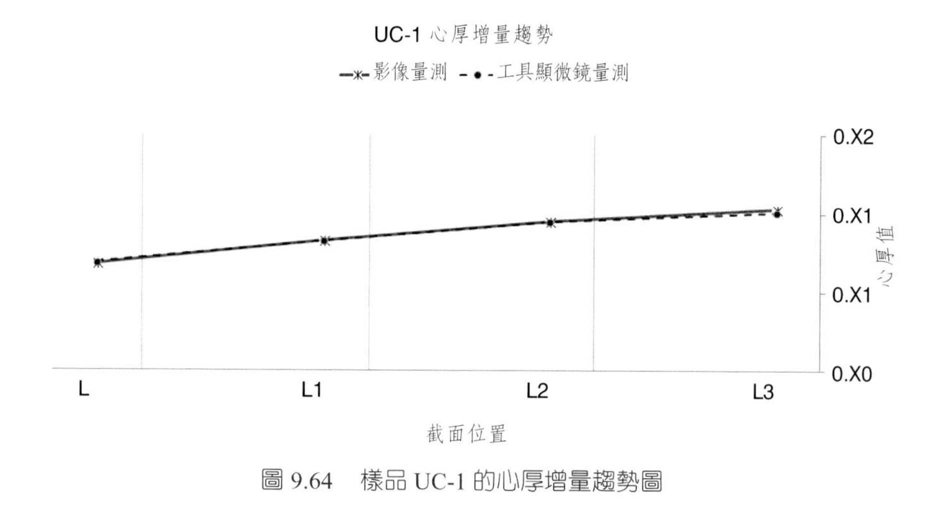

圖 9.64　樣品 UC-1 的心厚增量趨勢圖

9-2-5 結論與未來展望

本專案依據既有量測機構的優點與缺點，成功地開發出改良型的破壞式微型鑽針心厚視覺量測系統。研究的過程經歷功能規劃、設計繪圖、發包製作、採購組裝、撰寫程式至系統運轉測試。完成的系統是以 LabVIEW 爲程式撰寫的工具，整合運動控制、影像擷取與分析等功能提供了完整心厚量測流程的人機介面。最終經由系統實驗的驗證，本系統具有較下列幾項之特點：

- 鑽針長度分析：本系統中應用重覆精密度 ±5μm 、精度 0.015mm 之運動平台與高倍率機械視覺整合來完成自動定位功能，並新增了鑽針長度的分析功能，來符合產業應用的需求。
- 心厚量測重現性與準確性：系統的心厚值方法，採用影像處理與數值擬合的方式，能應用於量產的 UC 型鑽針心厚量測。於量測系統具備著良好的量測重現性結果於 ± 1.5μm ，且以工具顯微鏡爲比較，其最大差異量則在 2μm 以內。
- 量測效率的提升：經由系統重新配置設計以後，縮短系統量測過程中所需耗費的移動時間。則再利用微動平台來調整鑽針懸臂的長度外，經由修砂調整已後能改善研磨時的速度限制問題。經由實驗結果顯示，系統於單截面的時間只需約 40 秒。

- 人性化操作介面：只需經由專業人士的調機，使用者只需經由參數的載入與截面的設定，即可完成心厚量測的工作。系統並且提供一項完善的數據檢視介面，供使用者數據檢視與資料輸出。因此無需仰賴高技術人員的經驗，將可減省人力需求的費用。

第十章 綜合實習

10-1 馬達應用實習

10-2 影像擷取實習

10-3 影像處理實習

10-4 資料擷取實習

10-5 機電系統應用-雙軸定位系統實習

10-1 馬達應用實習

10-1-1 實習目的

充分瞭解步進馬達之種類、構造與原理，並選用一款產業界常用之五相步進馬達，實地操作其配線工作、簡易試車及程式編輯。

10-1-2 技術指標

1. 步進馬達種類與構造認識。
2. 步進馬達原理瞭解。
3. 系統程式編輯 (LabVIEW）。
4. 步進馬達簡易試車。
5. 控制程式編輯（LabVIEW）。

10-1-3 實習內容

10-1-3-1 五相步進馬達基本試車實習

• 說明

五相步進馬達基本試車透過簡易的脈波產生器以模擬控制器脈波之產生，並與驅動器、電源供應器、步進馬達接線以達成基本步進馬達試車之目的。

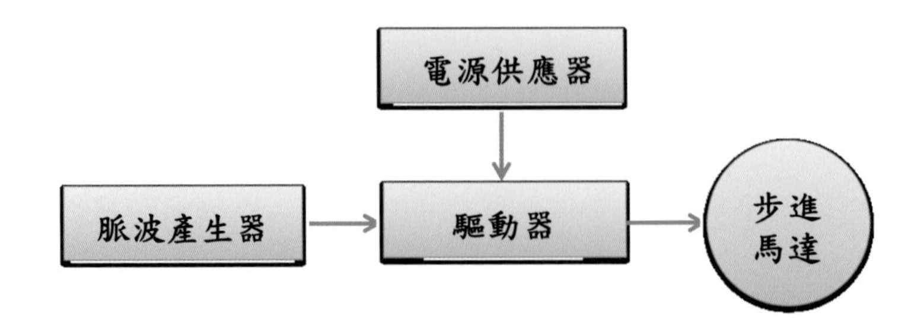

• 實習設備

1. 脈波產生器
2. Orientalmotor 五相步進馬達（含角度刻度盤）
3. TORY 驅動器
4. 電源供應器（24V）

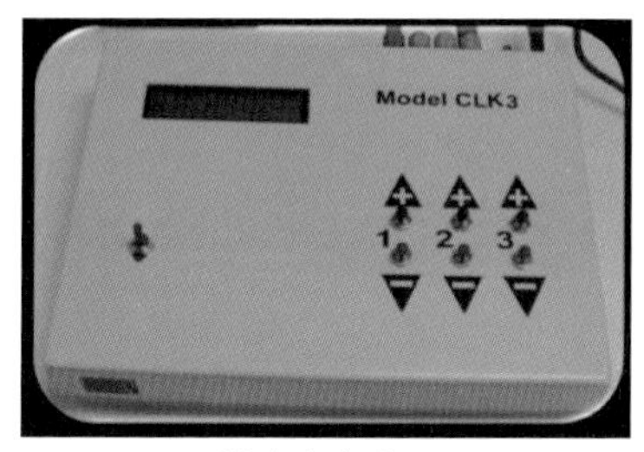

脈波產生器

五相步進馬達

驅動器

電源供應器

➢ 實習步驟一

將馬達與驅動器之間進行接線。

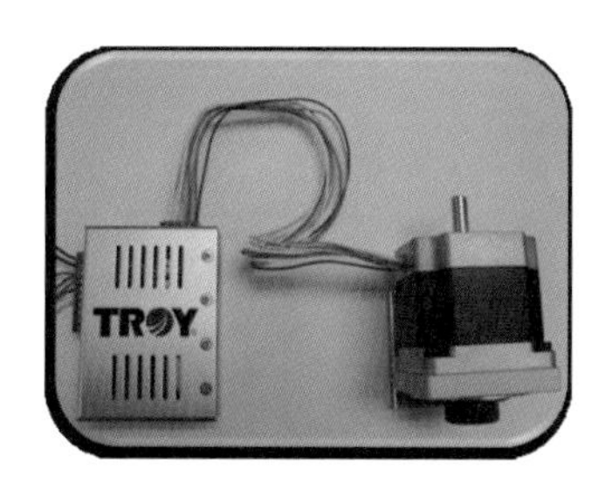

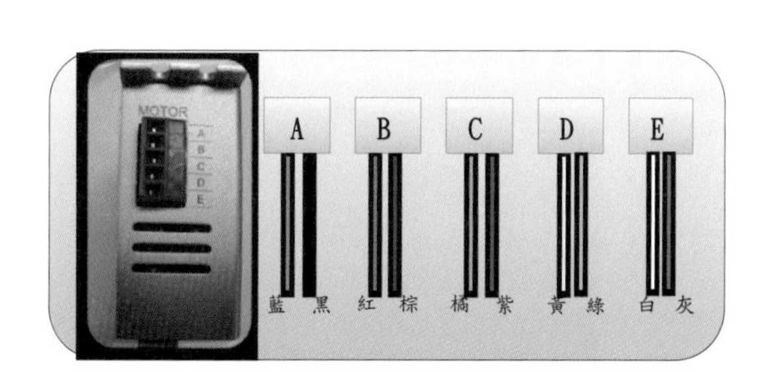

➢ 實習步驟二

按電源供應器與驅動器的接線方式，將 N 及 L 端分別使用插頭接 AC110V，再將 G 及 V1（24V）接至驅動器上的 DC24V。

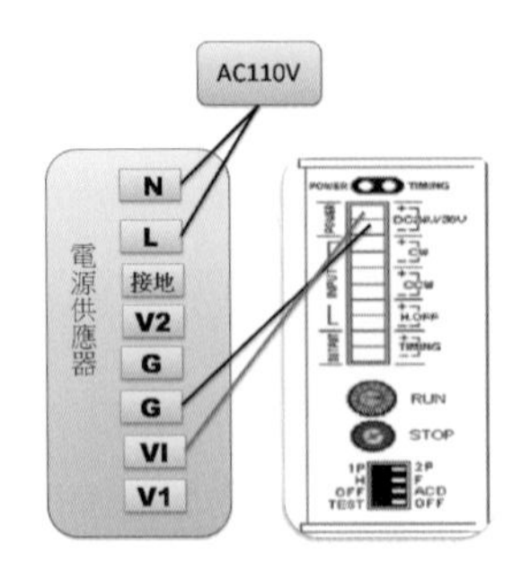

➢ 實習步驟三

按脈波產生器與驅動器的接線方式，將 +5V 分別接至 +CW 及 +CCW，再將 CLK1 及 DIR1 接至驅動器上的 −CW 及 −CCW。

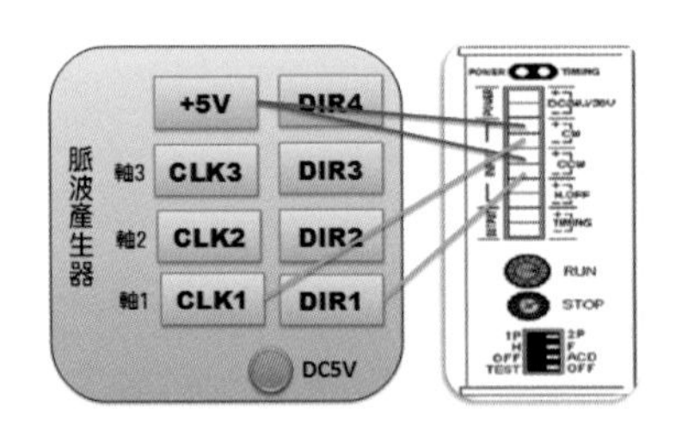

➢ 實習步驟四

開啓脈波產生器的電源開關，壓按正轉及反轉按鈕，並觀察馬達之旋轉情況。

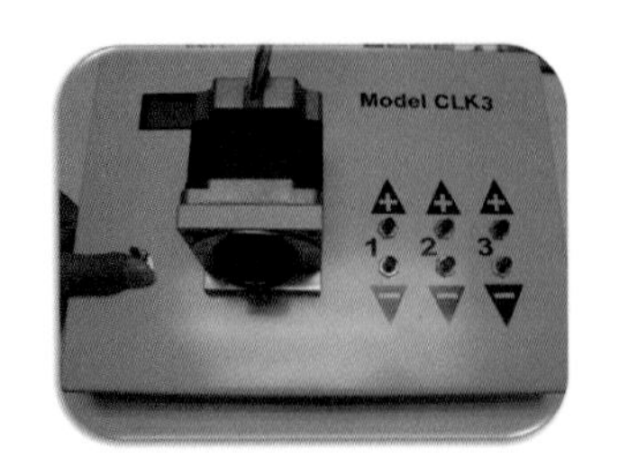

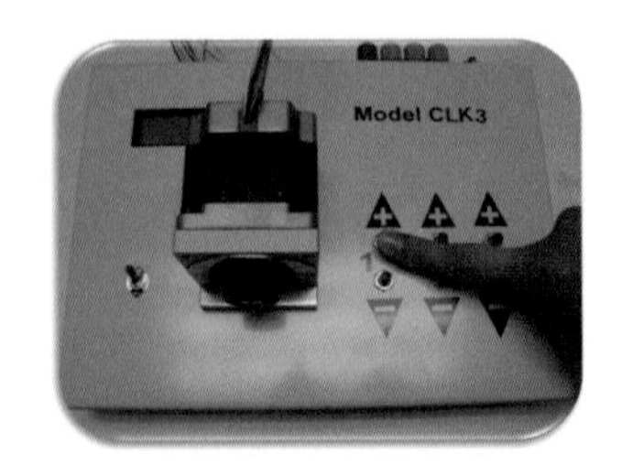

10-1-3-2 五相步進馬達NI Measurement & Automation實習

• 說明

五相步進馬達 NI Measurement & Automation 實習是應用 NI PXI 準系統工業電腦作爲作業系統及透過 NI PXI-7340 運動控制卡器產生脈波，並與 UMI 接線盒、驅動器、電源供應器、步進馬達完成接線，以 NI Measurement & Automation 工具軟體設定參數並達成簡易五相步進馬達控制之目的。

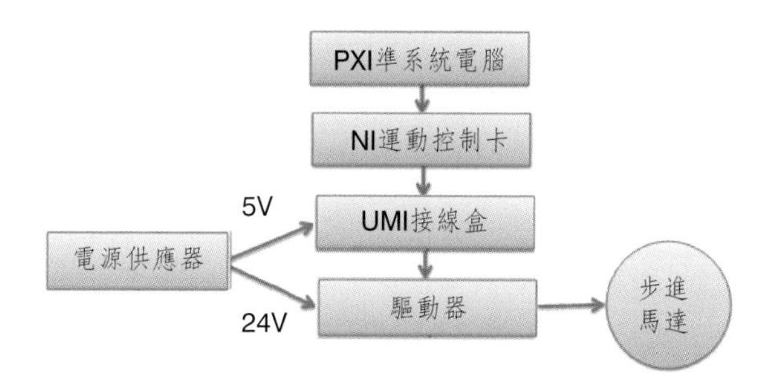

• 實習設備

1. PXI 儀控平台（含螢幕）
2. PXI-7340 運動控制卡（含 Cable）
3. UMI-7764 運動控制端子座
4. 電源供應器（24V 、5V）
5. TORY 驅動器
6. Orientalmotor 五相步進馬達（含角度刻度盤）

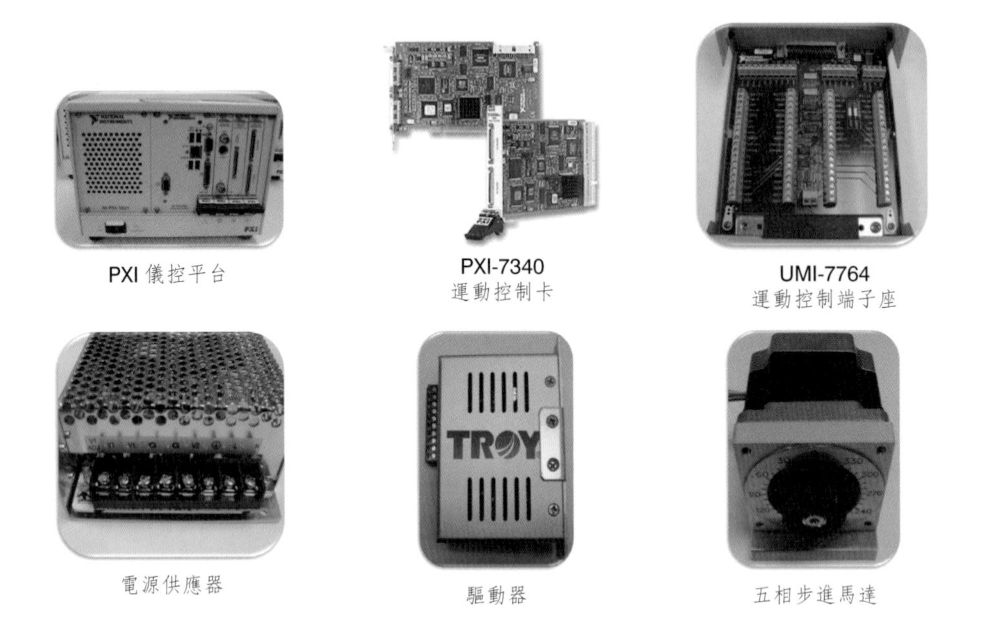

PXI 儀控平台

PXI-7340
運動控制卡

UMI-7764
運動控制端子座

電源供應器

驅動器

五相步進馬達

➢ 實習步驟一

將運動控制傳輸線連接到 PXI 系統上之 PXI-7340 運動控制卡 Motion/IO 上，並將運動控制傳輸線的另一端接於 UMI-7764 運動控制端子座上。

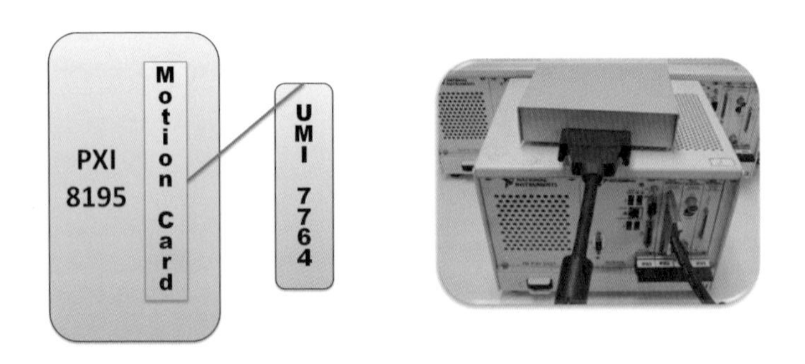

➢ 實習步驟二

連接 UMI 電源：將電源供應器上之 5V 的直流電源利用多芯線連接到 UMI-7764 運動控制端子座上的 REQUIRED INPUTS。

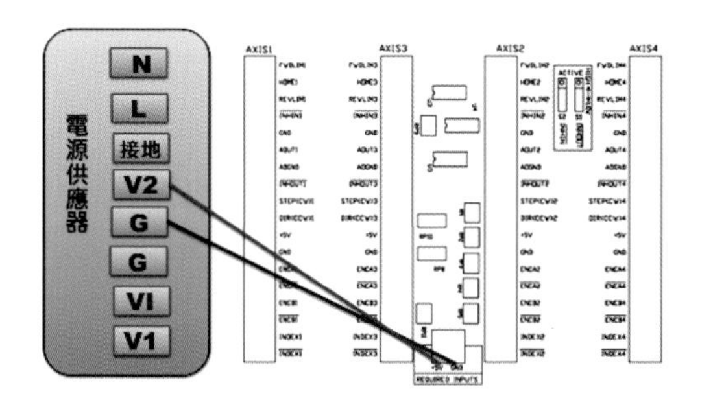

➢ 實習步驟三

連接驅動器與 UMI 接線盒：將 TORY 驅動器用多芯線連接到 UMI-7764 運動控制端子座上，UMI 上的 +5V 接至驅動器上的 +CW 及 −CCW ，UMI 上的 Dir（CCW）接至驅動器上的 −CCW ，以及 UMI 上的 Step（CW）接至驅動器上的 −CW。

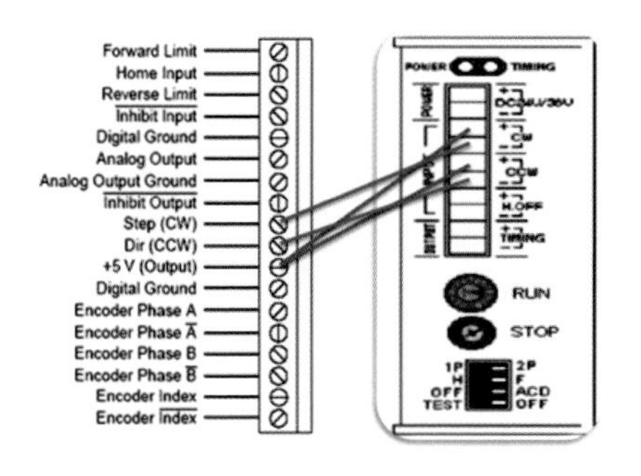

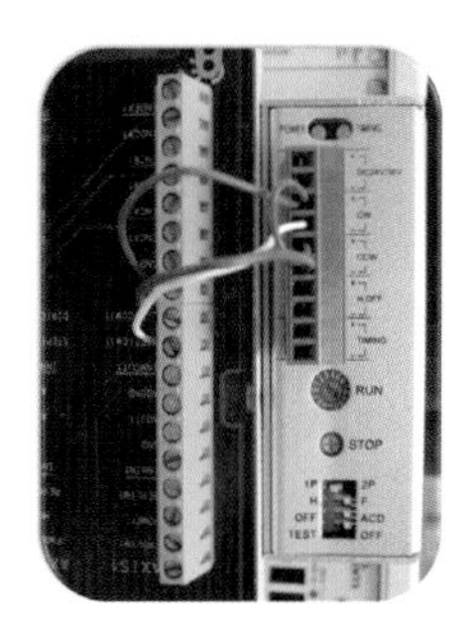

➢ 實習步驟四

驅動器連接電源供應器：將 DC24V 的電源供應器利用多芯線連接到 TORY 驅動器上。

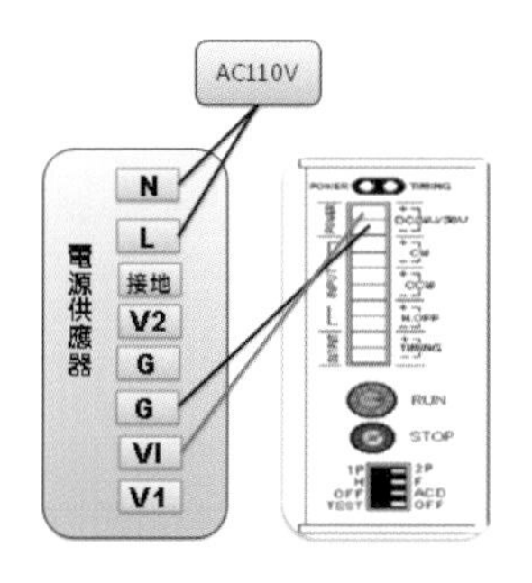

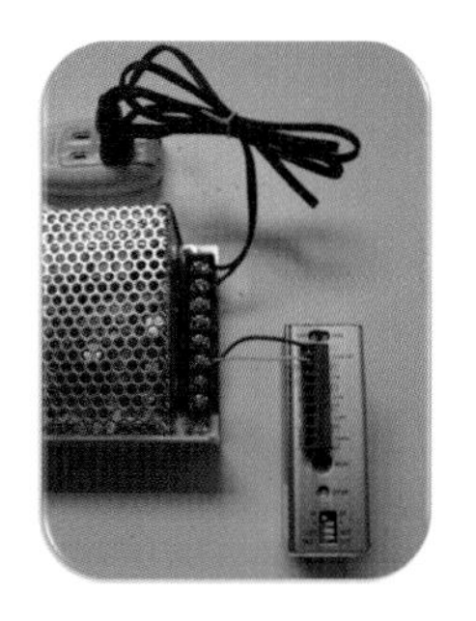

➢ 實習步驟五

連接步進馬達與驅動器。

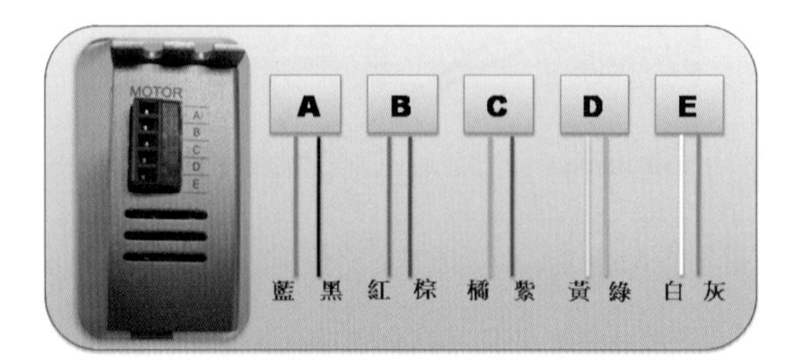

➢ 實習步驟六

開啓 NI MAX。

➢ 實習步驟七

點選 Configuration>>My System>>Devices and Interfaces>>NI Motion Devices>>PXI-7340。

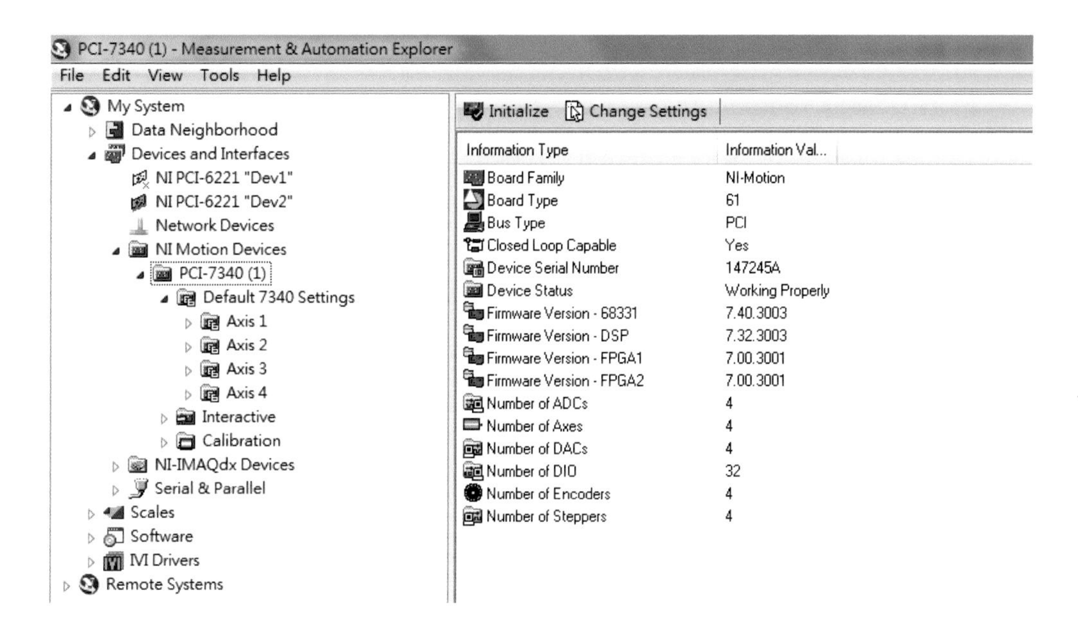

➢ 實習步驟八

點選 PXI-7340>>Default 7340 Settings，並設定爲「Open Loop Stepper」。

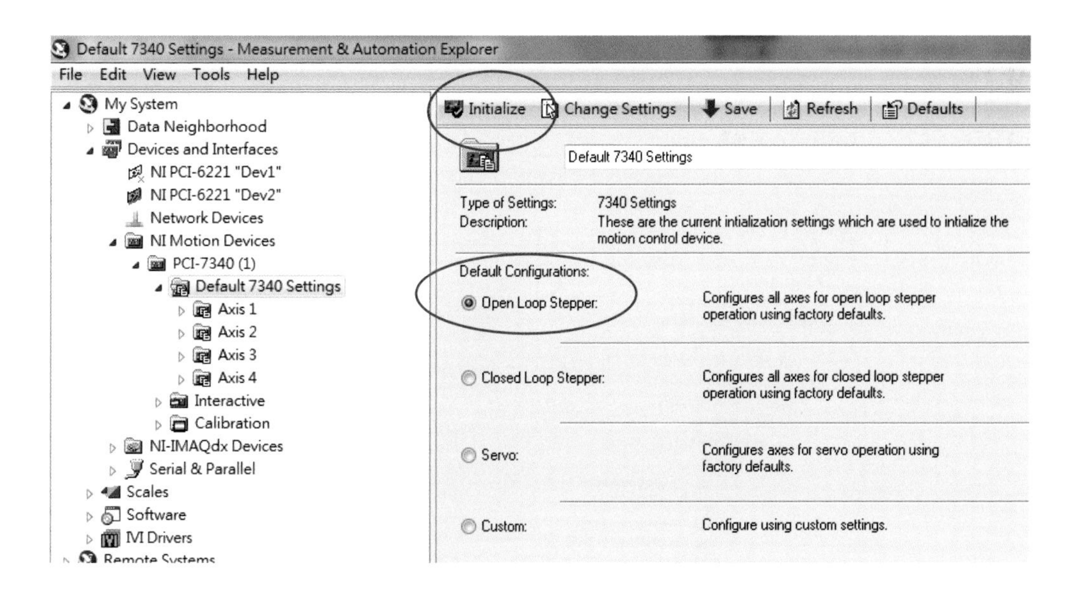

➢ 實習步驟九

點選 Default 7340 Settings>>Axis1>>Axis Configurations>>Stepper Settings 並設定「Stepper steps per revolution：1000」；「Stepper Output Mode：Clockwise/Counter Clockwise」。

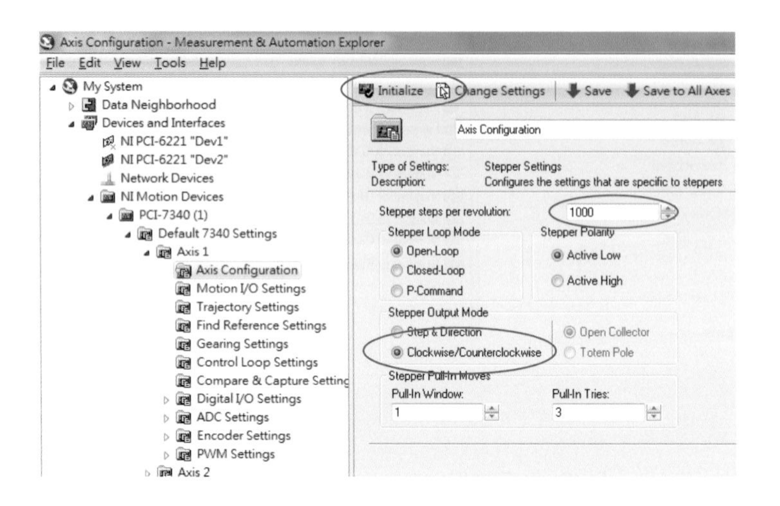

➢ 實習步驟十

點選 Default 7340 Settings>>Axis1>>Motion I/O Settings>> 並設定如下，完成後執行「Initialize」。

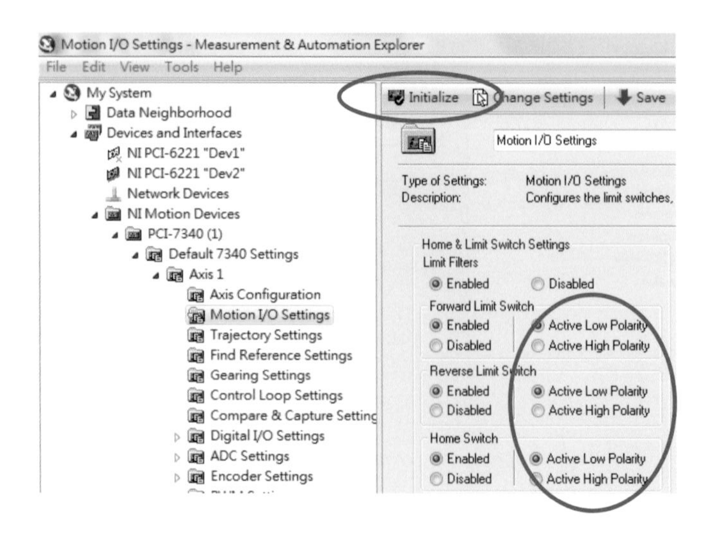

➢ 實習步驟十一

完成初始化設定後點選 PXI-7340>>Interactive>>1-D Interactive。並依以下畫面設定。

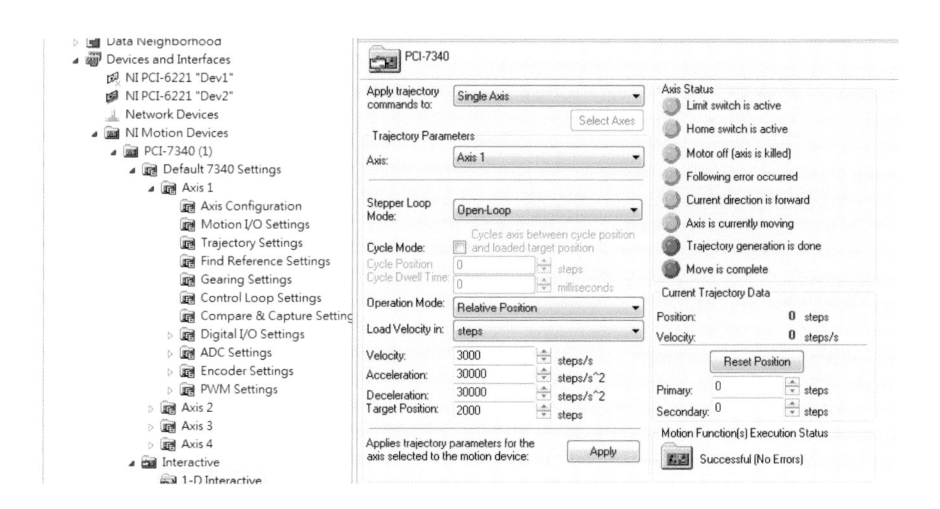

➢ 實習步驟十二

在上述視窗中，先執行「Apply」再執行「Start」，並觀察機構是否正確作動。

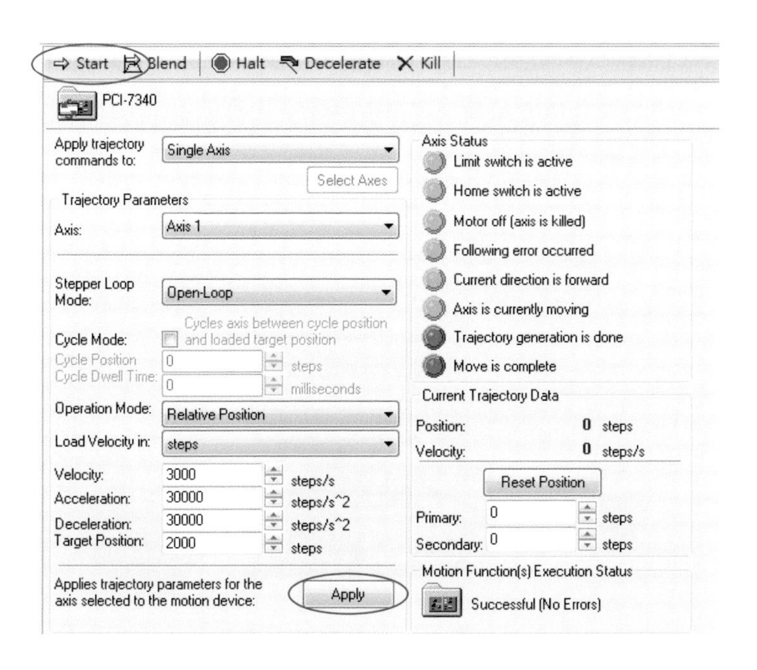

➢ 實習步驟十三

重複步驟十一與步驟十二，並記錄相關實驗數據。

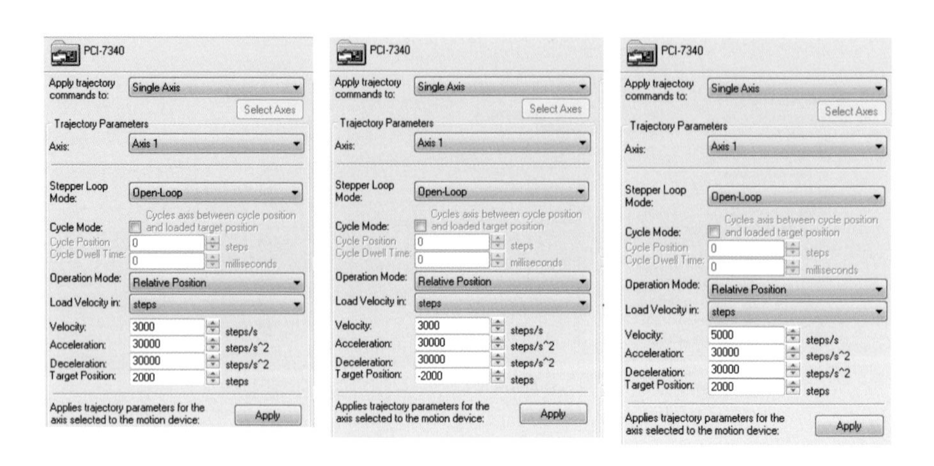

10-1-3-3 五相步進馬達控制程式編輯實習

- 說明

五相步進馬達控制程式編輯實習是應用 NI PXI 準系統工業電腦作為作業系統及透過 NI PXI-7340 運動控制卡器產生脈波，並與 UMI 接線盒、驅動器、電源供應器、步進馬達完成接線，再利用圖控式程式語言實際設定運動參數並撰寫人機操作介面並以鍵盤的「上、下、左、右、右上、右下、左上、左下」之目的。

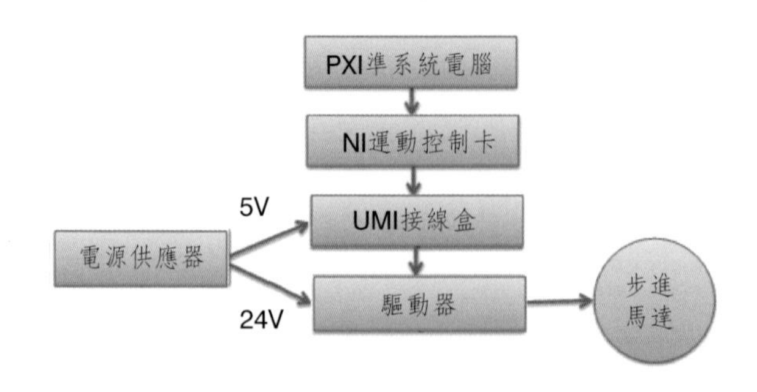

- **實驗設備**

1. PXI 儀控平台（含螢幕）
2. PXI-7340 運動控制卡（含 Cable）
3. UMI-7764 運動控制端子座
4. 電源供應器（24V、5V）
5. TORY 驅動器
6. Orientalmotor 五相步進馬達（含角度刻度盤）

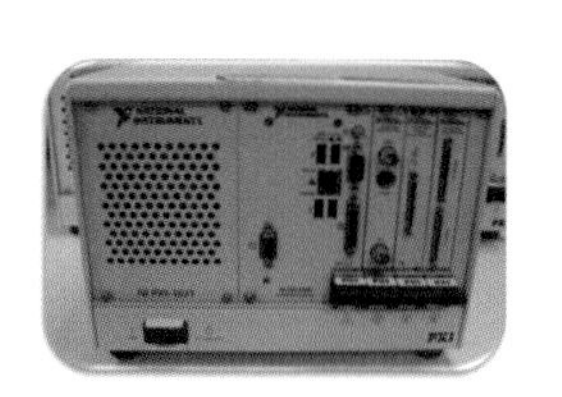

PXI儀控平台

PXI-7340
運動控制卡

UMI-7764
運動控制端子座

電源供應器

驅動器

五相步進馬達

➢ 實習步驟一

執行 National Instruments LabVIEW 2013，並出現以下視窗。

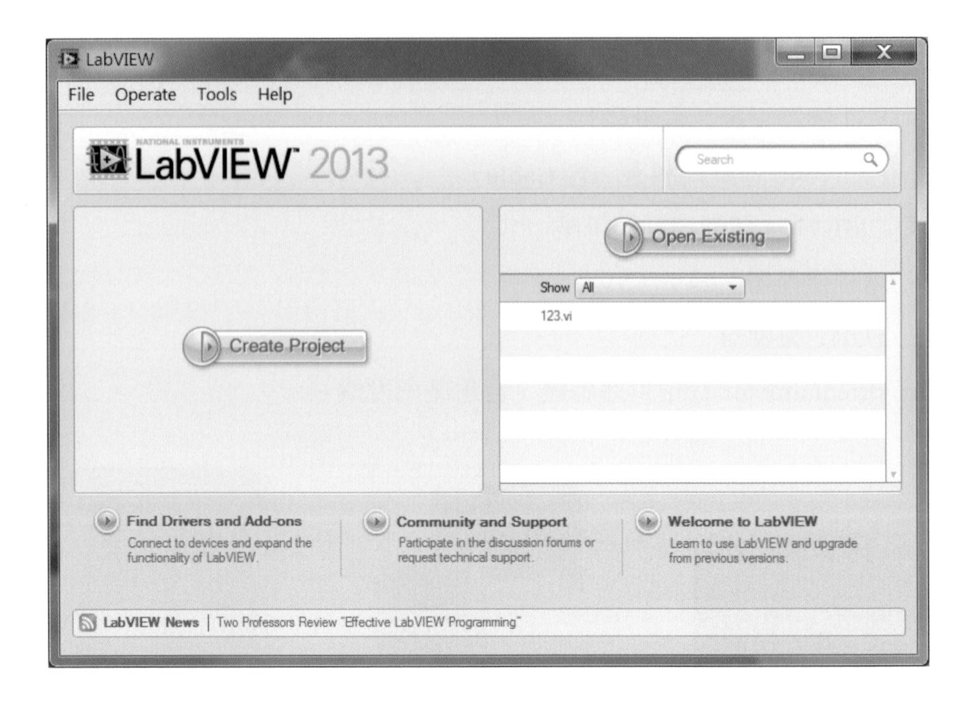

➢ 實習步驟二

點選 File>>NEW VI 以建立新程式作業視窗。

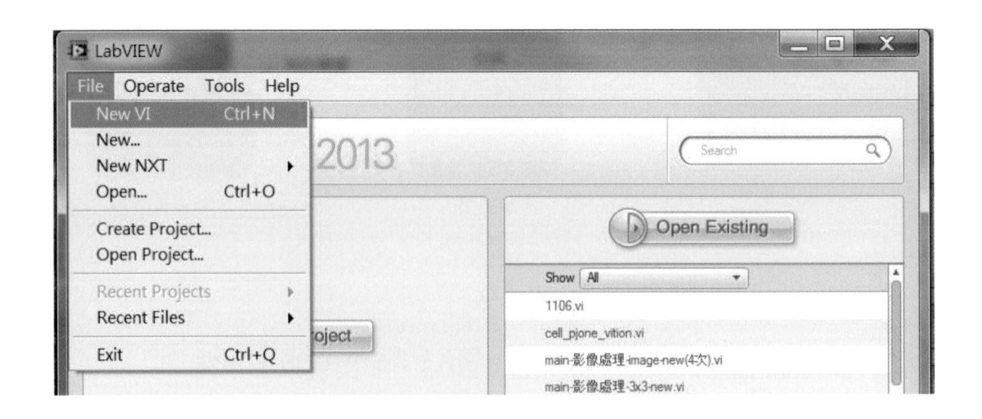

➢ 實習步驟三

點選 Window>>Tile Left and Right ，其中畫面的左手邊爲人機介面，右手邊爲程式方塊圖。

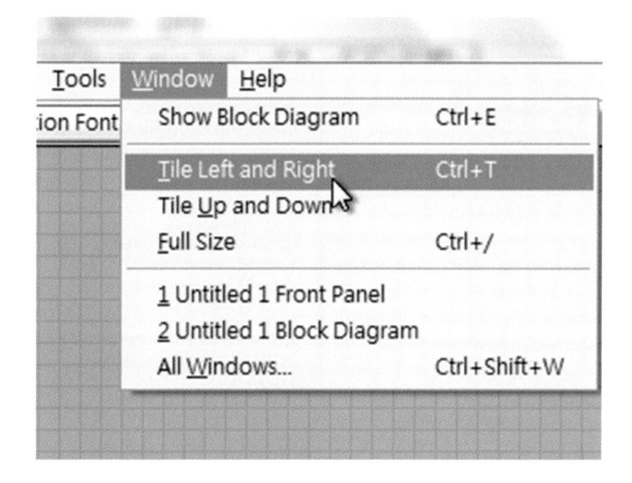

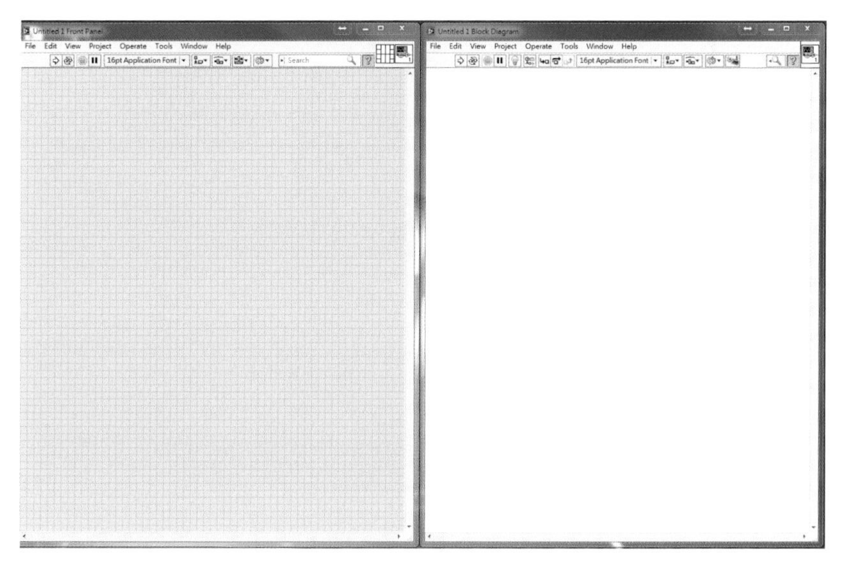

➢ 實習步驟四

在程式方塊圖（Block Diagram）上點擊右鍵，並點擊右上角 Search。

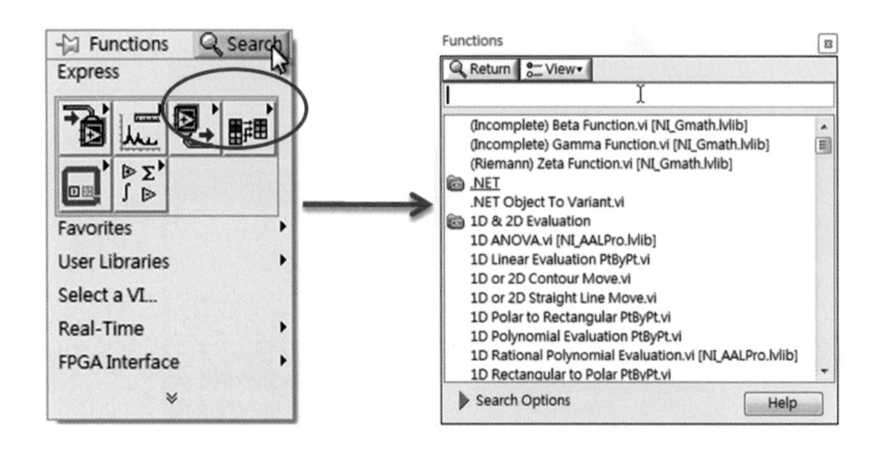

➢ 實習步驟五

搜尋下列程式，並熟記其位置。

1. Set Operation Mode. flx
2. Load Velocity. flx
3. Load Acceleration / Deceleration. flx
4. Start Motion. flx
5. Stop Motion. Flx
6. Acquire Input Data. i
7. Intialize Keyboard. Vi
8. Compound Arithmetic
9. Index Array

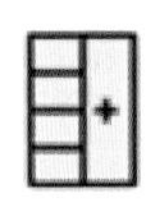 

➢ 實習步驟六

依下圖所示建立各項元件並完成接線：

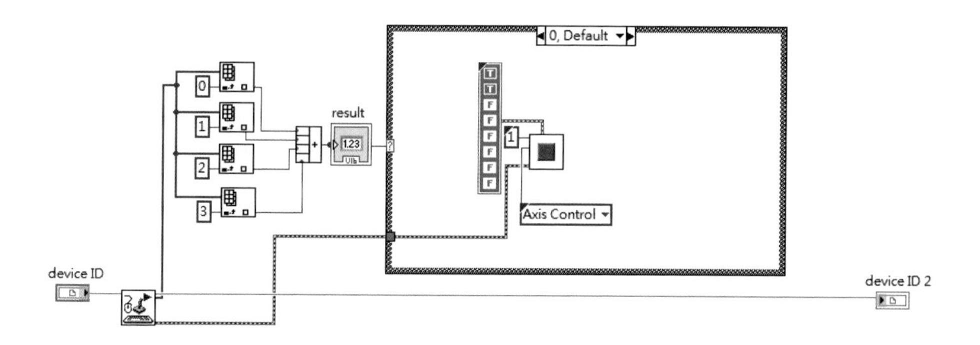

➢ 實習步驟七

在 Case Structure 上按右鍵，並選擇 Add Case After，新增一個頁面（命名爲 59）。

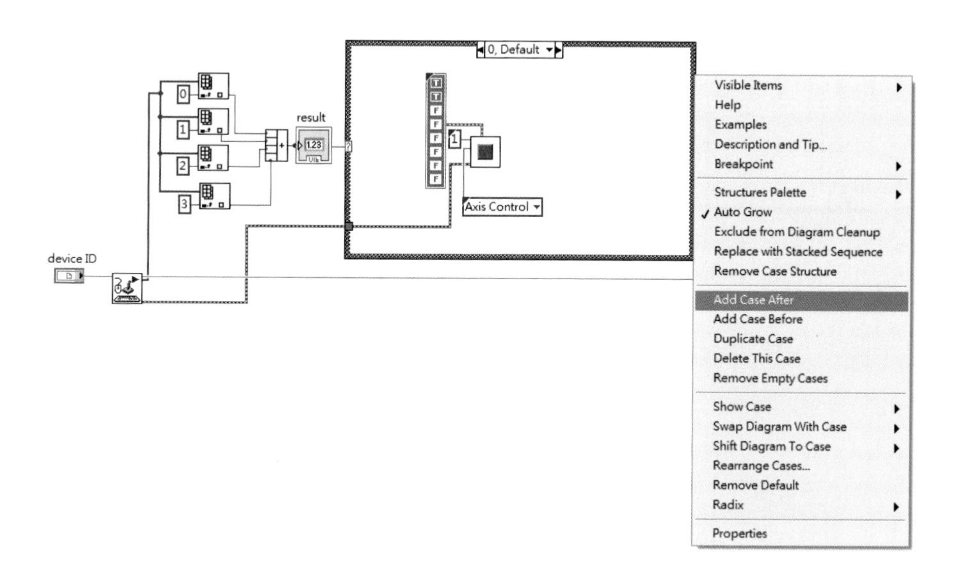

➢ 實習步驟八

重複步驟六，新增頁面 59、68、92、102、127、151、170、194。

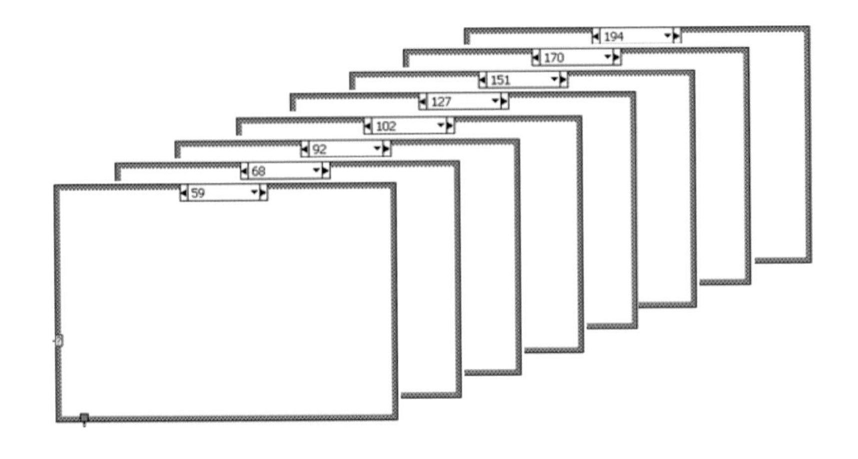

➢ 實習步驟九

依下圖所示建立各項元件並完成接線（頁面 59）：

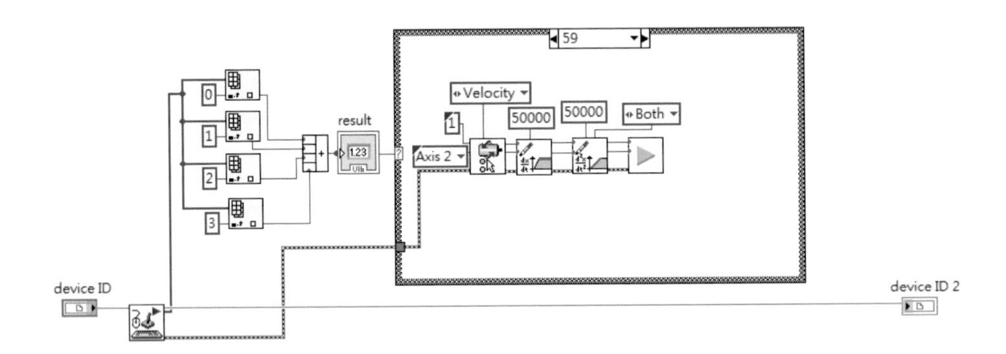

➢ 實習步驟十

依下圖所示建立各項元件並完成接線（頁面 68）：

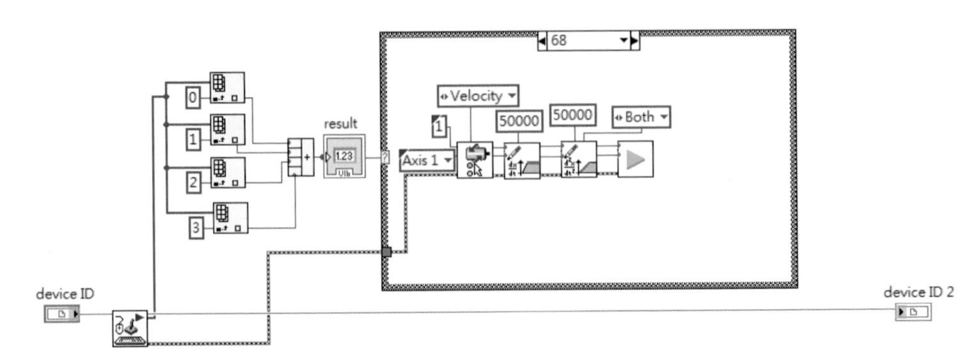

➢ 實習步驟十一

依下圖所示建立各項元件並完成接線（頁面 92）：

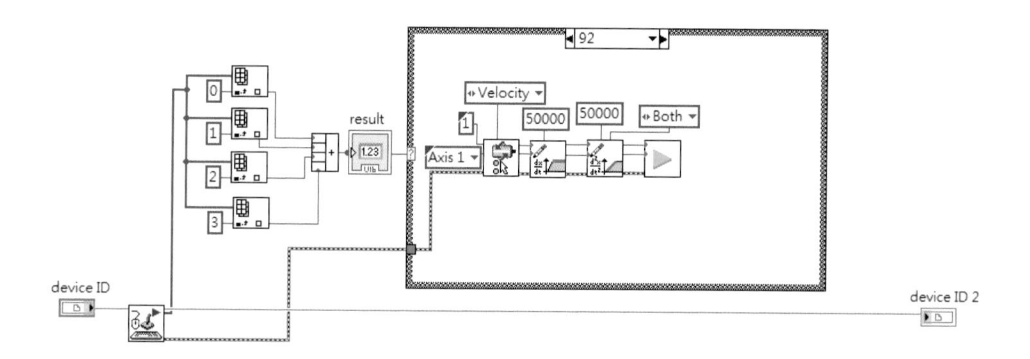

➢ 實習步驟十二

依下圖所示建立各項元件並完成接線（頁面 102）：

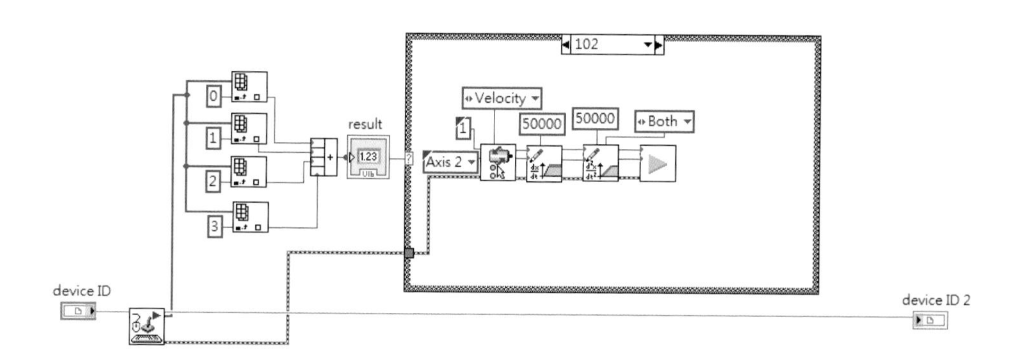

➢ 實習步驟十三

依下圖所示建立各項元件並完成接線（頁面 127）：

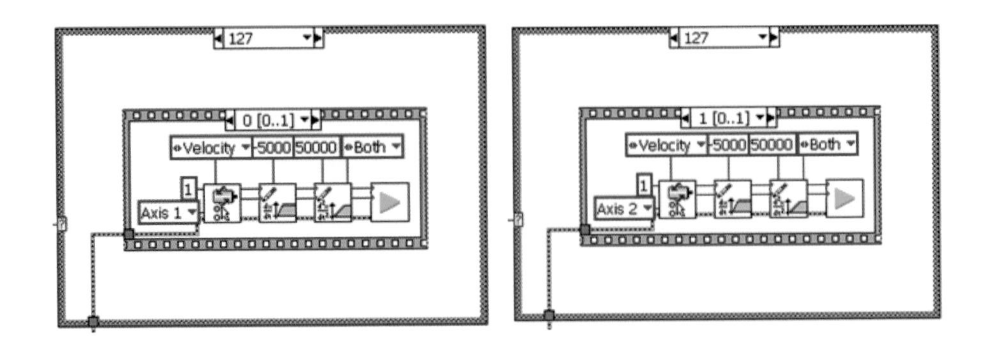

➢ 實習步驟十四

依下圖所示建立各項元件並完成接線（頁面 151）：

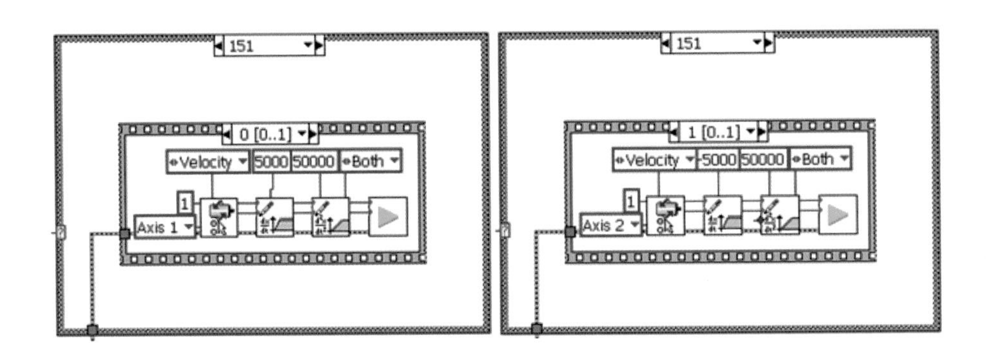

➢ 實習步驟十五

依下圖所示建立各項元件並完成接線（頁面 170）：

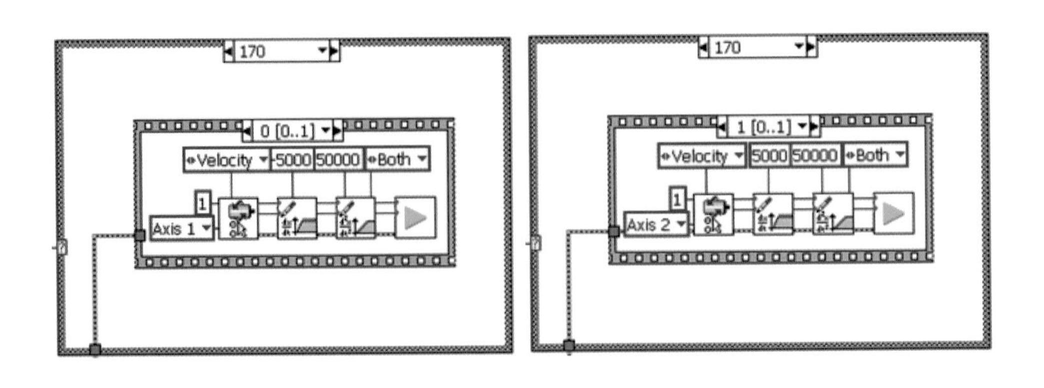

➢ 實習步驟十六

依下圖所示建立各項元件並完成接線（頁面 194）：

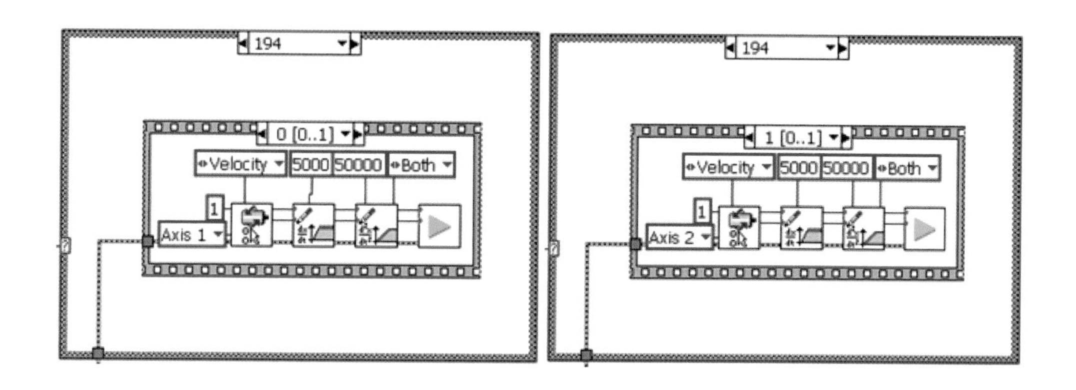

➢ 實習步驟十七

依下方流程圖點選，直至更換 connector。

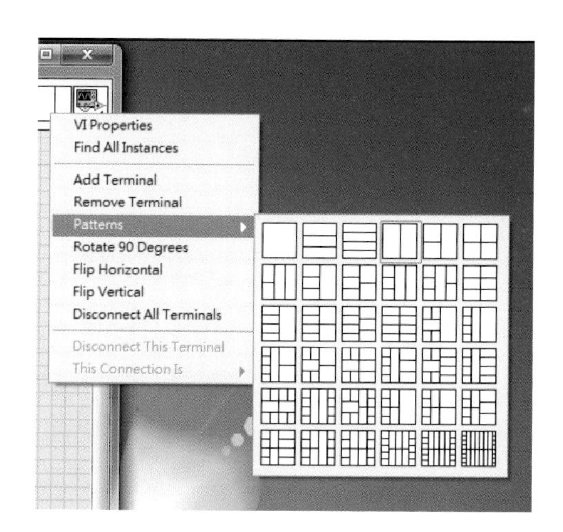

➢ 實習步驟十八

依序（1 → 2 → 3 → 4）點選 connector，再點選 data，直至 connector 全部填滿顏色。

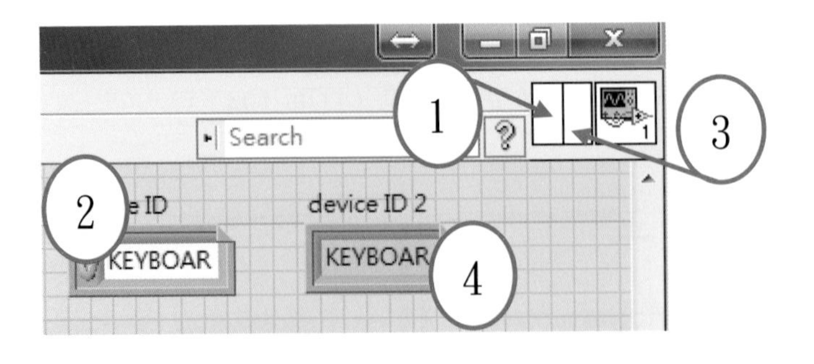

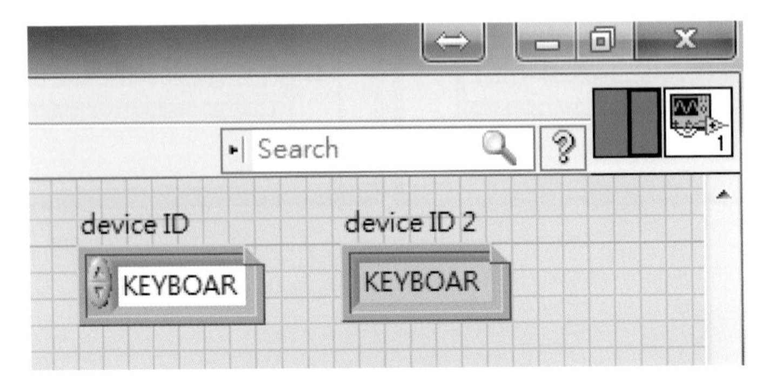

➢ 實習步驟十九

選擇適合的圖案或文字以建立副程式 Icon。

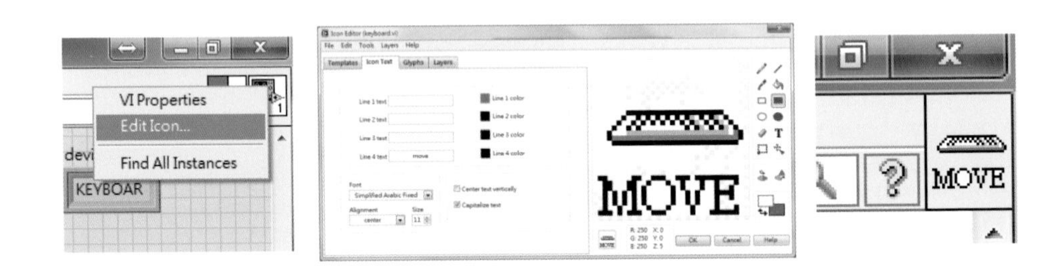

➢ 實習步驟二十

將上述程式存檔，並命名為「keyboard move」。

➢ 實習步驟二十一

重覆步驟一～三，開啓新 VI。

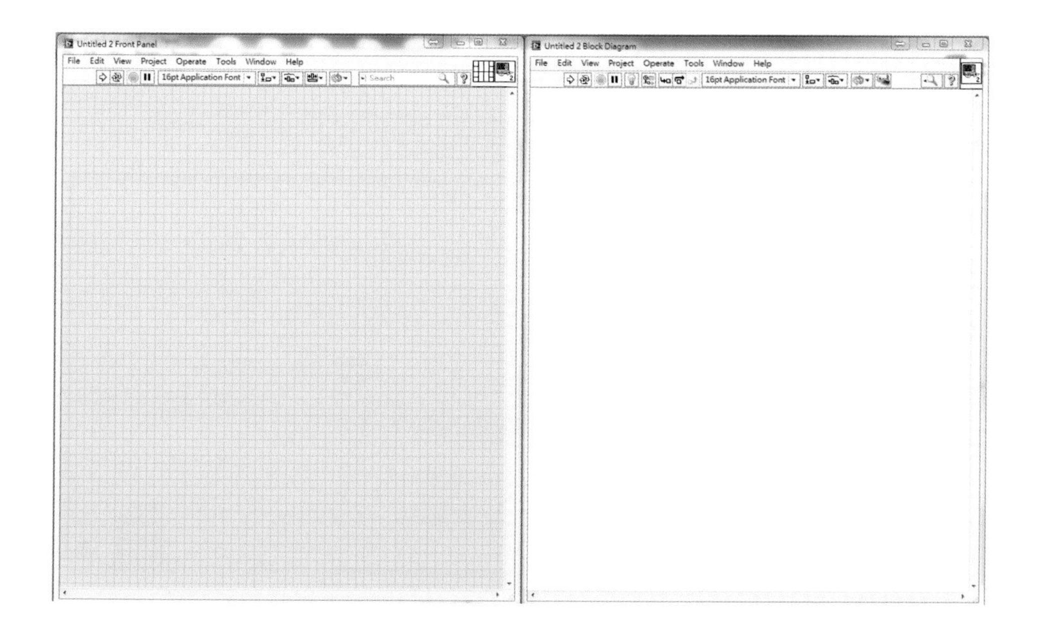

➢ 實習步驟二十二

於 VI 中加入 While Loop。

➢ 實習步驟二十三

在程式畫面中按滑鼠右鍵，按下 Select a VI ，並選擇步驟十九所完成的程式「keyboard move」。

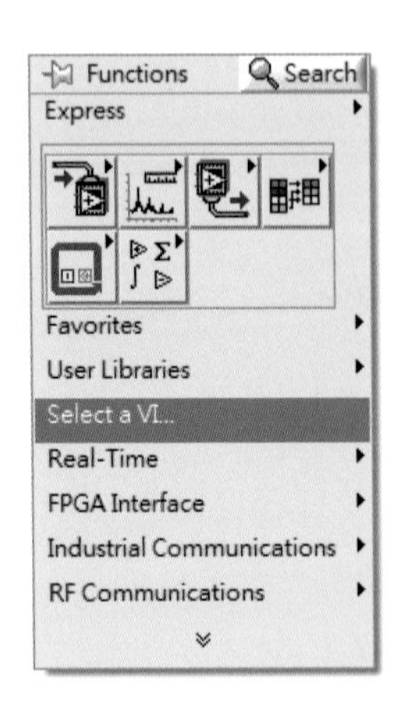

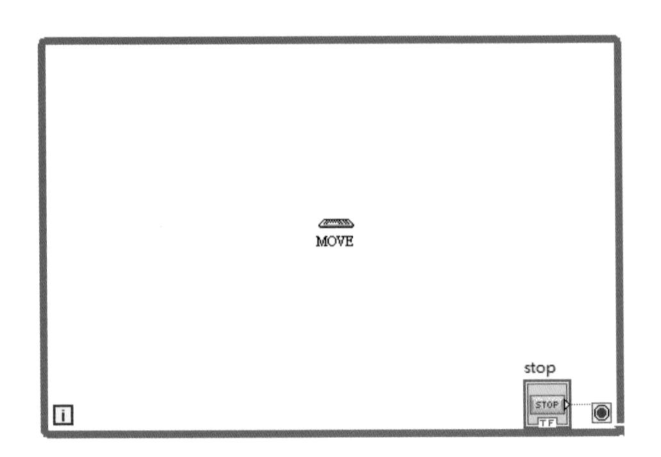

➢ 實習步驟二十四

依下圖所示建立各項元件並完成接線。

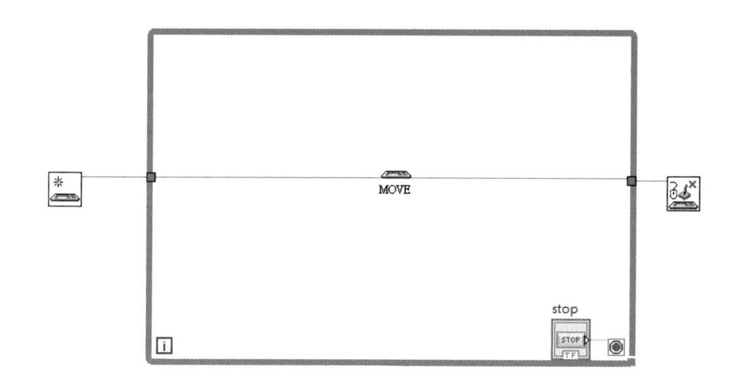

➢ 實習步驟二十五

執行程式，並以鍵盤的「上、下、左、右、右上、右下、左上、左下」控制雙軸運動平台。

10-2 影像擷取實習

10-2-1 實習目的

充分瞭解機器視覺之原理、設備與應用，並選用一套產業界常用之影像擷取模組，實際架設取像軟硬體進行影像擷取測試及程式編輯。成像系統之架設透過簡易夾治具將成像模組（CCD 攝影機、鏡頭、光源等）架設於檢測平台上，依說明書連接相關電源及訊號，實際取得影像並調整鏡頭位置或搭配延伸環以取得適當影像。

10-2-2 技術指標

1. 熟悉成像系統的架設與鏡頭調整。
2. 熟悉 Measurement & Automation Explorer 影像擷取操作。

10-2-3 實習內容

10-2-3-1 基礎影像系統架設與擷取實習

- **實驗設備**

1. PXI 儀控平台（含螢幕）
2. 檢測平台
3. 攝影機（含電源線及傳輸線）
4. 光學鏡頭（含 5mm、10mm 延伸環）
5. LED 光源（含電源供應器、夾治具）

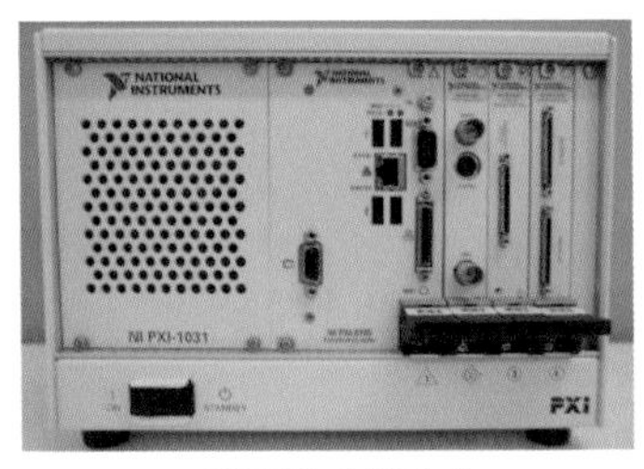

NI PXI 儀控平台

攝影機

檢測平台

光學鏡頭

延伸環

光源夾治具

環形光源與控制器

➢ 實習步驟一

將攝影機安裝至檢測平台上（如圖 6.8 及 6.9），並接上電源及訊號線。

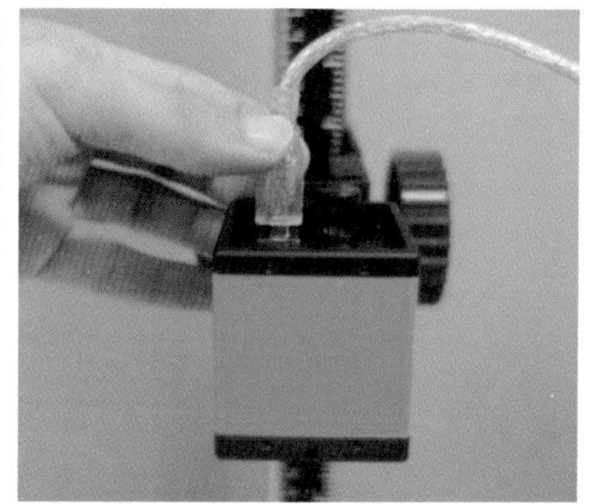

➢ 實習步驟二

將鏡頭安裝至攝影機上，並使用光源夾治具將光源安裝至鏡頭上，結合於鏡頭如圖所示。

➢ 實習步驟三

開啓 Measurement & Automation Explorer。

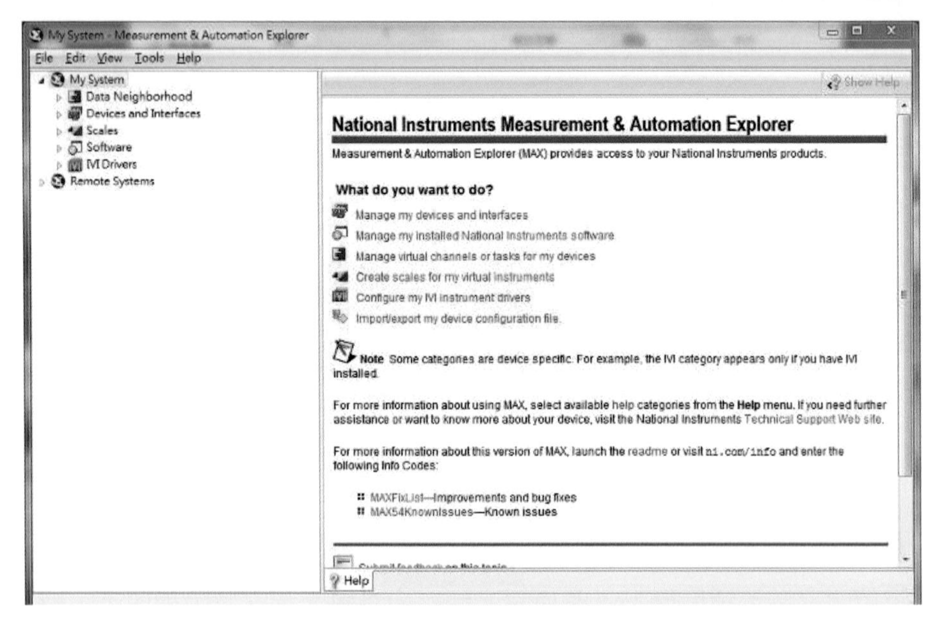

➢ 步驟步驟四

點選 Configuration >> My System >> Devices and Interfaces>> NI-IMAQ Devices or NI-IMAQdx Devices >> 選擇所連結之攝影機。

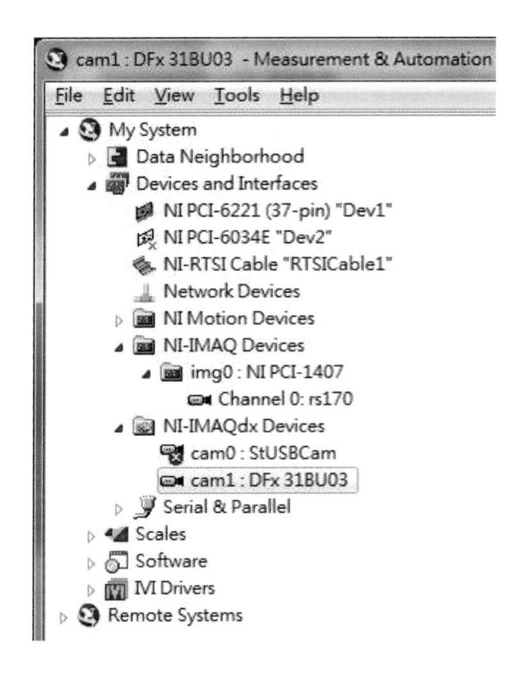

➢ 實習步驟五

執行「Grab」以擷取影像。

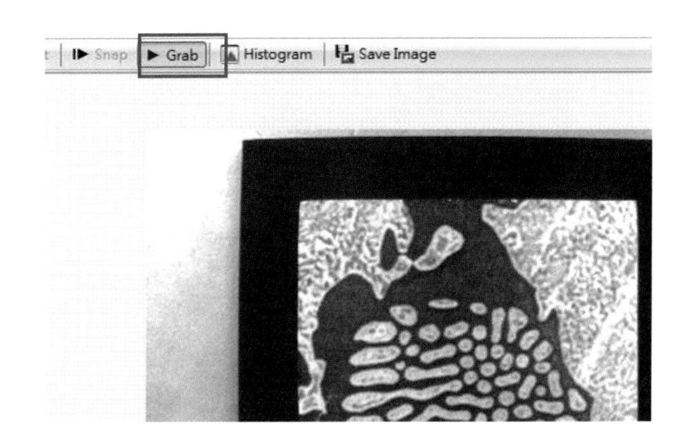

➢ 實習步驟六

旋轉光圈及焦聚調節扭，適當調整以擷取適當亮度與對焦距離。

➢ 實習步驟七

調整成像系統高度（工作距離），觀察所擷取之影像是否接近清晰。

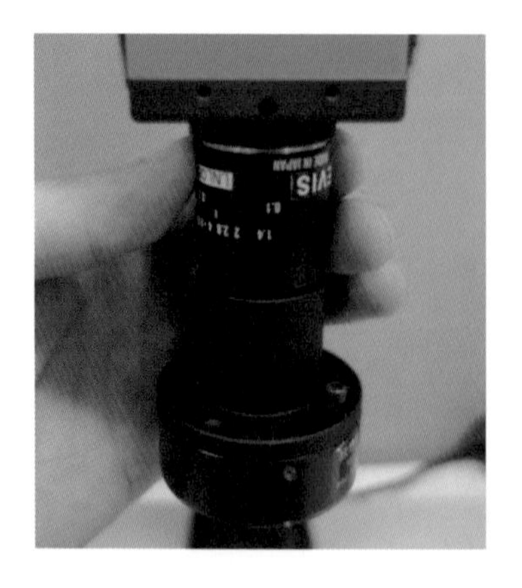

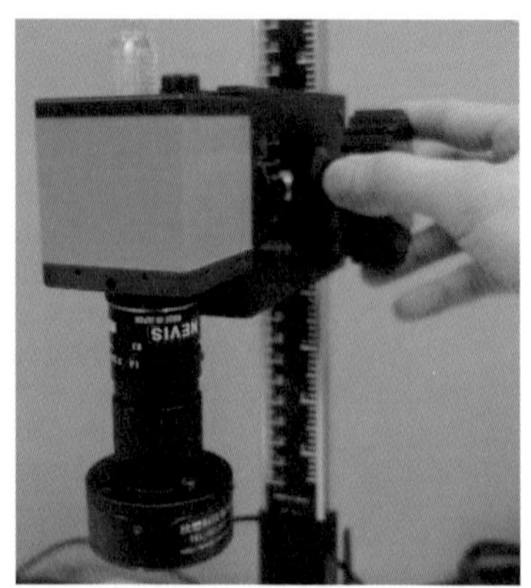

➢ 實習步驟八

調整光源調節鈕，調整適當光源以擷取適當亮度之影像。

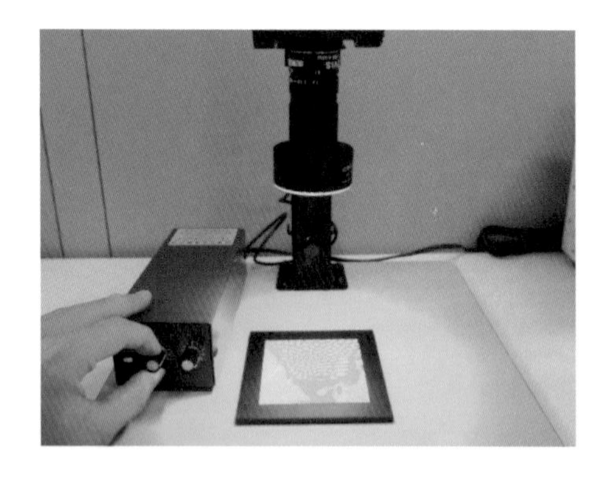

➢ 實習步驟九

重複調整步驟六至八，得到最佳之影像。

➢ 實習步驟十

在攝影機與鏡頭之間加入延伸環（0.5、2、5、10、20、40mm），並重複步驟六～九，觀察影像並決定是否使用延伸環。

10-2-3-2 影像擷取程式撰寫實習

- 實驗設備

    1. PXI 儀控平台（含螢幕）
    2. 檢測平台
    3. 攝影機（含電源線及傳輸線）
    4. 光學鏡頭（含 5mm、10mm 延伸環）
    5. LED 光源（含電源供應器、夾治具）

➢ 實習步驟一

執行 National Instruments LabVIEW，並出現以下視窗。執行 File>New VI。

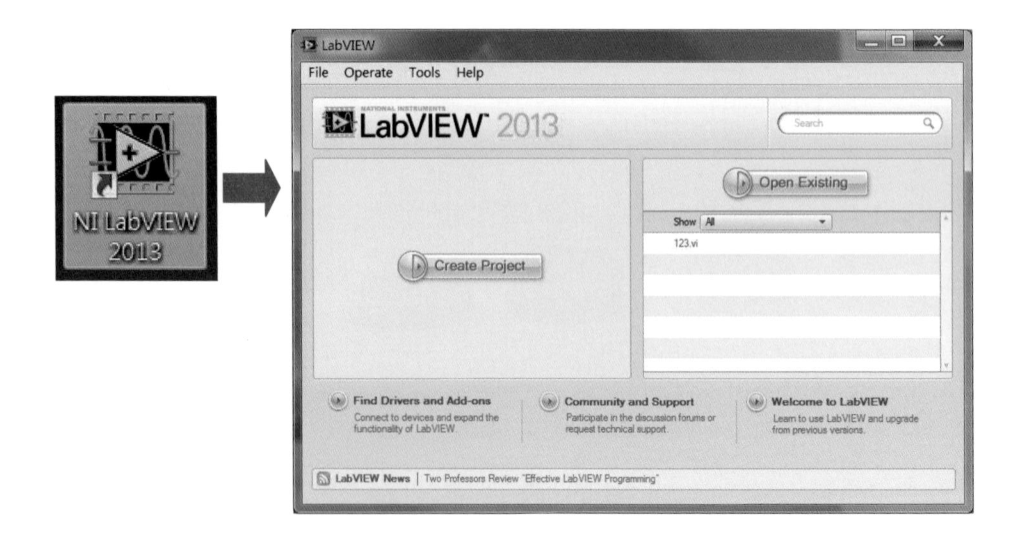

➢ 實習步驟二

點選 Window >> Tile Left and Right（或按快捷鍵 Ctrl+T），其中畫面的左手邊爲人機介面，右手邊爲程式方塊圖。

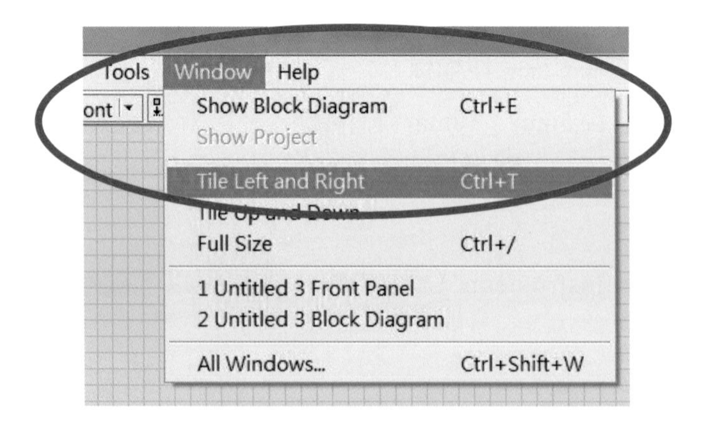

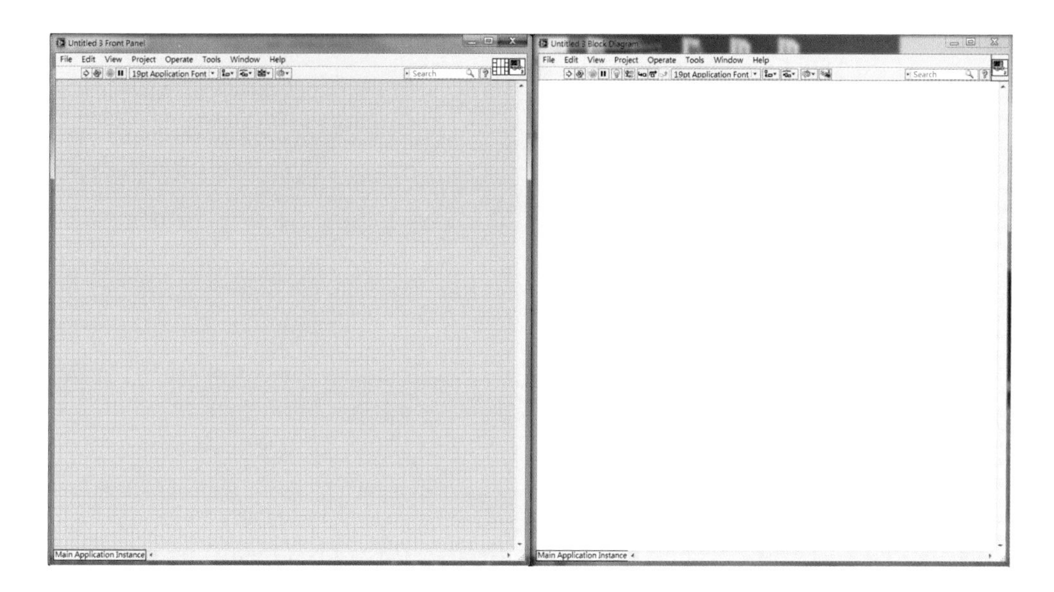

➢ 實習步驟三

在程式方塊圖（Block Diagram）上點擊右鍵，並點擊右上角 Search。

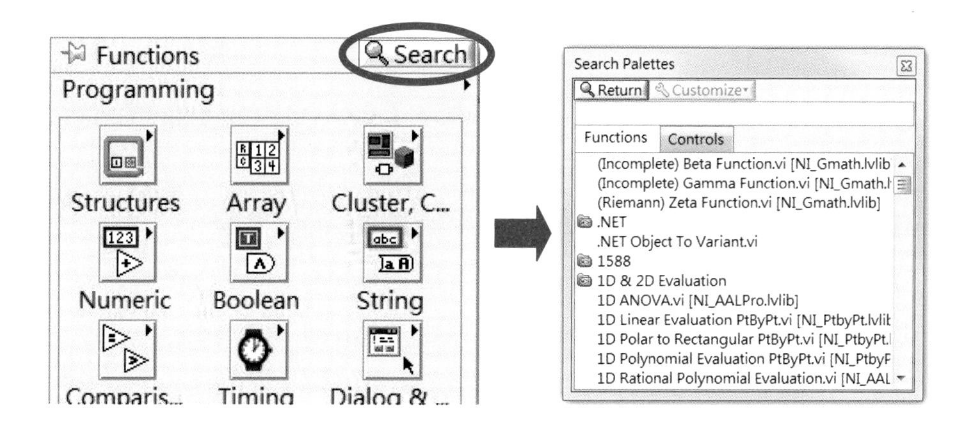

➢ 實習步驟四

搜尋下列程式，並熟記其位置。

1. IMAQdx Open Camera.vi

2. IMAQ Create

3. IMAQdx Configure Grab Setup.vi

4. IMAQdx Grab.vi

5. IMAQdx Close Camera.vi

6. IMAQ Dispose

□ 實習步驟五

(1) 於程式方塊圖（Block Diagram）中建立 IMAQdx Open Camera.vi ，並設定程式之參數，於 Interface Name 處按右鍵新增 Constant，並由下拉是選單，選擇 Camera 位置。

(2) 於程式方塊圖（Block Diagram）中建立 IMAQ Create ，並設定程式之參數：於 Image Name 處按右鍵新增 Constant ，並設定爲任意名稱，如 image0 。

(3) 於程式方塊圖（Block Diagram）中建立 IMAQdx Configure Grab Setup.vi

(4) 於程式方塊圖（Block Diagram）中建立 IMAQdx Grab.vi

(5) 於程式方塊圖（Block Diagram）中建立 IMAQ Close Camera. vi

(6) 於程式方塊圖（Block Diagram）中建立 IMAQ Dispose

(7) 於人機介面（Front Panel）中按右鍵點選 Vision >> Image Display 建立一個影像視窗，並在程式方塊圖（Block Diagram）中將 IMAQ Grab. vi 之 Image Out 接點與 Image Display 連線。

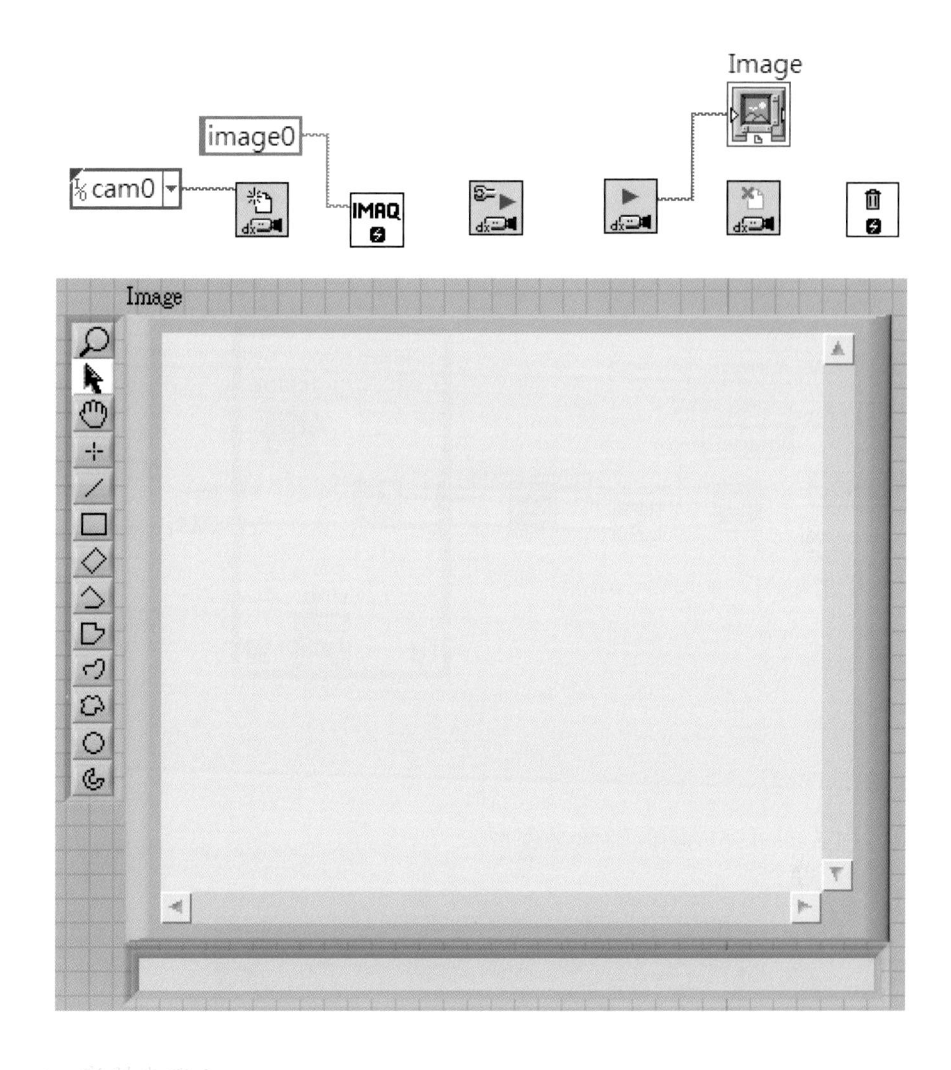

實習步驟六

將所有已建立之元件依相對接線點接線完畢。如下所示：

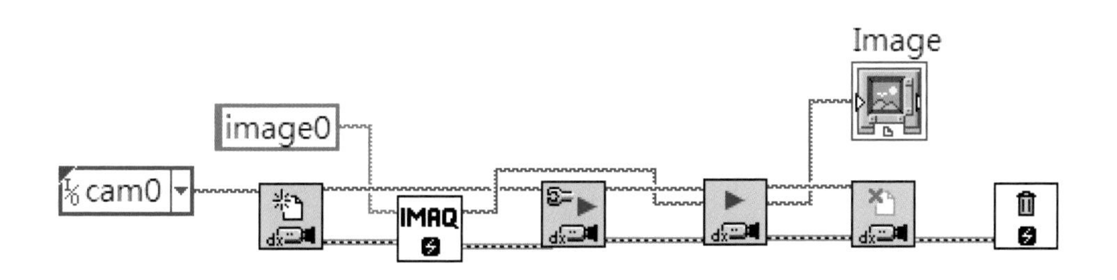

小技巧：於程式方塊區中，在 Image 點選右鍵，將 View As Icon 選取勾取消，便有較多空間編輯程式。

➢ 實習步驟七

將程式加入 While Loop（迴圈）當中。建立停止按鈕，方法爲在 While Loop 內部紅點按右鍵選取 Create Control，如下圖所示。

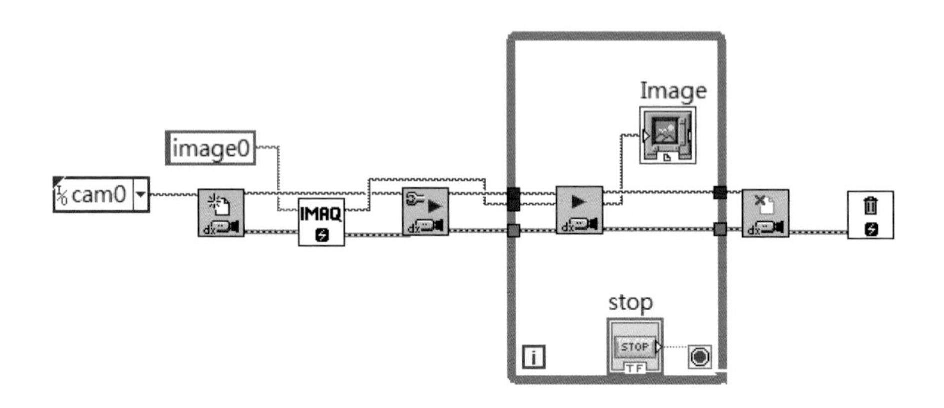

➢ 實習步驟八

執行程式即可完成擷取影像之實習。

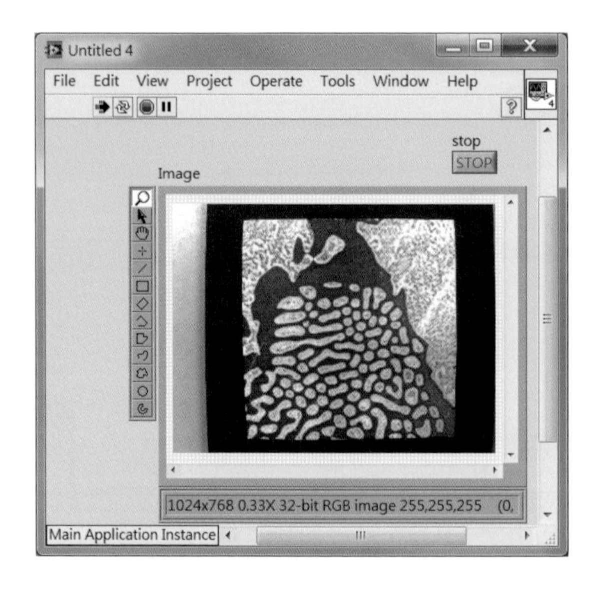

10-3 影像處理實習

10-3-1 實習目的

應用 NI LabVIEW 的 IMAQ、Image Processing、Machine Vision 撰寫一影像處理與機器視覺之程式，以熟悉 LabVIEW 程式指令，在經過影像擷取與適當處理後，進行亮度、對比、Gamma 值調整。

10-3-2 技術指標

1. 認識各項影像處理方法、原理及結果。
2. 認識機器視覺量測工具與應用。
3. 影像處理與分析程式編輯（ LabVIEW ）。

10-3-3 實習內容

- 實驗設備

1. PXI 儀控平台（含螢幕）
2. 檢測平台
3. 攝影機（含電源線及傳輸線）
4. 光學鏡頭（含 5mm、10mm 延伸環）
5. LED 光源（含電源供應器、夾治具）
6. NI-LabVIEW 軟體

➢ 實習步驟一

執行 National Instruments LabVIEW ，並出現以下視窗。執行 File>>New VI。

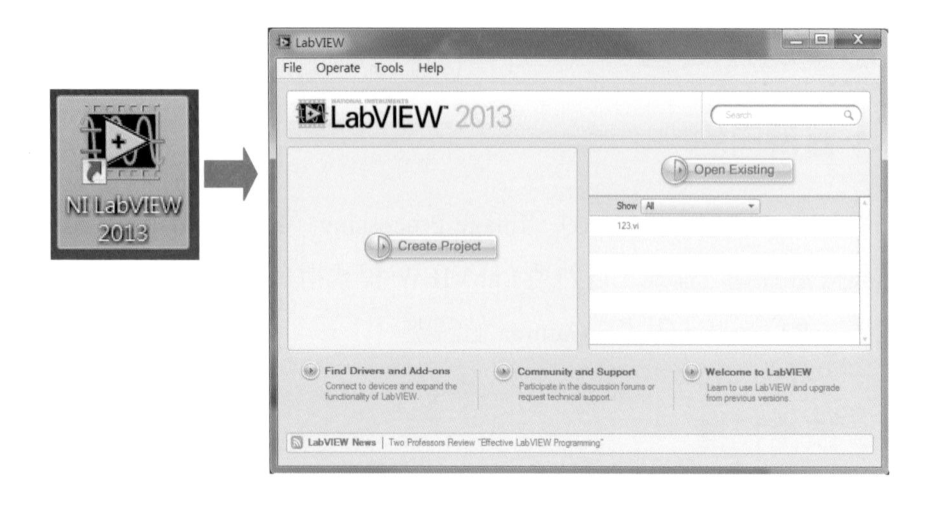

□ 實習步驟二

點選 Window >> Tile Left and Right（或按快捷鍵 Ctrl+T），其中畫面的左手邊爲人機介面，右手邊爲程式方塊圖。

□ 實習步驟三

第一階段須完成之人機介面所示。在人機介面上點擊右鍵，於 Modern>>Decorations 選取所需框架。於工具列點選 View>>Tools Palertte，跳出編輯工具視窗，可使用視窗內「A」功能於人機介面編輯文字。在人機介面上點擊右鍵，於 Vision>>Image Display 選擇影像顯示視窗。

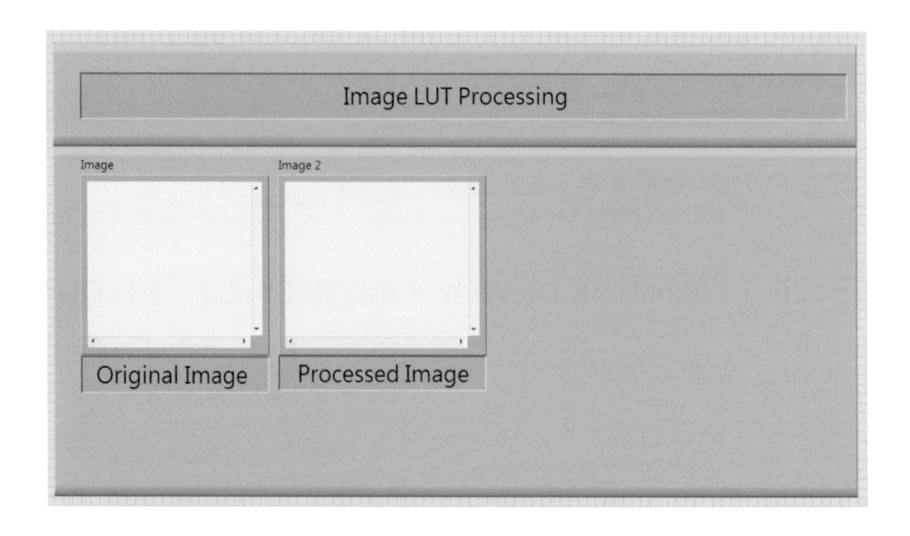

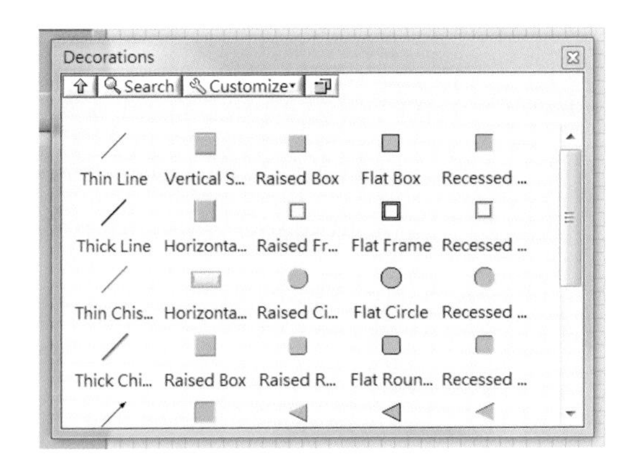

➢ 實習步驟四

在人機介面上點擊右鍵，選取 Modern>>Containers>>Tab Control 於人機介面中，於夾頁點選右鍵，選擇「Add Page After」，製造共三頁夾頁。並編輯夾頁名稱如圖所示。

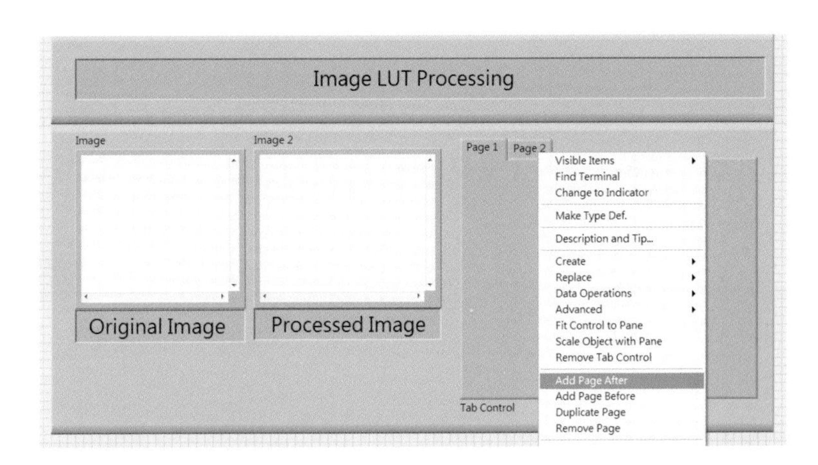

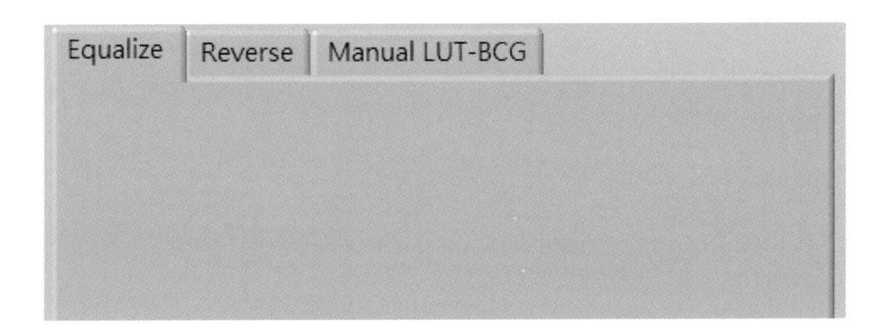

➢ 實習步驟五

於 Equalize 夾頁中，加入 Modern>>Graph>>Waveform Graph 視窗兩個，名稱各命名為 Histogram1 及 Histogram2，並於視窗點選右鍵，嘗試練習設定成下圖右所示。於 Manual LUT-BCG 夾頁中，加入 Modern>>Numeric>>Vertical Fill Slide，並於視窗點選右鍵，嘗試練習設定成下圖左所示。

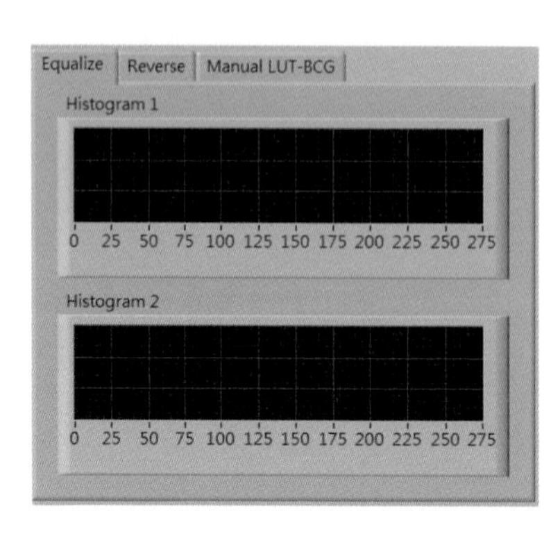

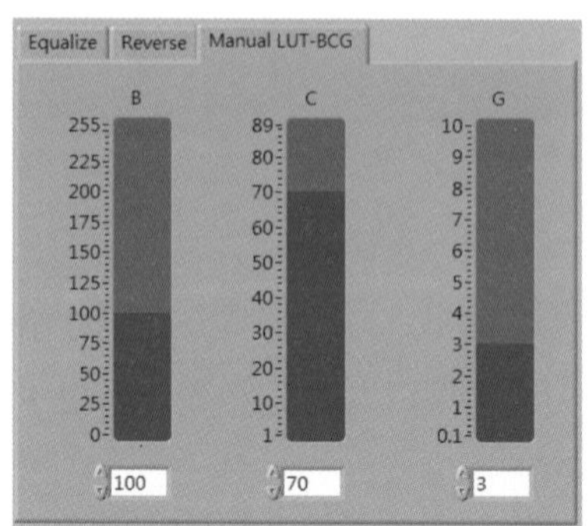

➢ 實習步驟六

在程式方塊圖（Block Diagram）上點擊右鍵，並點擊右上角 Search。搜尋下列程式，並將其拉出至程式編輯位置。

1. File Dialog
2. IMAQ Create
3. IMAQdx ReadFile
4. IMAQdx Equlize
5. IMAQdx Histogram
6. IMAQ Dispose
7. Unbundle

➢ 實習步驟七

建立之 While Loop 及 Cases Stucture ，元件依相對接線點接線完畢。如圖所示：

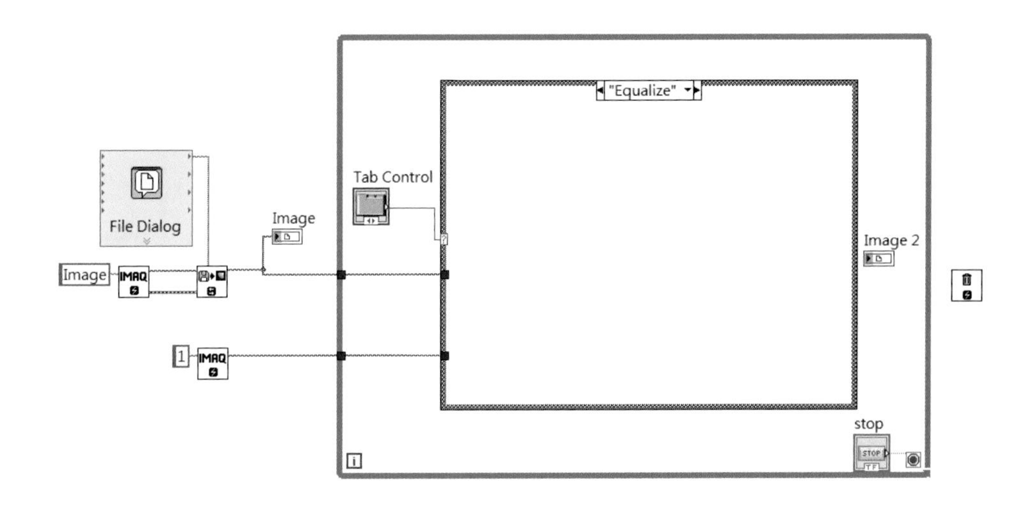

➢ 實習步驟八

將所有已建立之元件移至 Case Stucture “Equalize”，依相對接線點接線完畢。完成以下設定，結果如圖所示。

(1) 於 IMAQ Create，Image Name 處按右鍵新增 Constant，並設定爲任意名稱，如 Image 及 1。

(2) 於 IMAQ Create，Image Type 處按右鍵新增 Constant，並設定爲 Grayscale（U8）。

(3) 於 IMAQdx Equlize，Range 處按右鍵新增 Constant，並設定爲 0 及 255。

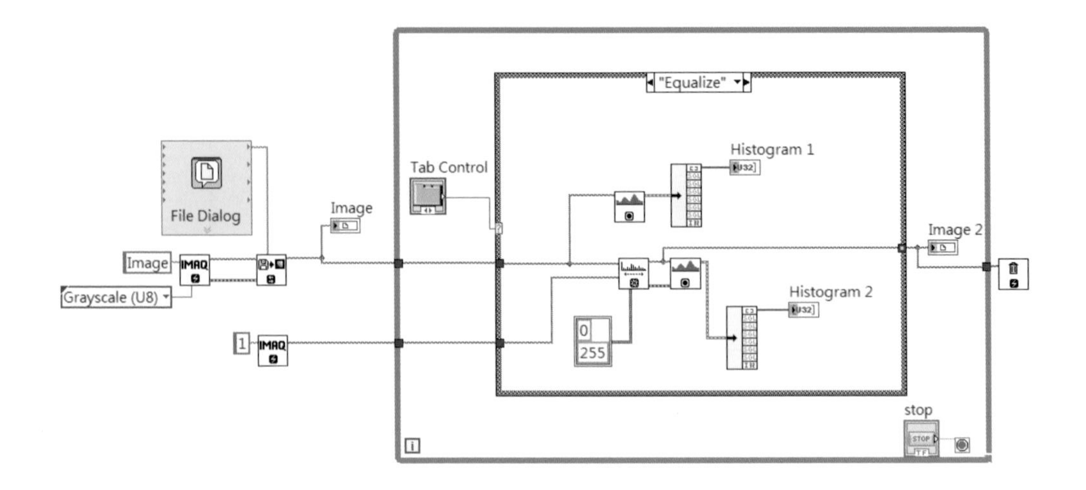

➢ 實習步驟九

在程式方塊圖（Block Diagram）上點擊右鍵，並點擊右上角 Search。搜尋下列程式，並將其拉出至程式編輯位置。

 1. IMAQ Inverse

 2. IMAQ Create

將所有已建立之元件移至 Case Stucture "Reverse"，依相對接線點接線完畢。IMAQ Create，Image Name 處按右鍵新增 Constant，並設定為任意名稱。結果如圖所示。

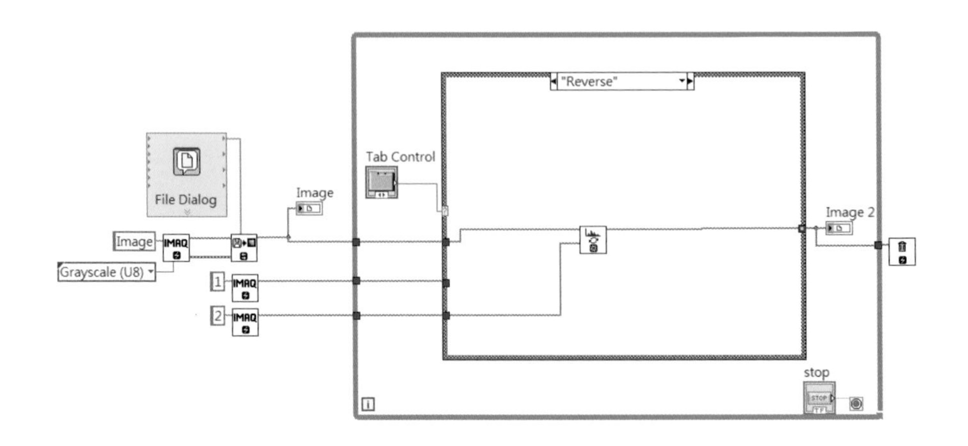

➢ 實習步驟十

在程式方塊圖（Block Diagram）上點擊右鍵，並點擊右上角 Search。搜尋下列程式，並將其拉出至程式編輯位置。

1. IMAQ BCGLookup
2. IMAQ Create
3. Unbundle

將所有已建立之元件移至 Case Stucture “Manual LUT-BCG”，依相對接線點接線完畢。IMAQ Create，Image Name 處按右鍵新增 Constant，並設定爲任意名稱。結果如圖所示。

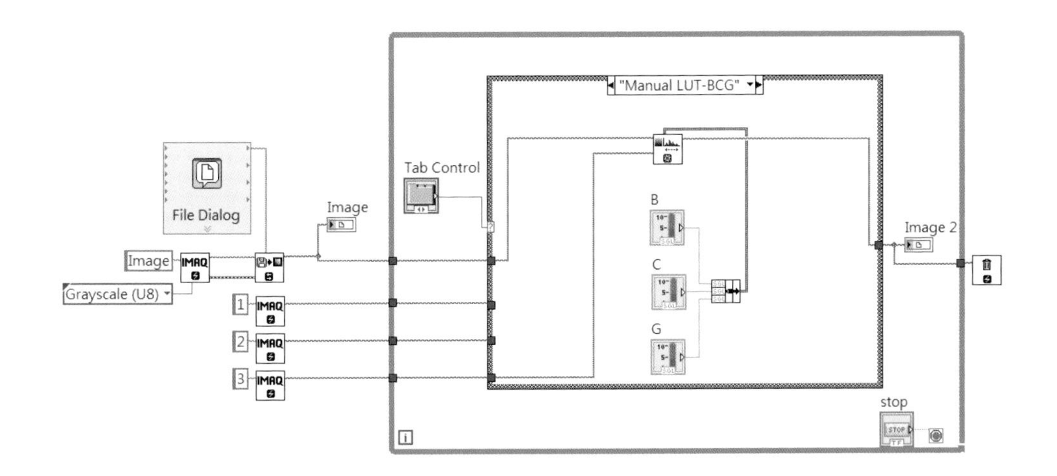

➢ 實習步驟十一

執行程式點選每個頁籤，檢查是否有正確之功能。

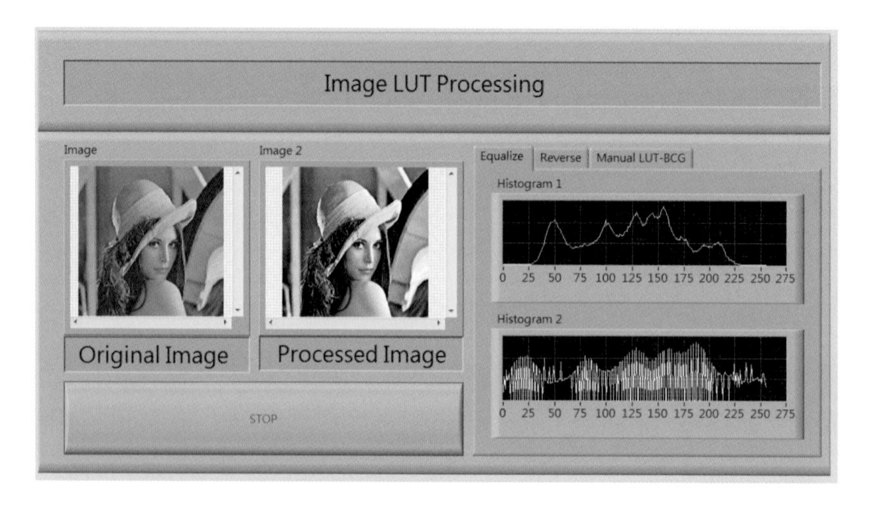
Image LUT Processing
Image
Image 2
Equalize
Reverse
Manual LUT-BCG
Histogram 1
0 25 50 75 100 125 150 175 200 225 250 275
Histogram 2
0 25 50 75 100 125 150 175 200 225 250 275
Original Image
Processed Image
STOP

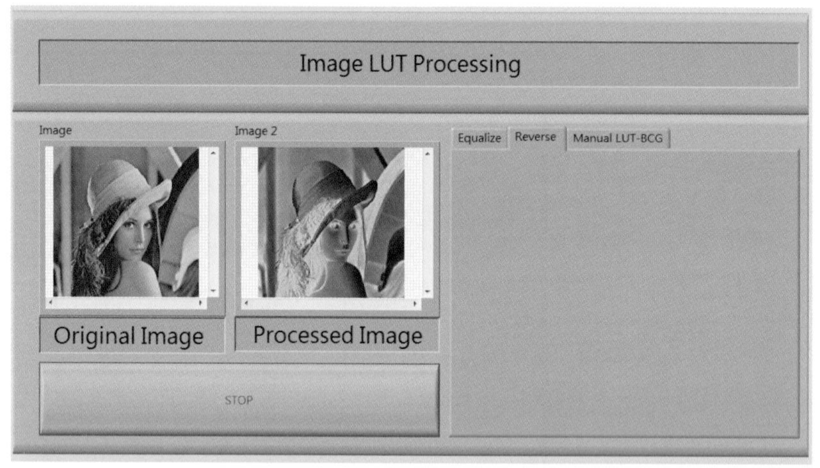
Image LUT Processing
Image
Image 2
Equalize
Reverse
Manual LUT-BCG
Original Image
Processed Image
STOP

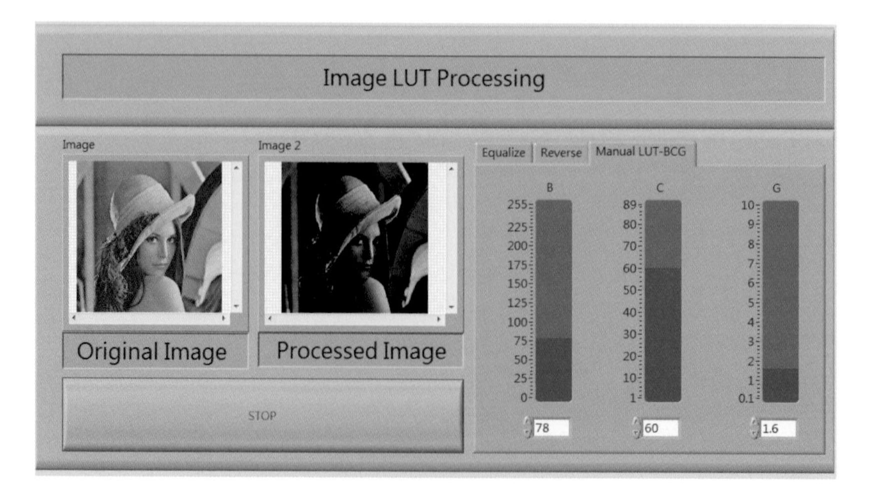
Image LUT Processing
Image
Image 2
Equalize
Reverse
Manual LUT-BCG
B
C
G
255 225 200 175 150 125 100 75 50 25 0
89 80 70 60 50 40 30 20 10 1
10 9 8 7 6 5 4 3 2 1 0.1
78
60
1.6
Original Image
Processed Image
STOP

10-4 資料擷取實習

10-4-1 實習目的

利用資料擷取實習模組，實際操作類比 / 數位訊號之輸入，以及觸發訊號之應用。於本實習中，學生可藉由資料擷取之實際操作，瞭解資料擷取之原理、特性及其應用。

10-4-2 技術指標

1. DAQ 類比訊號接收與輸出。
2. DAQ 數位訊號接收與輸出。
3. DAQ 控制線連接介紹。
4. DAQ 簡易實做。
5. 程式編輯（LabVIEW）。

10-4-3 實習內容

10-4-3-1 防盜保全裝置系統之模擬

• 說明

利用資料擷取模組配合相關元件進行擷取近接開關之訊號，並模擬防盜保全裝置系統之功能。

• 實習設備

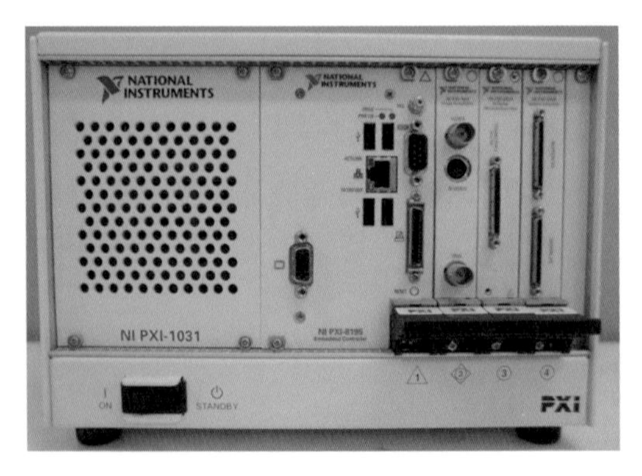

設備名稱	型號／規格	數量
PXI 儀控平台	NI PXI-1031	1
LabView	軟體：2013版	1
DAQ 卡	NI PXI-6221	1
DAQ 實習盒	Signal Accessory	1
DAQ 傳輸線	SHC68-68-EPM	1
電源供應器	5V/24V	1
小型蜂鳴器	6V	1
近接開關	24v/歐姆龍	1
單芯線		數條

➢ 實習步驟一

將傳輸線連接 PXI-6221 資料擷取卡與實習盒，連接完成後，實習盒上電源燈呈亮燈狀態。

➢ 實習步驟二

連接近接開關之相關接線，接線方式如下：

藍色：連接 24V 電源供應器的（−V）端。

褐色：連接 24V 電源供應器的（+V）端。

黑色：連接至實習盒的 Analog In CH2。

並取一單心線連接電源供應器的（−V）端與實習盒的 Ground。

建立實體接線如下圖所示：

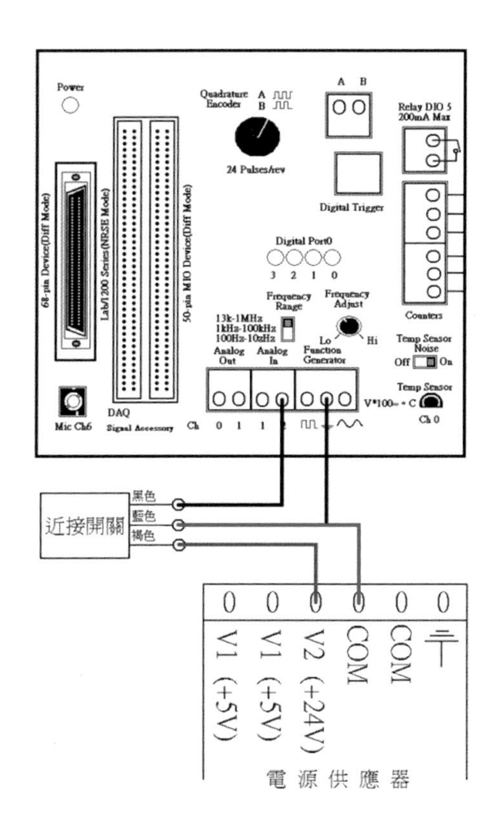

➢ 實習步驟三

執行 LabVIEW2012 程式，並開啓一新程式（New Blank VI），按下 <Ctrl

+ E> 切換到 Block Diagram 畫面。

➢ 實習步驟四

按右鍵選擇 Programming>>Structures>>While Loop，並拖曳至 Block Diagram 中

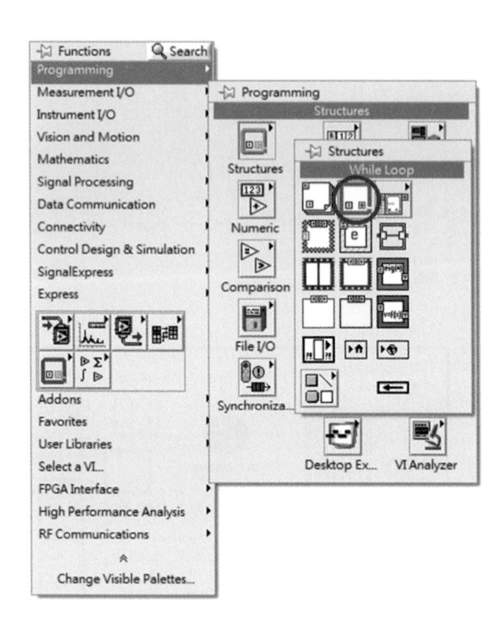

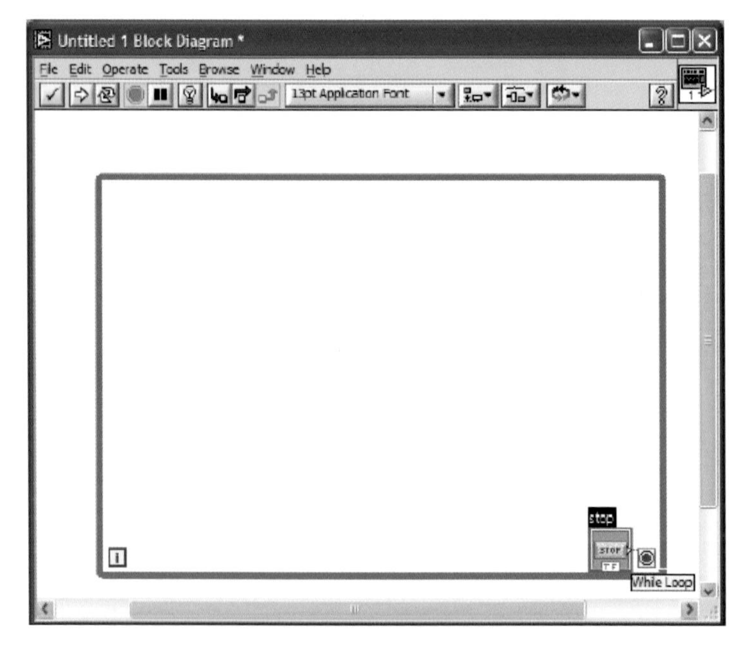

➢ 實習步驟五：

按右鍵選擇 Input>>DAQ Assistant ，並拖曳至 While Loop 中，此時 DAQ Assistant 將進行初始化後跳出設定視窗，設定依序如下：

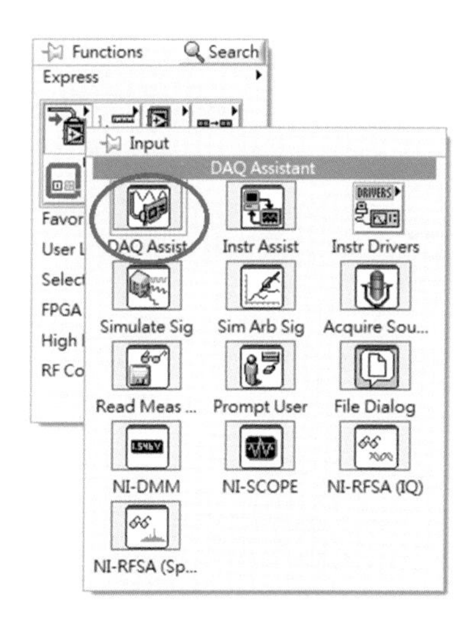

Measurement Type：Analog Input>>Voltage

Channel：ai2

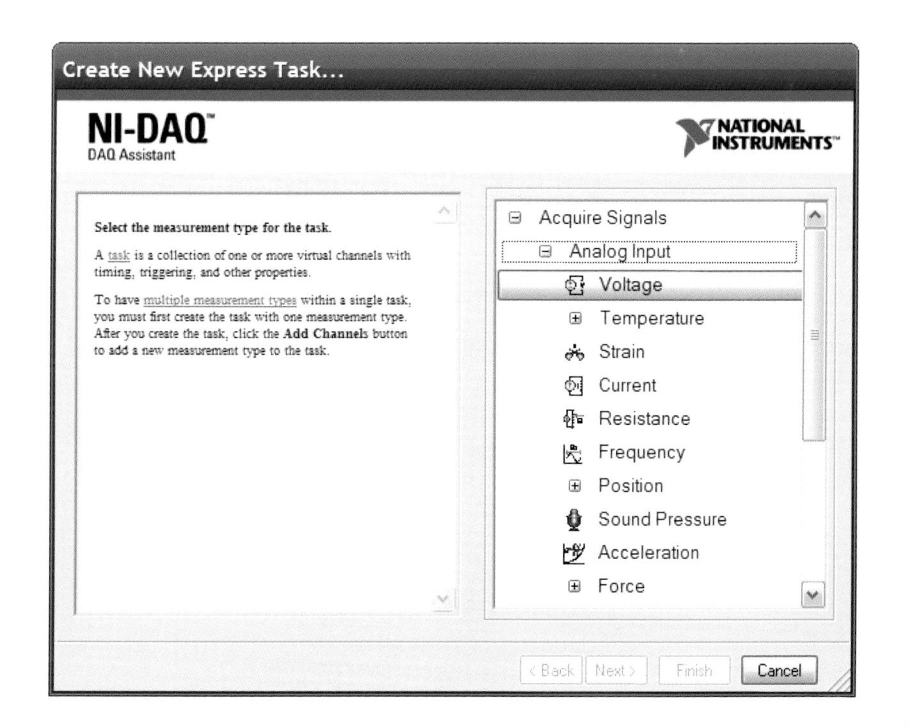

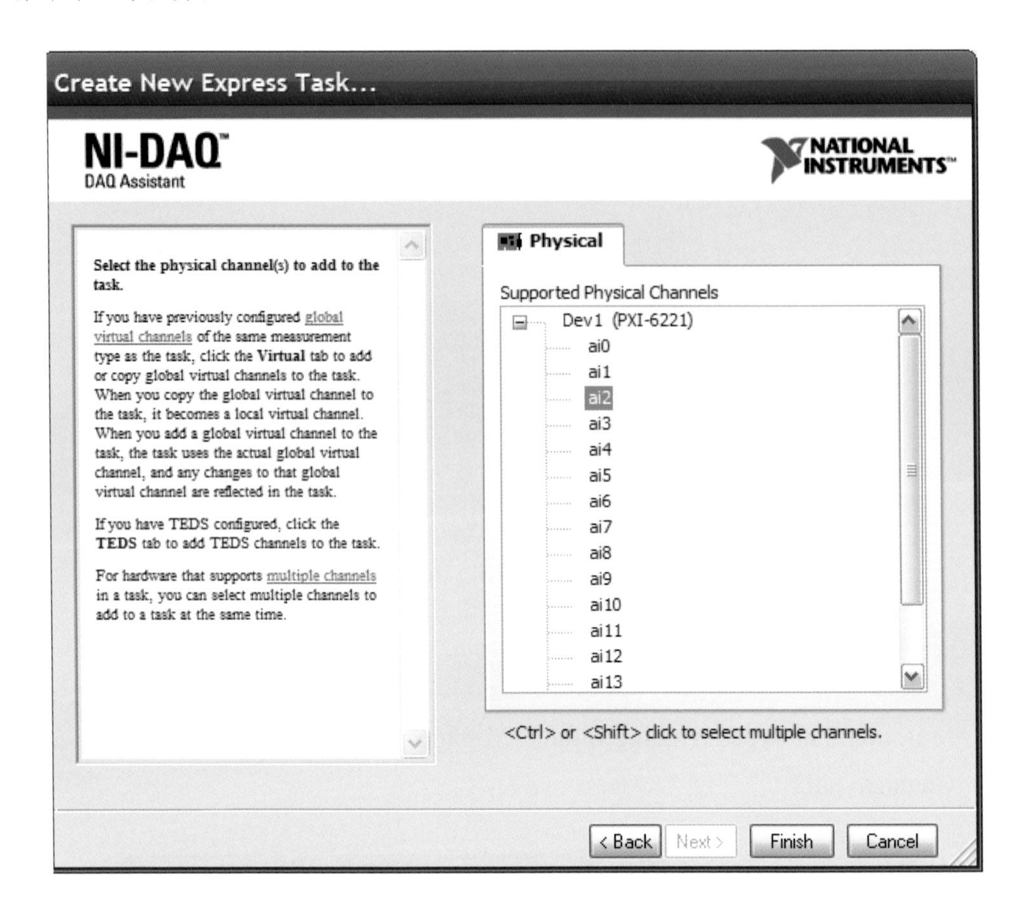

➢ 實習步驟六

設定後，將會出現另一設定視窗（類似 Test Panel），

設定如下：

Input Range：0～＋ 10V

Acquisition Mode：Acquire N Samples

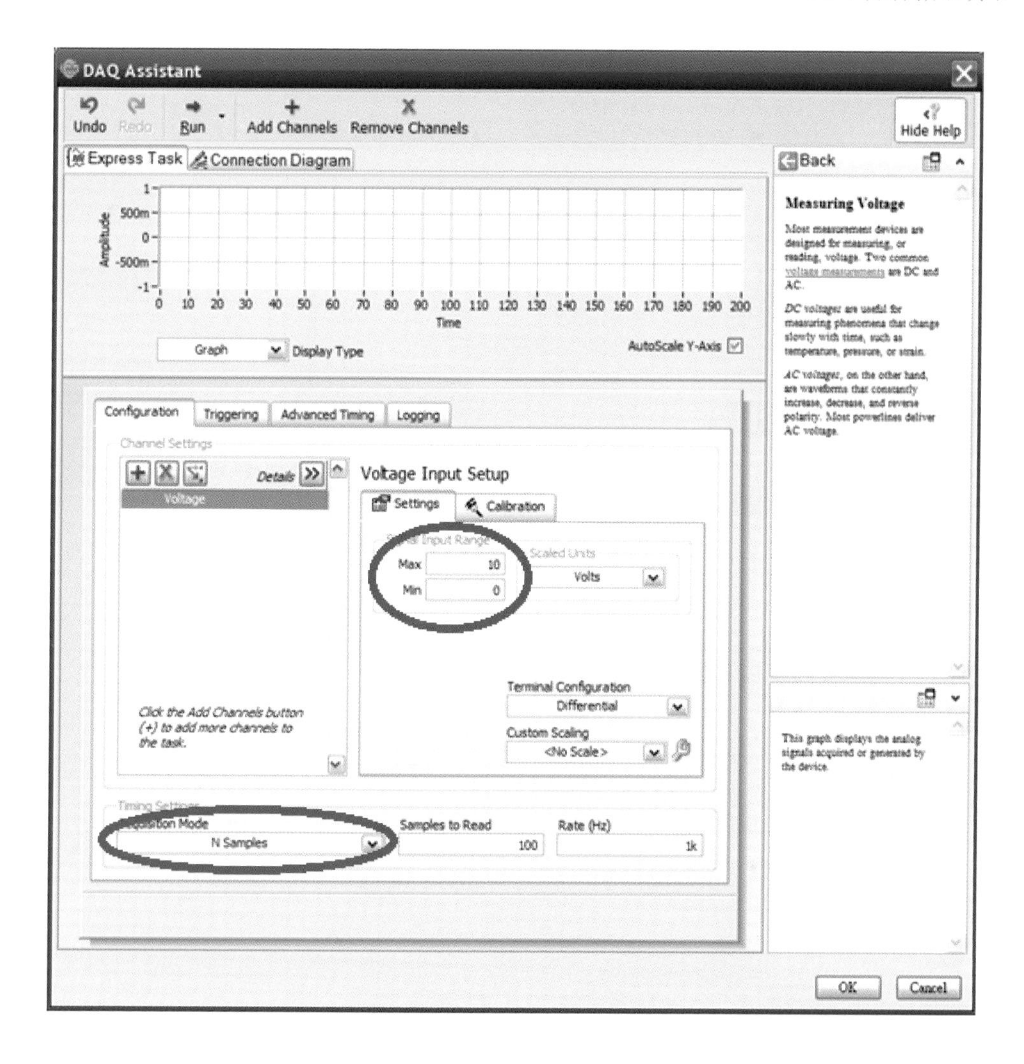

➢ 實習步驟七

回到 Block Diagram 畫面，於 DAQ Assistant>>Data 處按右鍵，Create 一個 Graph Indicator。

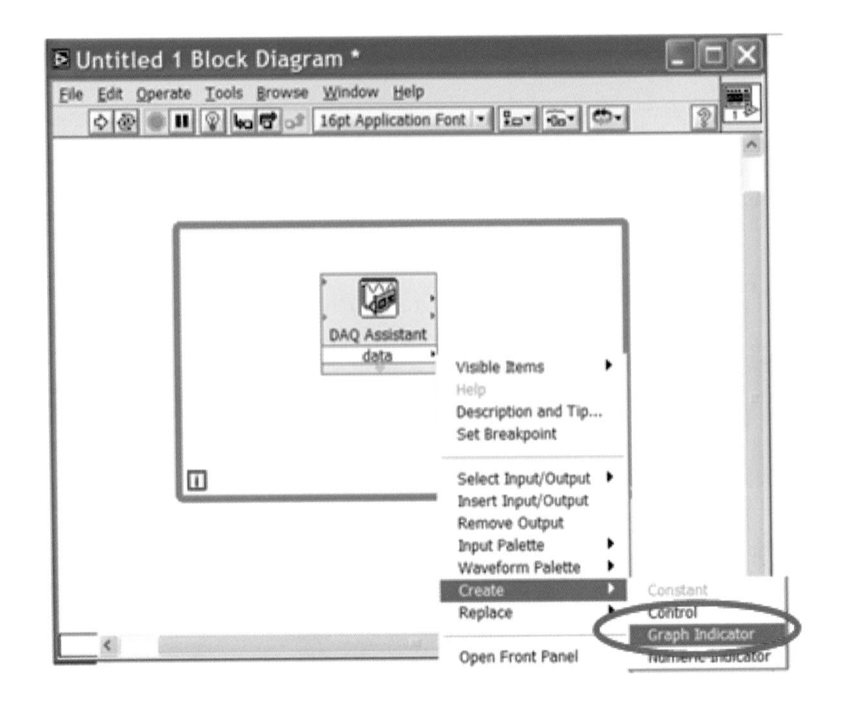

➢ 實習步驟八

按下 <Ctrl+E> 切換到 Front Panel 畫面，調整 Wave Graph 的顯示範圍為 -1～11，並按右鍵取消「Auto scale Y」與「Auto scale X」。

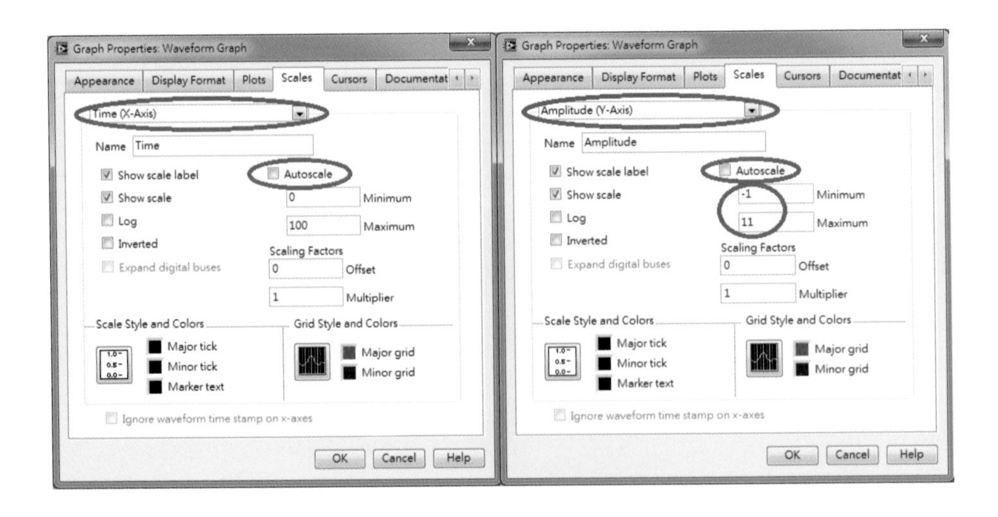

➢ 實習步驟九

新增三個 LED 燈並命名如下：

紅燈：外人入侵。

黃燈：系統回復。

綠燈：系統正常。

按下 <Ctrl+E> 切換到 Block Diagram 畫面，新增一個「Array Max & Min」並將資料 DATA 連接至此元件，結果如下：

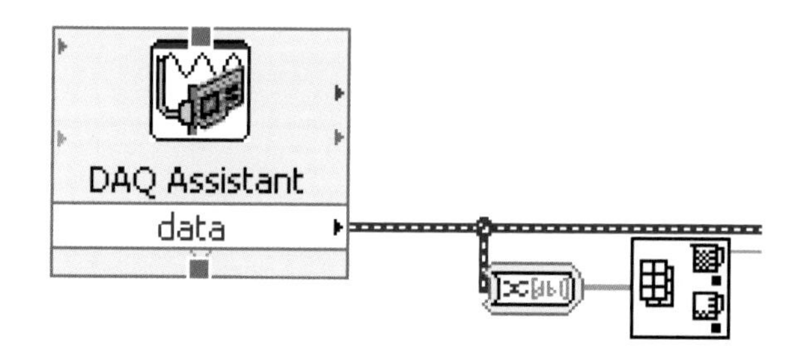

➢ 實習步驟十

將 Max 的值加上判斷式如下：

1. IF Max ≦ 5 則紅燈亮。

2. IF 5 ＜ Max ≦ 10，則黃燈亮。

3. IF 10 ＜ Max ，則綠燈亮。

完整程式如下圖：

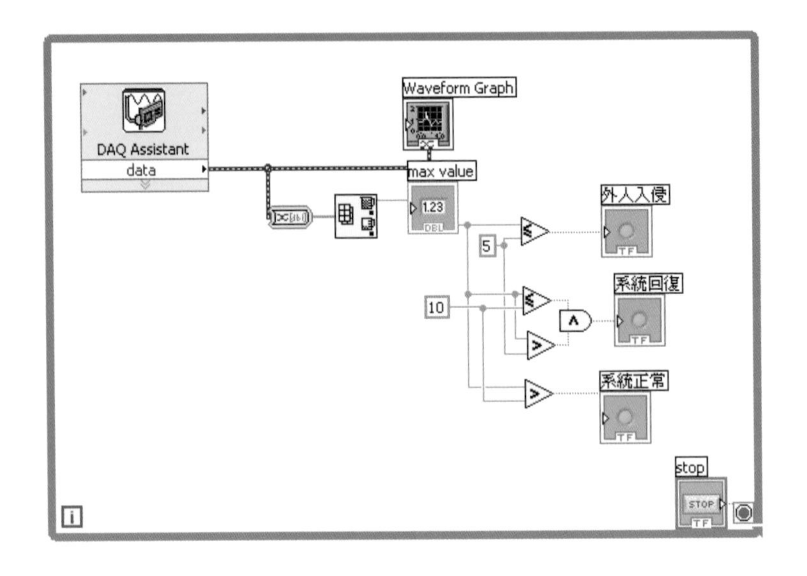

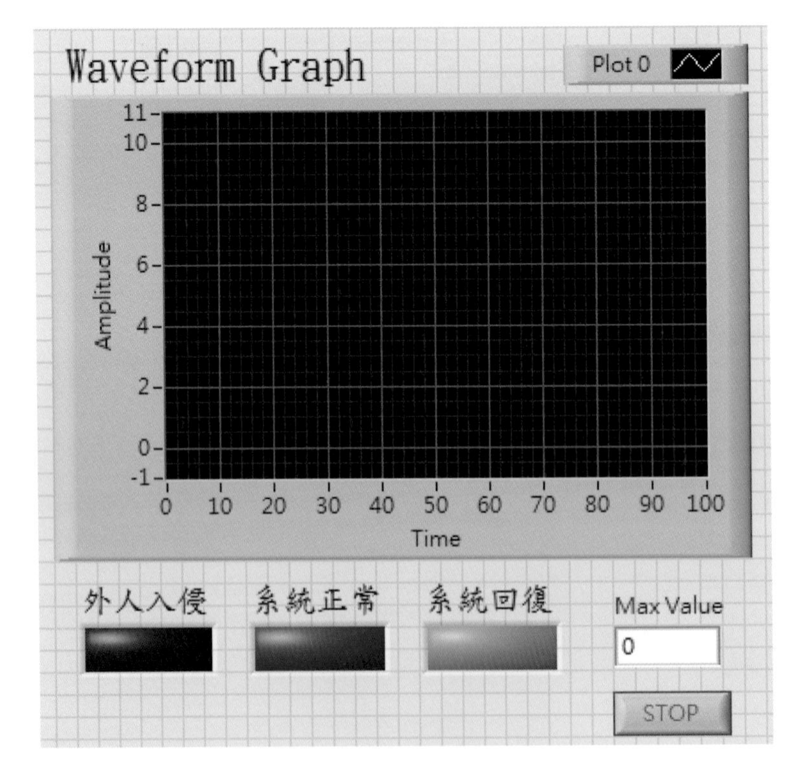

➢ 實習步驟十一

按下 <Ctrl+E> 切換到 Front Panel 畫面，製作個人化操作介面，並執行程式，觀察其現象。

10-4-3-2 訊號擷取示波器之介面開發實習

• 說明

使用 Labview 提供的 DAQ vi ，撰寫訊號擷取示波器之人機介面程式。人機介面區具備使用者自行設定擷取頻率、擷取數目、擷取模式之功能。

• 實習設備

使用與 10-4-3-1 實驗相同設備。

➢ 實習步驟一

將傳輸線連接 PXI-6221 資料擷取卡與實習盒，連接完成後，實習盒上電源燈呈亮燈狀態。

➢ 實習步驟二

將 DAQ 盒上的 Function Generator 的 sinwave 接至 AI2 。

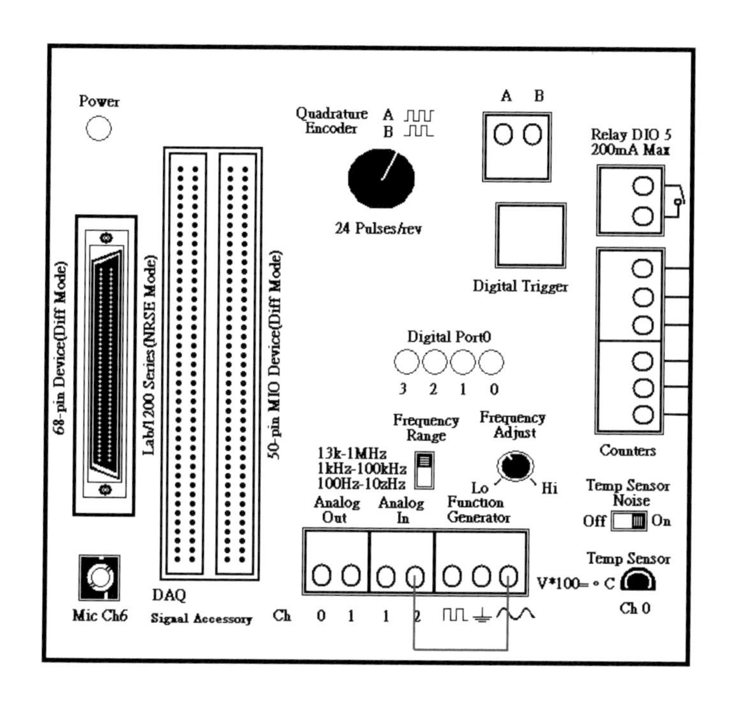

➢ 實習步驟三

執行 LabVIEW2013 程式，並開啓一新程式（New Block VI），按下 <Ctrl+E> 切換至 Block Diagram 畫面。

➢ 實習步驟四

找到 DAQmx-Data Acquisition（路徑：Measurement I/O>> NI-DAQmx）。

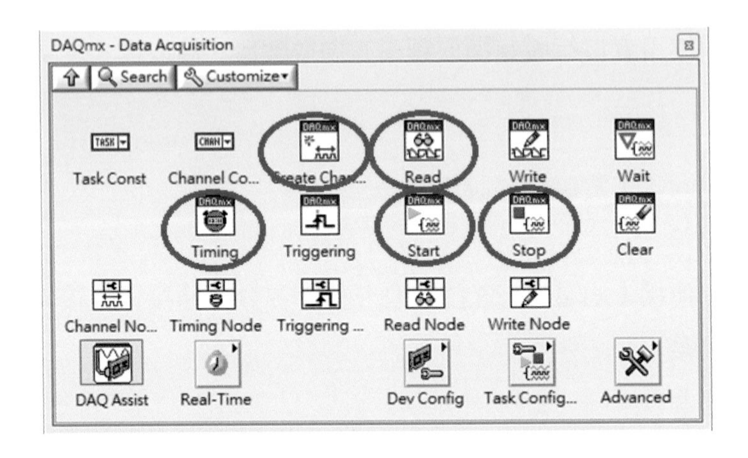

➢ 實習步驟五

建立實體通道：將 Create Channel 拖曳至程式區，並在 VI 上選擇輸入的訊號類別，如下圖所示。

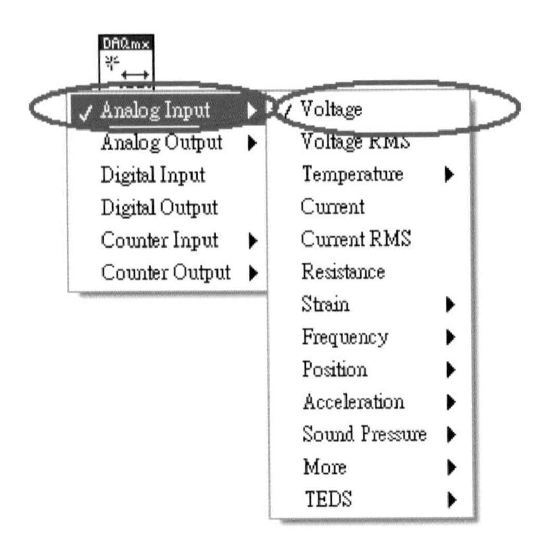

➢ 實習步驟六

分別在 physical channels 、maximum value 、minimum value 處新增 contorl；在 input terminal configuration 新增 constant 並設定爲 differential 模式。如下圖所示。

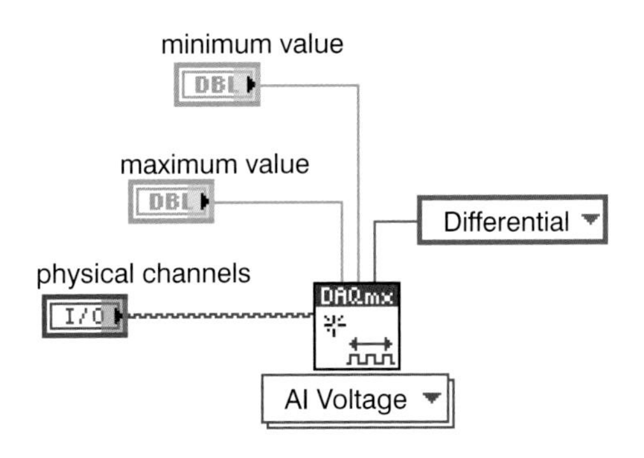

➢ 實習步驟七

設定通道之相關參數：將 DAQ-Timing 拖曳至程式區，分別於 rate 、sample mode 、samples per channel 新增 Control ，並將 task 與 error 建立好連線，如下圖所示。

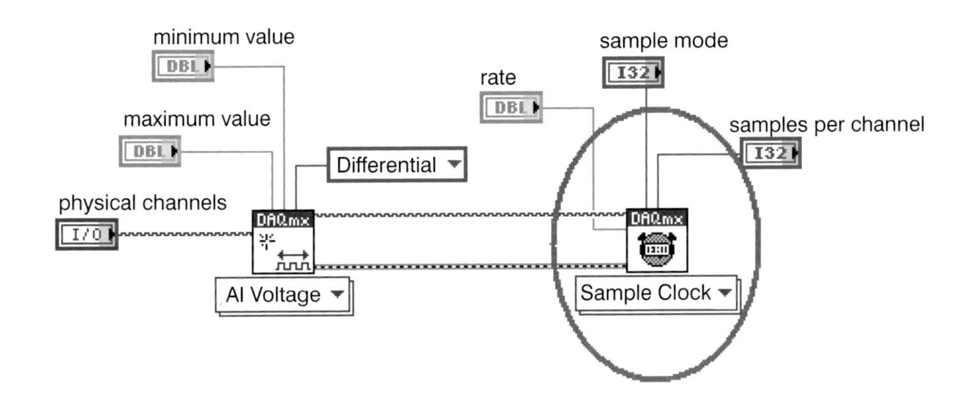

➢ 實習步驟八

執行 Task：將 DAQ-Start Task 拖曳至程式區，並將 task 與 error 建立好連

線，如下圖所示。

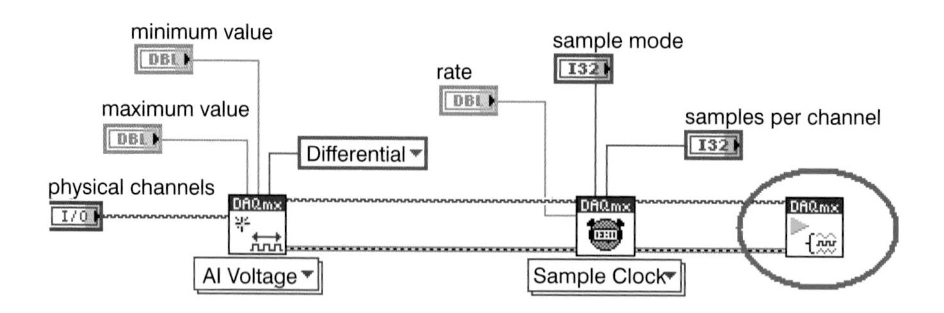

➢ 實習步驟九

DAQmx Read：將 DAQ-Start Task 拖曳至程式區，並設定為 Analog >>Single Channel >> Multiple Samples >> 1D DBL 。

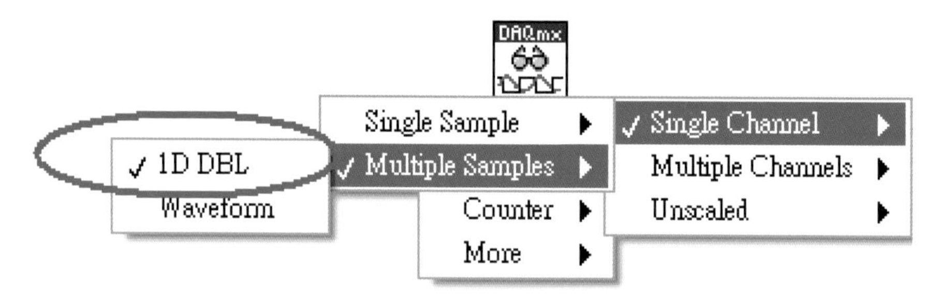

將 task 與 error 建立

➢ 實習步驟十

在人機介面新增（Front Panel）Wave Graph 。

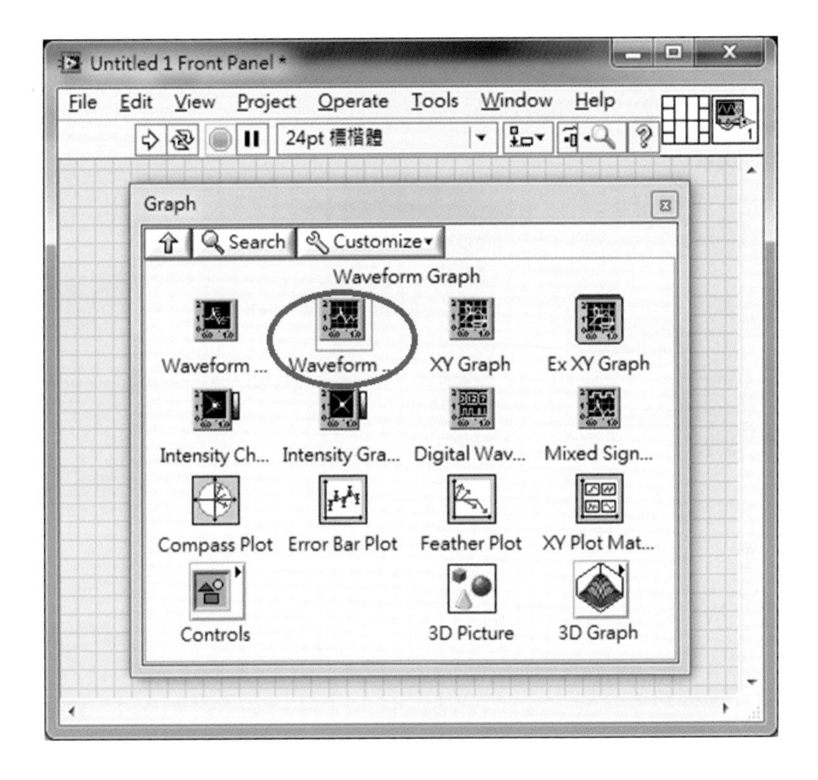

➢ 實習步驟十一

回到（Block Diagram）並將 Wave Graph 與 DAQmx Read VI 中的 DATA 建立連線，最後將 task 與 error 建立好連線，如下圖所示。

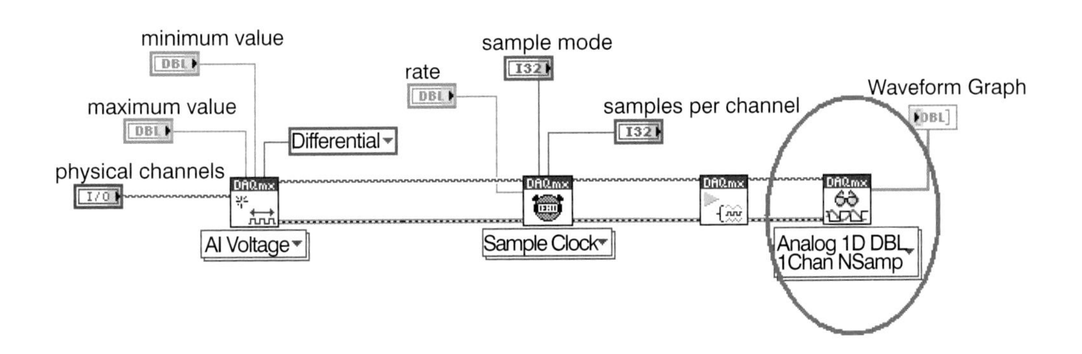

➢ 實習步驟十二

停止 Task：將 DAQ-Stop Task 拖曳至程式區，並將 task 與 error 建立好連線，如下圖所示。

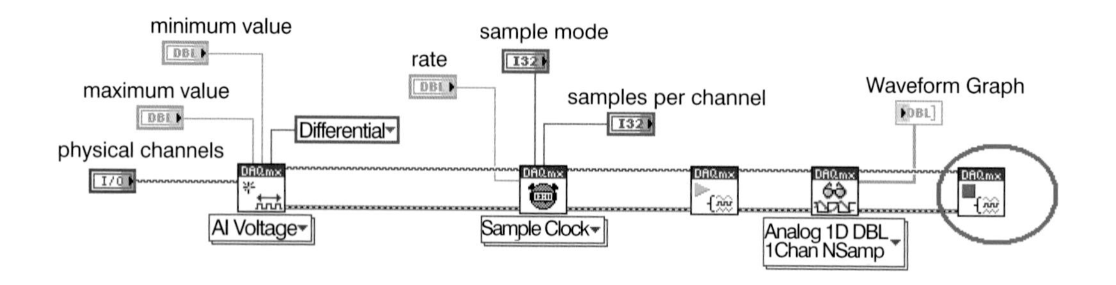

➢ 實習步驟十三

最後加入 While Loop 迴圈，如下圖所示。

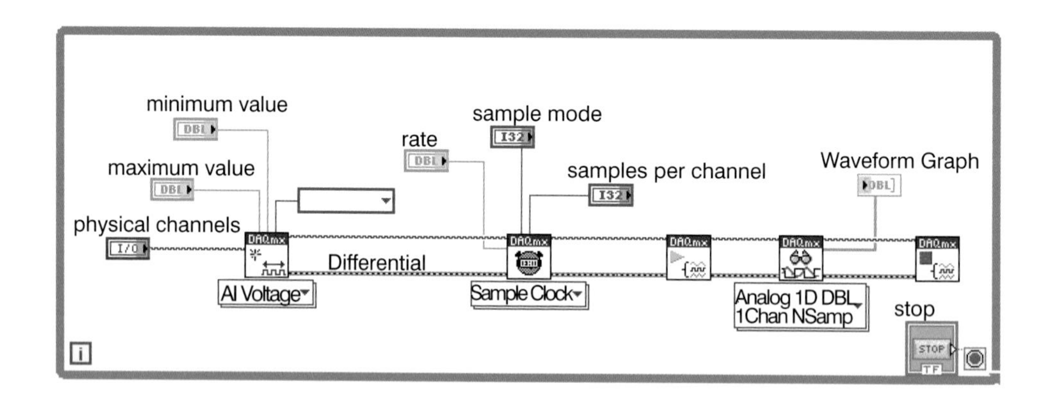

➢ 實習步驟十四

執行程式，並切換至人機介面，如下圖。

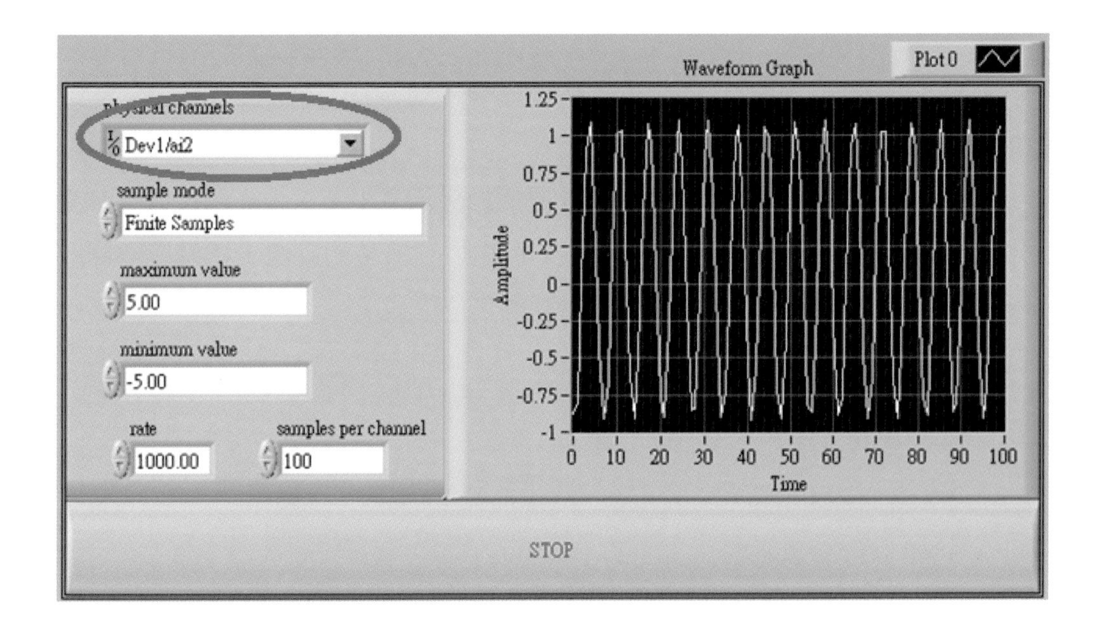

10-5 機電系統應用-雙軸定位系統實習

10-5-1 實習目的

在自動化光學檢測中，方向定位是常見的應用之一。本系統將針爲常見幾何形狀：圓形，設計一方向定位教學案例，整合自動化機溝、運動控制、機械視覺等技術，進行自動定位。

10-5-2 技術指標

1. 自動化機構應用。
2. 機器視覺量測應用。
3. 系統程式編輯（LabVIEW）。

10-5-3 實習內容

- **說明**

設計一光學量測平台，並將檢測物置放於夾治具中，當正光源投射至待測物後反射至鏡頭，調整焦距、光圈使 CCD 擷取到清楚的影像，透過影像擷取卡進行類比數位轉換，並在電腦中撰寫雙軸定位程式。

- **實驗設備**

1. PXI 儀控系統（含螢幕）
2. PXI-7344 Motion Controller（含 Cable）
3. PXI-1411 Image Acquisition（含 Cable）
4. UMI-7764
5. CCD
6. 鏡頭（含延伸環）
7. 光源（含夾治具）
8. 三軸檢測平台（含三軸機構、各項底座及夾治具）
9. 檢測片（含夾治具）
10. NI-Vision Assistant 8.2

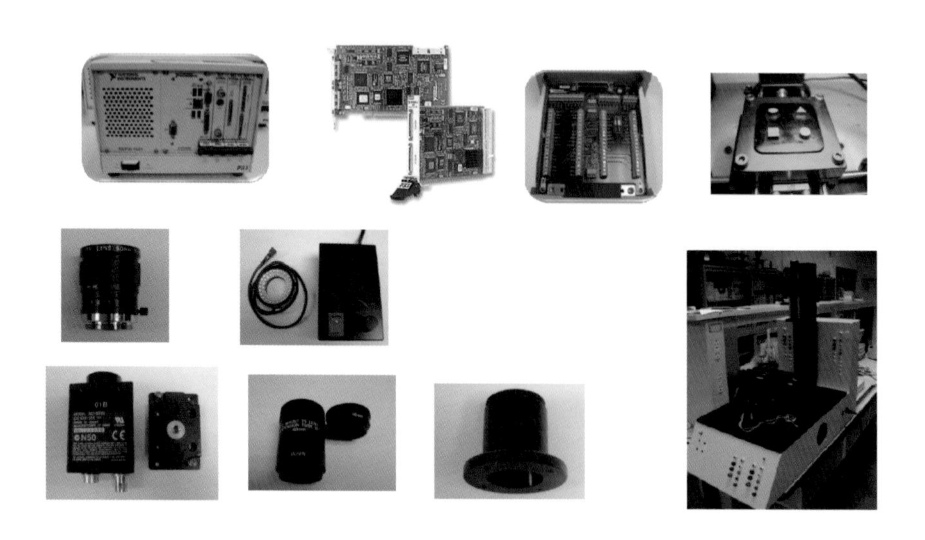

- 功能要求

1. 及時顯示影像畫面：此顯示畫面需爲連續擷取之影像。

2. 圓形量測畫面：此顯示畫面爲圓形偵測之顯示畫面。

3. 停止程式按鈕：按下此按鈕後直線偵測程式立即停止。

4. 原點復歸按鈕：操作者按下此鈕後程式將帶動機構進行原點復歸動作。

5. 影像學習按鈕：操作者按下此鈕後程式將帶動機構進行往復式動作，進行取像、分析，以得到影像與運動機構之間的關連。

6. 自動定位按鈕：操作者可手動去移動待定位物件，使其偏離畫面中心（距離勿過大），按下自動定位鈕後，程式可判斷偏離距離，並依定位公式計算補正值以達自動定位。

7. 結果顯示：將顯示定位後誤差值。

- 程式流程規劃

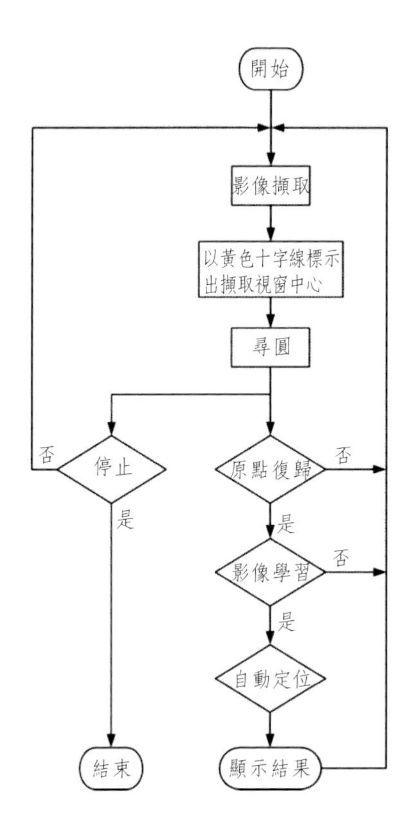

> 人機介面設計：實習步驟一

執行 National Instruments LabVIEW 2013 ，並出現以下視窗。

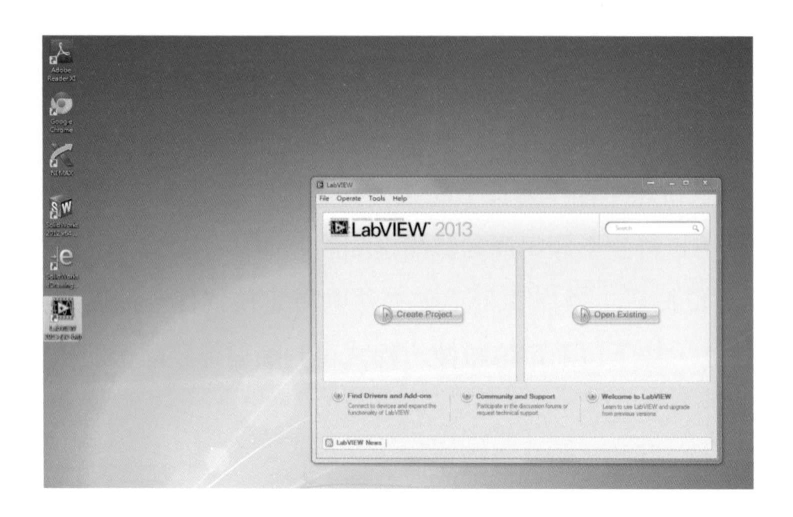

> 人機介面設計：實習步驟二

點選 Blank VI 以建立新程式作業視窗。

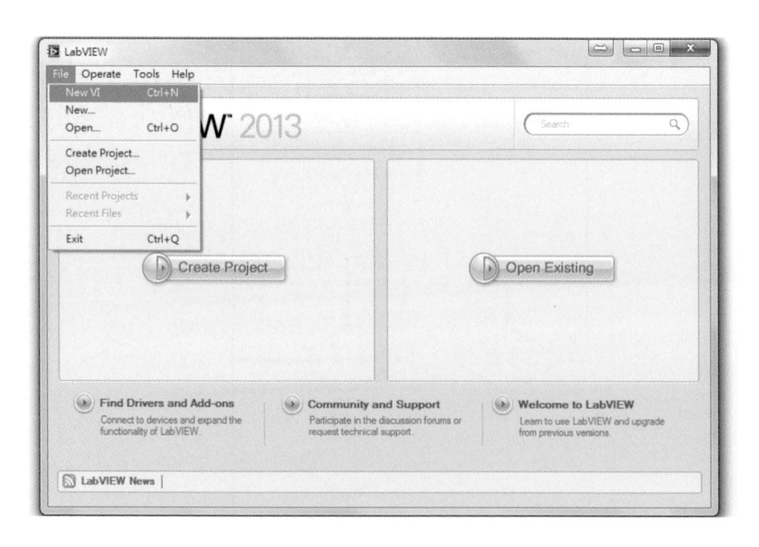

> 人機介面設計：實習步驟三

點選 Window>>Tile Left and Right ，其中畫面的左手邊爲人機介面。右手邊爲程式方塊圖。

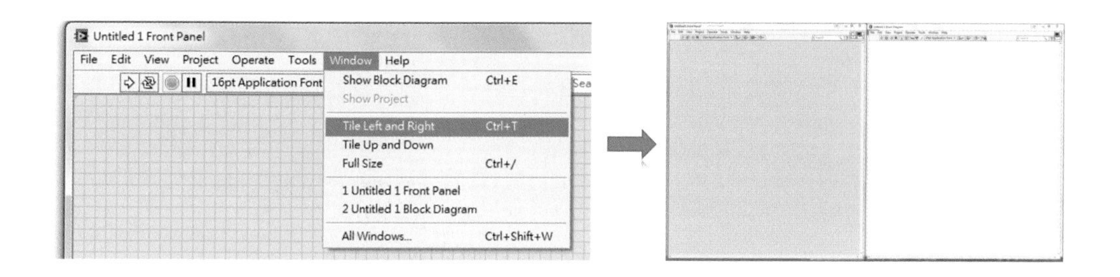

➢ 人機介面設計：實習步驟四

設計程式標題，在人機介面（Front Panel）上按右鍵，將滑鼠遊標移至 Modem >> Decorations 中選擇所需的標題背景造型。

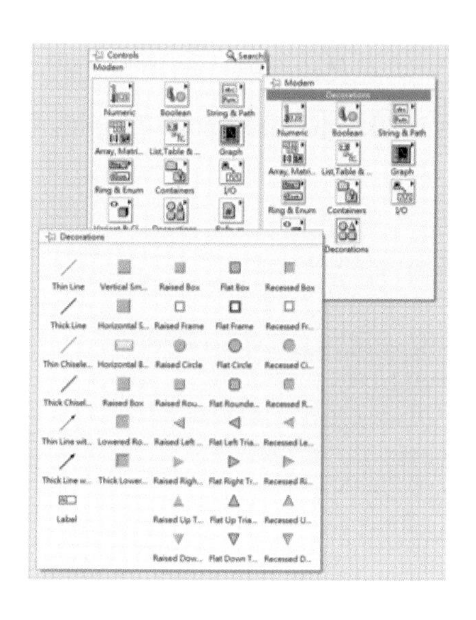

➢ 人機介面設計：實習步驟五

輸入程式標題文字，在人機介面（Front Panel）上按鍵盤上 Shift + 滑鼠右鍵，即出現如下圖所示隻小幫手視窗，點擊畫面上之圈選處後，再點擊人機介面（Front Panel）上任意處即可輸入文字。輸入後並調整文字大小並拖曳至標題背景上。

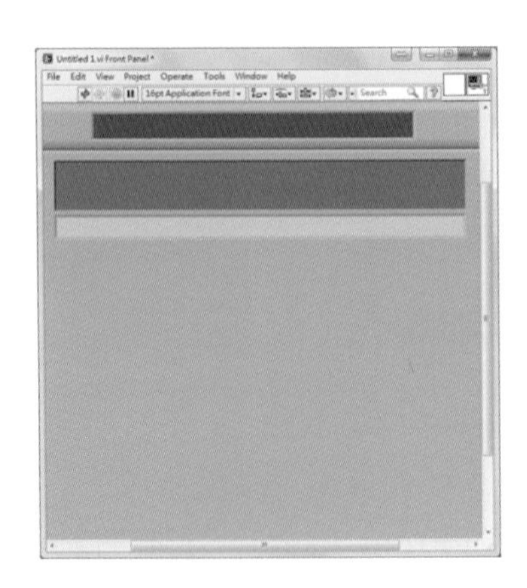

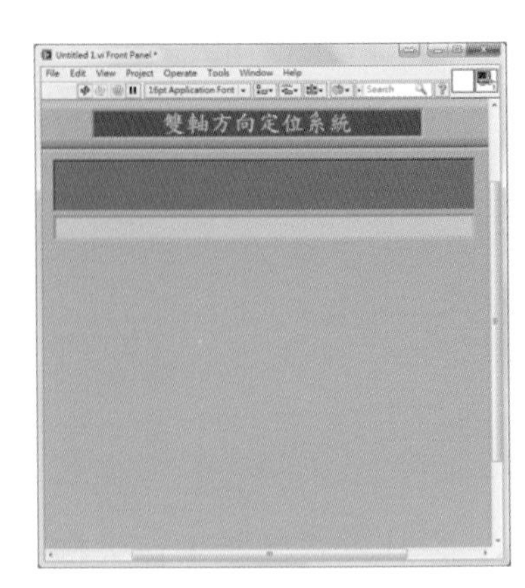

➢ 人機介面設計：實習步驟六

擷取畫面顯示視窗，在人機介面（Front Panel）上按右鍵，將滑鼠遊標移至 Vision 中選擇 Image Display ，如下圖所示。並將選取後的 Image Display 拖曳至底板上。

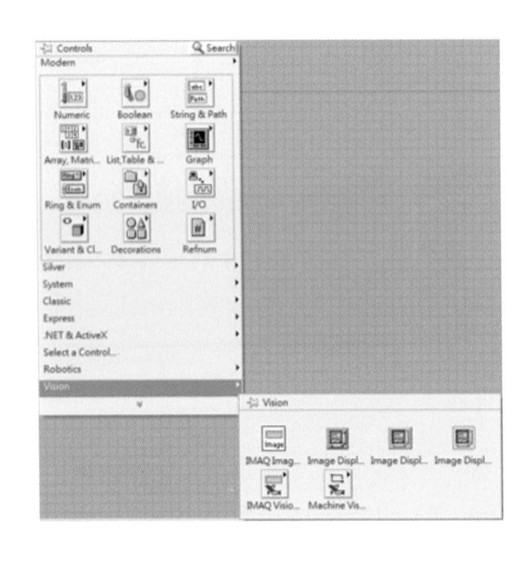

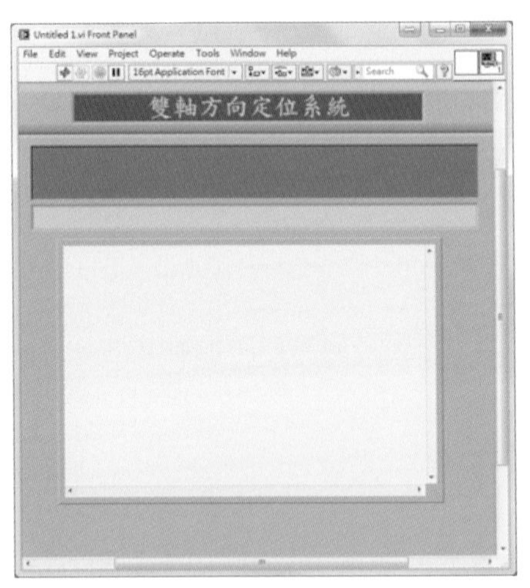

➢ 人機介面設計：實習步驟七

設計程式狀態列，在人機介面（Front Panel）上按右鍵，將滑鼠游標移至 Motion >> Boolean 中選擇 STOP 及 OK（四個）的按鈕，並依序標示名稱「停止程式」、「原點復歸」、「影像學習」、「自動定位」。

➢ 人機介面設計：實習步驟八

完成結果顯示介面並命名，如下圖所示：

➢ 檢測程式設計：實習步驟一

在程式方塊圖上點擊右鍵，並點擊右上角 Search。

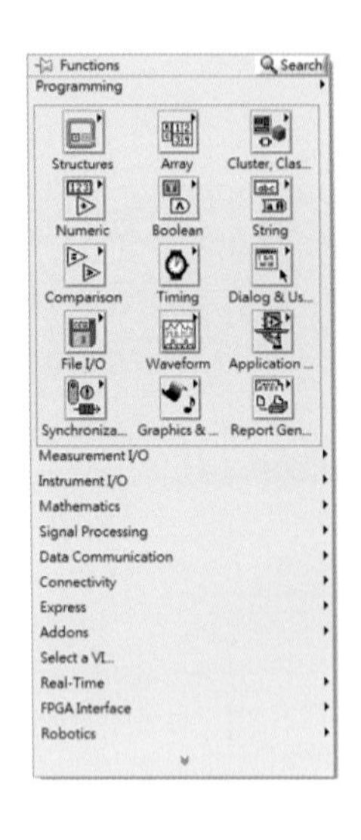

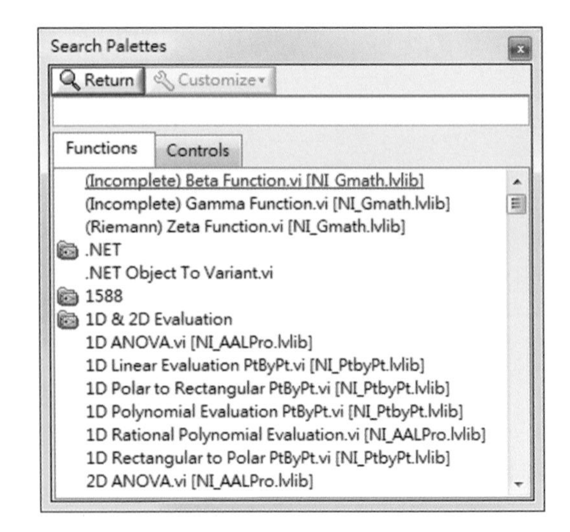

➢ 檢測程式設計：實習步驟二

搜尋下列程式，並熟記其位置。

 1. IMAQ Init . vi

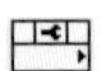 2. Property Node

 3. IMAQ Create

 4. IMAQ Grab Setup. vi

 5. IMAQ Grab Acquire. vi

 6. IMAQ Close

 7. IMAQ Dispose

 8. IMAQ Copy. vi

 9. IMAQ Overlay Line. vi

 10. IMAQ Merge Overlay. vi

➢ 檢測程式設計：實習步驟三

(1) 於程式方塊圖（Block Diagram）中建立 IMAQ Init. vi ，於 Interface Name 處按右鍵新增 Constant 並設定為 img01 。

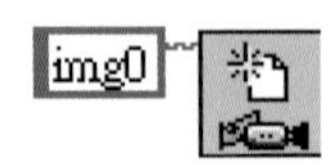

(2) 於程式方塊圖（Block Diagram）中建立 Property Node ，將 IMAQ Init. vi 的 IMAQ Session out 接點連接到 Property Node 的 Reference 接點，並以左

鍵點選 Property >> Image Parameters >> Image Type。

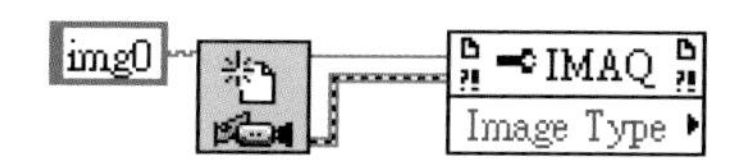

(3) 在程式方塊圖（Block Diagram）中建立 IMAQ Grab Setup. V。

(4) 於程式方塊圖（Block Diagram）中建立 IMAQ Grab Acquire. vi ，把 Acquire 程式的 Image In 與 IMAQ Create 連接，並於 IMAQ Create 的 Image Name 處按右鍵新增 Constant，設定爲 img1。

(5) 於程式方塊圖（Block Diagram）中建立 IMAQ Copy. vi 把 Copy 程式的 Image Dst 與 IMAQ Create 連接，並於 IMAQ Create 的 Image Name 處按右建新增 Constant，設定爲 img2。

(6) 於程式方塊圖（Block Diagram）中建立 IMAQ Overlay Line. vi 並設定程式之參數：

(a) 分別於 Start Point 以及 End Point 處按右鍵新增 Constant ，並設定爲 0、240 與 640、240。

(b) 於 Color 處按右鍵新增 Constant ，並設定爲黃色。

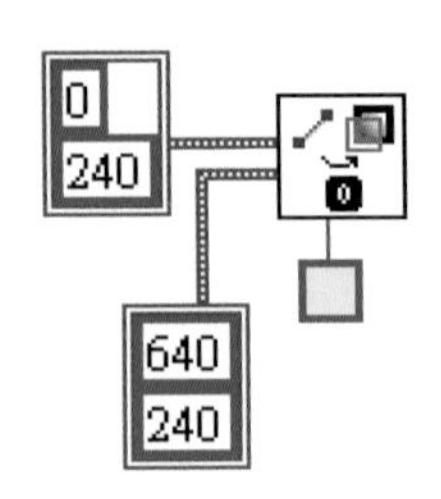

(7) 於程式方塊圖中（Block Diagram）中再次建立 IMAQ Overlay. vi ，並設定程式之參數：

(a) 分別於 Start Point 以及 End Point 處按右鍵新增 Constant ，並設定爲 320、00 與 320、480。

(b) 於 Color 處按右鍵新增 Constant ，並設定爲黃色。

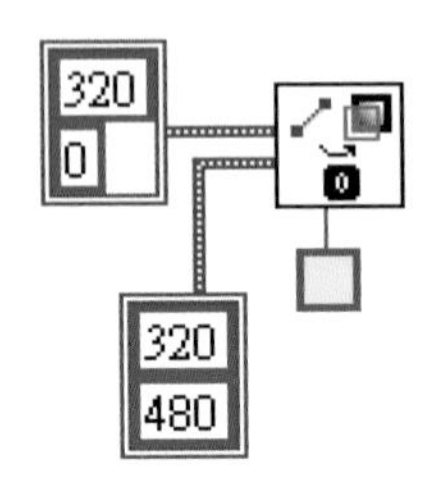

(8) 於程式方塊圖（Block Diagram）中建立 IMAQ Merge Overlay. vi ，並把 Merge 程式的 Image Scr 與 IMAQ Create 連接及 Image Dst Out 與人機介面中的 Image Display 連接。

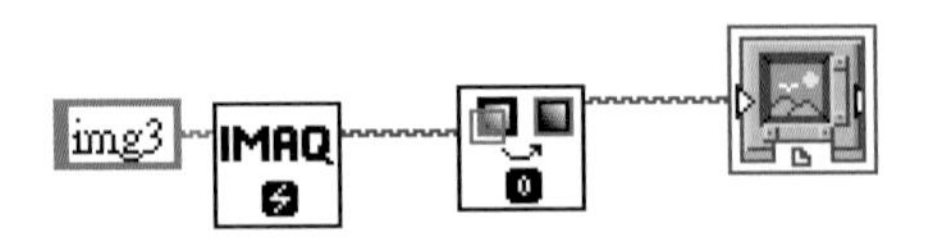

(9) 於程式方塊圖（Block Diagram）中建立 IMAQ Close. vi。

(10) 於程式方塊圖（Block Diagram）中建立 IMAQ Dispose. vi 並將 Dis-

pose 程式的 Image 與任一個 IMAQ Create 的 New Image 處連接。

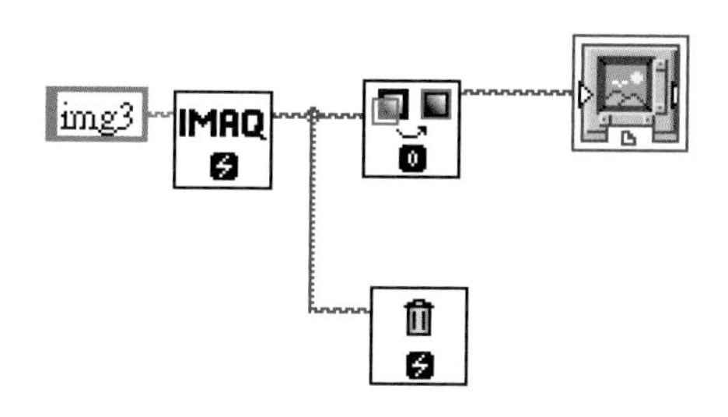

➢ 檢測程式設計：實習步驟四

將所有已建立之元件依相對接線點接線完畢。如下圖所示：

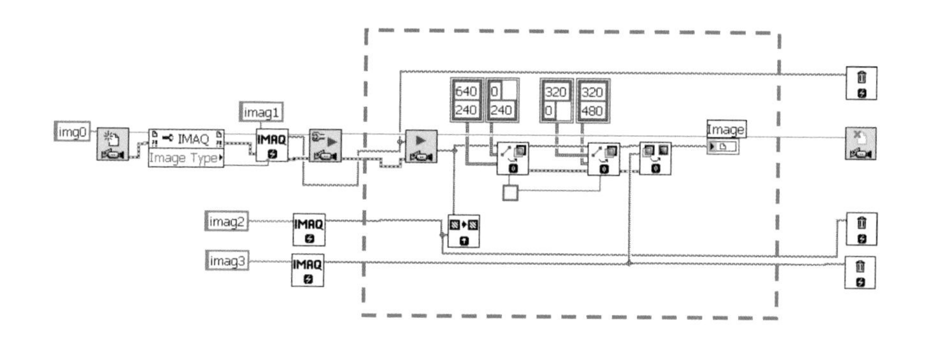

➢ 檢測程式設計：實習步驟五

於程式方塊（Block Diagram）中按右鍵，Programming >> Struture >> While Loop，將步驟五的虛線框中之程式置於迴圈中，其結果如下圖所示。

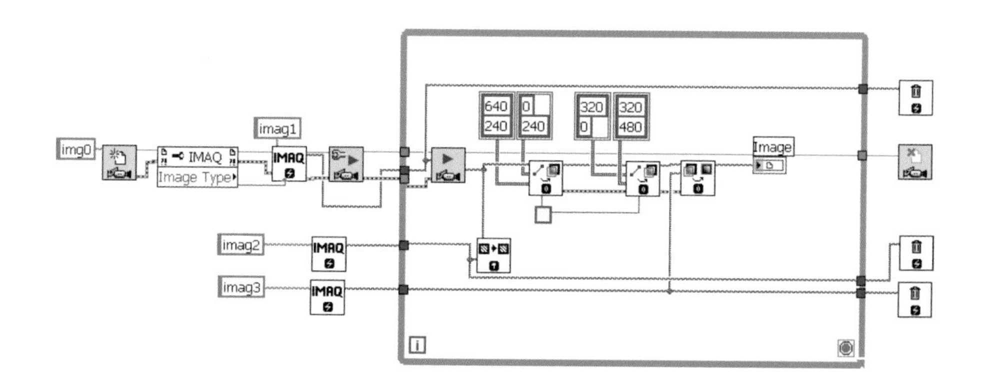

➢ 檢測程式設計：實習步驟六

在程式方塊（Block Diagram）空白處按右鍵，Programming >> Structure >> Global Variable ，在 Global Variable 連續點擊左鍵兩下，即跳出一新 Front Pamel ，然在新 Front Panel 空白處按右鍵 Vision >> Image Display ，並另存爲一新檔案。接著回到原本的程式方塊上將剛才設立的 Global Variable 刪除，並在程式方塊空白處按右鍵，Select a VI >> 選擇剛才所儲存的 Image Display Global Variable 檔案，置於迴圈中並與IMAQ Copy. vi 中的Image Dst Out 連接。

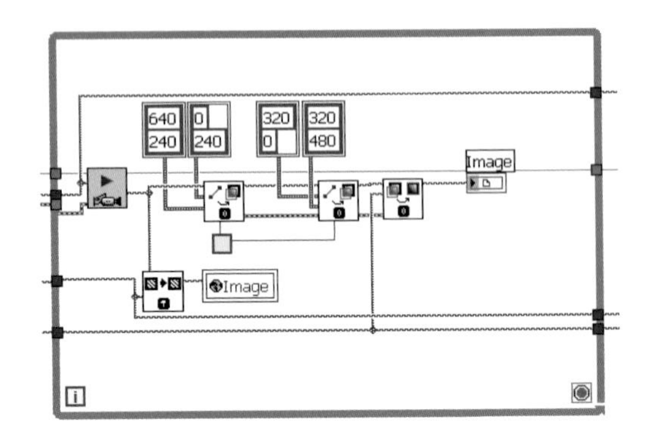

➢ 檢測程式設計：實習步驟七

在步驟七的迴圈中，按右鍵 Programming >> Timing >> Wait（ms），並設定時間爲 50 ms 。

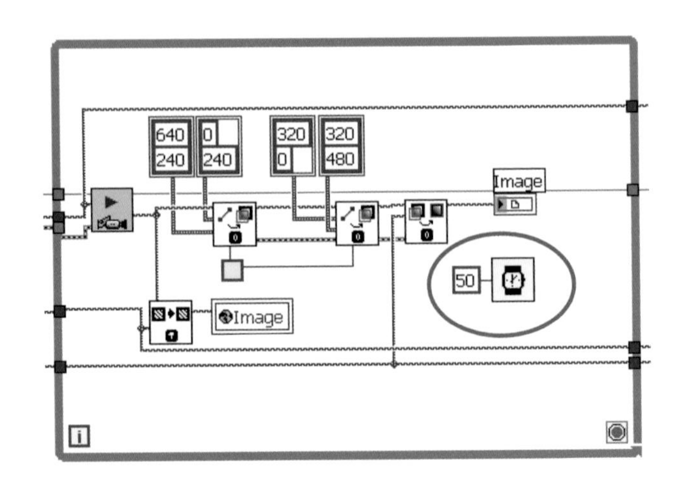

➢ 檢測程式設計：實習步驟八

在程式方塊空白處按右鍵，Programming >> Structure >> Stacked Sequence Structure ，加入影像擷取程式中，其結果如圖所示。

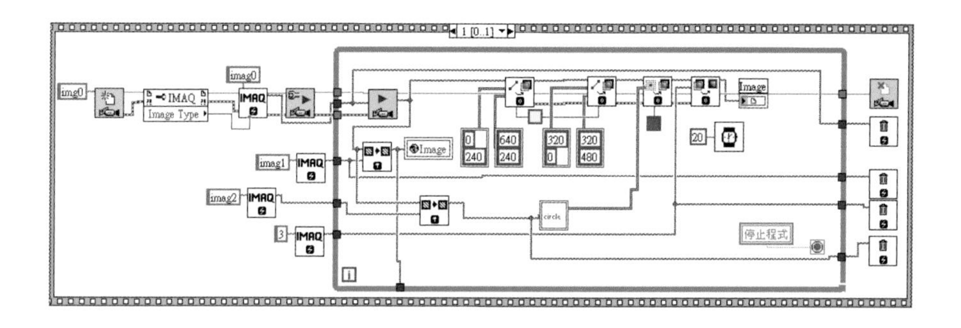

➢ 檢測程式設計：實習步驟九

在 Stacked Sequence Structure 上按滑鼠右鍵，選 Add Frame Before 後如圖所示。

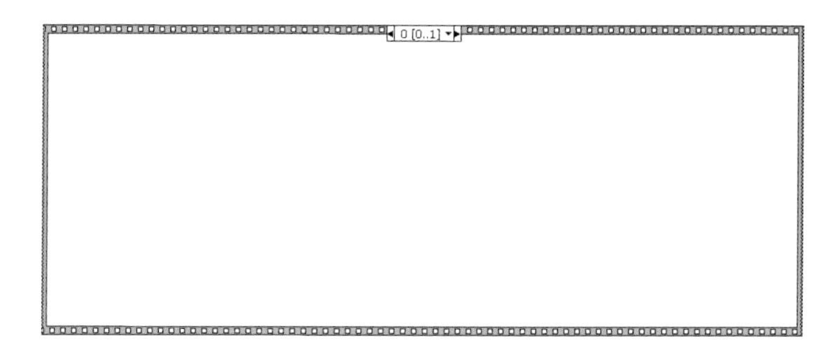

➢ 檢測程式設計：實習步驟十

將下列元件置放於 Stacked Sequence Structure 的頁 0。

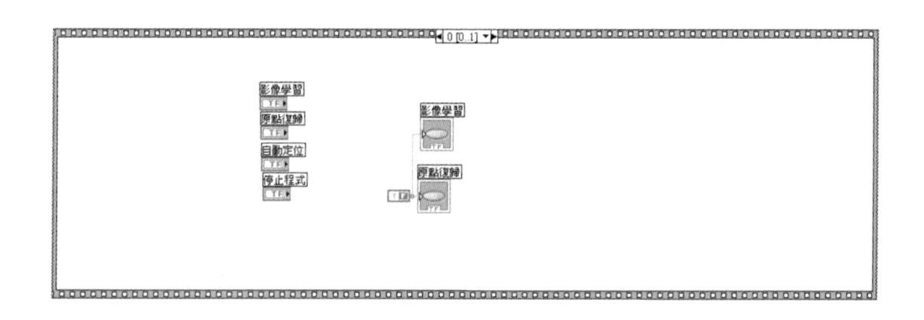

> 檢測程式設計：實習步驟十一

完成下列頁面程式，並接線。

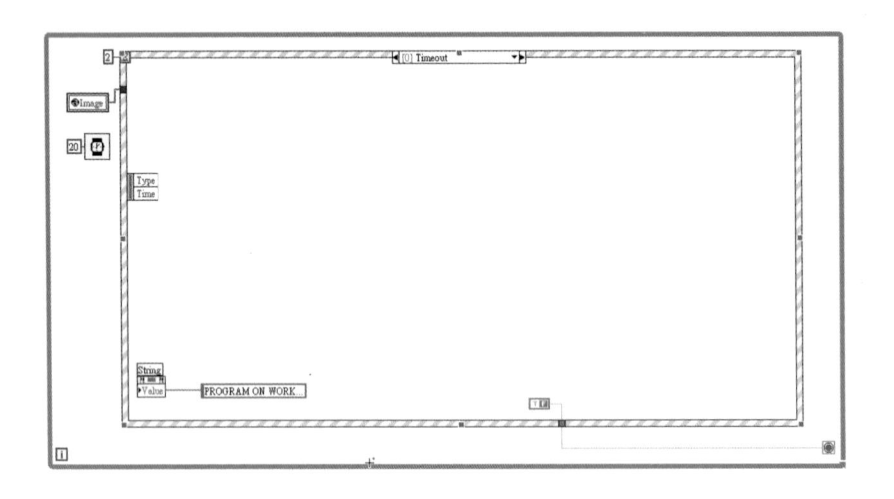

> 檢測程式設計：實習步驟十二

完成下列頁面程式，並接線。

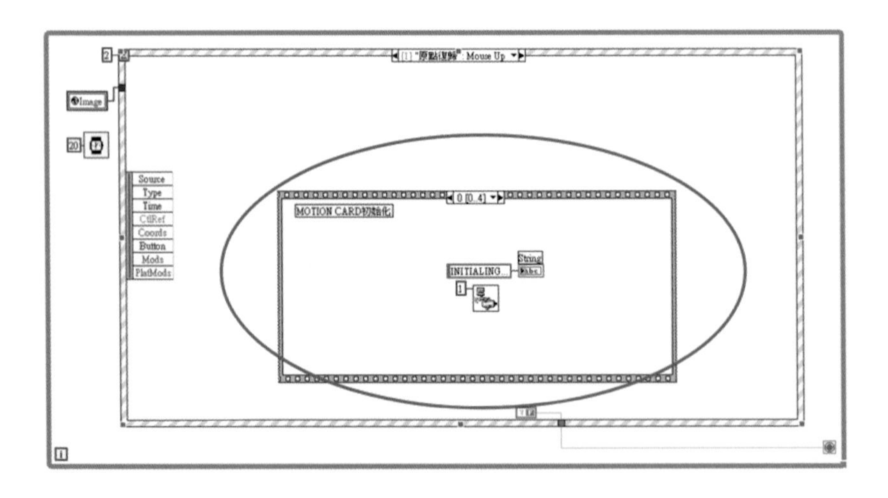

> 檢測程式設計：實習步驟十三

完成下列頁面程式，並接線。

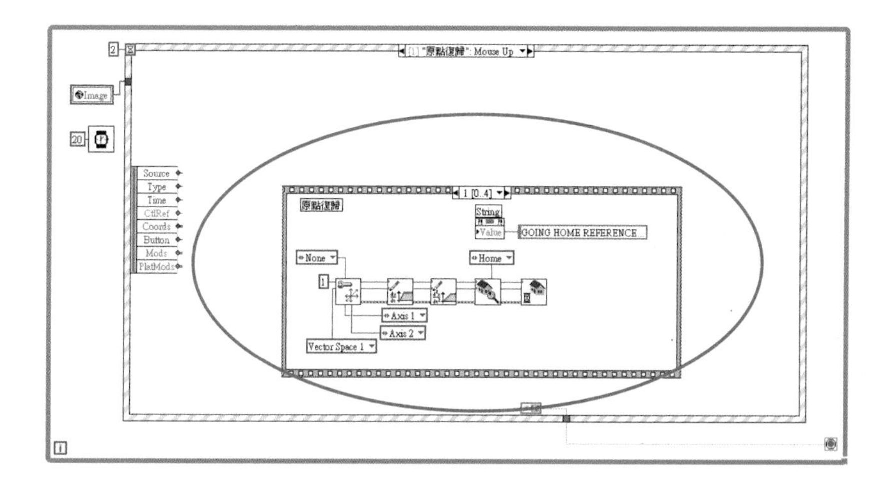

➢ 檢測程式設計：實習步驟十四

完成下列頁面程式，並接線。

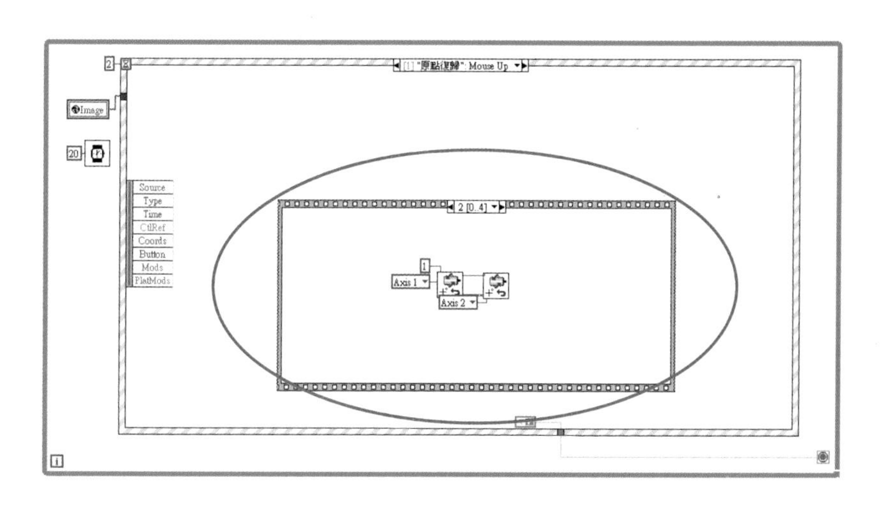

➢ 檢測程式設計：實習步驟十五

完成下列頁面程式，並接線。

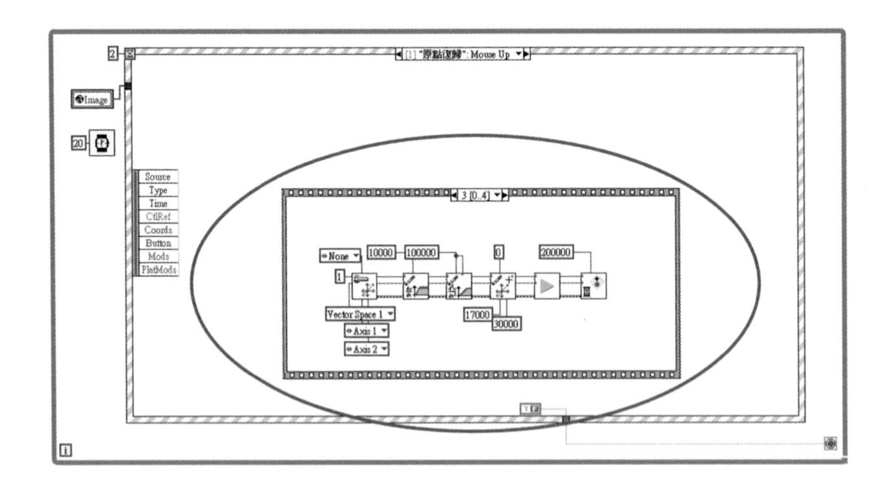

➢ 檢測程式設計：實習步驟十六

完成下列頁面程式，並接線。

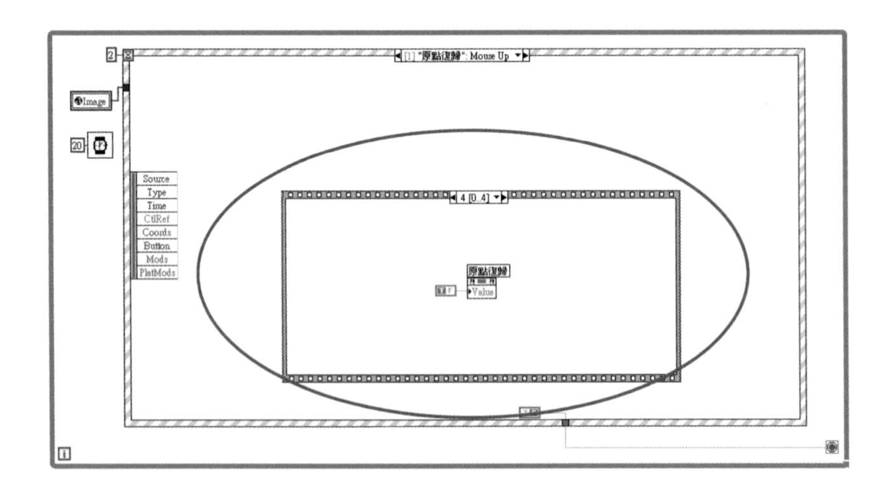

➢ 檢測程式設計：實習步驟十七

完成下列頁面程式，並接線。

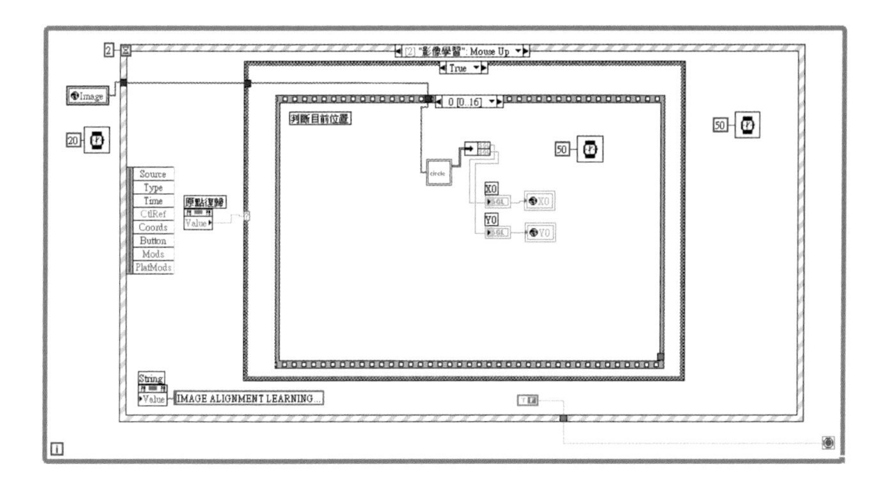

➢ 檢測程式設計：實習步驟十八

完成下列頁面程式，並接線。

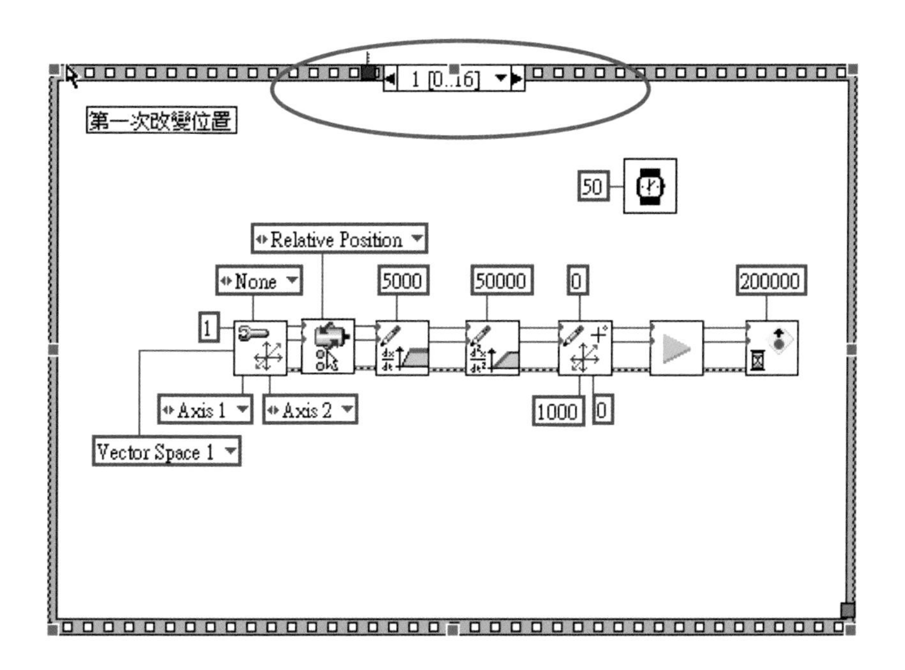

➢ 檢測程式設計：實習步驟十九

完成下列頁面程式，並接線。

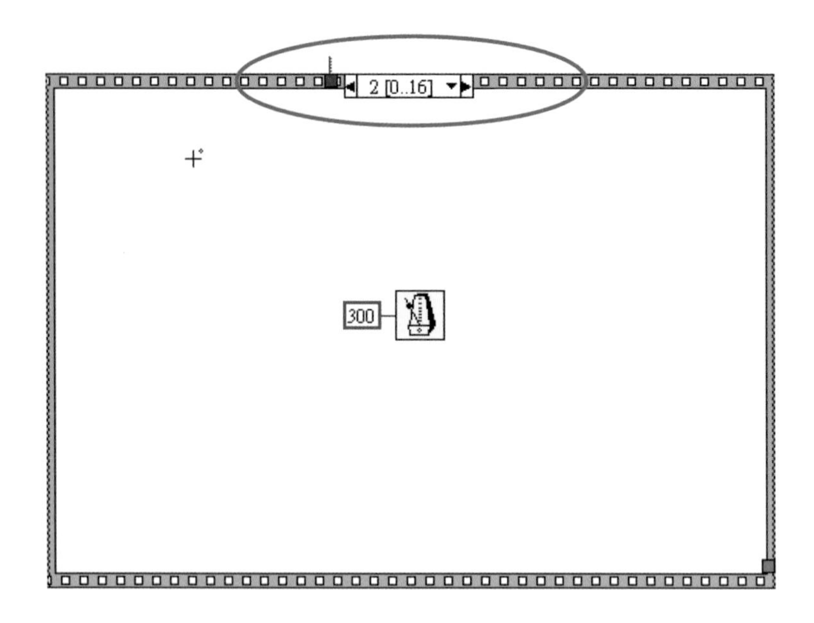

➢ 檢測程式設計：實習步驟二十

完成下列頁面程式，並接線。

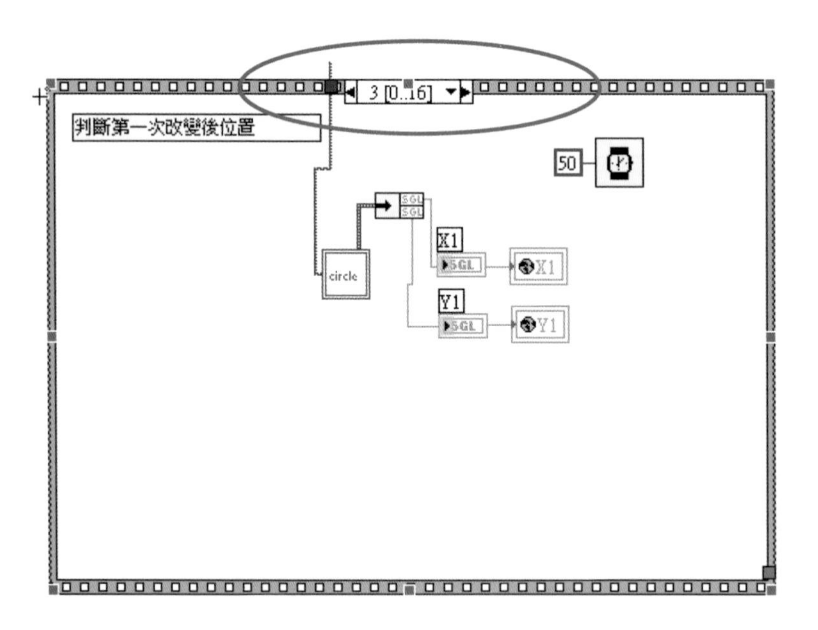

➢ 檢測程式設計：實習步驟廿一

完成下列頁面程式，並接線。

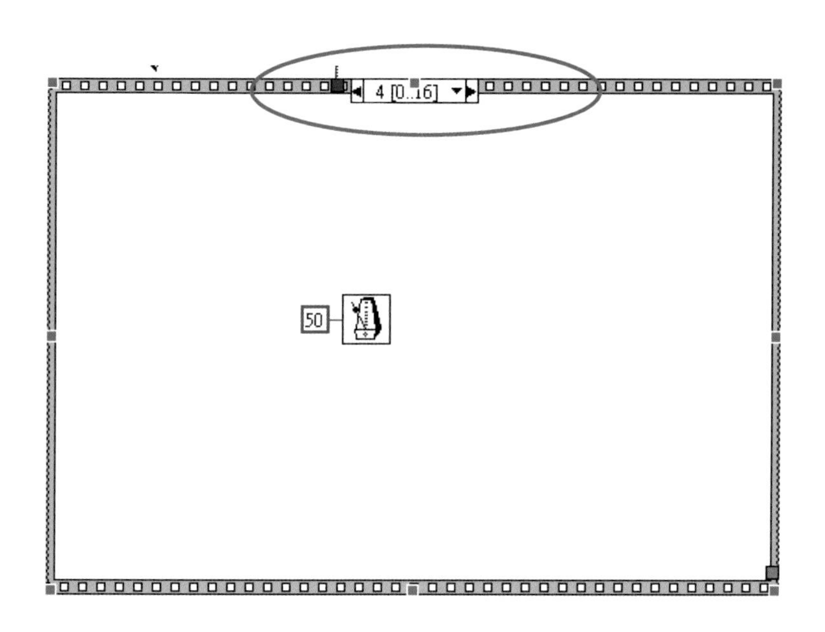

➢ 檢測程式設計：實習步驟廿二

完成下列頁面程式，並接線。

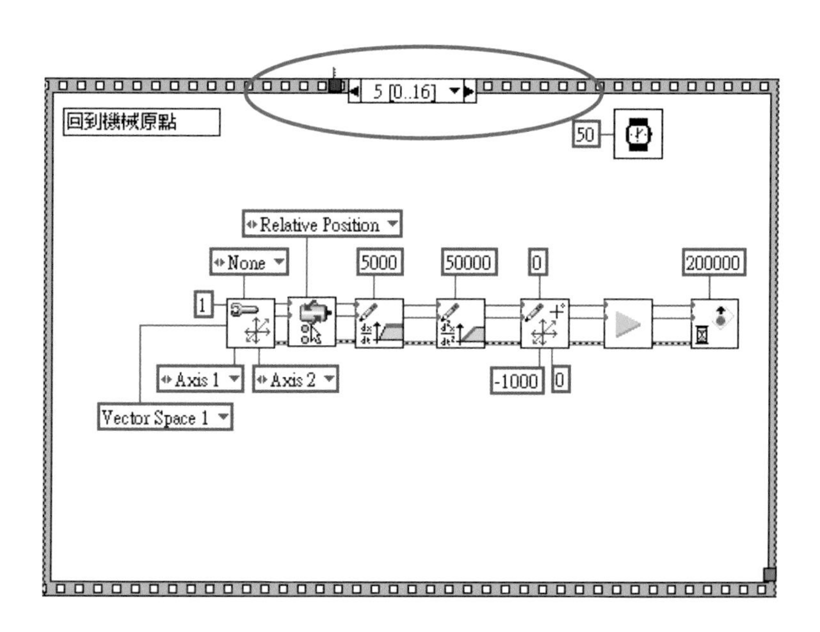

➢ 檢測程式設計：實習步驟廿三

完成下列頁面程式，並接線。

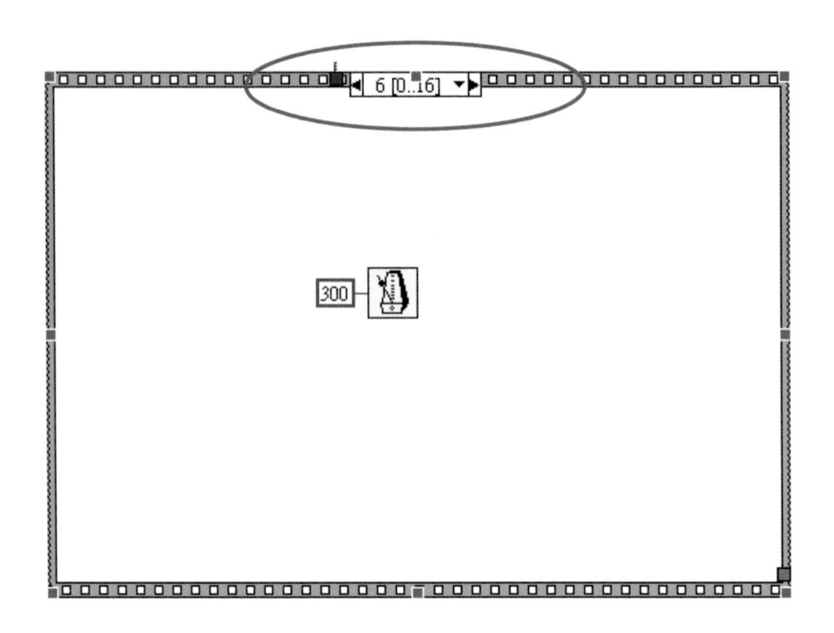

➢ 檢測程式設計：實習步驟廿四

完成下列頁面程式，並接線。

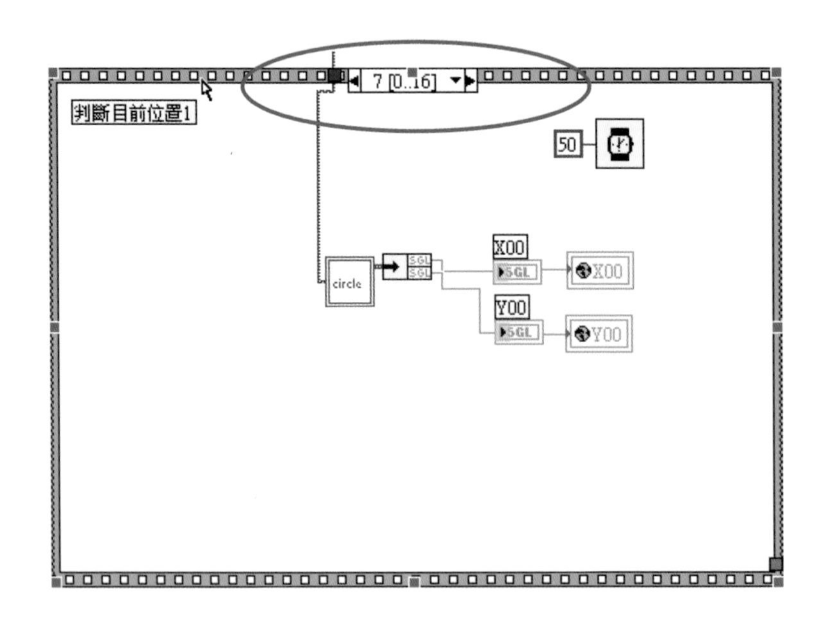

➢ 檢測程式設計：實習步驟廿五

完成下列頁面程式，並接線。

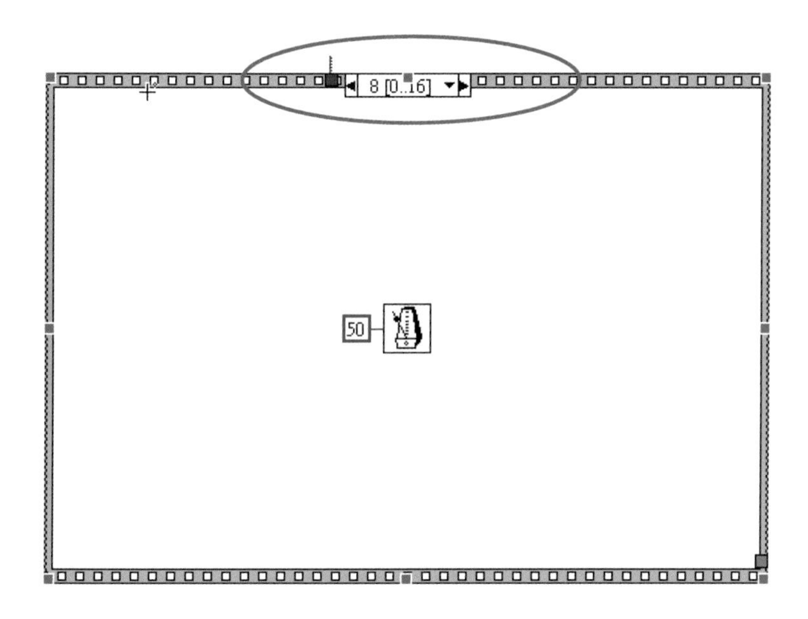

➢ 檢測程式設計：實習步驟廿六

完成下列頁面程式，並接線。

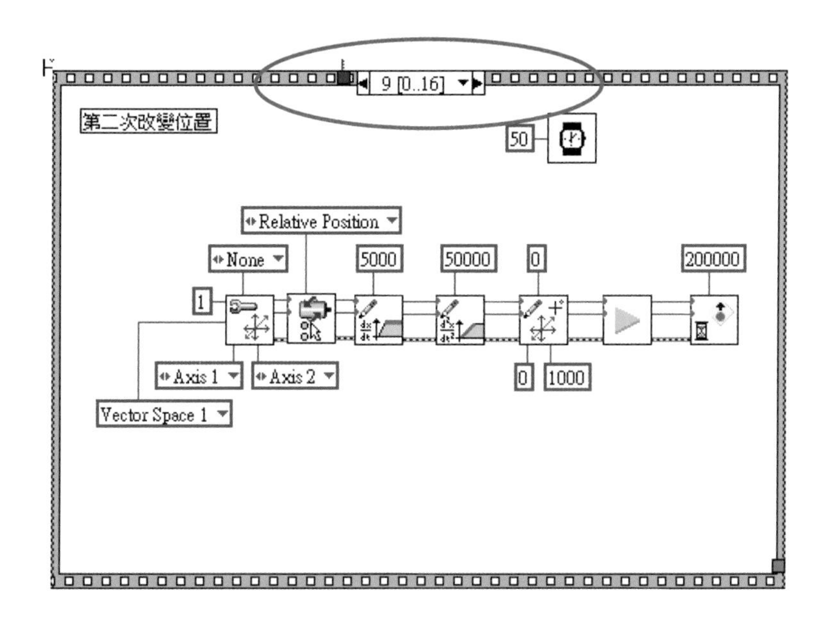

➢ 檢測程式設計：實習步驟廿七

完成下列頁面程式，並接線。

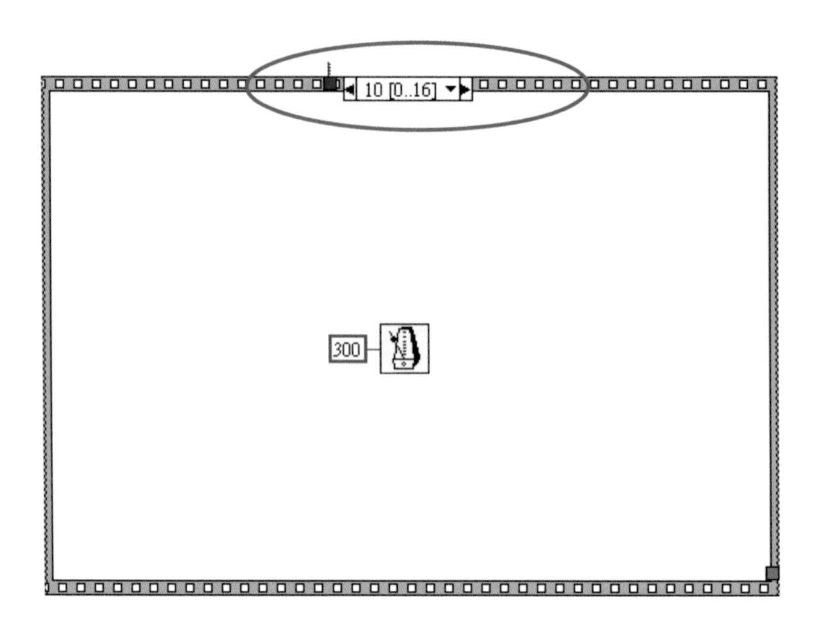

➢ 檢測程式設計：實習步驟廿八

完成下列頁面程式，並接線。

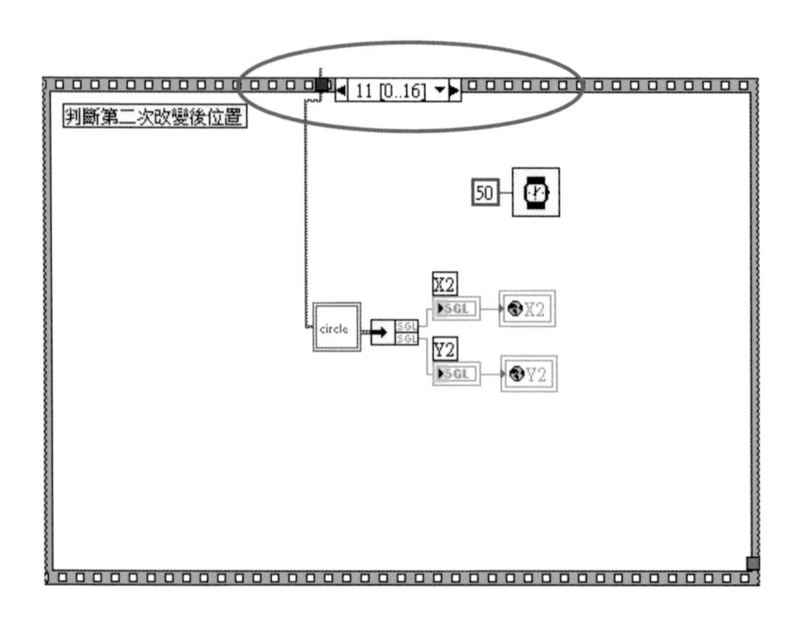

➢ 檢測程式設計：實習步驟廿九

完成下列頁面程式，並接線。

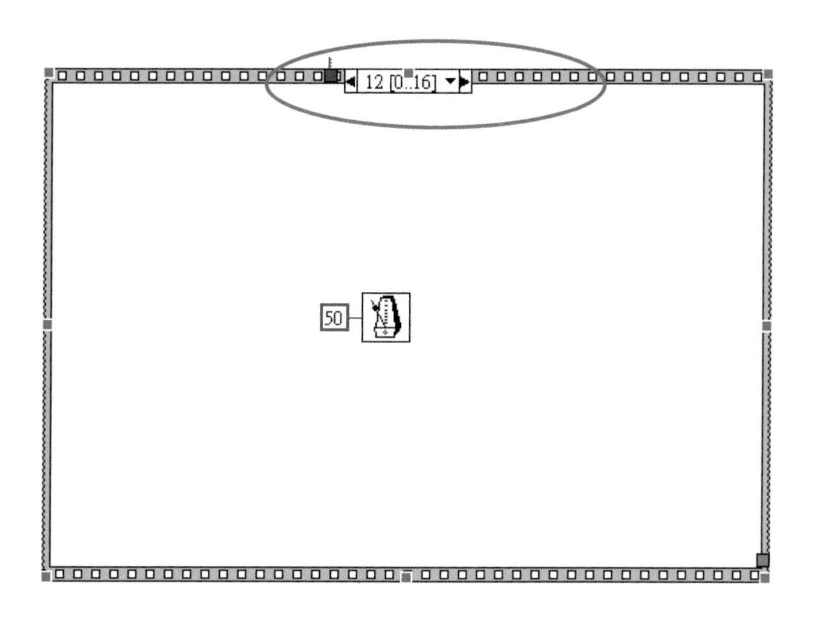

➢ 檢測程式設計：實習步驟三十

完成下列頁面程式，並接線。

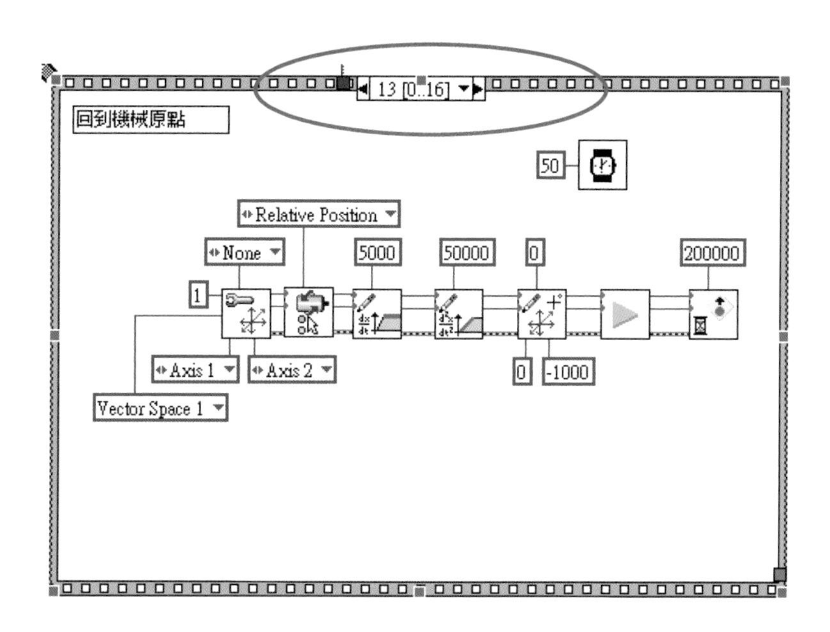

➢ 檢測程式設計：實習步驟卅一

完成下列頁面程式，並接線。

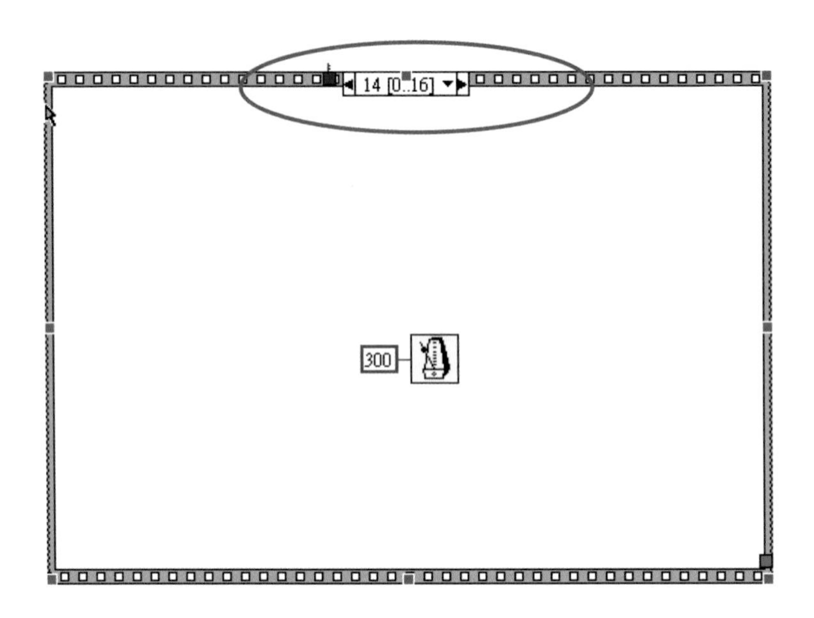

➢ 檢測程式設計：實習步驟卅二

完成下列頁面程式，並接線。

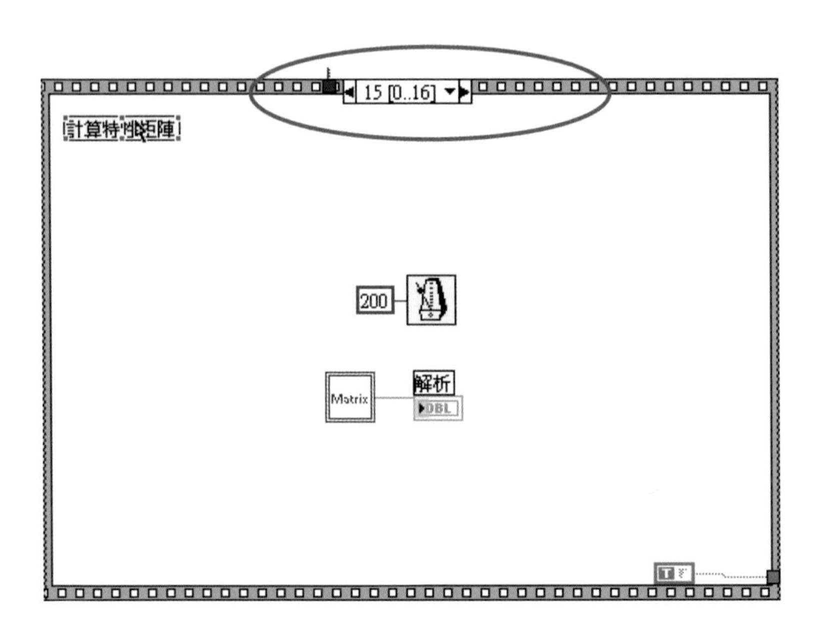

➢ 檢測程式設計：實習步驟卅三

完成下列頁面程式，並接線。

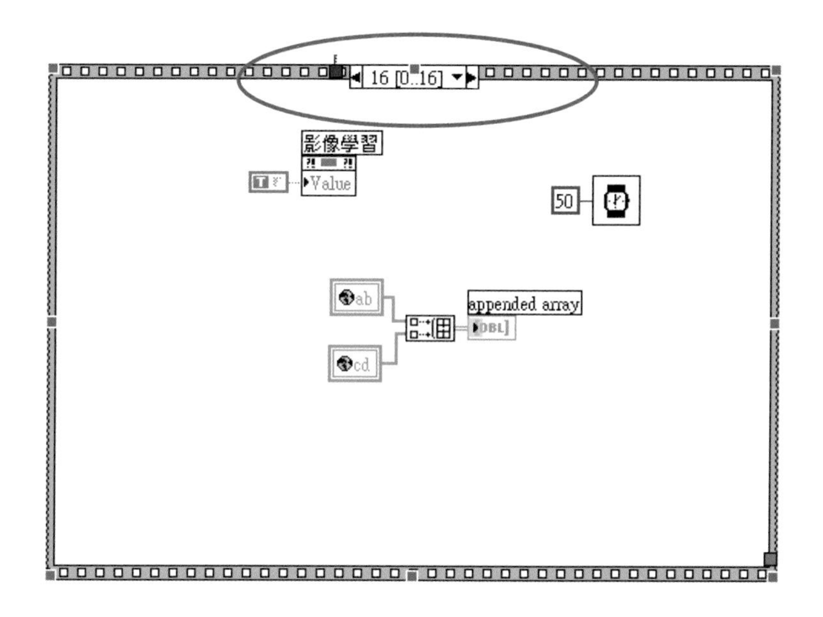

➢ 檢測程式設計：實習步驟卅四

完成下列頁面程式，並接線。

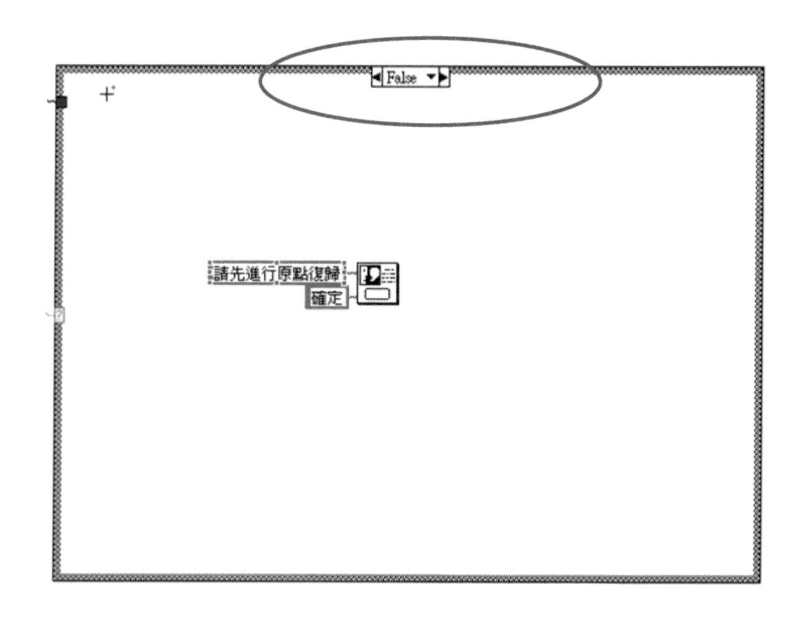

➢ 檢測程式設計：實習步驟卅五

完成下列頁面程式，並接線。

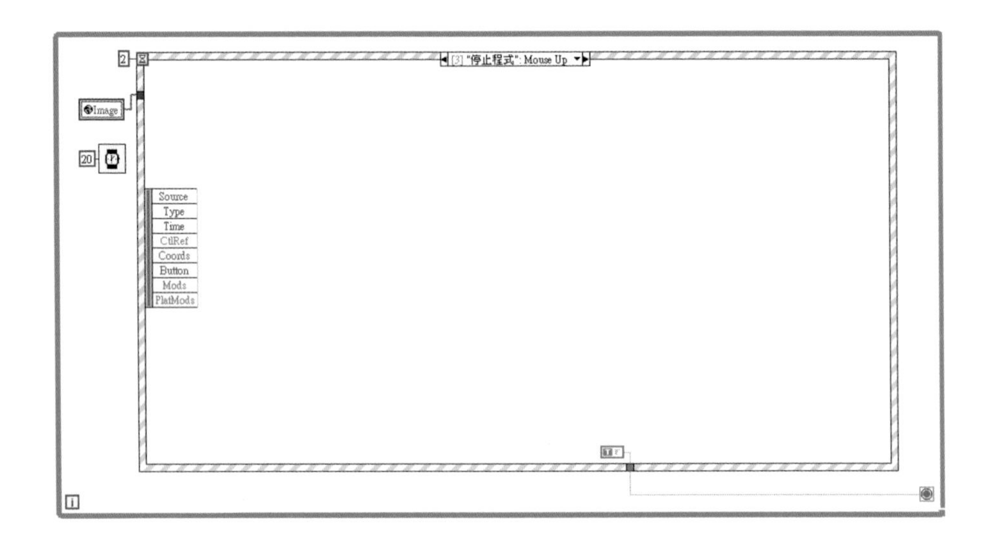

➢ 檢測程式設計：實習步驟卅六

完成下列頁面程式，並接線。

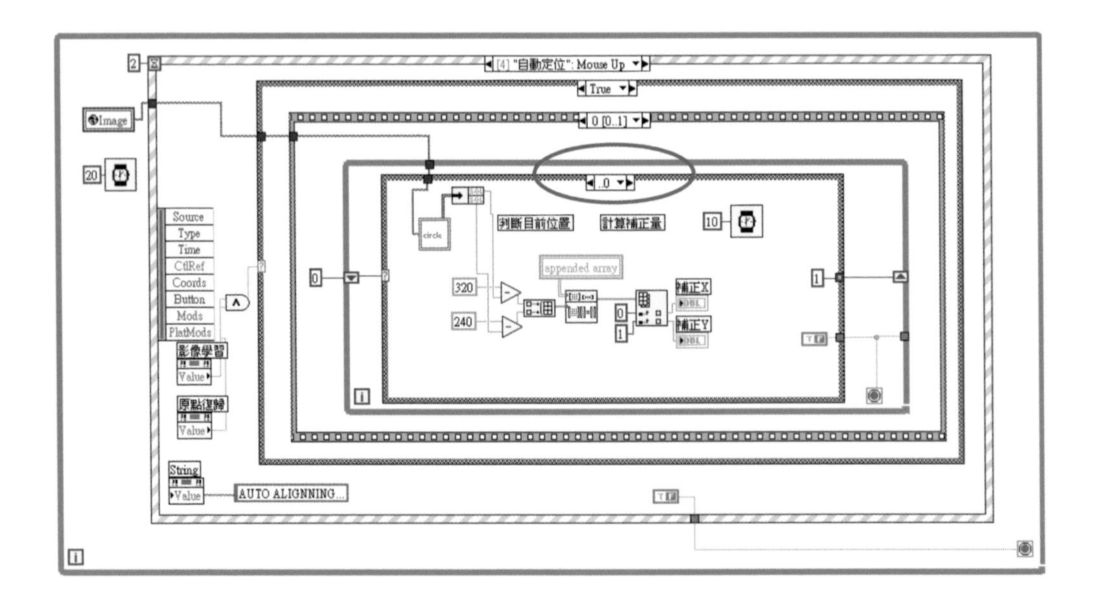

➢ 檢測程式設計：實習步驟卅七

完成下列頁面程式，並接線。

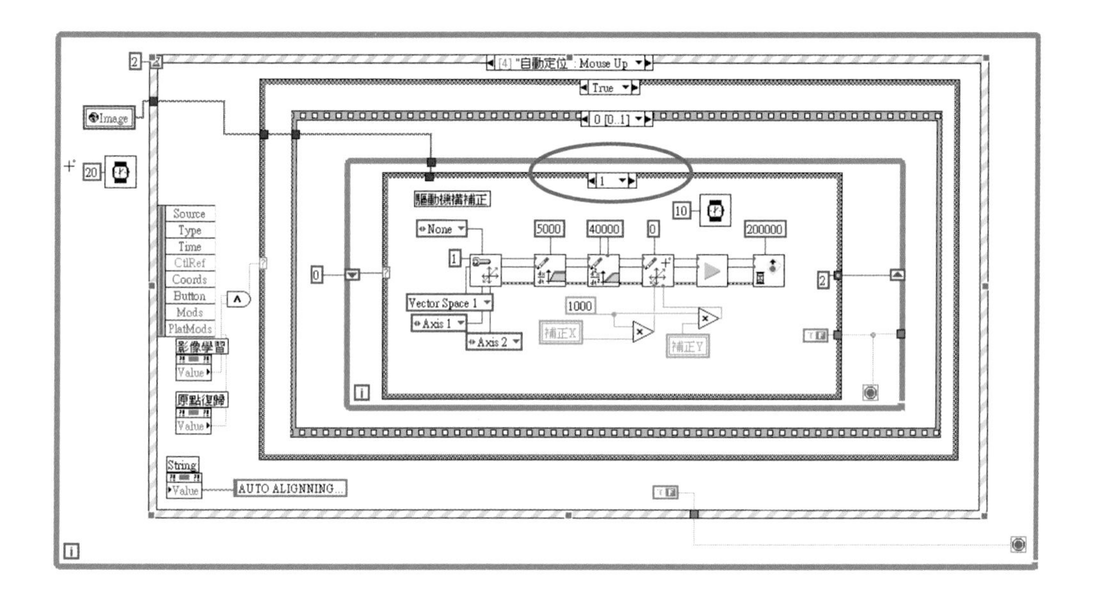

➢ 檢測程式設計：實習步驟卅八

完成下列頁面程式，並接線。

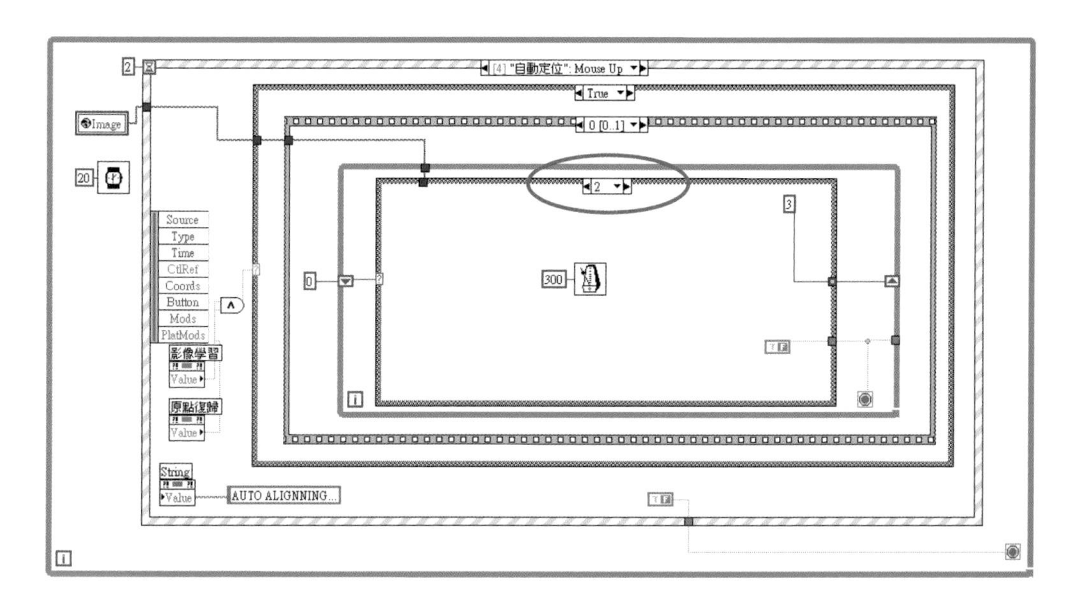

➢ 檢測程式設計：實習步驟卅九

完成下列頁面程式，並接線。

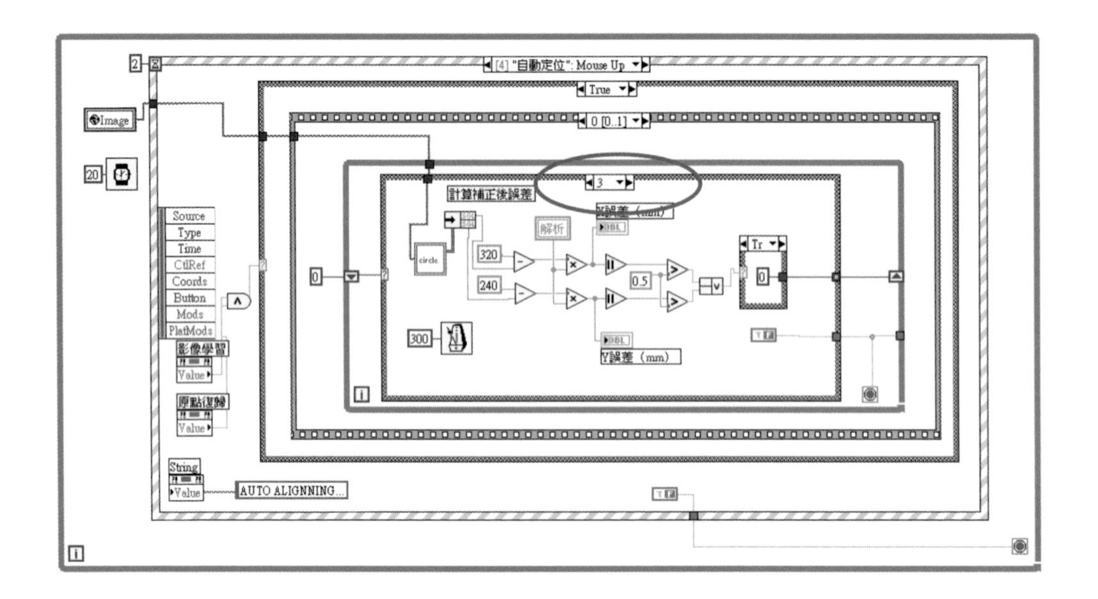

➢ 檢測程式設計：實習步驟四十

完成下列頁面程式，並接線。

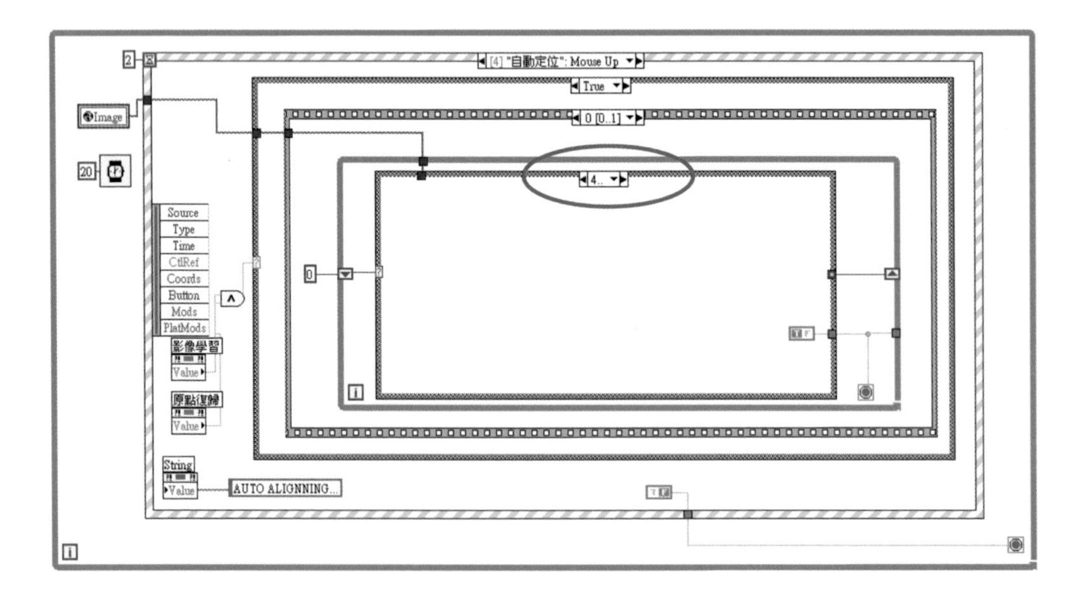

➢ 檢測程式設計：實習步驟卅一

完成下列頁面程式，並接線。

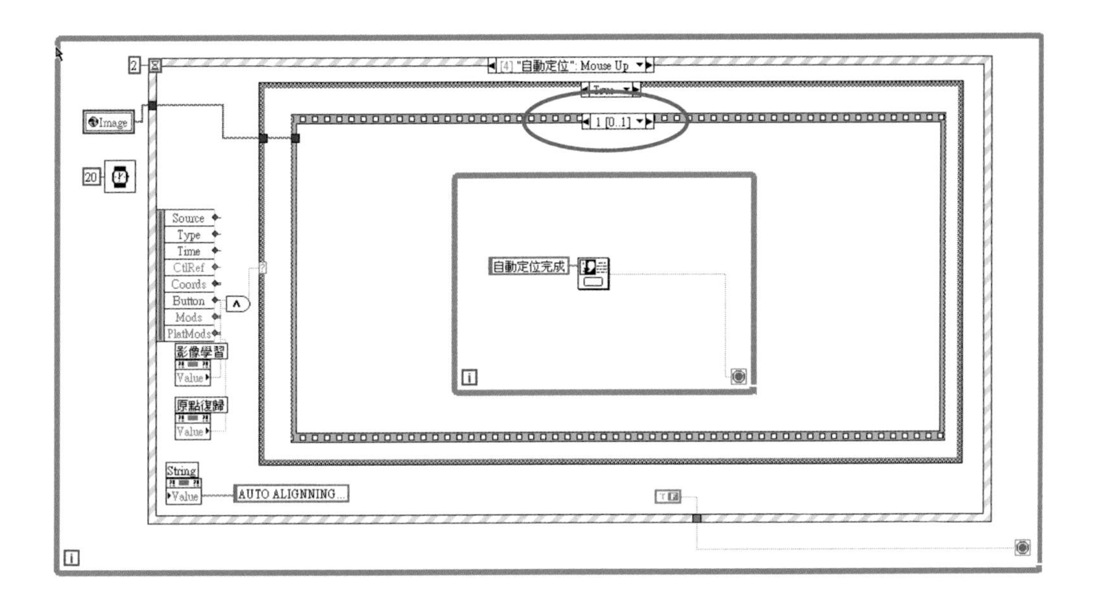

➢ 檢測程式設計：實習步驟卅二

完成下列頁面程式，並接線。

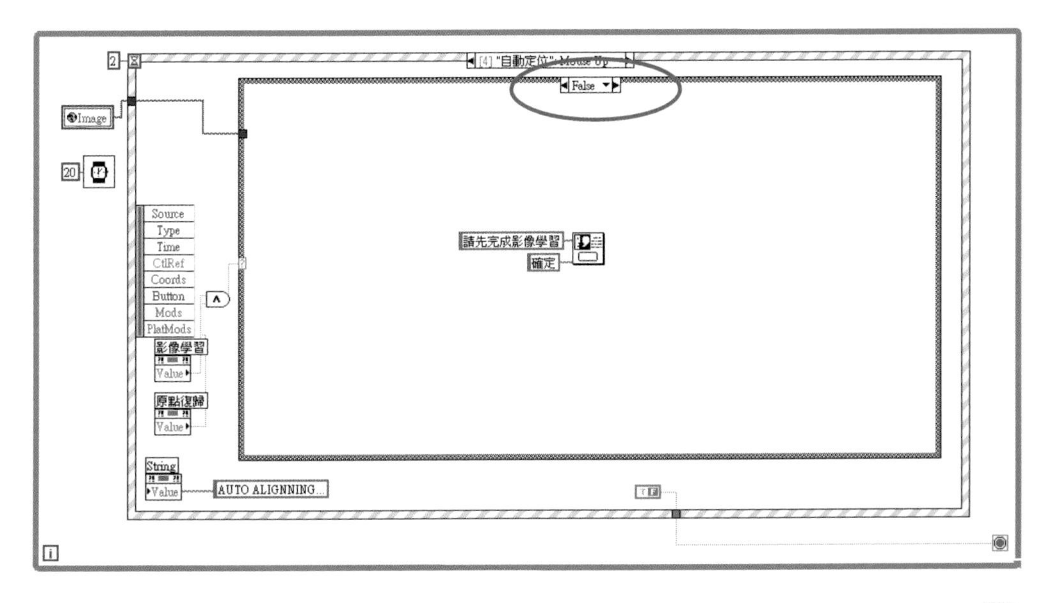

➢ 檢測程式設計：實習步驟卅三

完成後，程式執行如下

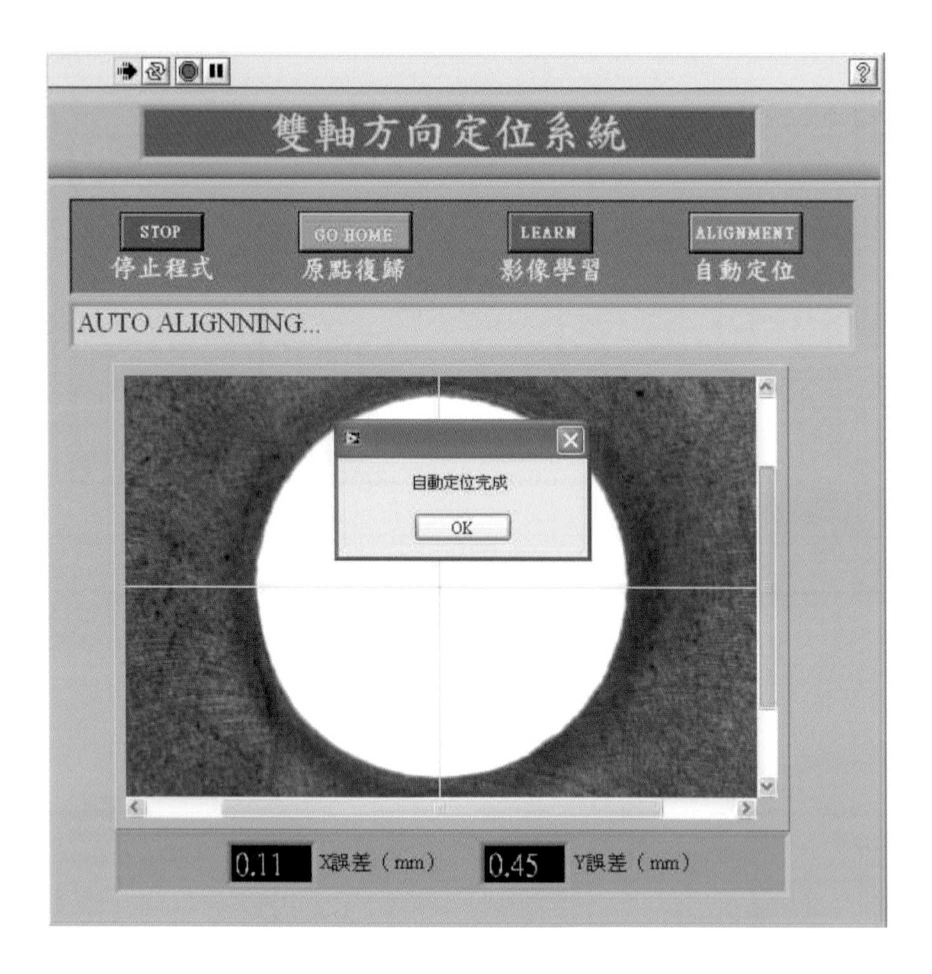

參考資料

第一章　自動化機構與零件設計

[1] MISUMI 台灣三柱，「工廠自動化用機械標準零件」，2007。

[2] MISUMI 台灣三柱，「工廠自動化用機械標準零件」，2007。

[3] MISUMI 台灣三柱，「工廠自動化用機械標準零件」，2007。

[4] MISUMI 台灣三柱，「工廠自動化用機械標準零件」，2007。

[5] MISUMI 台灣三柱，「工廠自動化用機械標準零件」，2007。

[6] MISUMI 台灣三柱，「工廠自動化用機械標準零件」，2007。

[7] MISUMI 台灣三柱，「工廠自動化用機械標準零件」，2007。

[8] MISUMI 台灣三柱，「工廠自動化用機械標準零件」，2007。

[9] MISUMI 台灣三柱，「工廠自動化用機械標準零件」，2007。

[10] 台達電子工業股份有限公司，《泛用介面 ASDA A 伺服驅動器應用技術手冊》。

[11] MISUMI 台灣三柱，「工廠自動化用機械標準零件」，2007。

[12] MISUMI 台灣三柱，「工廠自動化用機械標準零件」，2007。

[13] MISUMI 台灣三柱，「工廠自動化用機械標準零件」，2007。

[14] MISUMI 台灣三柱，「工廠自動化用機械標準零件」，2007。

[15] MISUMI 台灣三柱，「工廠自動化用機械標準零件」，2007。

[16] MISUMI 台灣三柱，「工廠自動化用機械標準零件」，2007。

[17] MISUMI 台灣三柱，「工廠自動化用機械標準零件」，2007。

[18] MISUMI 台灣三柱，「工廠自動化用機械標準零件」，2007。

[19] 台達電子工業股份有限公司，《泛用介面 ASDA A 伺服驅動器應用技術手冊》。

[20] 台達電子工業股份有限公司，《泛用介面 ASDA A 伺服驅動器應用技術手冊》。

第三章　馬達應用

[21] TROY 科技。

第五章　機器視覺應用

[22] 吳明川，許世清，《應用機器視覺於 PVC 卡片表面瑕疵偵測》，碩士論文，國立台北科技大學製造科技研究所，2007。

[23] 肯定資訊科技公司，「影像視覺教學課程」，P18～22。

[24] 鍾國亮，《影像處理與電腦視覺》，東華書局，2004 年 2 月。

[25] 汪光夏，「機器視覺運用」，電路版會刊第二期 P.8-23，2000。

[26] 黃凱豐，「手機保護面板之自動化光學檢測系統」，國立台灣科技大學機械工程研究所碩士論文，2009。

[27] 羅盛平，「應用 line scan 光學檢測技術分析擬似粒子粒徑之設備開發」，碩士論文，國立台灣科技大學機械研究所，2006。

第六章　數位影像處理與辨識應用

[28] 陳庭軒，「鐵蛋缺陷檢測」，國立台灣科技大學碩士論文，2010.

[29] 吳成柯、戴善榮、程湘君，雲立貴譯，《數位影像處理》，儒林書局 P. 5-1、5-2，1996。

[30] 黃凱豐，「手機保護面板之自動化光學檢測系統」，國立台灣科技大學機械工程研究所碩士論文，2009。

[31] 余俊宏，「擬似粒子粒徑與水分多功能量測分析儀之設備開發」，國立台灣科技大學機械工程研究所碩士論文，2007。

[32] 李嘉雯，「車牌辨識系統」，國立台灣科技大學電機工程研究所碩士論文，2000。

[33] Otsu, N., A Threshold Selection Method from Gray-Level Histograms. IEEE Transactions on System. 9: 62-66., 1979

[34] 唐大侖、徐明景、許國基，「影像階調偏好模式的建立與預測」，台灣顯示科技研討會，2006。

[35] 陳庭軒，「微型鑽針專用砂輪輪廓半徑量測最佳化方法」，國立台灣科技大學機械工程研究所碩士論文，2007。

延伸閱讀——能源與光電系列叢書

OLED：夢幻顯示器 Materials and Devices-OLED 材料與元件
OLED: Materials and Devices of Dream Displays

陳金鑫　黃孝文　著

台灣OLED顯示科技的發展，從零到幾乎與世界各國並駕齊驅的規模與氣勢，可說是台灣光電產業中極為亮麗的「奇蹟」，這股OLED的研發熱潮幾乎無人可擋，從萌芽、生根而茁壯，台灣現在已堂堂擠入世界「第一」之列。

本書可分為五個單元，分別為技術介紹、基礎知識、小分子材料、元件與面板製程等。為了達到報導最新資訊的目的，在這新版中我們加入了近二年國際資訊顯示年會（SID）及相關期刊文獻的論文，及添加了幾乎所有新興OLED材料與元件的進展，包括新穎材料的發明，元件構造的改良，發光效率與功率的提昇，操作壽命的增長，高生產量的製程，還有高效率白光元件（WOLED），雷射RGB轉印技術（LITI, RIST及LIPS）及未來的主動（AM）可撓曲式面板等。書中各章新增的參考文獻大約有一百多篇及超過50張 新的圖表。作者都用深入淺出的教學方法、「系統化」的整理、明確的詮釋、生動的講解呈現給大家。

書號5DA1　　定價720元

光電科技與生活（附光碟）
Photoelectric Science and Life

林宸生　著

本書包含了光電科技技術之基本原理架構、發展應用及趨勢，內容採用淺顯易懂的表現方式，涵蓋了六大類光電產業範圍：「光電元件、光電顯示器、光輸出入、光儲存、光通訊、雷射及其他光電」，這些光電科技，都與我們日常生活息息相關。書中也強調一些生活中的簡易光電實驗，共分為兩大部分，分別為「一支雷射光筆可以作哪些光電實驗」與「結合電腦與光電的有趣實驗」，包含了「光的繞射觀察」、「光的散射與折射」、「光的透鏡成像與焦散」、「光的偏振」、「雷射光的直線性」、「光的干涉」、「照他的形象」、「奇妙的條紋」、「針孔相機」等相關光電科技實驗。

您將發現光電科技早已融入我們日常生活中，本書則是讓您從日常生活中去體會光電科技。

書號5D93　　定價540元

光子晶體—從蝴蝶翅膀到奈米光子學（附光碟）
Photonic Crystals

欒丕綱　陳啓昌　著

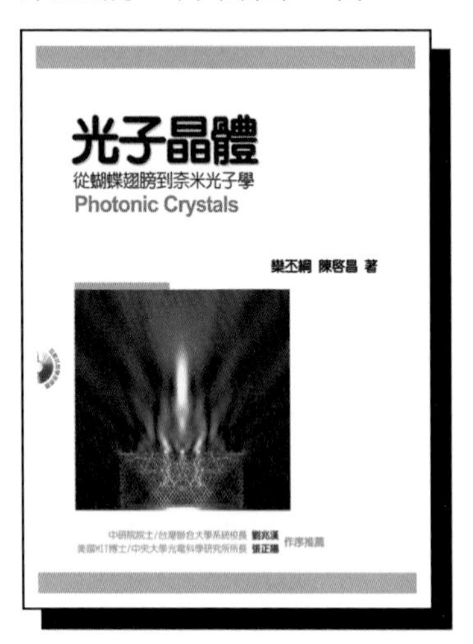

光子晶體就是人工製造的週期性介電質結構。1987年，兩位來自不同國家的科學家Eli Yablonovitch與Sajeev John不約而同地在理論上發現電磁波在週期性的介電質中的傳播模態具有頻帶結構。當某一電磁波的頻率恰巧落在光子晶體的禁制帶時，它將無法穿透光子晶體。

利用此一特性，各種反射器、波導與共振腔的設計紛紛被提出，成為有效操控電磁波行為的新手段。

光子晶體的實作是由在均勻介電質中週期性的挖洞，或是將介電質柱或介電質小球做週期性排列而成。早期的光子晶體結構較大，其工作頻率落在微波頻段。近年由於奈米製程的進步，使得工作頻率落在可見光區的各種光子晶體結構得以具體地實現，並成為奈米光學研究中最熱門的課題之一。本書詳細介紹光子晶體的理論、製作，以及應用，使讀者能從物理觀點到工程之面向都有深入的認識，為光子晶體相關課題研究（如：波導、LED、Laser等）必備之參考書籍。

書號5D67　定價720元

光學設計達人必修的九堂課（附光碟）
DESIGN NINE COMPULSORY LESSONS OF THE PAST MASTER INF POTICS

黃忠偉　陳怡永　楊才賢　林宗彥　著

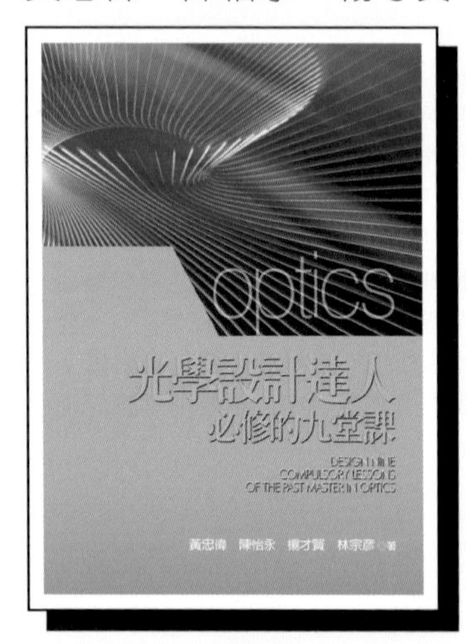

本書主要是為了讓每一位對於光學領域有興趣的使用者，能透過圖形化介面(Graphical User Interface, GUI)的光學模擬軟體，進行一系列光學模擬設計與圖表分析。

本書主要分為三個部分：第一部份「入門範例操作說明」，經由翻譯FRED原廠（Photon Engineering LLC.）提供的Tutorial教學手冊，由淺入深幫助使用者快速掌握「軟體功能」，即使是沒有使用過光學軟體的初學者，也能輕鬆的上手；第二部份「應用實例」，內容涵蓋原廠所提供的三個案例，也是目前業界實際運用的案例，使用者可輕易的了解業界是如何應用模擬軟體來進行光學設計；第三部份「主題應用白皮書」，取材自原廠對外發佈的白皮書內容，使用者可了解FRED的最新功能及可應用的光學領域。

書號5DA6　定價650元

光電系統與應用
The Application of Electro-optical Systems

林宸生　策劃
林奇鋒　林宸生　張文陽　王永成　陳進益　李昆益　陳坤煌　李孝貽　編著

本書為教育部顧問室「半導體與光電產業先進設備人才培育計畫」之成果，包含了光電系統之基本原理、架構與發展、應用及趨勢，各章節主題條列如下：第一章太陽能與光電半導體基礎理論、第二章半導體概念與能帶、第三章光電半導體元件種類、第四章位置編碼器、第五章雷射干涉儀、第六章感測元件（光電、溫度、磁性、速度）、第七章光學影像系統元件、第八章太陽電池元件的原理與應用（矽晶太陽電池，化合物太陽電池，染料及有機太陽電池）、第九章材料科技在太陽光電的應用發展、第十章LED原理及驅動電路設計、第十一章散熱設計及電路規劃、第十二章LED照明燈具應用；各章節內容分明，清楚完整。

本書可作為大專院校專業課程教材，適用於光電、電子、電機、機械、材料、化工等理工科系之教科書，同時亦適合一般想瞭解光電知識的大眾閱讀。同時可提供企業中現職從事策略管理、或是新事業開發、業務、行銷、研究、企劃等人員作為參考，或給有興趣學習與研究的學生深入理解與認識光電科技。

書號5DF9　　定價420元

光機電產業設備系統設計

李朱育　劉建聖　利定東　洪基彬　蔡裕祥　黃衍任　王雍行　林央正　胡平浩
李炫璋　楊鈞杰　莊傳勝　林敬智　著

我國半導體光電產業經過二十餘年來的發展，已經形成完整的供應鏈體系。在這半導體光電產業鏈中，製程設備與檢測設備是最關鍵的一環。這些設備的性能，關係著生產的成本及品質。「設備本土化」將是臺灣半導體製程設備相關產業發展的重要根基。這也提醒了我們，提高產業的設備自製率、掌控關鍵技術與專利，才能有效降低生產成本，提高國家競爭力。

本書內容可分為兩部份，第一部份是由第一章至第六章所組成的基本技術原理介紹，內容包括各種光機電元件的介紹，電氣致動、氣壓致動、各式感應元件與光學影像系統的選配等。第二部份則是由第七章至第十章所組成的光機電實體機台與系統應用，內容包括雷射自動聚焦應用設備，觸控面板圖案蝕刻設備，LED燈具量測系統與積層製造設備等。

書號5F61　　定價520元

LED **原理與應用**
Principles and Applications of Light-emitting Diode

郭浩中　賴芳儀　郭守義　著

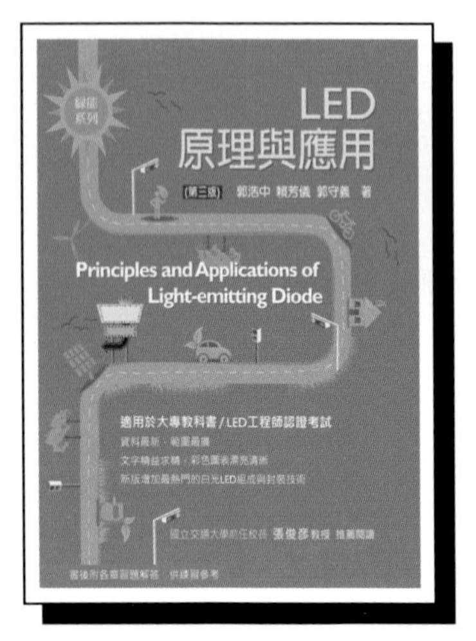

書號5D91　　定價700元

在節能與環保的新世代，白光LED因省電低耗與輕薄短小，又可製作為液晶顯示器背光板，LED已然成為照明領域一顆璀璨之星。現今，在光學、材料、機械與電子等學科領域，以白光LED與高亮度LED為主要發展方向，相信若LED能取代現有的照明光源，會為全球能源產業帶來新一波的革命。

本書介紹發光二極體的基礎知識、原理及應用，並配合圖片清晰明瞭解說。全書共分為六個章節：第一章發光二極體發展歷史與半導體概念；第二章發光二極體的原理；第三章發光二極體磊晶技術介紹；第四章發光二極體的結構與設計；第五章發光二極體相關色度學；第六章發光二極體的應用。

本書可作為大學與技術學院光電、電子、電機、材料、機械、能源、應物與應化等系所教科書，亦可適用於業界的工程師、研發人員與管理階層學習參考，同時對LED有興趣之讀者朋友也適合閱讀。

LED **螢光粉技術**
The Fundamentals, Characterizations and Applications of LED Phosphors

劉偉仁　主編／劉偉仁　姚中業　黃健豪　鍾淑茹　金風 著

書號5DH3　　定價680元

白光發光二極體（Light-Emitting Diode；white LED）具有體積小、封裝多元、熱量低、壽命長、耐震、耐衝擊、發光效率高、省電、無熱輻射、無污染問題、低電壓、易起動等多項優良特性，符合未來對照明光源的環保及節能訴求，為「綠色照明光源」中的明日之星，一般認為將會是取代熱熾燈與螢光燈的革命性光源，而螢光材料（Phosphor）在白光發光二極體中扮演相當重要的角色，本書內容主要針對LED螢光材料，包含發光原理、製備方法、LED封裝、光譜分析，乃至於近來非常熱門的螢光玻璃陶瓷技術以及量子點技術進行一系列的詳細介紹。

專為目前從事LED相關產業工程師以及大專院校LED相關技術之科普教材使用，也適合理工科系相關背景之讀者參考閱讀，期望藉由此書協助國內大專院校的學生進入LED發光材料的研究殿堂。

國家圖書館出版品預行編目資料

機電工程概論／莊水發, 修芳仲, 丁一能, 廖志偉著. ——初版. ——臺北市：五南圖書出版股份有限公司, 2014.10
面； 公分
ISBN 978-957-11-7792-2 (平裝)
1.電機工程
448 103016846

5DI3

機電工程概論
Introduction and Lab of Mechatronics

作　　者— 莊水發　修芳仲　丁一能　廖志偉
企劃主編— 王正華
封面設計— 簡愷立
出 版 者— 五南圖書出版股份有限公司
發 行 人— 楊榮川
總 經 理— 楊士清
總 編 輯— 楊秀麗
地　　址：106台北市大安區和平東路二段339號4樓
電　　話：(02)2705-5066　　傳　　真：(02)2706-6100
網　　址：https://www.wunan.com.tw
電子郵件：wunan@wunan.com.tw
劃撥帳號：01068953
戶　　名：五南圖書出版股份有限公司
法律顧問　林勝安律師
出版日期　2014年10月初版一刷
　　　　　2024年10月初版二刷
定　　價　新臺幣580元

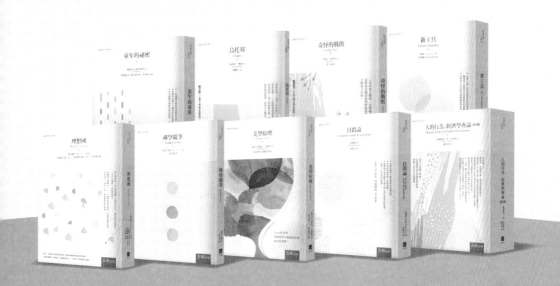